中国科学院近海海洋观测研究网络
黄海站、东海站观测数据图集Ⅵ

刘长华　王春晓　贾思洋　编著

海洋出版社

2021年·北京

图书在版编目(CIP)数据

中国科学院近海海洋观测研究网络黄海站、东海站观测数据图集. Ⅵ / 刘长华, 王春晓, 贾思洋编著. — 北京 : 海洋出版社, 2020.12

ISBN 978-7-5210-0732-9

Ⅰ. ①中… Ⅱ. ①刘… ②王… ③贾… Ⅲ. ①黄海 – 海洋站 – 海洋监测 – 数据集②东海 – 海洋站 – 海洋监测 – 数据集 Ⅳ. ①P717

中国版本图书馆CIP数据核字(2021)第017093号

中国科学院近海海洋观测研究网络
黄海站、东海站观测数据图集Ⅵ
ZHONGGUO KEXUEYUAN JINHAI HAIYANG GUANCE YANJIU WANGLUO
HUANGHAI ZHAN, DONGHAI ZHAN GUANCE SHUJU TUJI Ⅵ

策划编辑：白　燕
责任编辑：赵　娟
责任印制：赵麟苏

海洋出版社 出版发行
http://www.oceanpress.com.cn
北京市海淀区大慧寺路 8 号　邮编：100081
北京新华印刷有限公司印刷　新华书店总经销
2020年12月第1版　2021年1月第1次印刷
开本：889mm × 1194mm　1 / 16　印张：13.75
字数：360千字　定价：160.00元

发行部：62132549　邮购部：68038093

本数据图集出版得到以下项目支持

- 中国科学院战略性先导专项（A 类）地球大数据科学工程（XDA19020303）
- 国家自然科学基金（41876102）
- 中国科学院科研仪器设备研制项目（YJKYYQ20170010）
- 中国科学院仪器设备功能开发项目“适用于海洋综合观测浮标的北斗 GPS 双模定位信标系统研制”
- 中国科学院仪器设备功能开发项目“基于浮标载体的海洋可视化系统研制”

序

海洋与大气大尺度规律性变化和偶然性变化对全球或大区域气候及生态环境有极为重要的影响，监测这些变化是预报的前提和基础。厄尔尼诺就是一种海洋和大气强相互作用的典型，据报道，自2014年5月开始至2016年3月结束的超强厄尔尼诺，是1950年以来持续时间最长的一次厄尔尼诺事件，强度仅次于1997/1998年超强厄尔尼诺，并且在2015年11—12月达到峰值。受厄尔尼诺事件影响，我国2014/2015年冬季是个暖冬，2015年全国温度创历史新高，冷空气活动偏弱，冬季风持续偏弱，秋冬季节偏暖。2015年11月到12月，我国北方湿度大、雾霾多，也与此次厄尔尼诺事件的影响有关系。本数据图集就比较全面地反映了2015年厄尔尼诺期间部分海洋参数的变化情况。

为了更加全面、准确、系统地探明变化周期较长的海洋现象，获取长期连续高质量的观测数据是其前提。早在2007年，针对海洋科学研究和海洋经济发展需求，中国科学院建设了近海观测研究网络黄海海洋观测研究站和东海海洋观测研究站，观测研究站采用海洋观测浮标系统、自动气象站系统、潜标系统以及垂直剖面观测浮标系统等，对黄海和东海典型区域的气象、水文和水质参数进行了长期的连续观测，已积累了10余年的连续观测资料，为海洋科学研究、地方经济发展和防灾、减灾等提供了重要的数据支撑。这些来之不易的数据凝结了台站技术队伍多年来的辛勤付出，更为可贵的是，该团队在做好维护台站运行和扩展台站建设的同时还致力于观测数据的共享工作，以期最大化地发挥其作用，为更多的海洋科研机构及海洋业务部门等提供服务。

众所周知，共享观测数据可以使更多的人更充分地使用观测数据资源，减少数据采集、资料收集等重复劳动和相应费用，把精力和资源更有效地用在新数据获取和科学研发上，对科技创新特别是0到1的原创性创新意义重大。将海量的观测数据进行整理、分析并绘制参数变化图并以图集的形式出版是观测数据共享的一种有效方式。自2017年以来，台站已经陆续出版三本年度观测数据图集和一本台风专题数据图集，得到了相关领域专家、学者的认可和鼓励，同时也收获了大量宝贵的建议和反馈。在此基础上，他们再接再厉，继续完成这本2015年观测数据图集系列的第六分册，该图集主要反映了2015年度黄海站、东海站典型浮标所获取观测数据的变化状况，特别是本图集直观地展示了超强厄尔尼诺影响下我国黄海和东海相关海洋参数的变化特征。与以往不同的是，除了以曲线、玫瑰图等形式展示数据变化特征外，该图集还进一步深入分析了每个浮标、每个参数的数据情况，对数据的有效获取区间、年度、季度以及月度特征等进行总结和阐述，并对一些特异变化的数据进行了初步分析，方便读者更为全面、深入、详细地了解这些观测数据，同时也为数据高效共享应用提供有价值的参考。

2020 年 9 月 25 日

前　言

受自然和人类活动的共同影响，地球气候系统正在经历着以变暖为主要特征的全球气候变化，2015 年是有现代气象记录数据 135 年来全球平均气温最高的一年，也是我国自 1951 年有完整气象记录以来平均气温最高的一年。2015 年，全国平均气温 10.5℃，较常年（9.55℃）偏高 0.95℃，为 1961 年以来最暖的一年（见下图）；各月气温均较常年同期偏高，其中 1—3 月均偏高超过 1.5℃。

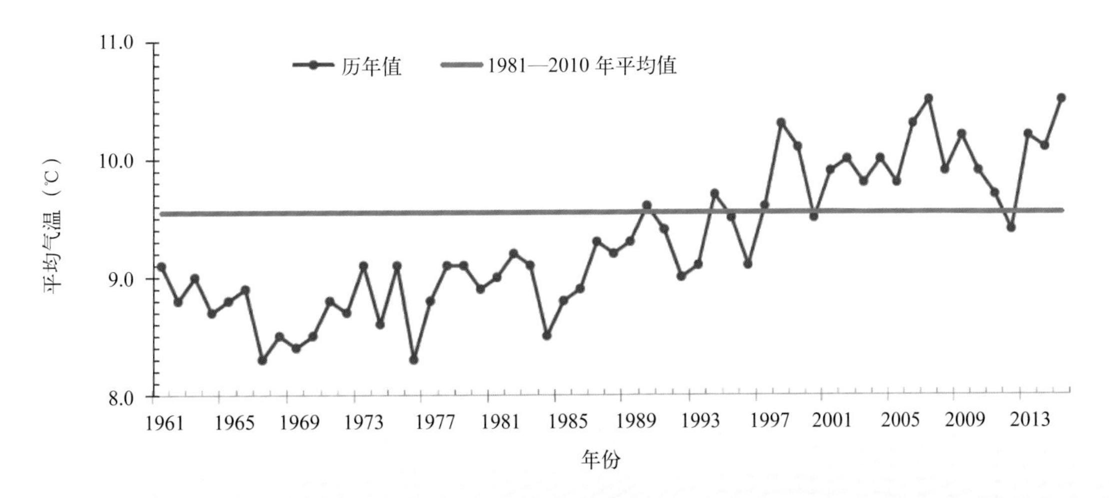

1961—2015 年全国年平均气温历年变化（单位：℃）

以上引自：《中国气候公报（2015 年）》

海洋作为全球气候变化的晴雨表，是直接的记录和展示者。尤其是近海的海洋环境除了受全球气候变化的影响外，还受人类活动的深刻影响。因此，这一年度我国近海海洋环境的长期观测数据就显得弥足珍贵。

该图集是关于中国科学院近海观测研究网络黄海海洋观测研究站和东海海洋观测研究站的观测数据集第六分册（总第六卷），起止时间为 2015 年 1 月 1 日至 2015 年 12 月 31 日，为一年周期的数据累积成果。观测站点的分布主要集中于三个区域，分别是北黄海长海县附近海域、南黄海山东荣成楮岛和青岛灵山岛海域以及东海长江口外海附近海域（见技术说明中浮标分布图），观测站点选取 8 套浮标的观测数据，主要观测项目包括海洋气象、水文、水质，具体使用的观测设备和获取的观测参数等内容可参见技术说明部分。

该图集的编写方式我们进行了一些改进。选取典型站位浮标的观测数据进行曲线绘制，并针对每一个参数全年的曲线变化特征进行简要概括描述和分析，同时就本年度该观测参数所记录的特殊天气现象进行专题描述，如寒潮和台风等。这些改进的主要目的是通过数据曲线展示中国科学院近海观测研究网络黄海海洋观测研究站和东海海洋观测研究站的数据获取情况和数据质量情况，进而吸引广大海洋科研工作者深入挖掘数据或者是申请我们已经获取的长序列观测数据，以支持其相关研究。因此，该图集的出版核心是宣传和促进数据应用及共享，这一宗旨与国家近几年所大力提倡的开放数据、共享数据的精神是完全符合的。

基于这一新的图集编写目的，因此在观测站点的选择上也就没有必要面面俱到，更不必要对所有获取的原始数据进行处理、质量控制和成图。我们需要做的仅是将我们拥有的观测数据宣传出去，让众多的海洋科研工作者知道我们的资源，通过合作或直接申请的方式大力推进数据共享和应用。致力于深入研究海洋的学者们对原始数据进行全面、深入的处理与分析，将会具有更加明确的目的性，其效果也会事半功倍。

本年度数据获取情况整体评价为优秀。有很多浮标获取的观测参数时长超过 300 天，且数据有效率均达到 98% 以上，数据质量高。如位于东海嵊山岛海礁附近海域（30°43′N，123°08′E）的 06 号浮标，其获取的气温气压数据时长为 340 天，风速风向数据时长为 363 天，表层水温数据时长 342 天，有效波高、有效波周期数据几乎获取了全年 365 天的长序列观测数据，这对于以锚系式定点观测方式而言，是十分难得的。我们用表格的形式展示 2015 年度几个典型浮标获取参数的时长情况，以供大家参阅。

2015 年度黄海站、东海站典型浮标获取主要参数的时长列表

浮标	位置	观测参数	时长 / 天	主要时间段	备注
01	北黄海 大连长海县 附近海域	气温、气压	285	1 月 1 日至 5 月 31 日 8 月 8 日至 11 月 1 日	浮标维修导致数据缺失
		风速、风向	285		
		表层水温	285		
		表层盐度	285		
		有效波高、有效波周期	265		
06	东海 舟山嵊山岛 海礁附近海域	气温、气压	340	1 月 1 日至 6 月 29 日 7 月 1 日至 12 月 7 日	传感器故障导致数据缺失
		风速、风向	363	1 月 1 日至 6 月 29 日 7 月 1 日至 12 月 31 日	
		表层水温	342	1 月 1 日至 6 月 29 日 7 月 1 日至 12 月 9 日	
		表层盐度	277	1 月 1 日至 6 月 24 日 8 月 28 日至 12 月 7 日	
		有效波高、有效波周期	365	全年，连续	
07	黄海 荣成楮岛 附近海域	气温、气压	327	1 月 1 日至 6 月 29 日 9 月 10 日至 12 月 31 日	浮标维修导致数据缺失
		风速、风向	327		
		表层水温	327		
		表层盐度	327		
		有效波高、有效波周期	327		

续表

浮标	位置	观测参数	时长 / 天	主要时间段	备注
09	黄海 青岛灵山岛 附近海域	气温、气压	363	1 月 1 日至 6 月 29 日 7 月 1 日至 12 月 31 日	陆基站服务器故障导致数据缺失
		风速、风向	363	1 月 1 日至 6 月 29 日 7 月 1 日至 12 月 31 日	
		表层水温	363	1 月 1 日至 6 月 29 日 7 月 1 日至 12 月 31 日	
		表层盐度	309	1 月 1 日至 6 月 29 日 7 月 1 日至 10 月 25 日	陆基站服务器故障和传感器故障导致数据缺失
		有效波高、 有效波周期	363	1 月 1 日至 6 月 29 日 7 月 1 日至 12 月 31 日	陆基站服务器故障导致数据缺失
18	黄海 青岛董家口 附近海域	气温、气压	365	全年	
		风速、风向	365		
		表层水温	365		
		表层盐度	365		
		有效波高、 有效波周期	365		
20	东海舟山 六横岛 附近海域	气温、气压	气温：333 气压：339	3 月 6 日至 6 月 29 日 7 月 1 日至 9 月 2 日 10 月 20 日至 12 月 31 日	传感器故障导致数据缺失
		风速、风向	332	3 月 6 日至 6 月 29 日 7 月 1 日至 9 月 2 日 9 月 16 日至 12 月 31 日	
		表层水温	327	3 月 6 日至 6 月 29 日 7 月 1 日至 9 月 2 日 10 月 20 日至 12 月 31 日	
		表层盐度	327		
		有效波高、 有效波周期	327		

根据数据曲线可以基本概括出几个观测海域的环境变化特征。北黄海通过 01 号浮标获取的气温、气压数据可以看出该海域月度变化特征与该海域常年季节气候变化特点基本吻合，年度最低气温（−10.1℃）出现在 2 月，平均气温值最高的月份为 8 月，并且在该时间段内出现观测到的年度最高气温（29.1℃），这反映出该海域冬、夏季代表月的特征性明显。通过风速风向数据，可以看出该海域冬季盛行偏东北风，且 6 级以上大风天数较多，夏季盛行偏南风，6 级以上大风天数较少；水温数据与气温数据密切相关，盐度变化特征受该海域降水影响明显，年度水温平均值为 12.8℃，年度盐度平均值为 32.2；测得的年度最高水温和最低水温分别为 28.8℃和 3.1℃；测得的年度最高盐度和最低盐度分别为 32.7 和 30.9。测得的波浪数据主要为有效波高和有效波周期，根据数据统计得出年度有效波高平均值为 0.7 m，年度有效波周期平均值为 4.5 s；测得的年度最大有效波高为 2.9 m，对应的

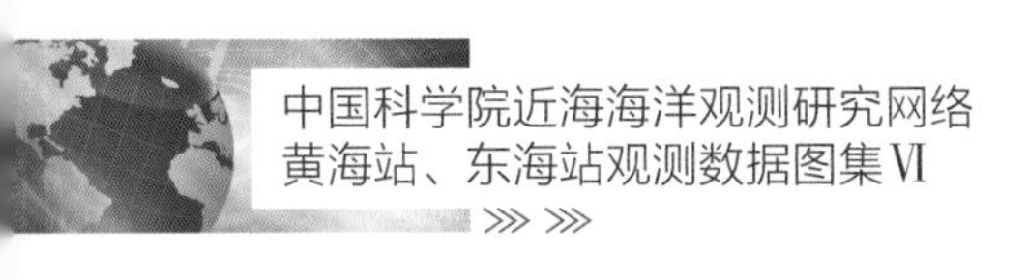

有效波周期为 6.8 s。

南黄海通过 09 号浮标获取的气温、气压数据可以看出该海域月度变化特征与该海域常年季节气候变化特点基本吻合。年度最低气温（−4.6℃）出现在 2 月，平均气温值最高的月份为 8 月，并且在该时间段内出现观测到的年度最高气温（29.5℃），这反映出该海域冬、夏季代表月的特征性明显。通过风速、风向数据，可以看出该海域冬季盛行北西北风，且 6 级以上大风天数较多，夏季盛行偏南风，6 级以上大风天数较少；水温数据与气温数据密切相关，盐度变化特征受该海域降水影响明显，年度水温平均值为 15.3℃，年度盐度平均值为 31.2；测得的年度最高水温和最低水温分别为 27.4℃和 4.5℃；测得的年度最高盐度和最低盐度分别为 32.1 和 30.4。测得的波浪数据主要为有效波高和有效波周期，根据数据统计得出年度有效波高平均值为 0.5 m，年度有效波周期平均值为 6.4 s；测得的年度最大有效波高为 2.8 m，对应的有效波周期为 6.6 s。

长江口邻近海域通过 06 号浮标获取的气温、气压数据可以看出该海域月度变化特征与该海域常年季节气候变化特点基本吻合。气温平均值最低的月份为 2 月，并且在该时间段内出现观测到的年度最低气温（1.8℃），气温平均值最高的月份为 8 月，年度最高气温（28.0℃）出现在 7 月，这反映出该海域冬、夏季代表月的特征性明显。通过风速风向数据，可以看出该海域 6 级以上大风天数较黄海海域明显偏多，全年冬季盛行北西北风，且 6 级以上大风天数较多，夏季盛行南西南风，6 级以上大风天数也不太少；水温数据与气温数据密切相关，盐度变化特征受该海域降水以及长江冲淡水影响明显，年度水温平均值为 19.6℃，年度盐度平均值为 32.1；测得的年度最高水温和最低水温分别为 30.0℃和 9.7℃；测得的年度最高盐度和最低盐度分别为 34.4 和 24.1。测得的波浪数据主要为有效波高和有效波周期，根据数据统计得出年度有效波高平均值为 1.3 m，年度有效波周期平均值为 6.4 s；测得的年度最大有效波高为 8.0 m，对应的有效波周期为 10.4 s。

上述内容是对 2015 年度获取数据的简单概述，详细曲线特征信息各位读者可参照图集正文对应的数据曲线，做深入分析。

在本图集编著过程中，吸取已经出版分册的数据质量控制经验，同样对原始数据进行了质量控制，但是依然存在由于观测浮标系统长时间锚系于海面，多变的天气、复杂的海况、海洋生物附着观测传感器及传感器自身的问题、通信不畅等诸多因素造成的观测数据中断现象。因此，在图集制作过程中，如前所述，首先是选择数据获取较为完整的代表性浮标，其次是对原始数据进行了较为严格的质量控制，剔除明显有悖事实的数据；并对缺失数据情况做了简要说明。

本图集工作是集体劳动成果的结晶。自 2009 年黄海站、东海站开始建站以来，几十位管理与技术人员付出了艰辛的努力，中国科学院海洋研究所的孙松、侯一筠、王凡、任建明、宋金明等领导付出了很大的精力，先后指导了此项工作的实施，具体实施的技术人员包括刘长华、陈永华、贾思洋、王春晓、王旭、王彦俊、冯立强、张斌、李一凡、杨青军、张钦等。同时相关兄弟单位的管理和技术人员也给予了无私的帮助和关心，主要有上海市气象局的黄宁立、陈智强、费燕军、荣成楮岛水产有限公司的王军威、獐子岛渔业集团股份有限公司的臧有才、赵学伟、张晓芳、杨殿群、张永国等，特向他们表示深深的感谢！

本图集由刘长华、王春晓、贾思洋、王旭和王彦俊等编制完成，刘长华负责图集整体构思、前言部分的撰写和统稿，王春晓主要负责数据的整理、曲线绘制和各参数年度曲线特征的描述，王彦俊给予曲线绘制的技术支持，其他几位同志分别负责数据的质控、曲线的校正和修订以及原始数据的获取等工作；同时在图集的绘制过程中，中国科学院海洋研究所的杨德周研究员、冯兴如副研究员给予了很多宝贵的修改意见，在此一并表示诚挚的感谢！

该图集虽然较以往出版的图集有很大改进，如编写内容的编排、曲线的进一步标准化、部分参数年度曲线特征的简单描述等，都是总结前几分册的不足而做的改进和提升。但是整体上与我们的设想仍相距甚远，与各位读者的要求也差距更大，尤其是获取数据的质量和连续性以及采用的数据获取技术方法，均有诸多欠缺和不足，敬请读者不吝赐教，批评指正！

刘长华

2020 年 9 月于青岛汇泉湾畔

中国科学院近海海洋观测研究网络
黄海站、东海站观测数据图集Ⅵ

技术说明

《中国科学院近海海洋观测研究网络黄海站、东海站观测数据图集Ⅵ》根据黄海站和东海站对黄海海域、东海海域长期累积的观测数据编制完成。观测内容包括海洋气象、海洋水文、水质等参数。本图集系2015年1月至2015年12月间月度、年度所积累的观测数据，选择气温、气压、风速、风向、海表水温、海表盐度、有效波高和有效波周期等要素进行绘图。

黄海站、东海站主要通过布放在海上的锚泊式海洋观测研究浮标系统进行海洋参数的采集，黄海站、东海站长期安全在位运行浮标系统20余套。浮标系统主要搭载了风速风向仪、温湿仪、气压仪、能见度仪、声学多普勒流速剖面仪、波浪仪、温盐仪、叶绿素-浊度仪、溶解氧仪等观测设备，浮标的数据采集系统控制上述设备对中国近海海域的海洋气象参数、水文参数和水质参数等进行实时、动态、连续的观测，并通过CDMA/GPRS和北斗通信方式将观测数据传输至陆基站接收系统进行分类存储。

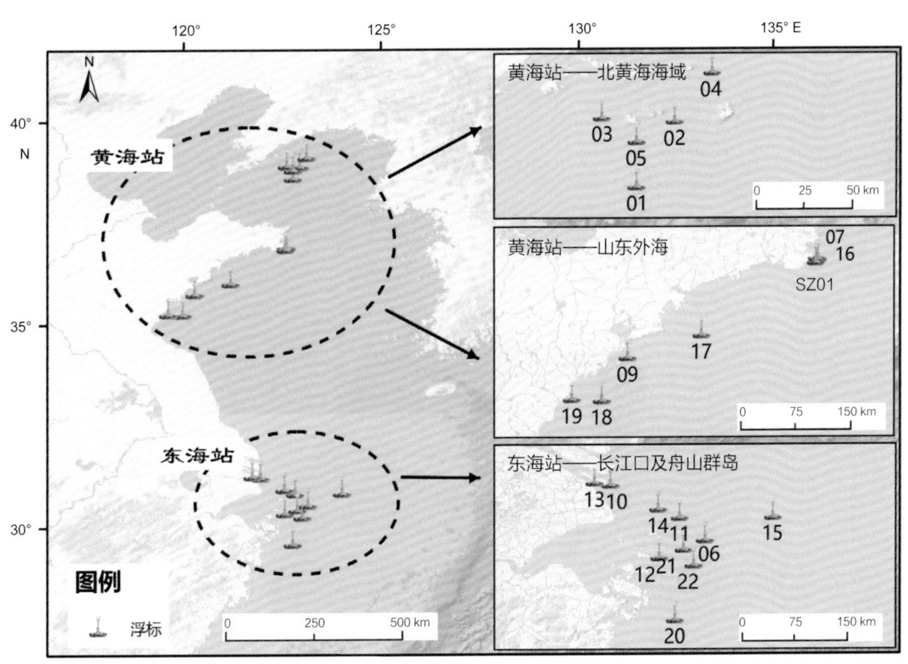

浮标分布图

海洋观测浮标系统的设计参照海洋行业标准《小型海洋环境监测浮标》（HY/T 143-2011）和《大型海洋环境监测浮标》（HY/T 142-2011）执行；观测仪器的选择参照《海洋水文观测仪器通用技术条件》（GB/T 13972-1992）执行。重要海洋气象、海洋水文、水质等参数的观测工作参照《海洋调查规范》（GB/T 12763-2007）和《海滨观测规范》（GB/T 14914-2006）执行。

一、数据采集设备

（一）温湿仪

观测气温使用的设备为美国 RM Young 公司生产的 41382 型温湿仪，气温测量采用高精度铂电阻温度传感器，观测范围为 −50 ～ 50℃，观测精度为 ±0.3℃，响应时间为 10 s。

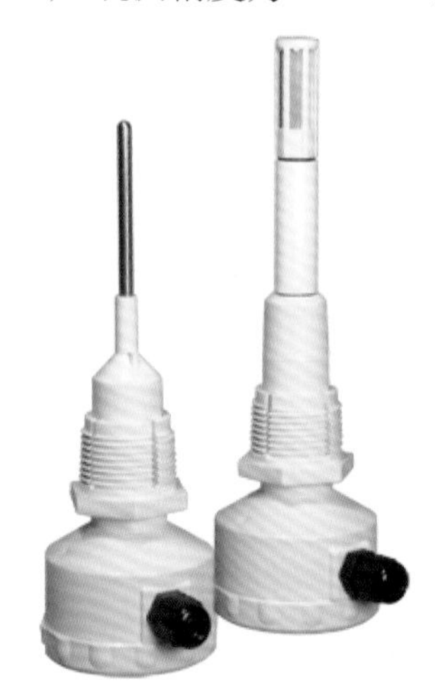

41382 型温湿仪

（二）气压仪

观测气压使用的设备为美国 RM Young 公司生产的 61302 型气压仪，在浮标上使用时配备防风装置保证数据的稳定可靠，观测范围为 500 ～ 1 100 hPa，观测精度为 0.2（25℃）～ 0.3（−40 ～ 60℃）hPa。

61302 型气压仪

（三）温盐仪

浮标上安装的获取水温、盐度的设备为日本 JFE 公司生产的 ACTW-CAR 型温盐仪，该设备的电导率测量采用七电极探头并安装有可自动上下移动的防污清扫活刷，在每次测量时，活塞式清扫刷自动清洁探头内壁，从而有效防止生物附着，保证 2 ~ 3 个月不用维护也能获得稳定的测量数据。该设备水温测量范围为 −3 ~ 45℃，精度为 0.01℃；电导率测量范围为 2 ~ 70 mS/cm，精度为 0.01 mS/cm。

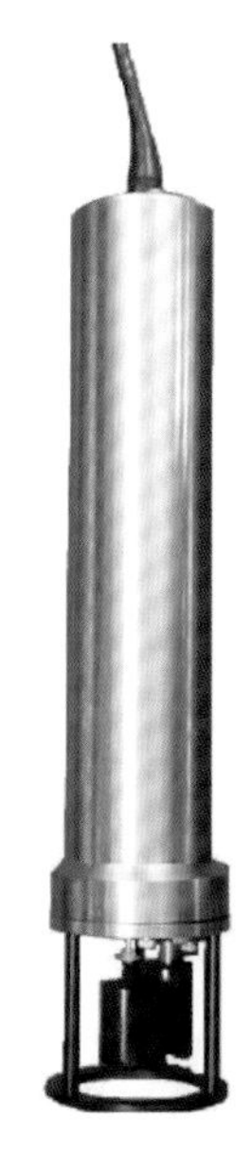

ACTW-CAR 型温盐仪

（四）波浪仪

浮标上安装的获取波浪相关（波高、波周期和波向）数据的设备为山东省海洋仪器仪表研究所研制的 SBY1-1 型波浪测量仪，采用最先进的三轴加速度计与数字积分算法，具备高精度、高可靠性、低功耗和稳定性好等特点。该设备波高的测量范围为 0.2 ~ 25.0 m，精度为 ±（0.1 + 10%H），H 为实测波高值；波周期的测量范围为 2.0 ~ 30.0 s，准确度为 ±0.25 s； 波向的测量范围为 0° ~ 360°，准确度为 ±10°。浮标在位运行过程中，若遇到风平浪静或波周期极短的情况，实际波高或波周期超出设备测量范围时，波浪仪仅给出参考值，如小于 0.2 m 的波高数据或小于 2.0 s 的波周期数据。考虑到数据准确性问题，本图集对超出设备测量范围的有效波高数据和有效波周期数据仅用于曲线绘制，并不参与平均值的计算。

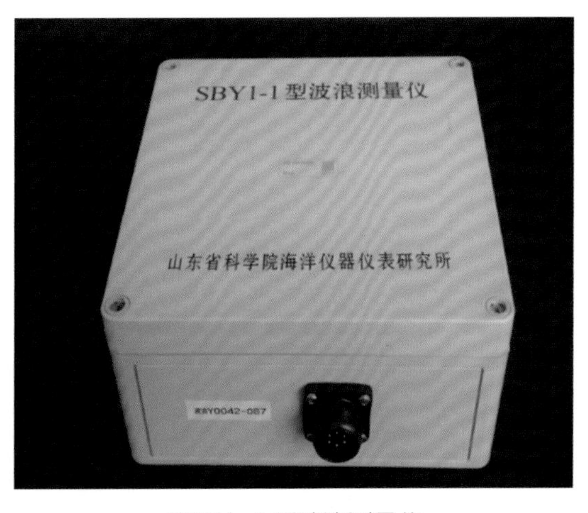

SBY1-1 型波浪测量仪

（五）风速风向仪

浮标安装的风速风向传感器为美国 RM Young 公司生产的 05106 型风速风向仪，是专门为海洋环境设计的增强型风速风向仪，能够适应海洋上高湿度、高盐度、高腐蚀性的环境，具有卓越的性能和优异的环境适应性，能够适应各种复杂的测量环境。同时它对强沙尘环境也拥有良好的适应性，拥有比同类型其他产品更长的使用寿命。该风速风向仪的风速测量范围为 0 ~ 100 m/s，精度为 ±0.3 m/s 或读数的 1%，启动风速为 1.1 m/s；风向测量范围为 360°，精度为 ±3°。

05106 型风速风向仪

二、数据采集方法及采样周期

常规观测参数采集频率为每 10 min 1 次（波浪参数为每 30 min 1 次），数据传输间隔可设置为 10 min、30 min、60 min（可选）。

（一）气象观测

1. 风

采用双传感器工作。每点次进行风速、风向观测，观测参数为：每 1 min 风速和风向、最大风速、最大风速的风向、最大风速出现的时间、极大风速、极大风速的时间、瞬时风速、瞬时风向、10 min 平均风速、10 min 平均风向、2 min 平均风速和 2 min 平均风向。风速单位：m/s。风向单位：（°）。

项　目	采样长度 / min	采样间隔 / s	采样数量 / 次
10 min 平均风速	10	1	600
10 min 平均风向	10	1	600

2. 气温与湿度

每 10 min 观测 1 次。

项　目	采样长度 / min	采样间隔 / s	采样数量 / 次
气温	4	6	40
湿度	4	6	40

3. 气压与能见度

每 10 min 观测 1 次。

项　目	采样长度	采样间隔 / s	采样数量 / 次
气压	4	6	40
能见度	4	6	40

（二）水文观测

1. 波浪

每 30 min 观测 1 次，观测内容：有效波高和对应的周期、最大波高和对应的周期、平均波高和对应的周期、十分之一波高和对应的周期及波向（每 10° 区间出现的概率，并确定主要波向）。

2. 剖面流速流向

每 10 min 观测 1 次。

3. 水温、盐度

每 10 min 观测 1 次。

（三）水质观测

浊度、叶绿素、溶解氧

每 10 min 观测 1 次。

三、英文缩写范例

气温：AT，Air Temperature	风速：WS，Wind Speed
气压：AP，Air Pressure	风向：WD，Wind Direction
水温：WT，Water Temperature	有效波高：SignWH，Significant Wave Height
盐度：SL，Salinity	有效波周期：SignWP，Significant Wave Period

01 号浮标

06 号浮标

07 号浮标

09 号浮标

14 号浮标

20 号浮标

中国科学院近海海洋观测研究网络
黄海站、东海站观测数据图集Ⅵ

目　录

气象观测

2015年度01号浮标观测数据概述及曲线
（气温和气压）

01号浮标位于中国近海观测研究网络黄海站观测范围最北端的海域（38°45′N，122°45′E），是一套直径为3 m的圆盘形综合观测平台。可获取的观测参数包括气象、水文和水质，气温和气压数据是气象参数中的重要观测内容。

2015年，01号浮标共获取近285天的气温和气压长序列观测数据。获取数据的区间共四个时间段，具体为1月1日00:00至5月31日11:00、6月4日00:30至20日13:00、8月8日10:30至11月1日14:30和12月8日18:30至28日17:00。

通过对获取数据质量控制和分析，01号浮标观测海域本年度气温、气压数据和季节数据特征如下：年度气温平均值为11.0℃，年度气压平均值为1 015.1 hPa；测得的年度最高气温和最低气温分别为29.1℃（8月16日15:30）和−10.1℃（2月8日06:30和08:00）；测得的年度最高气压和最低气压分别为1 036.7 hPa（1月12日10:00和10:30）和991.0 hPa（4月2日15:00和5月12日13:00、13:30）。以2月为冬季代表月，观测海域冬季的平均气温是1.3℃，平均气压是1 021.0 hPa；以5月为春季代表月，观测海域春季的平均气温是13.5℃，平均气压是1 006.7 hPa；以8月为夏季代表月，观测海域夏季的平均气温是25.7℃，平均气压是1 005.7 hPa。

2015年，01号浮标布放海域月度气温、气压变化特征与该海域常年季节气候变化特点基本吻合。浮标观测的月平均气温、气压和最高值、最低值数据参见表1。从表中可以看出，气温平均值最低的月份为1月，年度最低气温（−10.1℃）出现在2月，气温平均值最高的月份为8月，并且在该时间段内出现观测到的年度最高气温（29.1℃）。气压平均值最低的月份为6月，年度最低气压（991.0 hPa）出现在4月和5月，气压平均值最高的月份为1月，并且在该时间段内出现观测到的年度最高气压（1 036.7 hPa）。从月度气温、气压的变化情况分析，气温变化最为剧烈的是12月，最高气温为9.7℃，最低气温为−6.6℃，变化幅度达16.3℃，气压变化最为剧烈的是4月，最高气压为1 029.7 hPa，最低气压为991.0 hPa，变化幅度达38.7 hPa；相比较而言，气温变化幅度较小的月份是8月，最高气温为29.1℃，最低气温为23.3℃，变化幅度仅为5.8℃，气压变化幅度较小的月份也是8月，最高气压为1 010.9 hPa，最低气压为1 000.4 hPa，变化幅度仅为10.5 hPa。

表 1　2015 年 01 号浮标各月份气温、气压观测数据

月份	气温 / ℃			气压 / hPa			备注
	平均	最高	最低	平均	最高	最低	
1	0.2	6.6	-7.0	1 024.3	1 036.7	1 011.0	
2	1.3	5.6	-10.1	1 021.0	1 033.9	1 010.3	冬季代表月，记录 1 次寒潮过程
3	3.7	7.8	-4.7	1 019.7	1 033.6	1 007.9	
4	7. 9	16.1	2.3	1 013.5	1 029.7	991.0	
5	13.5	19.6	9.2	1 006.7	1 017.1	991.0	春季代表月
6	18.4	23.1	14.5	1 002.7	1 008.4	995.3	缺近 14 天的数据
7	—	—	—	—	—	—	浮标大修，无数据
8	25.7	29.1	23.3	1 005.6	1 010.9	1 000.4	夏季代表月，缺近 8 天的数据
9	22.9	26.7	18.9	1 012.2	1 025.8	1 004.7	
10	16.0	21.1	7.7	1 016.5	1 030.5	997.1	
11	—	—	—	—	—	—	秋季代表月，浮标故障，无数据
12	4.2	9.7	-6.6	1 024.5	1 035.5	1 013.1	缺近 11 天的数据

2015 年，01 号浮标记录到 1 次寒潮过程。2 月 7 日 05:00 至 8 日 05:00，24 h 气温下降 12.5℃，之后气温曾一度下降到 -10.1℃（2 月 8 日 06:30 和 08:00），0℃以下气温持续时长为 46 h，寒潮期间气压最高值为 1 032.8 hPa（2 月 8 日 09:00），超过 1 020.0 hPa 的时长为 61.5 h（2 月 7 日 08:00 至 9 日 21:30）。

01 号浮标 2015 年气温、气压观测数据曲线
AT and AP of 01 buoy in 2015

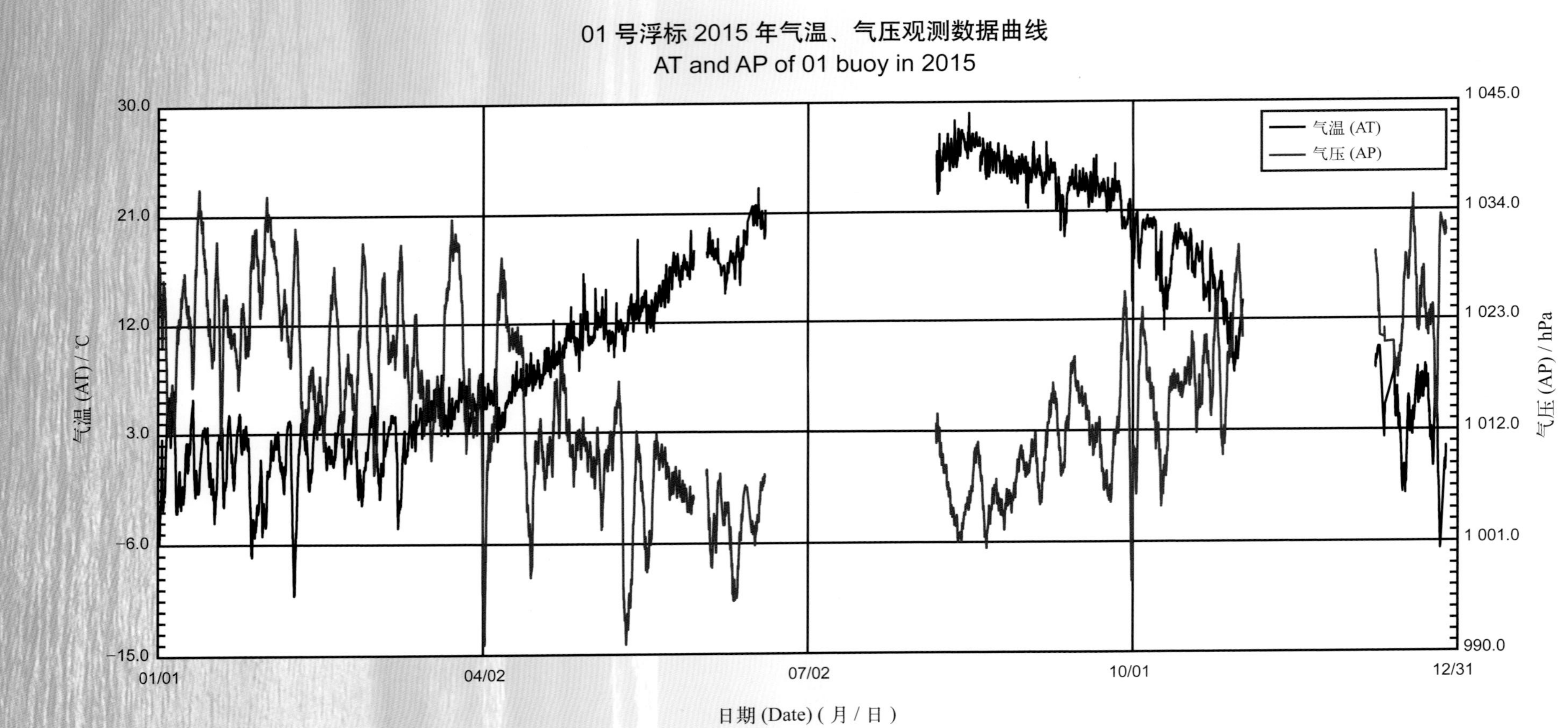

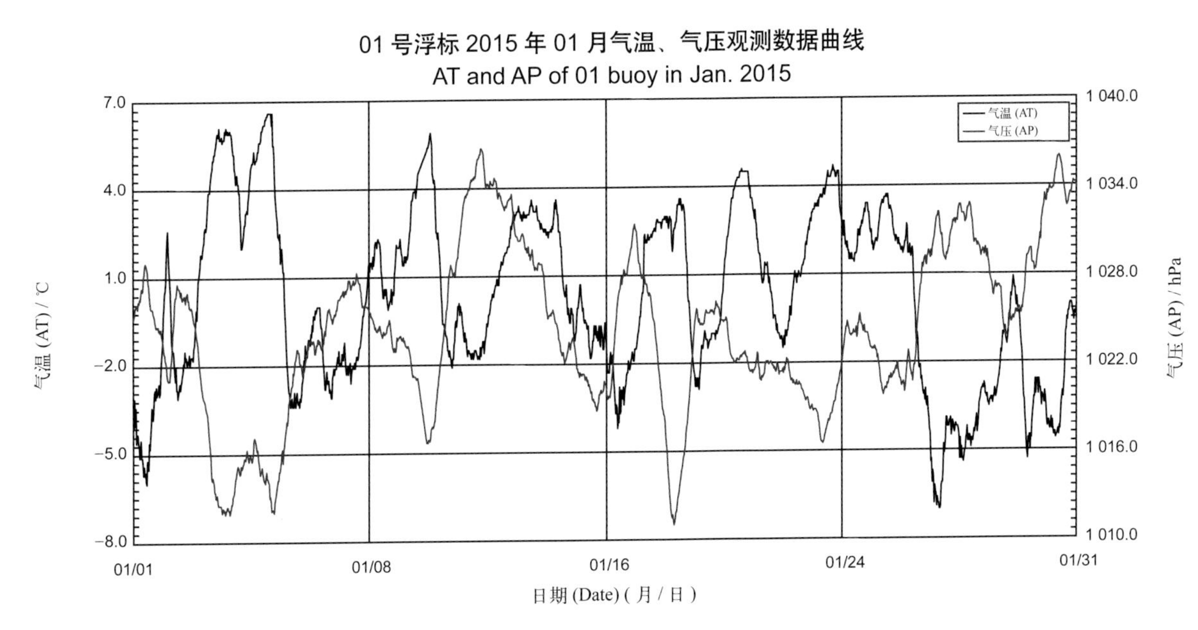
01 号浮标 2015 年 01 月气温、气压观测数据曲线
AT and AP of 01 buoy in Jan. 2015
气温 (AT)
气压 (AP)
7.0
4.0
1.0
-2.0
-5.0
-8.0
1 040.0
1 034.0
1 028.0
1 022.0
1 016.0
1 010.0
气温 (AT) / ℃
气压 (AP) / hPa
01/01
01/08
01/16
01/24
01/31
日期 (Date) (月 / 日)

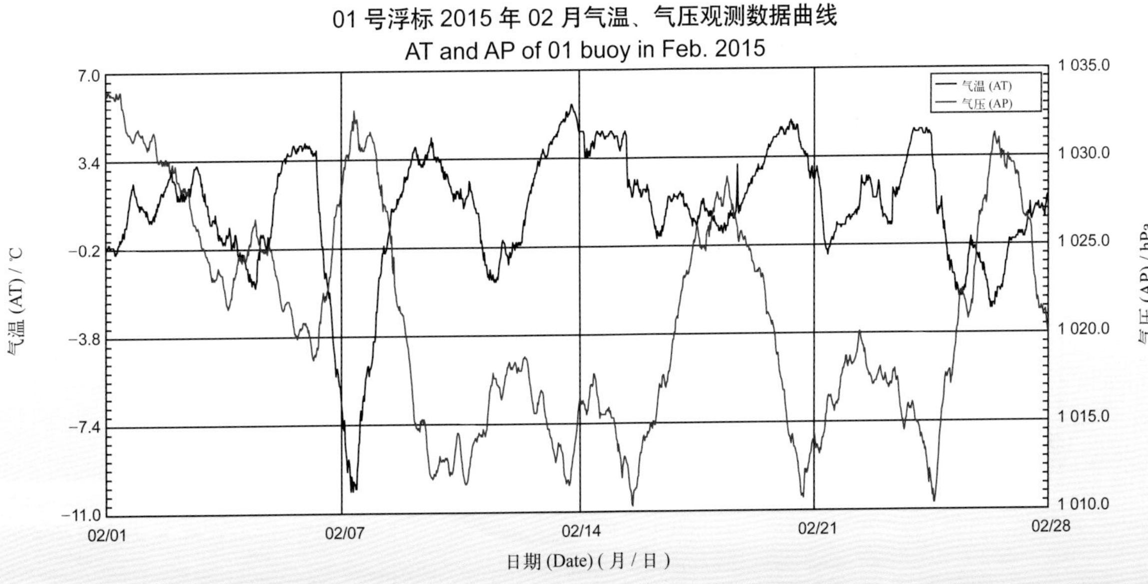
01 号浮标 2015 年 02 月气温、气压观测数据曲线
AT and AP of 01 buoy in Feb. 2015
气温 (AT)
气压 (AP)
7.0
3.4
-0.2
-3.8
-7.4
-11.0
1 035.0
1 030.0
1 025.0
1 020.0
1 015.0
1 010.0
气温 (AT) / ℃
气压 (AP) / hPa
02/01
02/07
02/14
02/21
02/28
日期 (Date) (月 / 日)

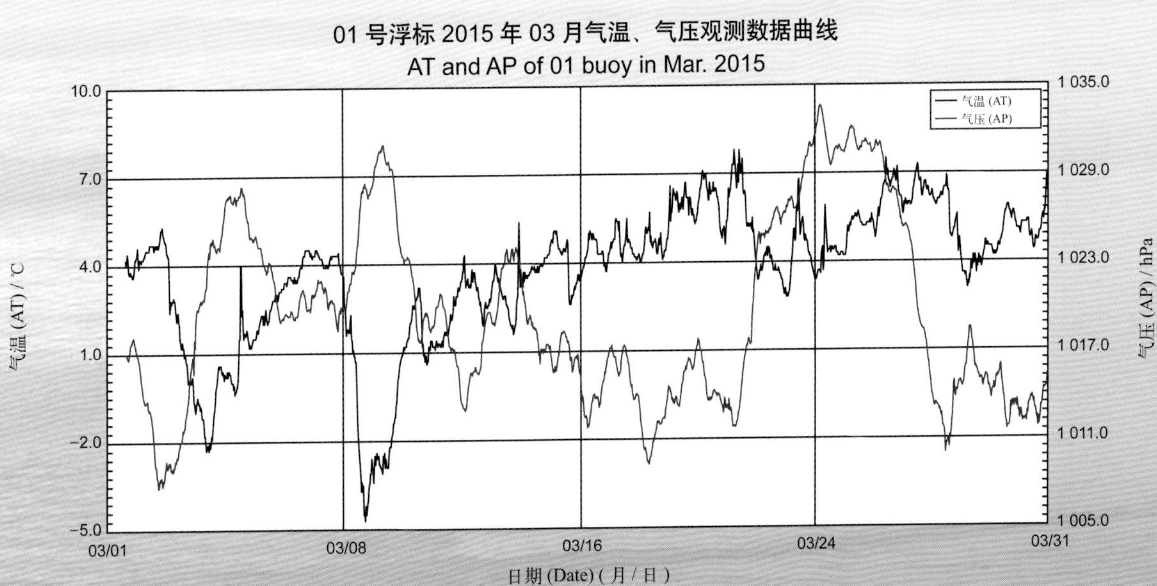
01 号浮标 2015 年 03 月气温、气压观测数据曲线
AT and AP of 01 buoy in Mar. 2015
气温 (AT)
气压 (AP)
10.0
7.0
4.0
1.0
-2.0
-5.0
1 035.0
1 029.0
1 023.0
1 017.0
1 011.0
1 005.0
气温 (AT) / ℃
气压 (AP) / hPa
03/01
03/08
03/16
03/24
03/31
日期 (Date) (月 / 日)

01 号浮标 2015 年 04 月气温、气压观测数据曲线
AT and AP of 01 buoy in Apr. 2015

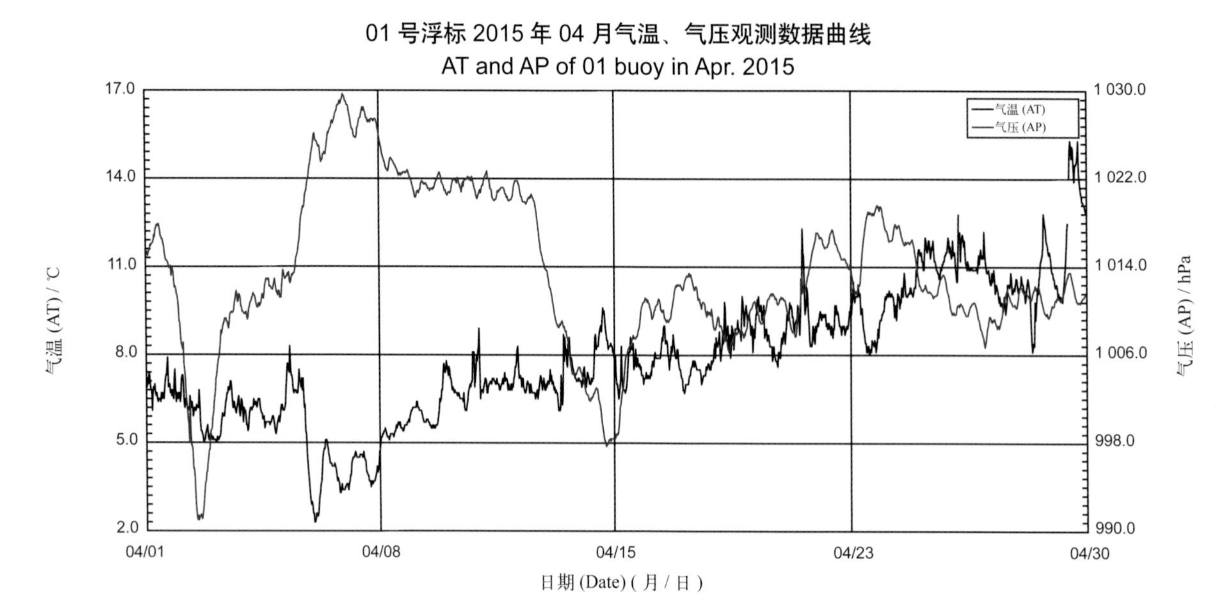

01 号浮标 2015 年 05 月气温、气压观测数据曲线
AT and AP of 01 buoy in May 2015

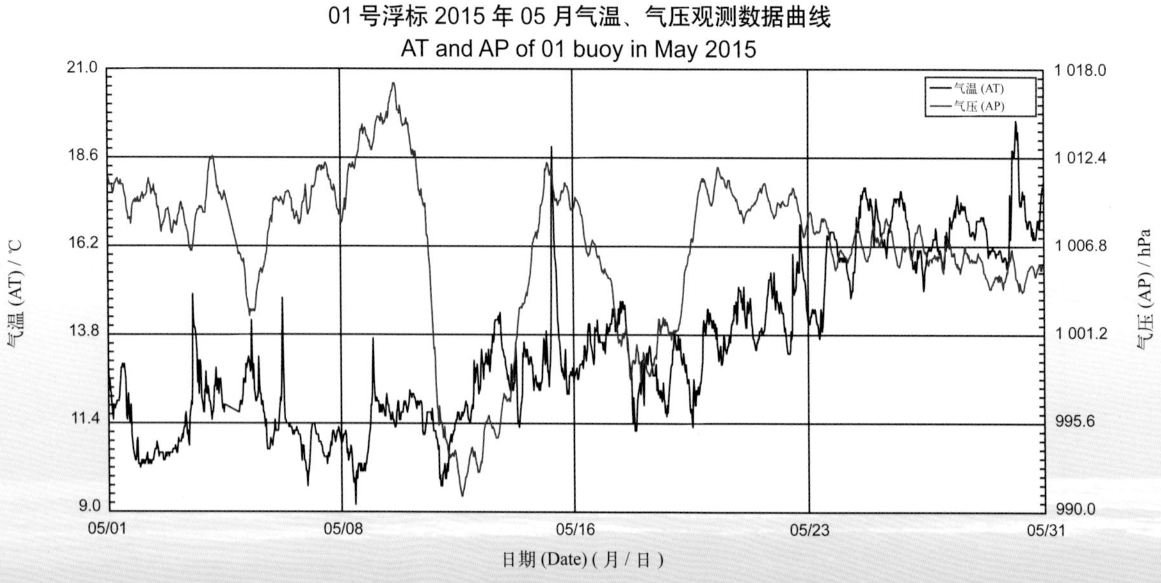

01 号浮标 2015 年 06 月气温、气压观测数据曲线
AT and AP of 01 buoy in Jun. 2015

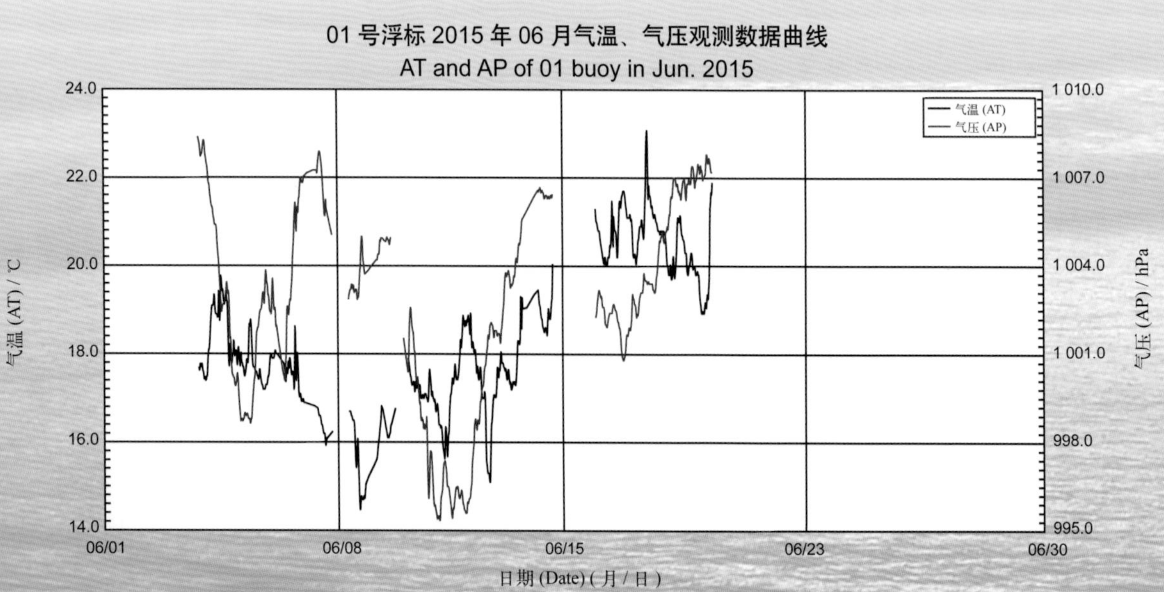

01 号浮标 2015 年 08 月气温、气压观测数据曲线
AT and AP of 01 buoy in Aug. 2015

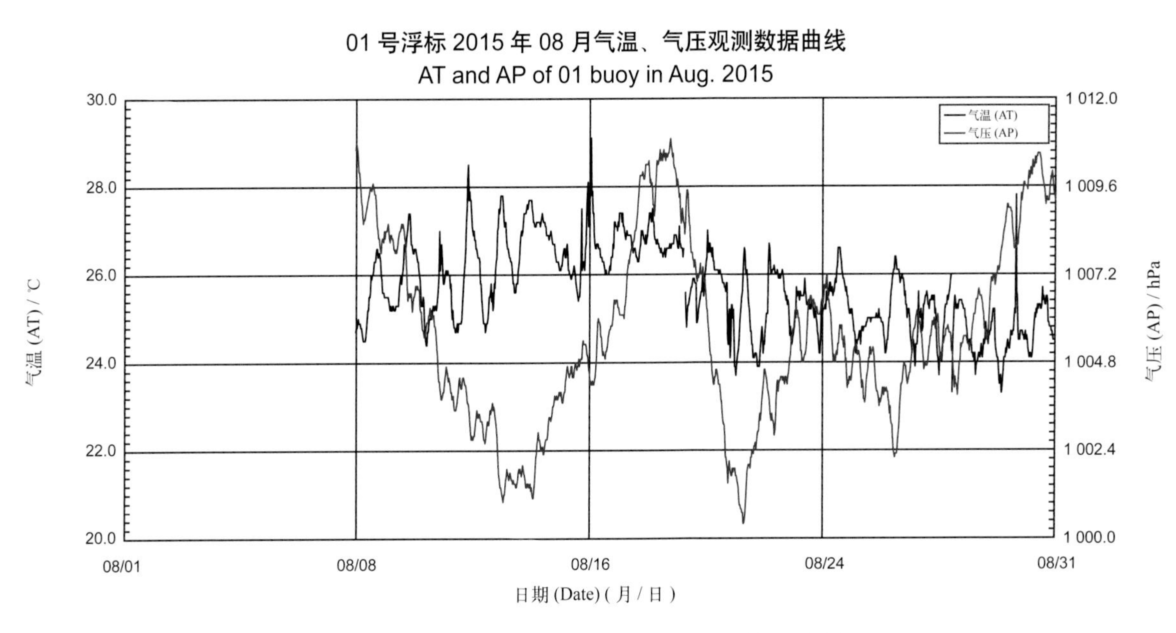

01 号浮标 2015 年 09 月气温、气压观测数据曲线
AT and AP of 01 buoy in Sep. 2015

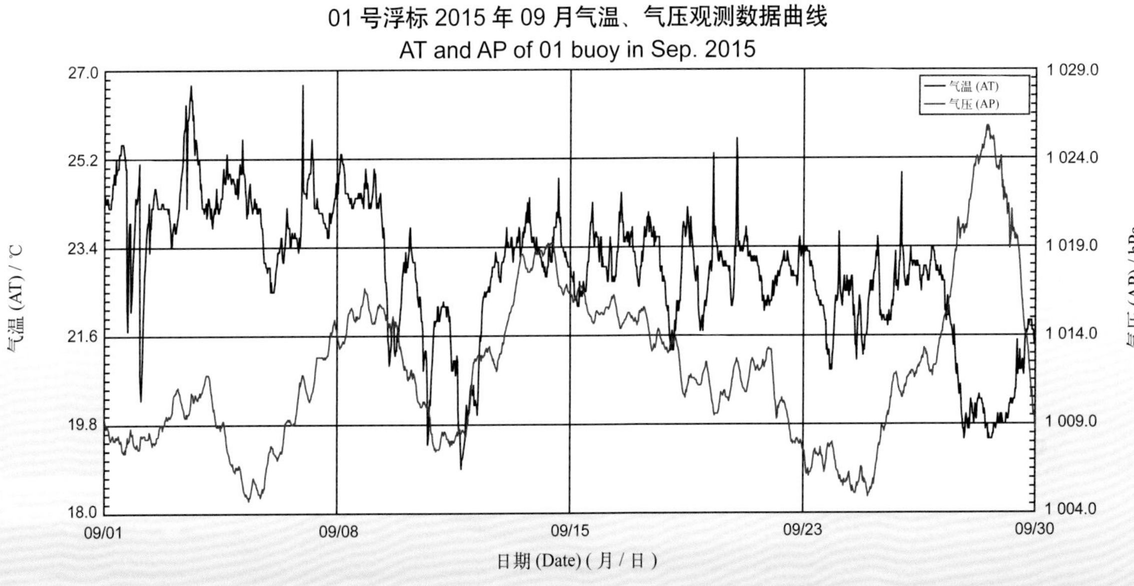

01 号浮标 2015 年 10 月气温、气压观测数据曲线
AT and AP of 01 buoy in Oct. 2015

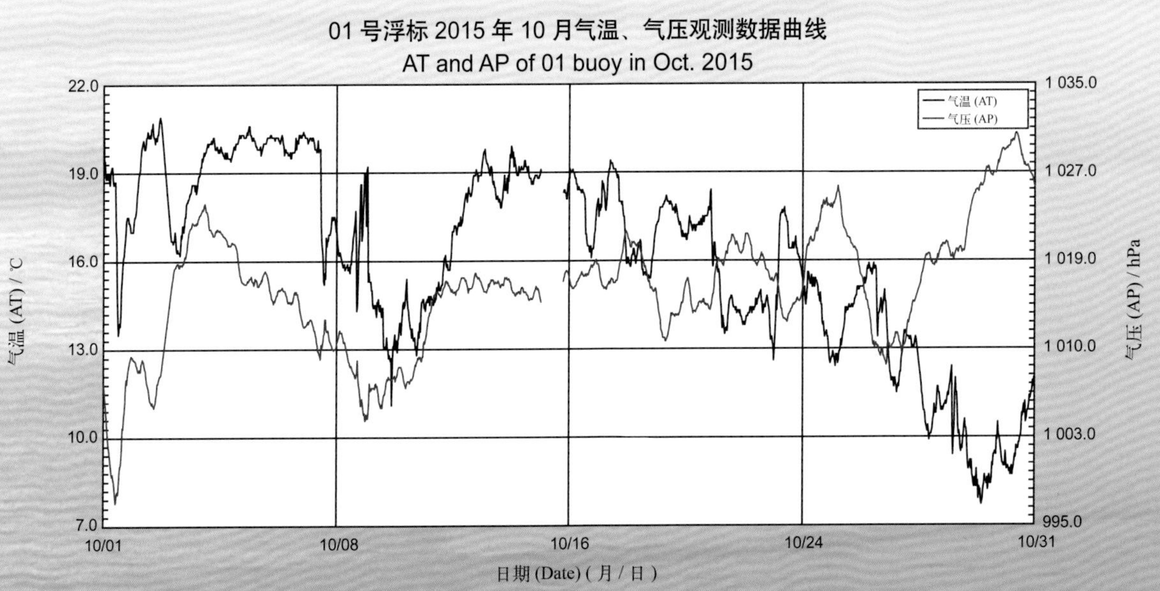

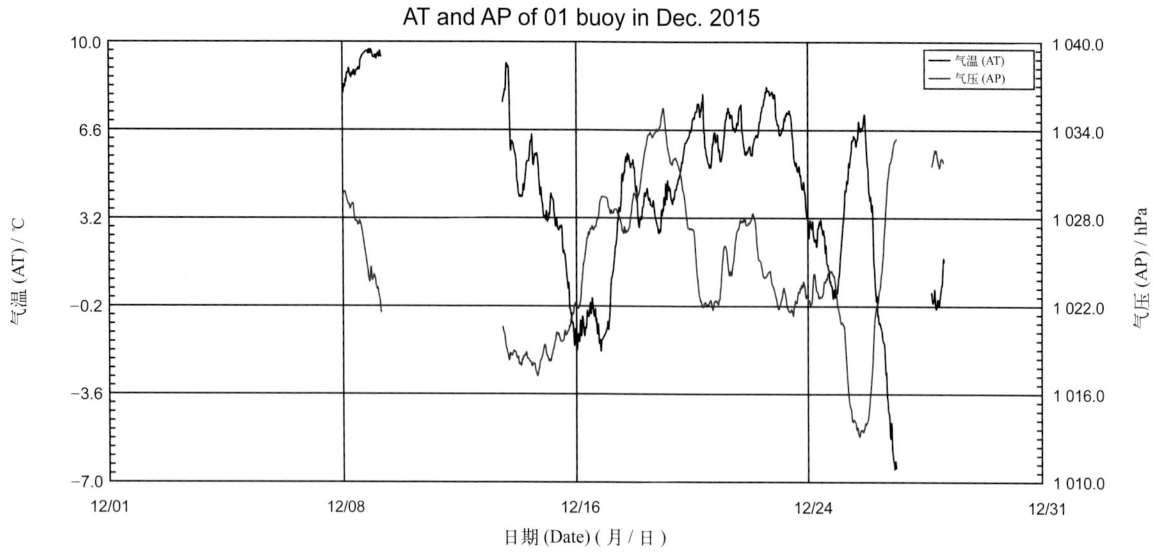
01 号浮标 2015 年 12 月气温、气压观测数据曲线
AT and AP of 01 buoy in Dec. 2015
气温 (AT)
气压 (AP)
10.0
6.6
3.2
-0.2
-3.6
-7.0
1 040.0
1 034.0
1 028.0
1 022.0
1 016.0
1 010.0
气温 (AT) / ℃
气压 (AP) / hPa
12/01
12/08
12/16
12/24
12/31
日期 (Date) (月 / 日)

2015 年度 06 号浮标观测数据概述及曲线
(气温和气压)

06 号浮标位于东海嵊山岛海礁附近海域(30°43′N,123°08′E),是一套直径为 10 m 的圆盘形综合观测平台。可获取的观测参数包括气象、水文和水质,气温和气压数据是气象参数中的重要观测内容。

2015 年, 06 号浮标共获取近 340 天的气温和气压长序列观测数据。获取数据的区间共三个时间段,具体为 1 月 1 日 00:00 至 6 月 29 日 07:30、7 月 1 日 08:00 至 12 月 7 日 22:30 和 12 月 30 日 16:00 至 31 日 23:00。

通过对获取数据质量控制和分析,06 号浮标观测海域本年度气温、气压数据和季节数据特征如下:年度气温平均值为 16.5℃,年度气压平均值为 1 015.8 hPa;测得的年度最高气温和最低气温分别为 28.0℃(7 月 26 日 16:00)和 1.8℃(2 月 9 日 09:30);测得的年度最高气压和最低气压分别为 1 035.3 hPa(3 月 25 日 09:30 和 10:00)和 968.5 hPa(7 月 11 日 22:00)。以 2 月为冬季代表月,观测海域冬季的平均气温是 7.3℃,平均气压是 1 023.7 hPa;以 5 月为春季代表月,观测海域春季的平均气温是 16.8℃,平均气压是 1 010.6 hPa;以 8 月为夏季代表月,观测海域夏季的平均气温是 25.1℃,平均气压是 1 007.3 hPa;以 11 月为秋季代表月,观测海域秋季的平均气温是 16.0℃,平均气压是 1 022.0 hPa。

2015 年,06 号浮标布放海域月度气温、气压变化特征与该海域常年季节气候变化特点基本吻合。浮标观测的月平均气温、气压和最高值、最低值数据参见表 2。从表中可以看出,气温平均值最低的月份为 2 月,并且在该时间段内出现观测到的年度最低气温(1.8℃),气温平均值最高的月份为 8 月,年度最高气温(28.0℃)出现在 7 月。气压平均值最低的月份为 7 月,并且在该时间段内出现观测到的年度最低气压(968.5 hPa),气压平均值最高的月份为 1 月和 12 月,年度最高气压(1 035.1 hPa)出现在 12 月。从月度气温、气压的变化情况分析,气温变化最为剧烈的是 11 月,最高气温为 21.6℃,最低气温为 3.6℃,变化幅度达 18.0℃,气压变化最为剧烈的是 7 月,最高气压为 1 011.7 hPa,最低气压为 968.5 hPa,变化幅度达 43.2 hPa;比较而言,气温变化幅度较小的月份是 9 月,最高气温为 26.0℃,最低气温为 20.6℃,变化幅度仅为 5.4℃,气压变化幅度较小的月份是 6 月,最高气压为 1 013.7 hPa,最低气压为 997.9 hPa,变化幅度仅为 15.8 hPa。

表 2　2015 年 06 号浮标各月份气温、气压观测数据

月份	气温 / ℃			气压 / hPa			备注
	平均	最高	最低	平均	最高	最低	
1	8.2	15.0	2.8	1 025.8	1 034.9	1 012.2	
2	7.3	11.7	1.8	1 023.7	1 034.3	1 013.5	冬季代表月
3	9.4	14.7	2.3	1 022.1	1 035.3	1 003.3	
4	12.9	17.6	7.1	1 016.2	1 028.2	999.2	
5	16.8	19.6	13.0	1 010.6	1 018.6	1 002.1	春季代表月
6	20.7	24.7	16.3	1 007.0	1 013.7	997.9	缺近 2 天的数据
7	23.1	28.0	18.3	1 005.1	1 011.7	968.5	记录 1 次台风过程
8	25.1	27.5	20.3	1 007.3	1 011.7	994.2	夏季代表月，记录 1 次台风过程
9	23.1	26.0	20.6	1 012.4	1 019.1	1 002.4	
10	20.0	24.3	15.8	1 018.7	1 030.0	1 008.4	
11	16.0	21.6	3.6	1 022.0	1 030.2	1 011.6	秋季代表月，记录 1 次寒潮过程
12	11.3	18.6	6.0	1 025.8	1 035.1	1 016.0	只有 9 天的数据

2015 年，06 号浮标共记录到 1 次寒潮过程和 2 次台风过程。11 月 24 日 22:00 至 26 日 22:00，48 h 气温下降了 11.5℃，最低气温下降到 3.6℃（11 月 26 日 21:00），最高气压为 1 028.6 hPa（11 月 27 日 02:30），气压最低值为 1 020.4 hPa，之后气温从 11 月 27 日 03:00 开始超过 5℃。第一次台风过程，7 月 10 日至 12 日，06 号浮标获取到了第 9 号超强台风“灿鸿”的相关数据，获取到的最低气压为 968.5 hPa（7 月 11 日 22:00）。第二次台风过程， 8 月 23 日至 25 日，06 号浮标获取到了第 15 号超强台风“天鹅”的相关数据，获取到的最低气压为 994.2 hPa（8 月 24 日 16:00）。

06 号浮标 2015 年气温、气压观测数据曲线
AT and AP of 06 buoy in 2015

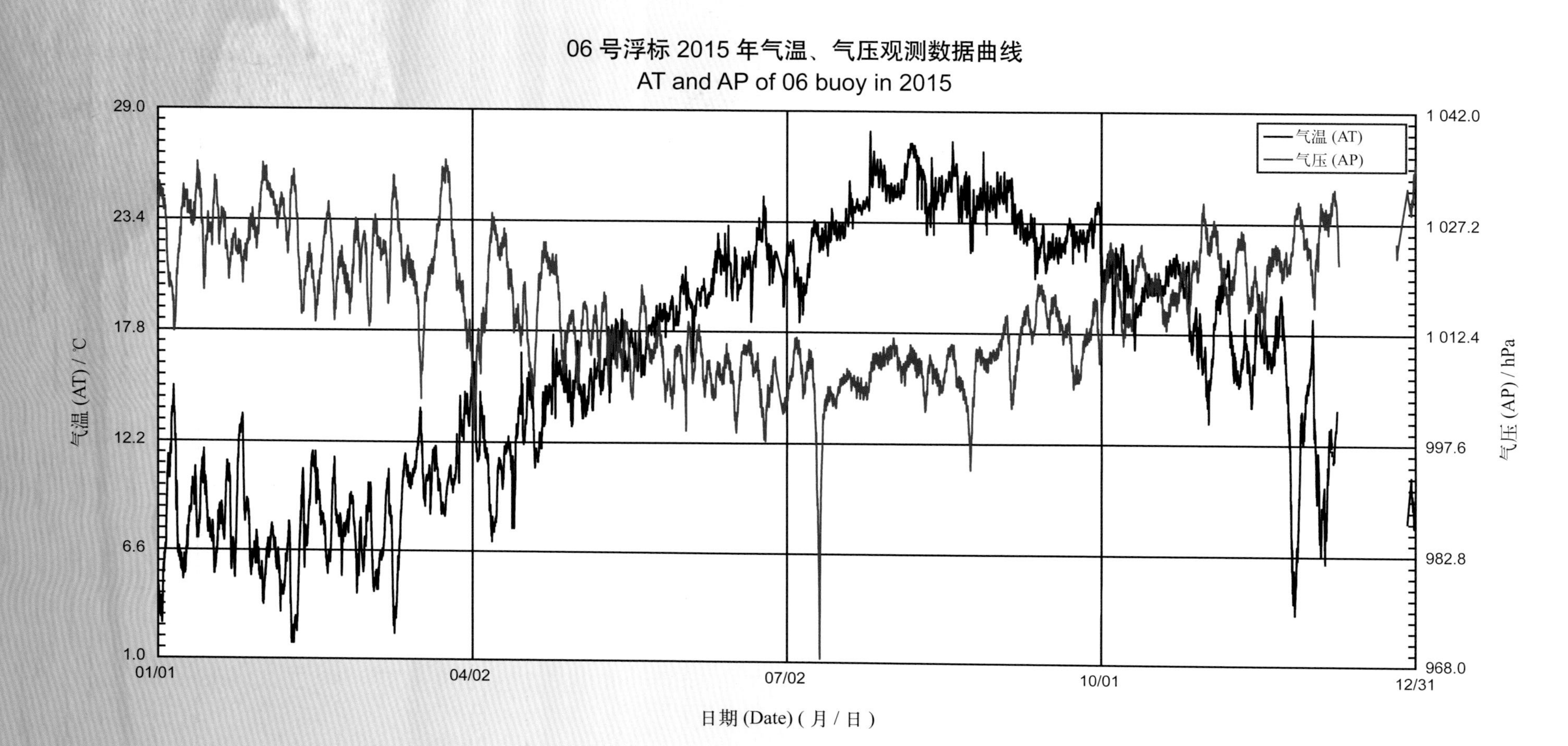

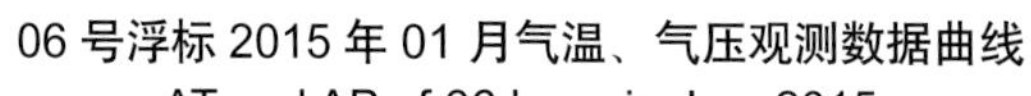
06 号浮标 2015 年 01 月气温、气压观测数据曲线
AT and AP of 06 buoy in Jan. 2015

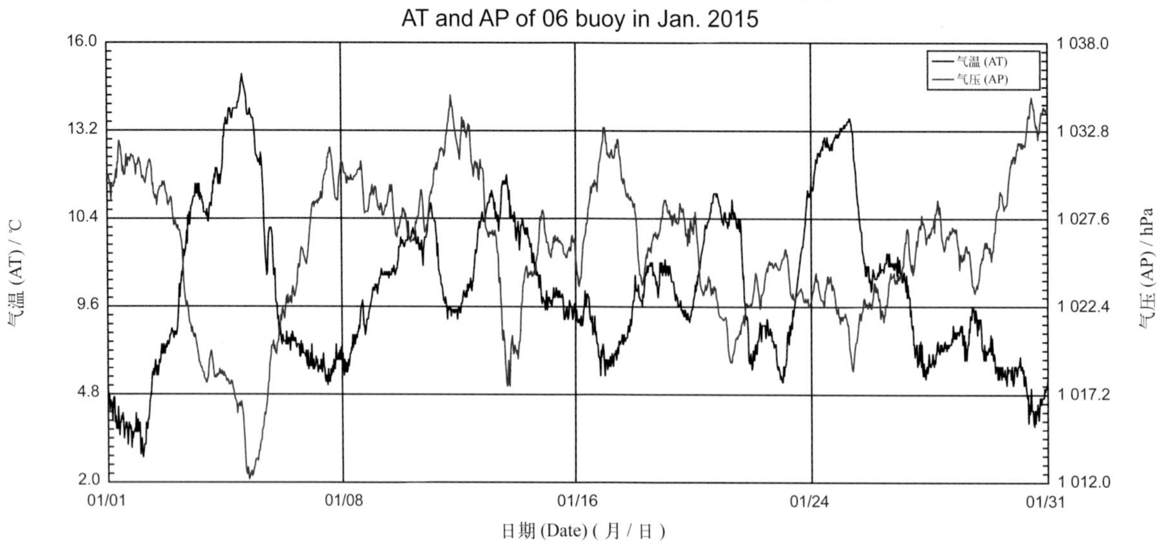

06 号浮标 2015 年 02 月气温、气压观测数据曲线
AT and AP of 06 buoy in Feb. 2015

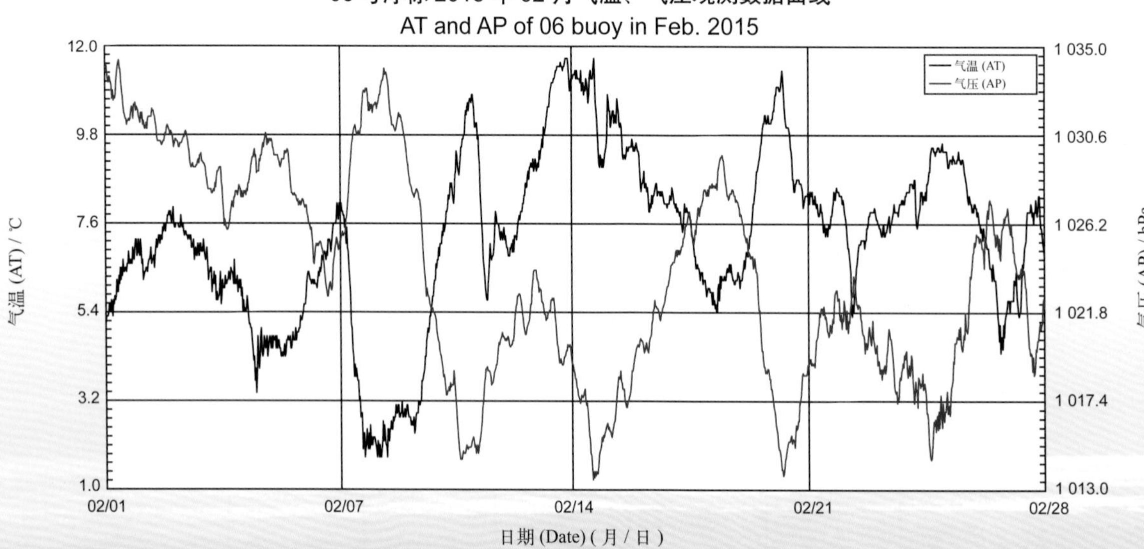

06 号浮标 2015 年 03 月气温、气压观测数据曲线
AT and AP of 06 buoy in Mar. 2015

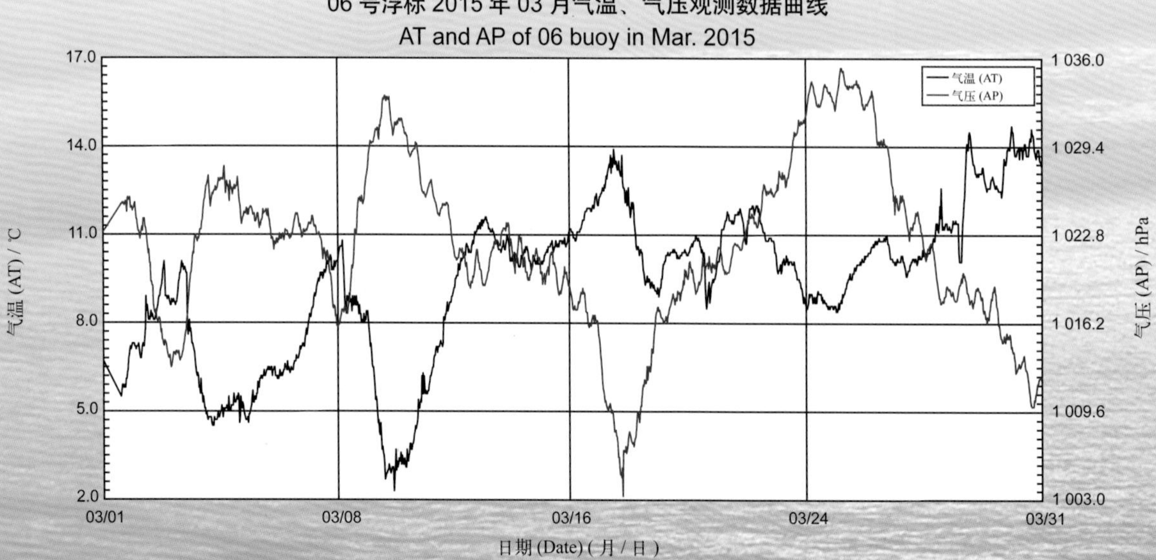

06 号浮标 2015 年 04 月气温、气压观测数据曲线
AT and AP of 06 buoy in Apr. 2015

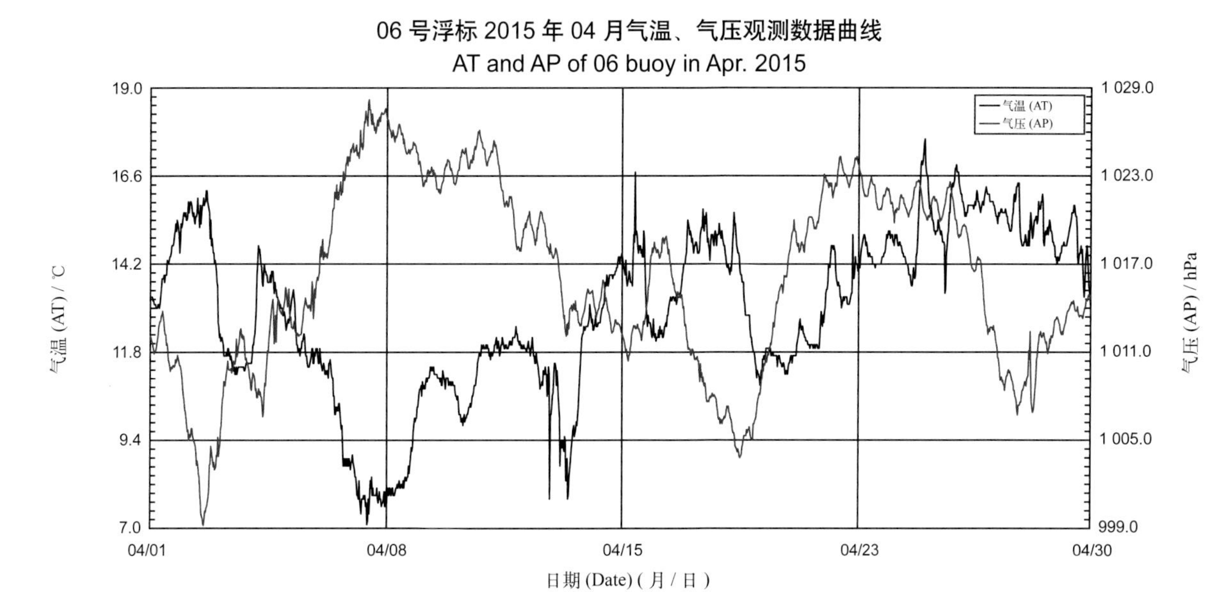

06 号浮标 2015 年 05 月气温、气压观测数据曲线
AT and AP of 06 buoy in May 2015

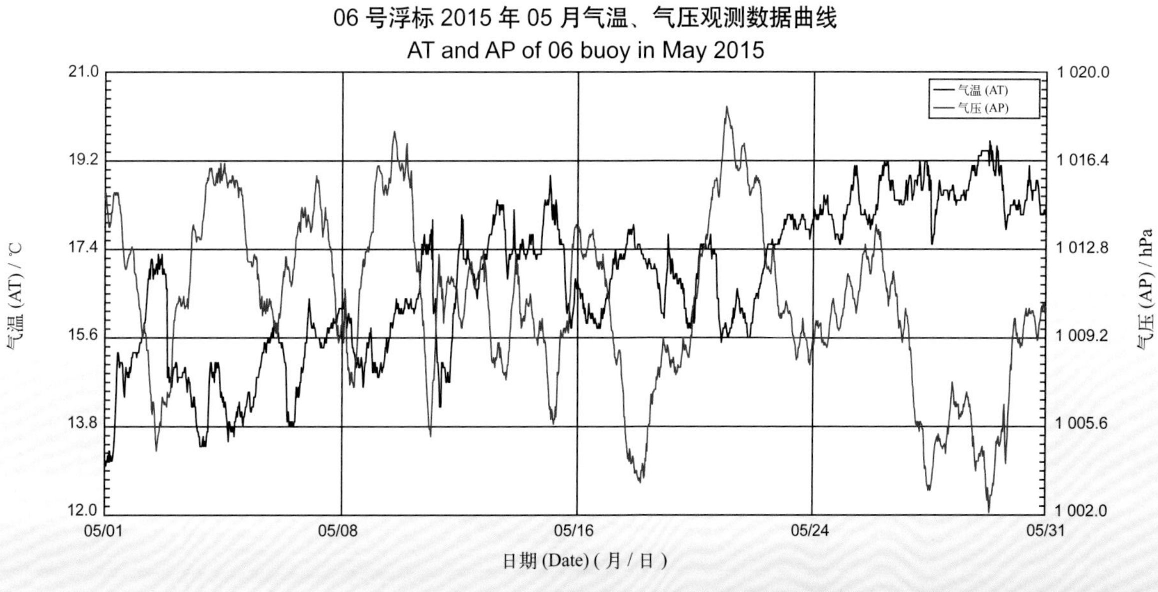

06 号浮标 2015 年 06 月气温、气压观测数据曲线
AT and AP of 06 buoy in Jun. 2015

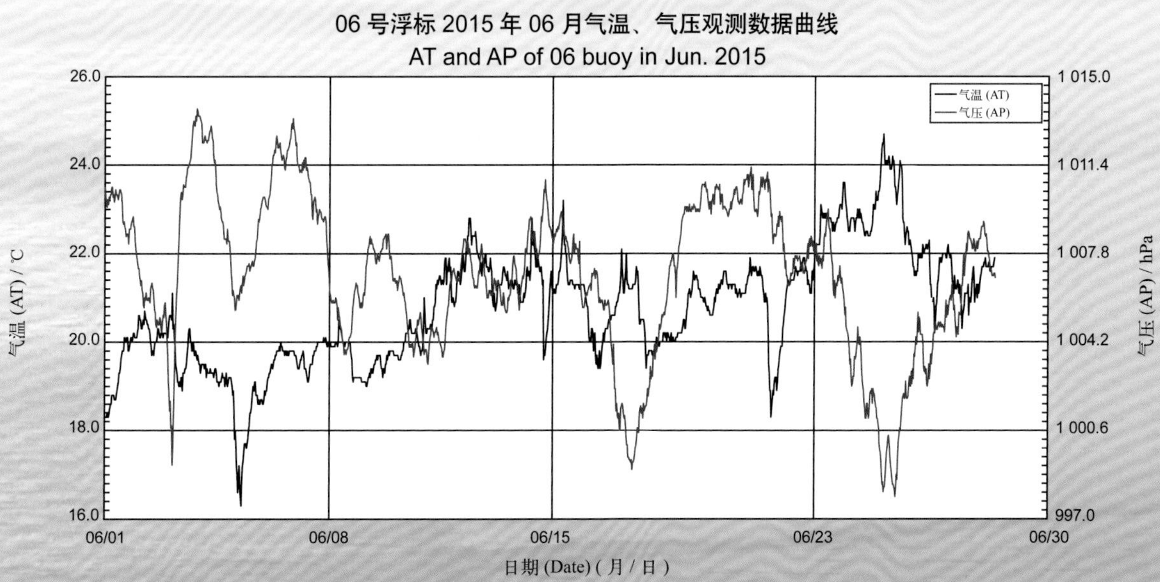

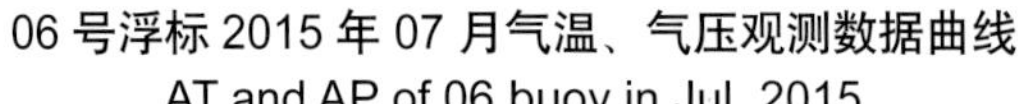

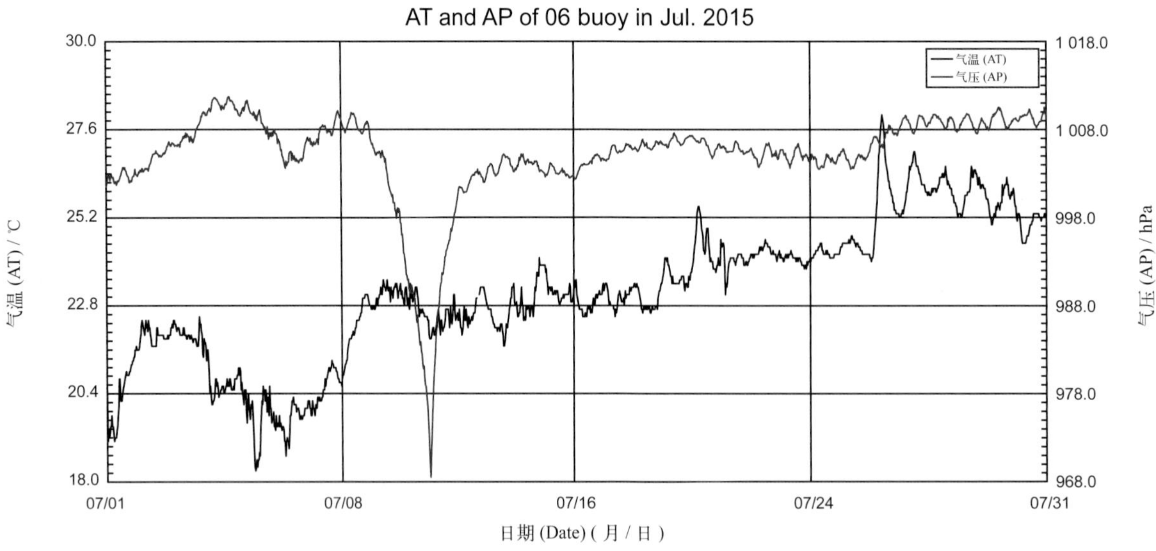

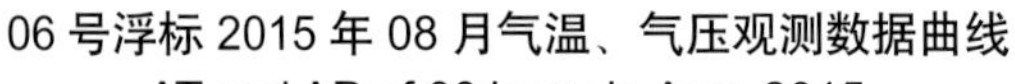

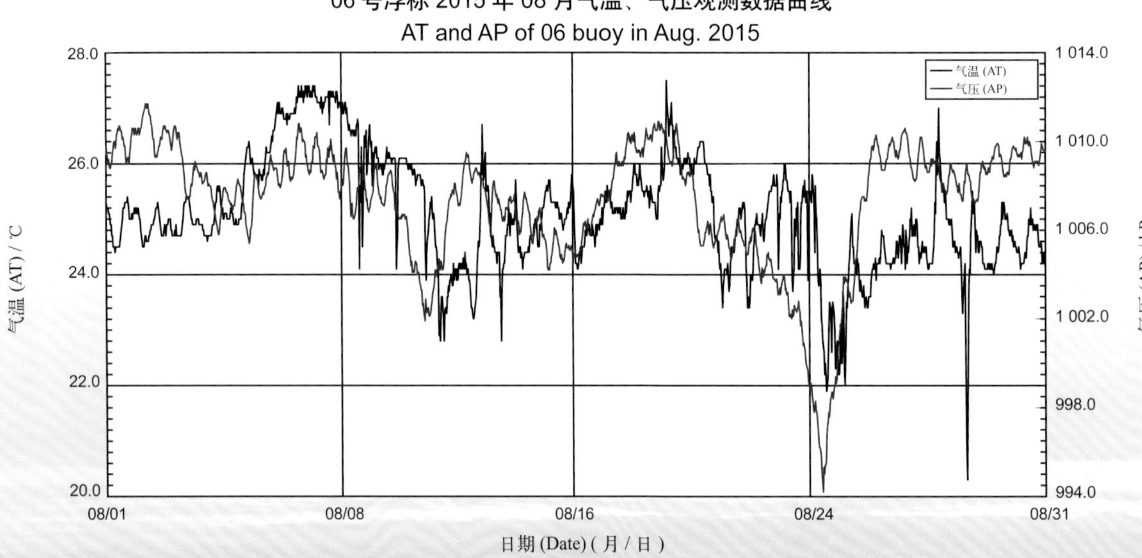

06 号浮标 2015 年 09 月气温、气压观测数据曲线
AT and AP of 06 buoy in Sep. 2015

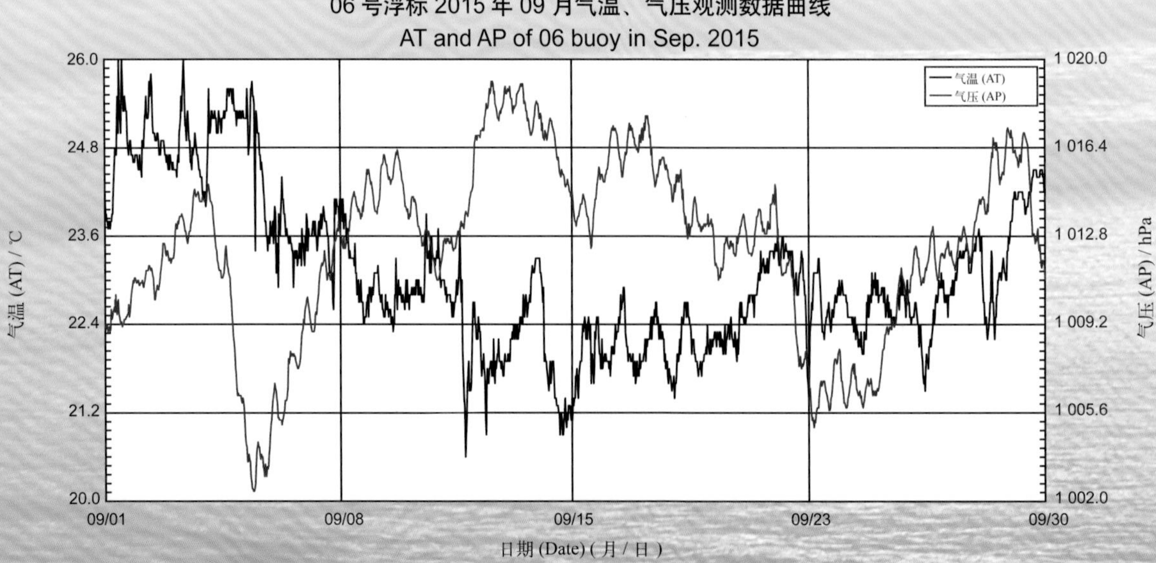

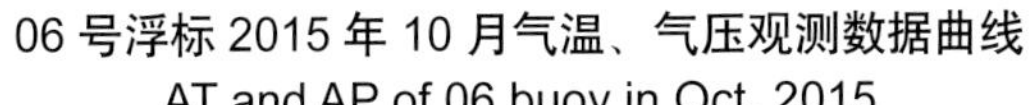
06 号浮标 2015 年 10 月气温、气压观测数据曲线
AT and AP of 06 buoy in Oct. 2015

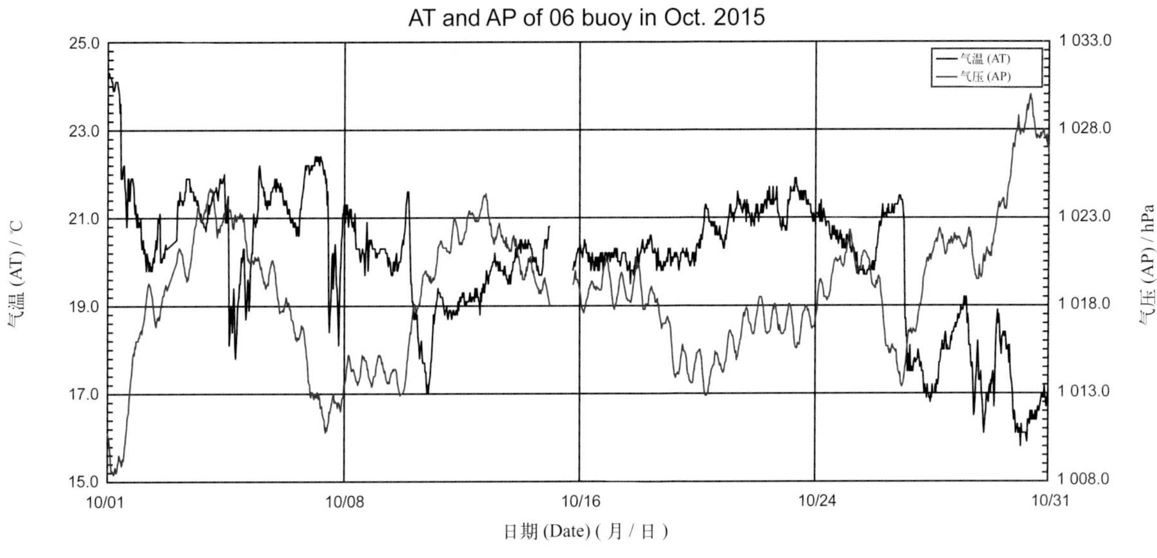

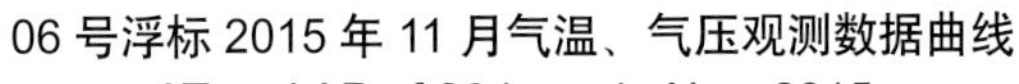
06 号浮标 2015 年 11 月气温、气压观测数据曲线
AT and AP of 06 buoy in Nov. 2015

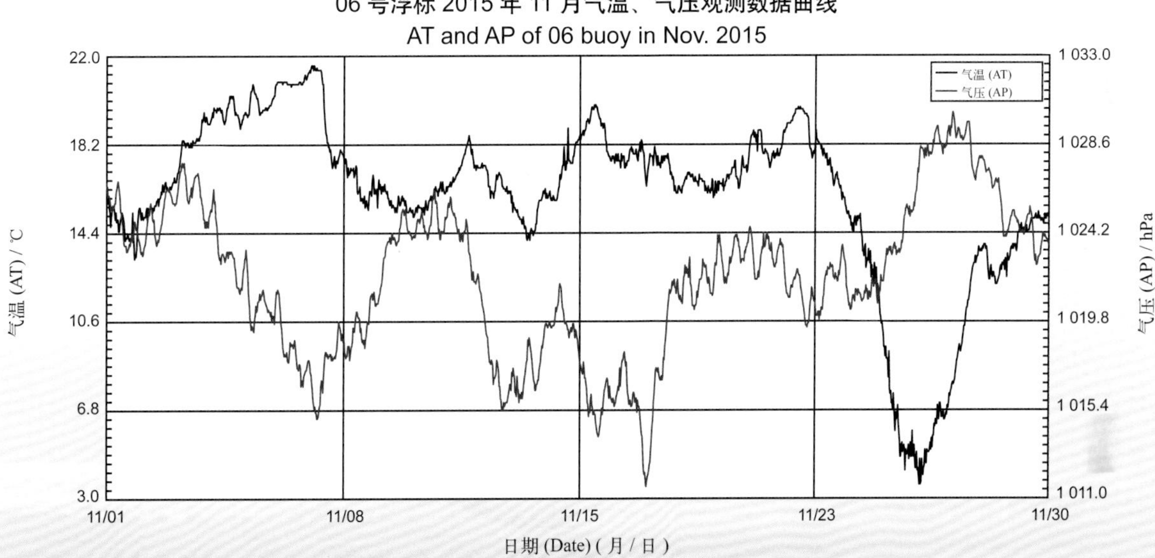

06 号浮标 2015 年 12 月气温、气压观测数据曲线
AT and AP of 06 buoy in Dec. 2015

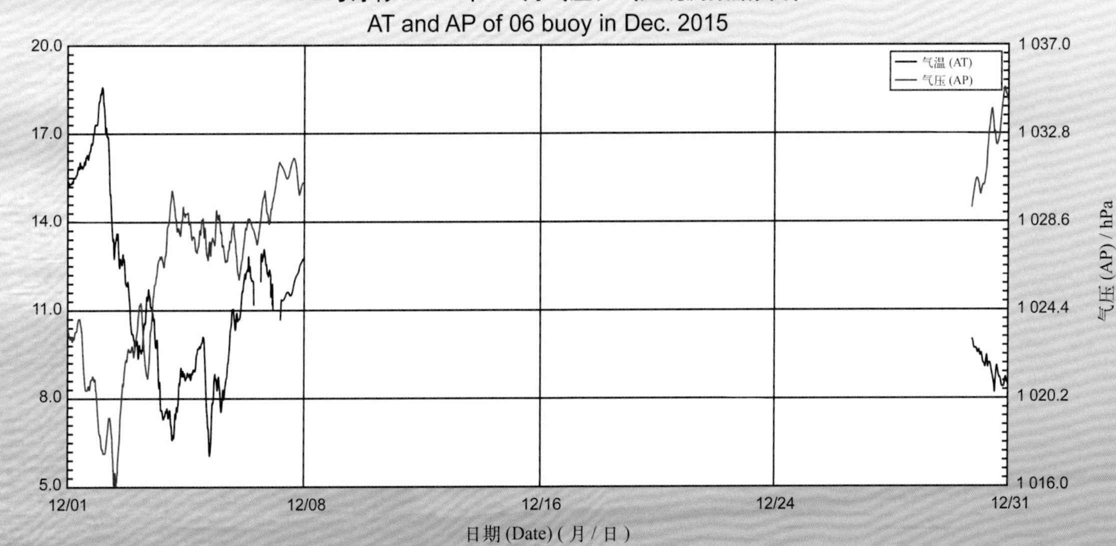

2015 年度 07 号浮标观测数据概述及曲线
（气温和气压）

07 号浮标位于黄海荣成楮岛附近海域（37°04′N，122°35′E），是一套直径为 3 m 的圆盘形综合观测平台。可获取的观测参数包括气象、水文和水质，气温和气压数据是气象参数中的重要观测内容。

2015 年，07 号浮标共获取近 327 天的气温和气压长序列观测数据。获取数据的区间共三个时间段，具体为 1 月 1 日 00:00 至 6 月 29 日 08:10、7 月 1 日 07:10 至 8 月 5 日 00:40 和 9 月 10 日 07:30 至 12 月 31 日 23:50。

通过对获取数据质量控制和分析，07 号浮标观测海域本年度气温、气压数据和季节数据特征如下：年度气温平均值为 11.1℃，年度气压平均值为 1 018.3 hPa；测得的年度最高气温和最低气温分别为 28.5℃（7 月 30 日 17:50）和 −6.9℃（2 月 8 日 07:30）；测得的年度最高气压和最低气压分别为 1 039.3 hPa（1 月 12 日 09:30）和 987.1 hPa（7 月 12 日 17:40）。以 2 月为冬季代表月，观测海域冬季的平均气温是 1.4℃，平均气压是 1 024.3 hPa；以 5 月为春季代表月，观测海域春季的平均气温是 13.7℃，平均气压是 1 010.0 hPa；以 11 月为秋季代表月，观测海域秋季的平均气温是 10.5℃，平均气压是 1 024.7 hPa。

2015 年，07 号浮标布放海域月度气温、气压变化特征与该海域常年季节气候变化特点基本吻合。浮标观测的月平均气温、气压和最高值、最低值数据参见表 3。从表中可以看出，气温平均值最低的月份为 1 月，年度最低气温（−6.9℃）出现在 2 月，气温平均值最高的月份为 9 月，年度最高气温（28.5℃）出现在 7 月。气压平均值最低的月份为 9 月，年度最低气压（987.1 hPa）出现在 7 月，气压平均值最高的月份为 1 月，并且在该月出现年度最高气压（1 039.7 hPa）。从月度气温、气压的变化情况分析，气温变化最为剧烈的是 11 月，最高气温为 18.4℃，最低气温为 −2.0℃，变化幅度达 20.4℃，气压变化最为剧烈的是 4 月，最高气压为 1 031.7 hPa，最低气压为 994.0 hPa，变化幅度达 37.7 hPa；比较而言，气温变化幅度较小的月份是 9 月，最高气温为 24.9℃，最低气温为 17.7℃，变化幅度仅为 7.2℃，气压变化幅度较小的月份为 6 月，最高气压为 1 013.0 hPa，最低气压为 997.6 hPa，变化幅度仅为 15.4 hPa。

表3　2015年07号浮标各月份气温、气压观测数据

月份	气温 / ℃			气压 / hPa			备注
	平均	最高	最低	平均	最高	最低	
1	1.2	7.1	−3.5	1 027.4	1 039.8	1 013.7	
2	1.4	5.8	−6.9	1 024.3	1 037.0	1 012.5	冬季代表月，记录1次寒潮过程
3	4.1	12.3	−2.6	1 022.3	1 036.2	1 010.5	
4	8.8	20.6	3.4	1 016.4	1 031.7	994.0	
5	13.7	22.1	7.9	1 010.0	1 019.1	995.6	春季代表月
6	17.7	22.5	13.6	1 006.9	1 013.0	997.6	缺近2天的数据
7	22.0	28.5	18.3	1 006.5	1 014.8	987.1	记录1次台风过程
8	—	—	—	—	—	—	夏季代表月，浮标大修，仅有5天的数据
9	22.1	24.9	17.7	1 006.0	1 027.4	1 007.8	浮标大修，缺近10天的数据
10	17.2	22.7	9.8	1 019.7	1 034.0	1 001.7	
11	10.5	18.4	−2.0	1 024.7	1 033.4	1 012.9	秋季代表月
12	4.9	11.9	−3.3	1 027.3	1 037.5	1 016.2	

2015年，07号浮标共记录到1次寒潮过程和1次台风过程。2月7日12:00至8日07:30，19.5 h气温下降了11.0℃（由4.1℃下降到−6.9℃），0℃以下气温持续时长为89.5 h，寒潮期间气压最高值为1 035.5 hPa（2月8日10:20）。7月11日至14日，07号浮标获取到了第9号超强台风“灿鸿”的相关数据，获取到的最低气压为987.1 hPa（7月12日17:40）。

07 号浮标 2015 年气温、气压观测数据曲线
AT and AP of 07 buoy in 2015

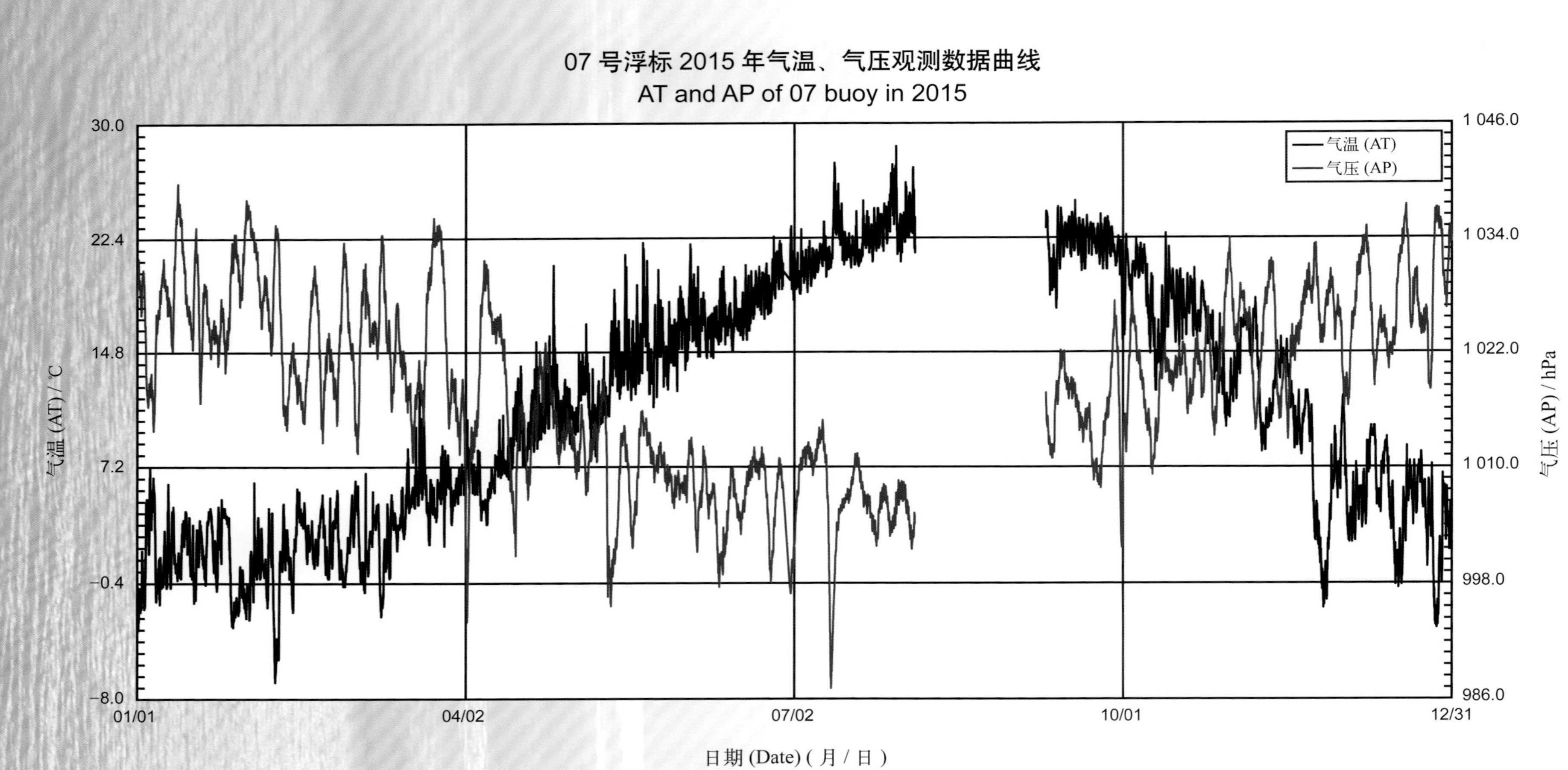

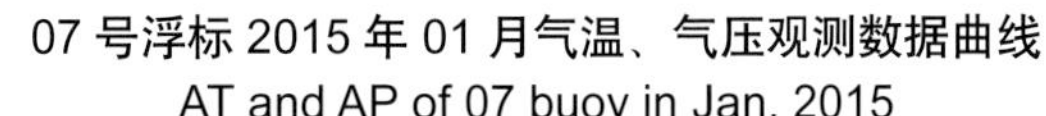

07 号浮标 2015 年 01 月气温、气压观测数据曲线
AT and AP of 07 buoy in Jan. 2015

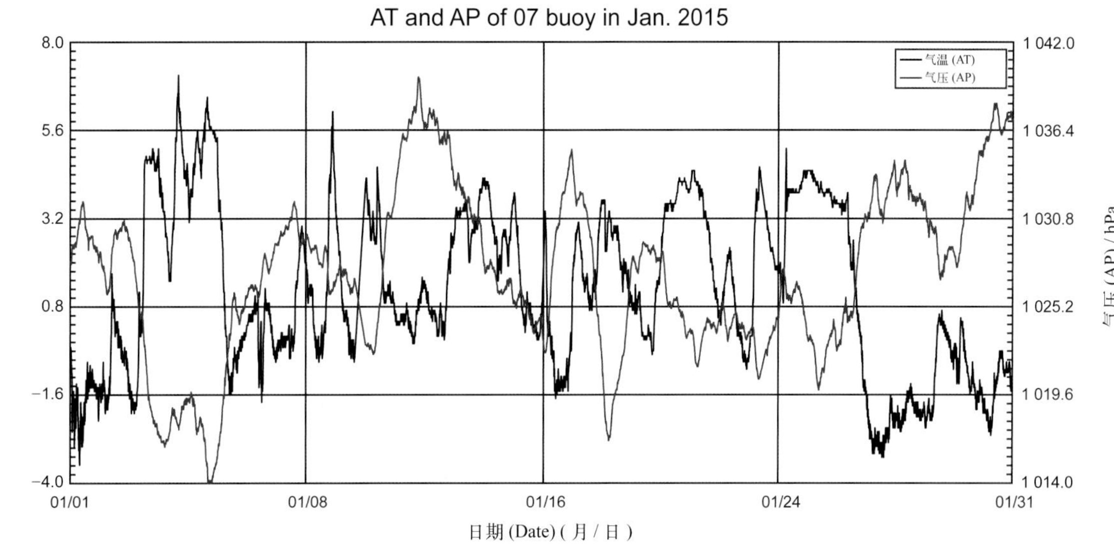

07 号浮标 2015 年 02 月气温、气压观测数据曲线
AT and AP of 07 buoy in Feb. 2015

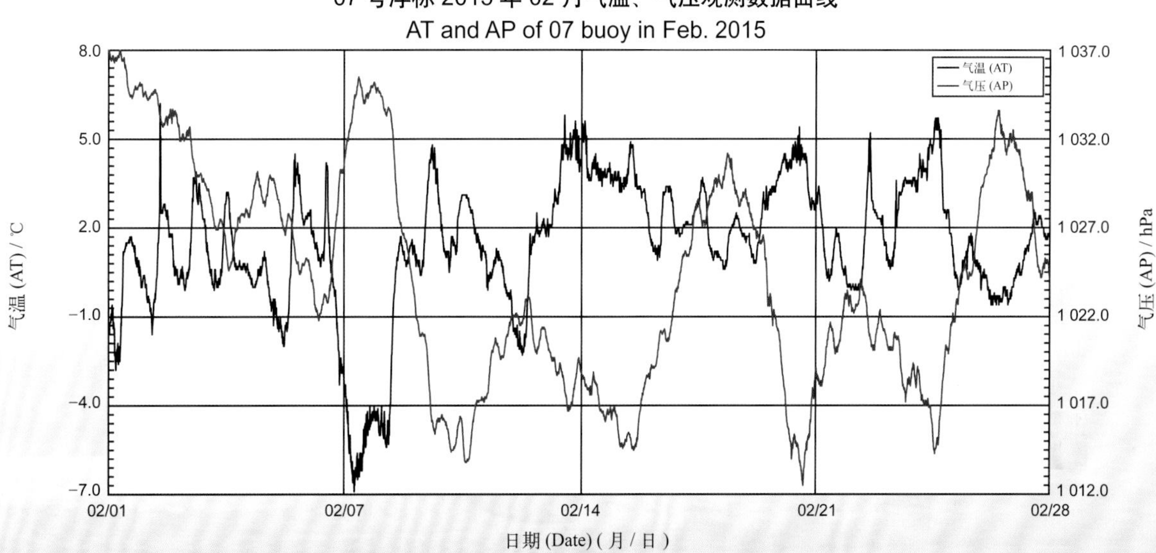

07 号浮标 2015 年 03 月气温、气压观测数据曲线
AT and AP of 07 buoy in Mar. 2015

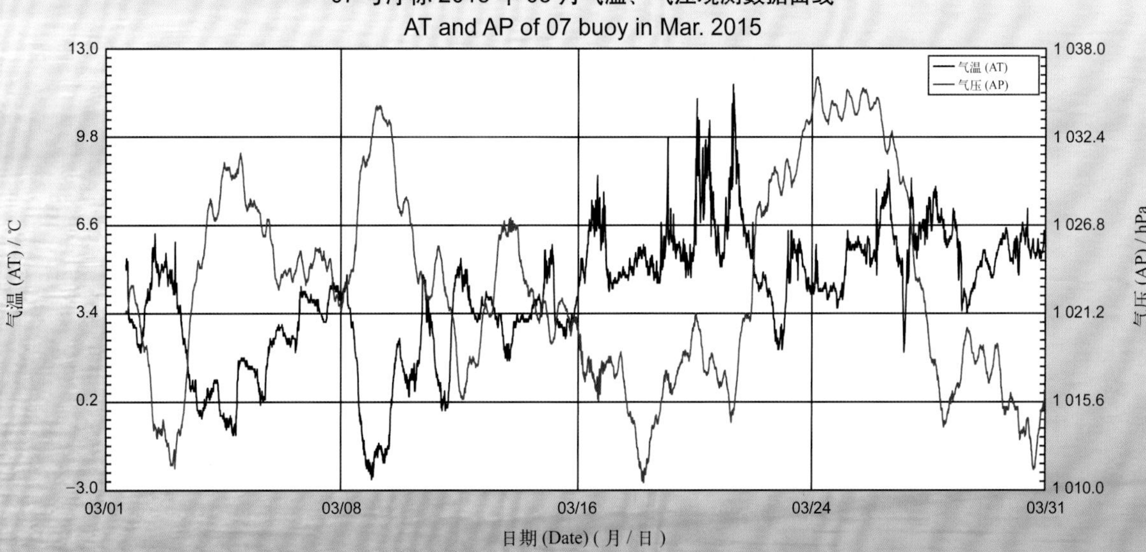

07 号浮标 2015 年 04 月气温、气压观测数据曲线
AT and AP of 07 buoy in Apr. 2015

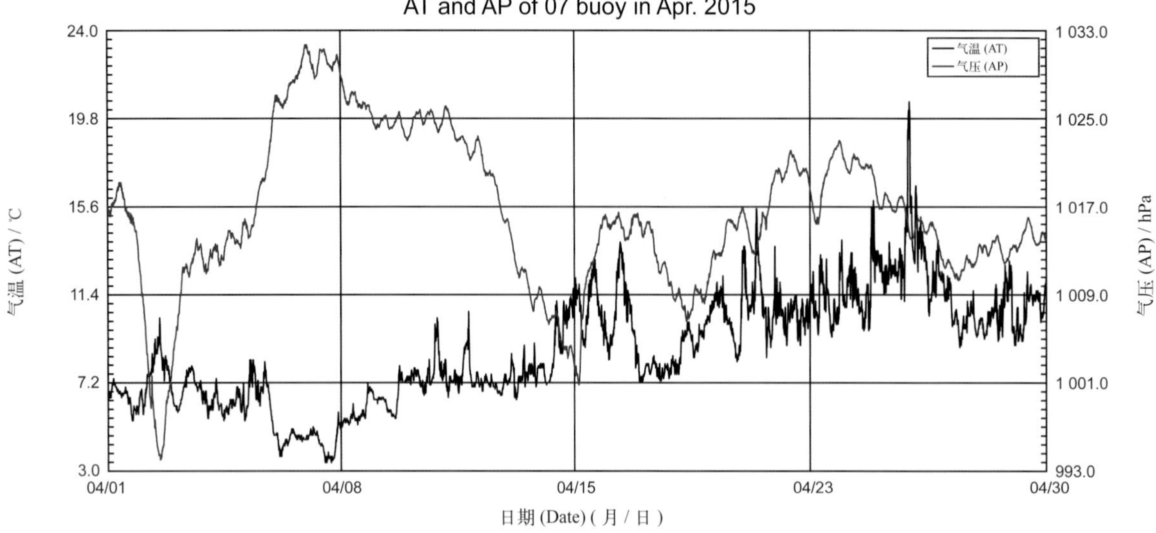

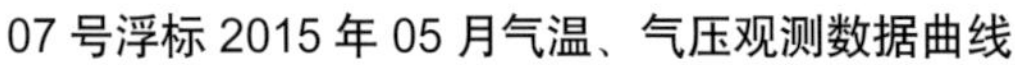

07 号浮标 2015 年 05 月气温、气压观测数据曲线
AT and AP of 07 buoy in May 2015

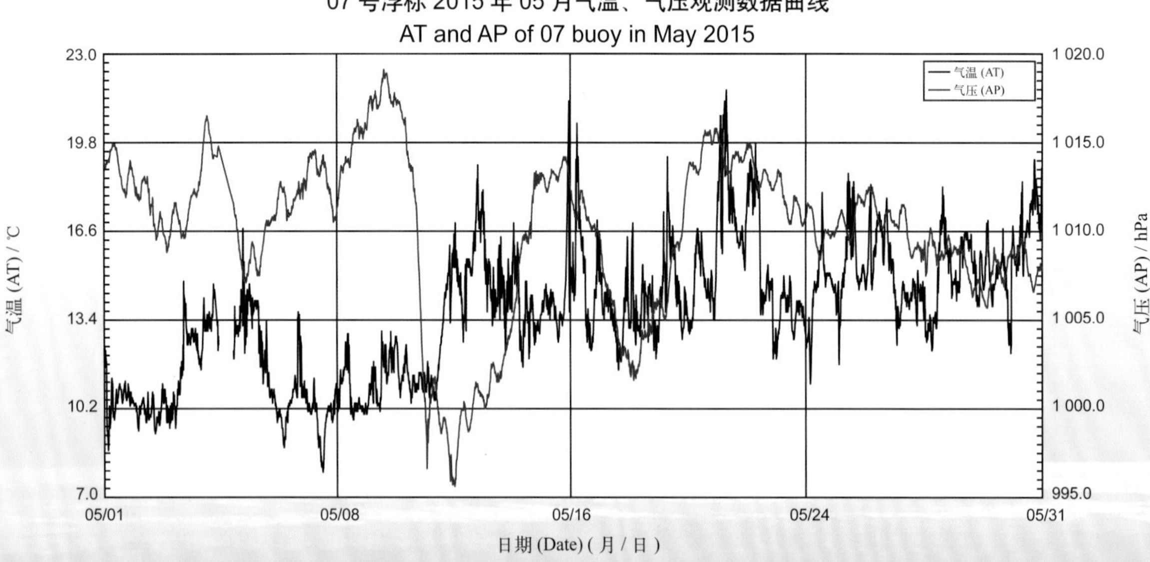

07 号浮标 2015 年 06 月气温、气压观测数据曲线
AT and AP of 07 buoy in Jun. 2015

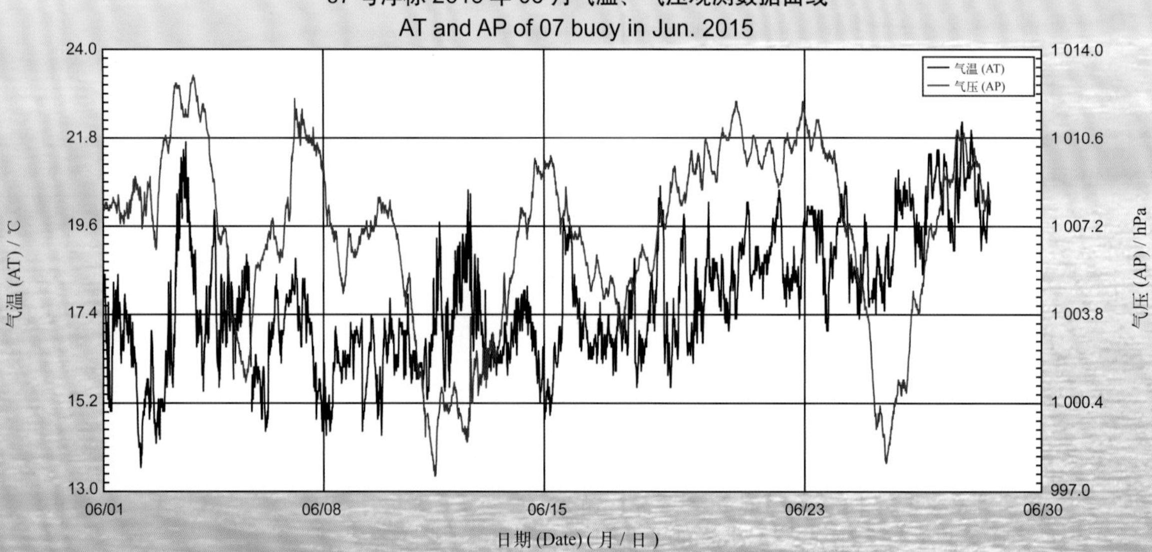

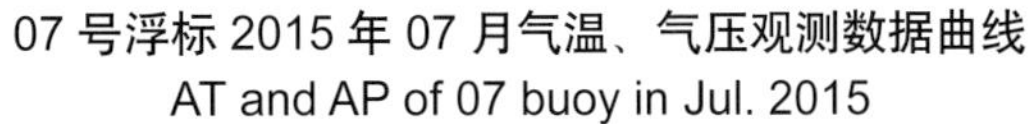

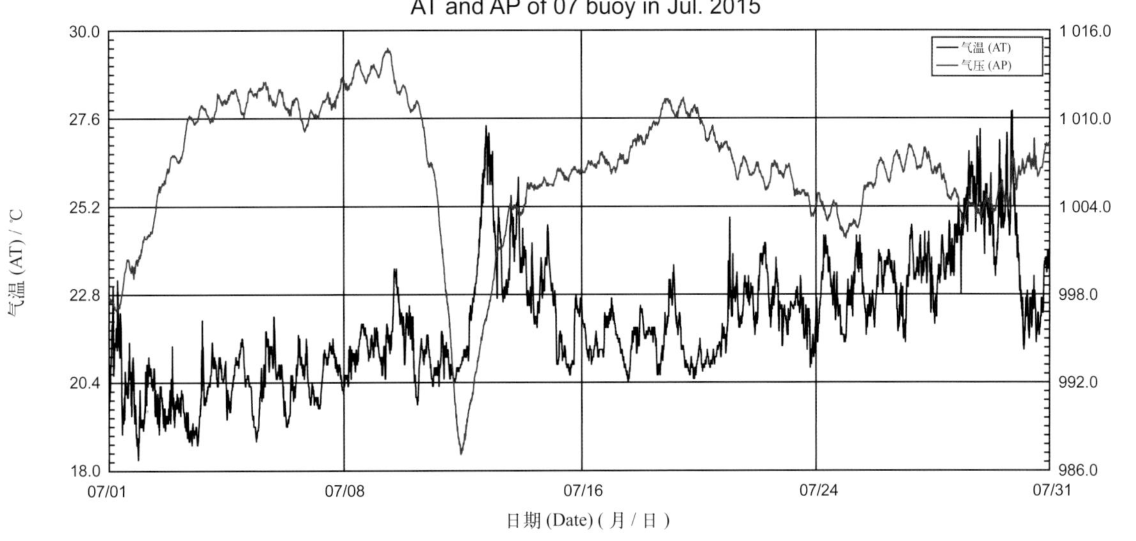

07 号浮标 2015 年 08 月气温、气压观测数据曲线

AT and AP of 07 buoy in Aug. 2015

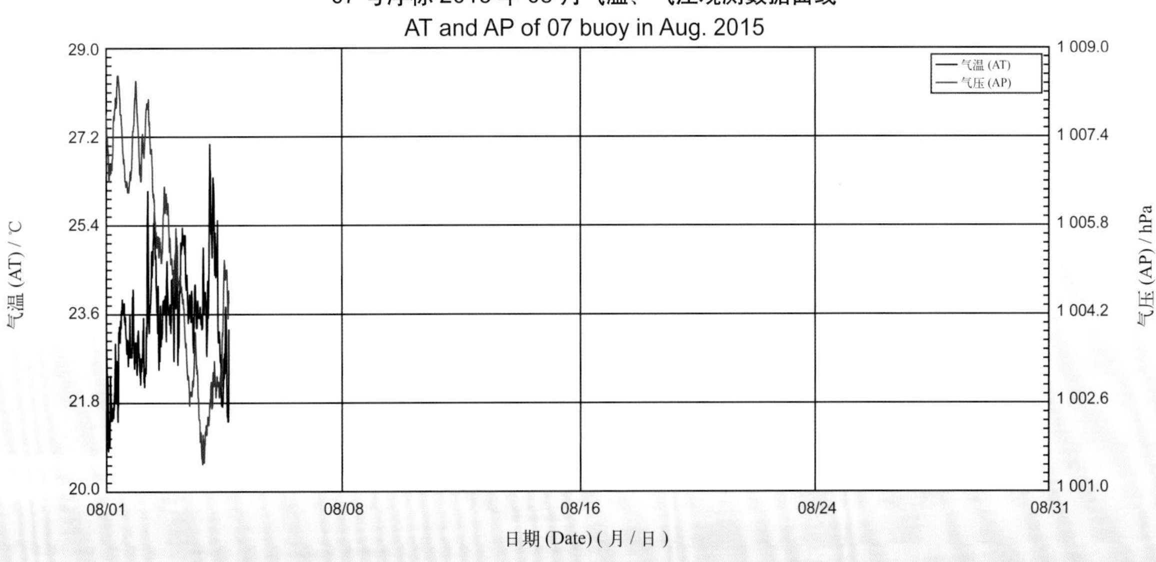

07 号浮标 2015 年 09 月气温、气压观测数据曲线

AT and AP of 07 buoy in Sep. 2015

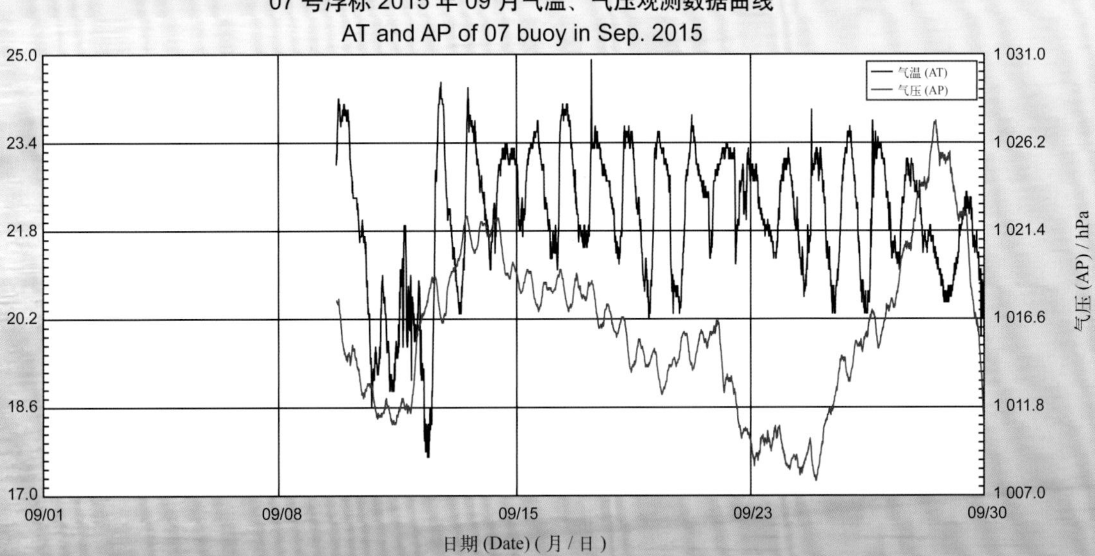

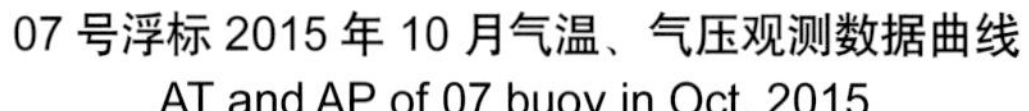

07 号浮标 2015 年 10 月气温、气压观测数据曲线
AT and AP of 07 buoy in Oct. 2015

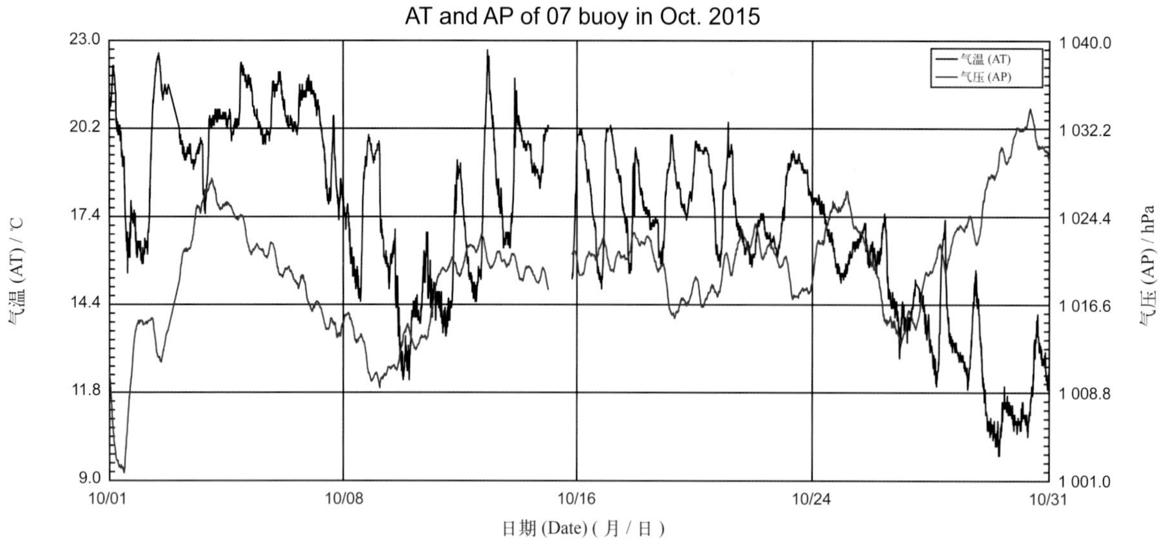

07 号浮标 2015 年 11 月气温、气压观测数据曲线
AT and AP of 07 buoy in Nov. 2015

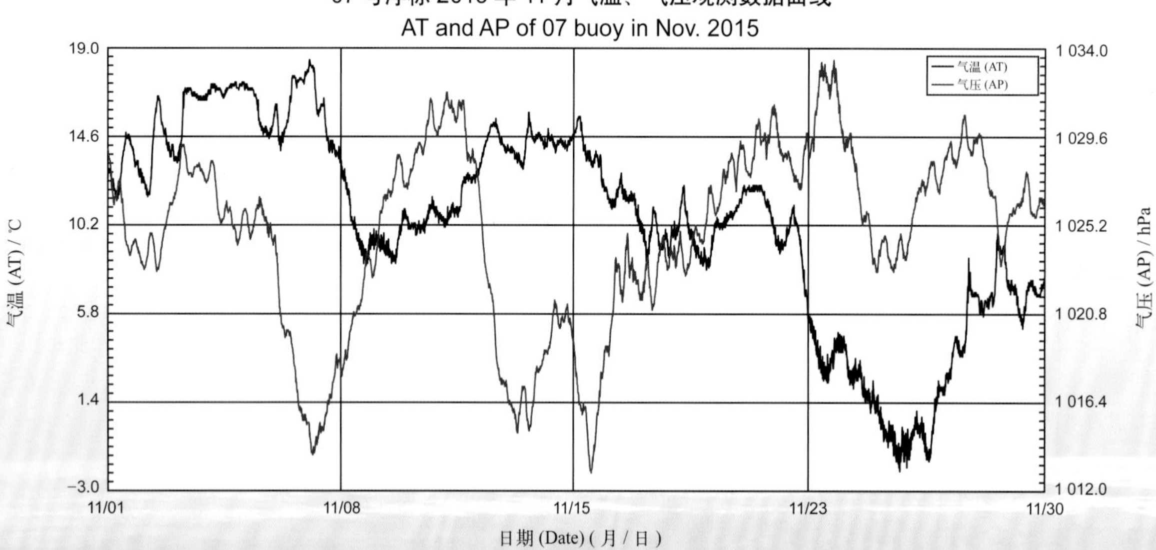

07 号浮标 2015 年 12 月气温、气压观测数据曲线
AT and AP of 07 buoy in Dec. 2015

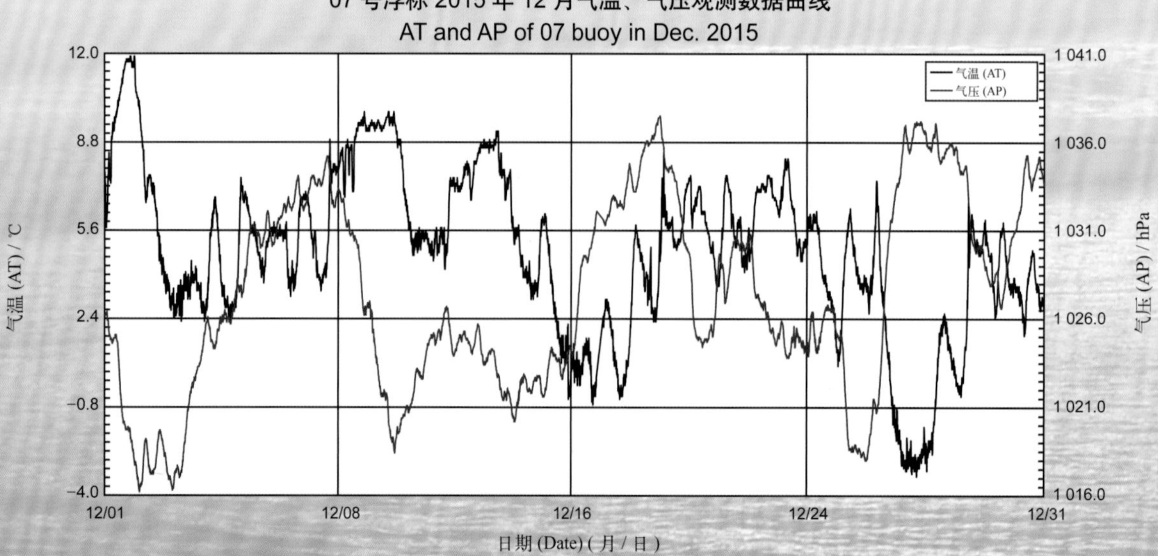

2015年度09号浮标观测数据概述及曲线
（气温和气压）

09号浮标位于黄海灵山岛附近海域（35°55′N，120°16′E），是一套直径为3 m的圆盘形综合观测平台。可获取的观测参数包括气象、水文和水质，气温和气压数据是气象参数中的重要观测内容。

2015年度，09号浮标共获取近363天的气温和气压长序列观测数据。获取数据的区间共两个时间段，具体为1月1日00:00至6月29日08:30和7月1日08:00至12月31日23:00。

通过对获取数据质量控制和分析，09号浮标观测海域本年度气温、气压数据和季节数据特征如下：年度气温平均值为13.0℃，年度气压平均值为1 016.7 hPa；测得的年度最高气温和最低气温分别为29.5℃（8月13日09:30）和−4.6℃（2月8日08:00和09:30）；测得的年度最高气压和最低气压分别为1 040.7 hPa（1月12日09:30）和992.8 hPa（7月12日14:00）。以2月为冬季代表月，观测海域冬季的平均气温是3.4℃，平均气压是1 024.8 hPa；以5月为春季代表月，观测海域春季的平均气温是15.2℃，平均气压是1 009.8 hPa；以8月为夏季代表月，观测海域夏季的平均气温是25.4℃，平均气压是1 007.3 hPa；以11月为秋季代表月，观测海域秋季的平均气温是10.3℃，平均气压是1 024.4 hPa。

2015年，09号浮标布放海域月度气温、气压变化特征与该海域常年季节气候变化特点基本吻合。浮标观测的月平均气温、气压和最高值、最低值数据参见表4。从表中可以看出，气温平均值最低的月份为1月，年度最低气温（−4.6℃）出现在2月，平均值最高的月份为8月，并且在该时间段内出现观测到的年度最高气温（29.5℃）。气压平均值最低的月份为7月，并且在该时间段内出现观测到的年度最低气压（992.8 hPa），气压平均值最高的月份为12月，年度最高气压（1 040.7 hPa）出现在1月。从月度气温、气压的变化情况分析，气温变化最为剧烈的是11月，最高气温为18.9℃，最低气温为−4.4℃，变化幅度达23.3℃，气压变化最为剧烈的是4月，最高气压为1 033.4 hPa，最低气压为995.6 hPa，变化幅度达37.8 hPa；比较而言，气温变化幅度较小的月份是8月，最高气温为29.5℃，最低气温为21.7℃，变化幅度仅为7.8℃，气压变化幅度较小的月份也是8月，最高气压为1 013.6 hPa，最低气压为999.7 hPa，变化幅度仅为13.9 hPa。

表4　2015 年 09 号浮标各月份气温、气压观测数据

月份	气温 / ℃			气压 / hPa			备注
	平均	最高	最低	平均	最高	最低	
1	3.1	9.5	−2.8	1 027.9	1 040.7	1 013.1	
2	3.4	8.1	−4.6	1 024.8	1 038.0	1 012.4	冬季代表月，记录 1 次寒潮过程
3	6.3	15.5	−2.7	1 022.8	1 037.6	1 009.6	
4	10.6	18.6	3.6	1 016.3	1 033.4	995.6	
5	15.2	23.4	11.1	1 009.8	1 018.4	996.8	春季代表月
6	18.9	27.4	15.9	1 005.7	1 013.9	995.3	缺近 2 天的数据
7	23.4	27.8	18.5	1 005.4	1 013.4	992.8	记录 1 次台风过程
8	25.4	29.5	21.7	1 007.3	1 013.6	999.7	夏季代表月
9	22.9	26.4	16.9	1 014.1	1 024.6	1 005.4	
10	18.5	23.4	9.5	1 019.4	1 034.1	1 004.5	
11	10.3	18.9	−4.4	1 024.4	1 033.6	1 013.3	秋季代表月，记录 1 次寒潮过程
12	4.9	12.6	−3.0	1 028.5	1 038.8	1 017.8	记录 1 次寒潮过程

2015 年，09 号浮标共记录到 3 次寒潮过程和 1 次台风过程。第一次寒潮过程，2 月 7 日 12:00 至 8 日 08:00，20 h 气温下降了 10.1℃（由 5.5℃下降到 −4.6℃），0℃以下气温持续时长为 39 h，寒潮期间气压最高值为 1 038.0 hPa（2 月 8 日 10:00）。第二次寒潮过程，11 月 22 日 07:00 至 24 日 07:00，48 h 气温下降 12.9℃（由 13.9℃下降到 1.0℃），之后气温一度下降到 −4.4℃（11 月 27 日 05:30 和 06:00），0℃以下气温持续时长为 49.5 h，寒潮期间气压最高值为 1 033.6 hPa（11 月 24 日 04:00）。第三次寒潮过程，12 月 26 日 08:40 至 27 日 08:40，由 7.2℃降到 −3.2℃，24 h 气温下降了 10.2℃，0℃以下气温持续时长为 38.5 h，寒潮期间气压最高值为 1 037.7 hPa（12 月 27 日 10:50）。7 月 11 日至 14 日，09 号浮标获取到了第 9 号超强台风“灿鸿”的相关数据，获取到的最低气压为 992.8 hPa（7 月 12 日 14:00）。

09 号浮标 2015 年气温、气压观测数据曲线
AT and AP of 09 buoy in 2015

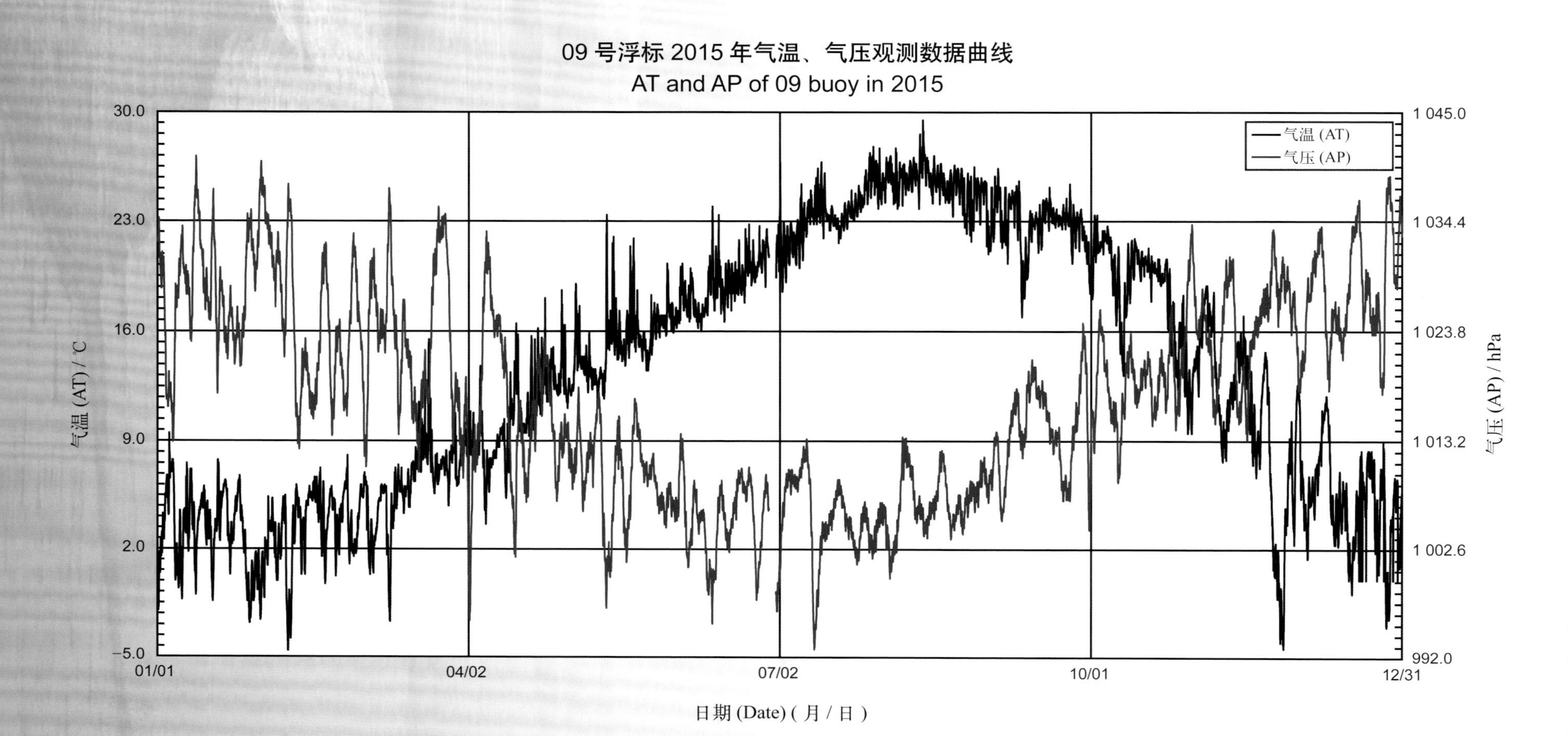

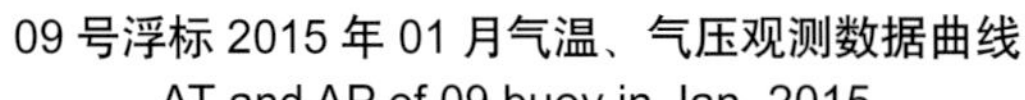

09 号浮标 2015 年 01 月气温、气压观测数据曲线
AT and AP of 09 buoy in Jan. 2015

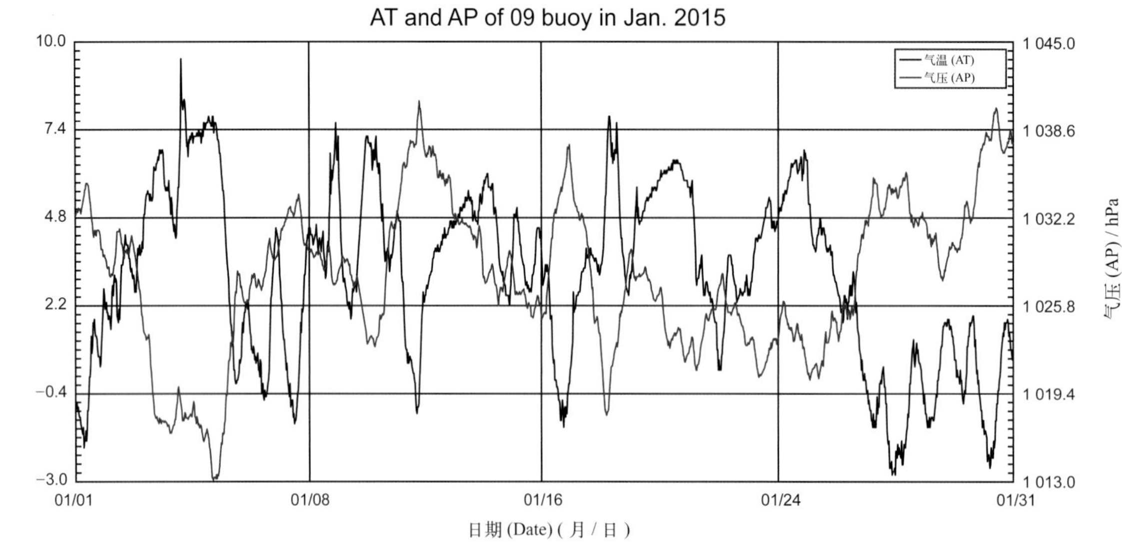

09 号浮标 2015 年 02 月气温、气压观测数据曲线
AT and AP of 09 buoy in Feb. 2015

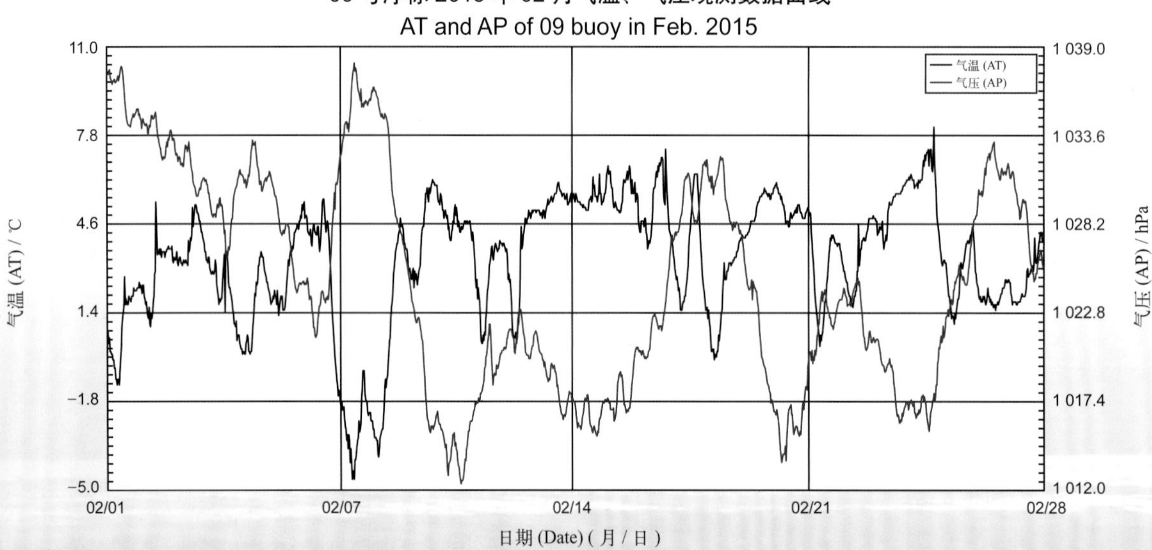

09 号浮标 2015 年 03 月气温、气压观测数据曲线
AT and AP of 09 buoy in Mar. 2015

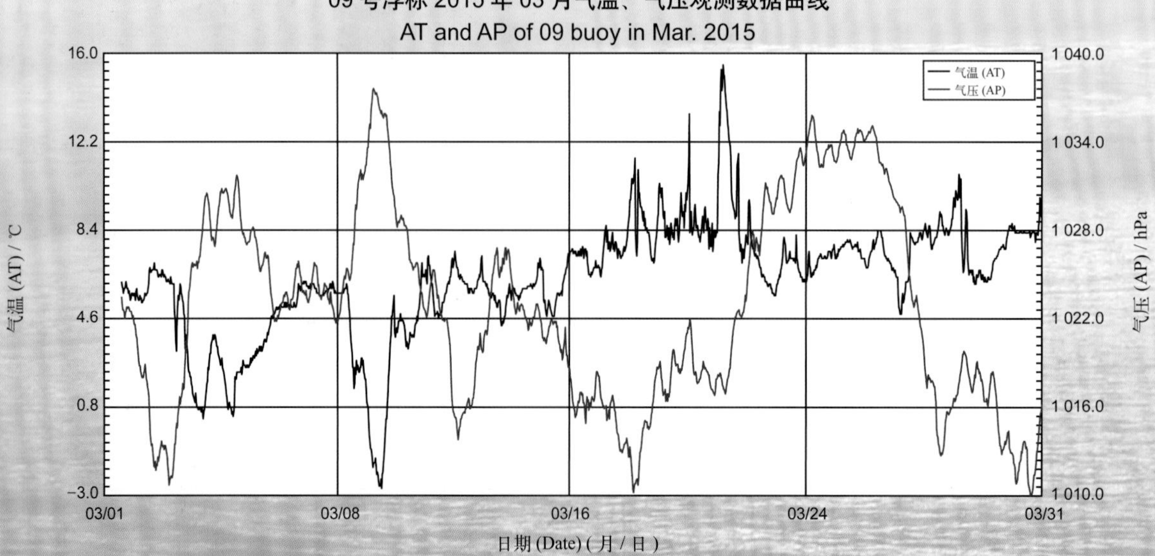

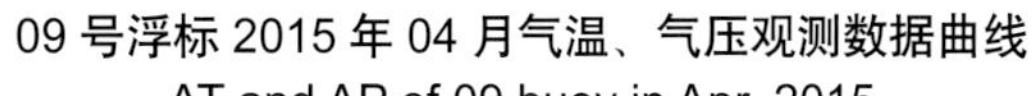

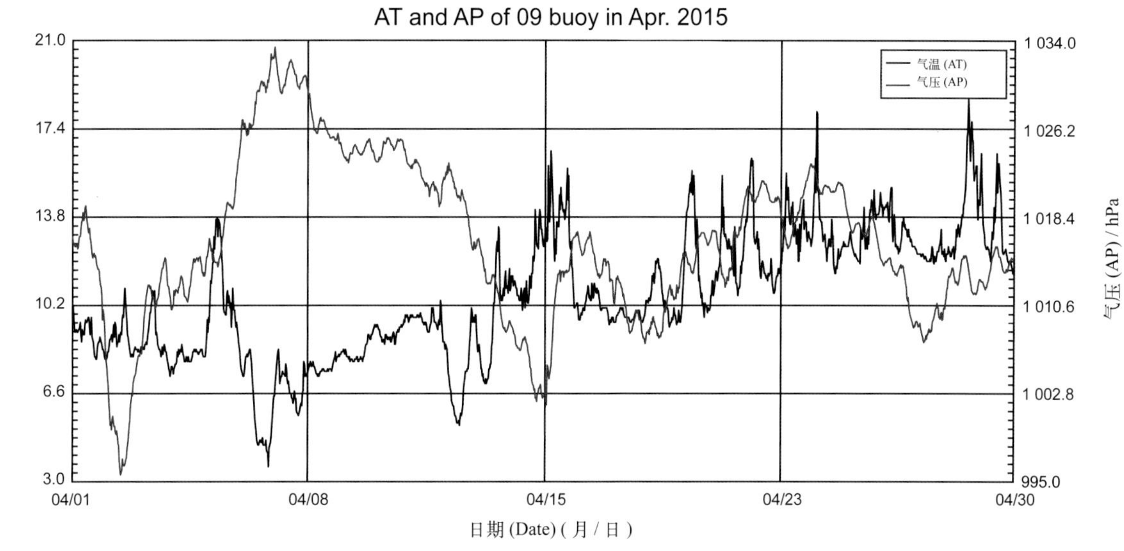

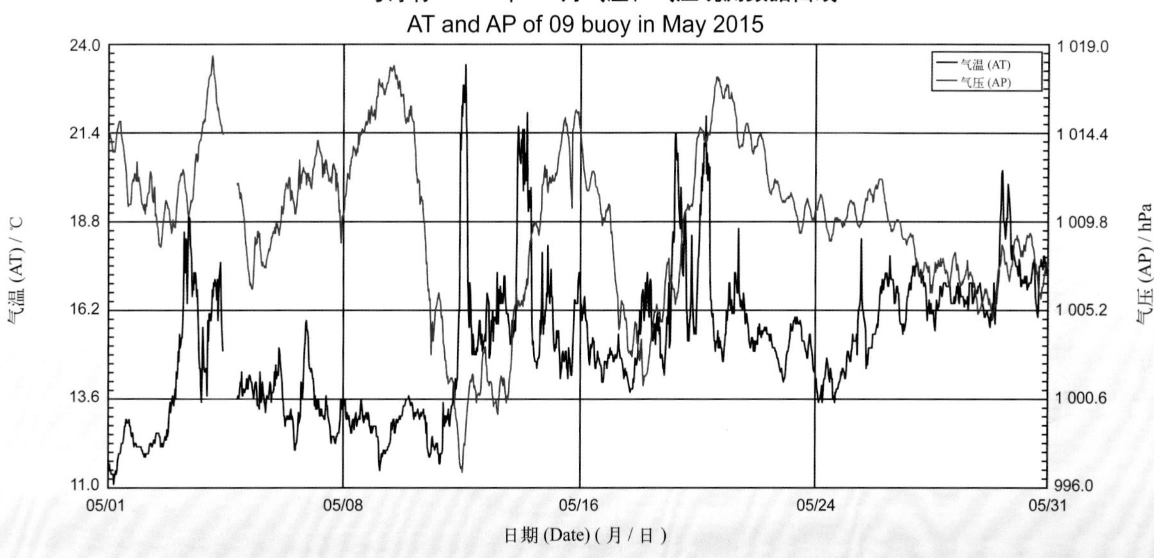

09 号浮标 2015 年 06 月气温、气压观测数据曲线
AT and AP of 09 buoy in Jun. 2015

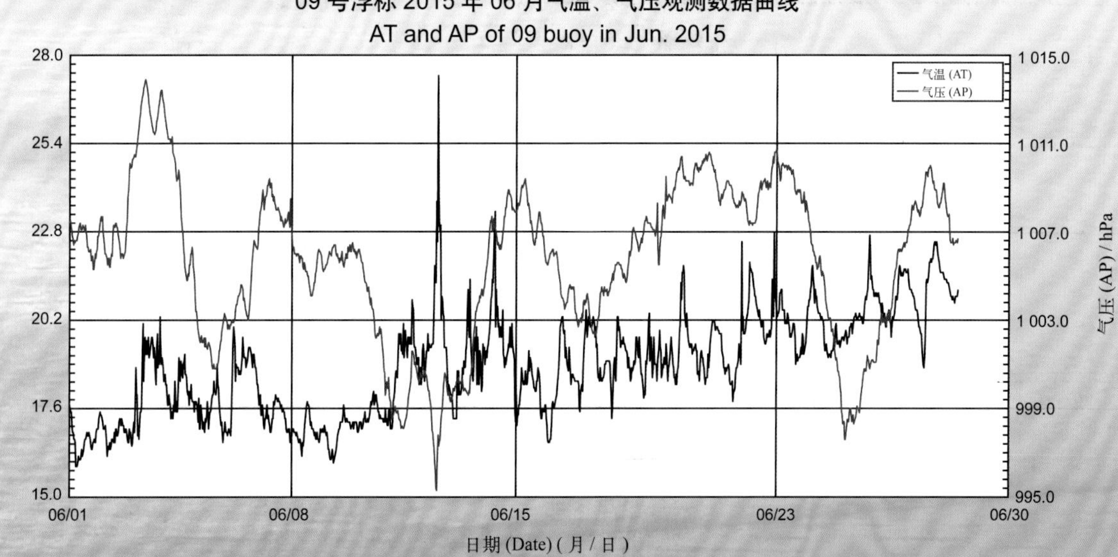

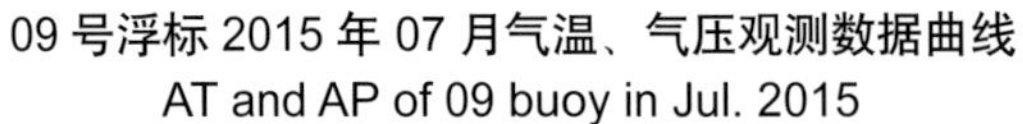

09 号浮标 2015 年 07 月气温、气压观测数据曲线

AT and AP of 09 buoy in Jul. 2015

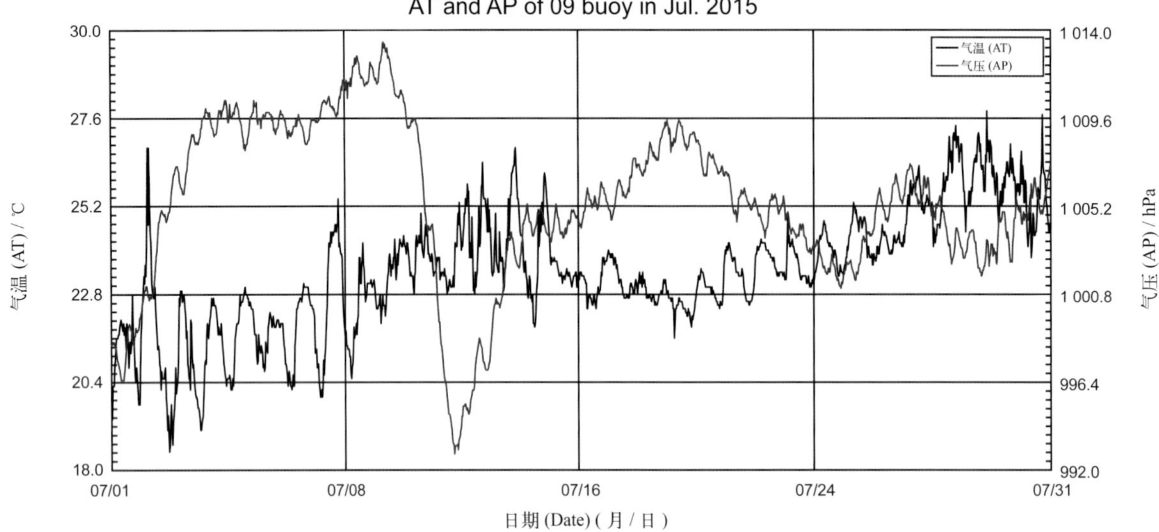

09 号浮标 2015 年 08 月气温、气压观测数据曲线

AT and AP of 09 buoy in Aug. 2015

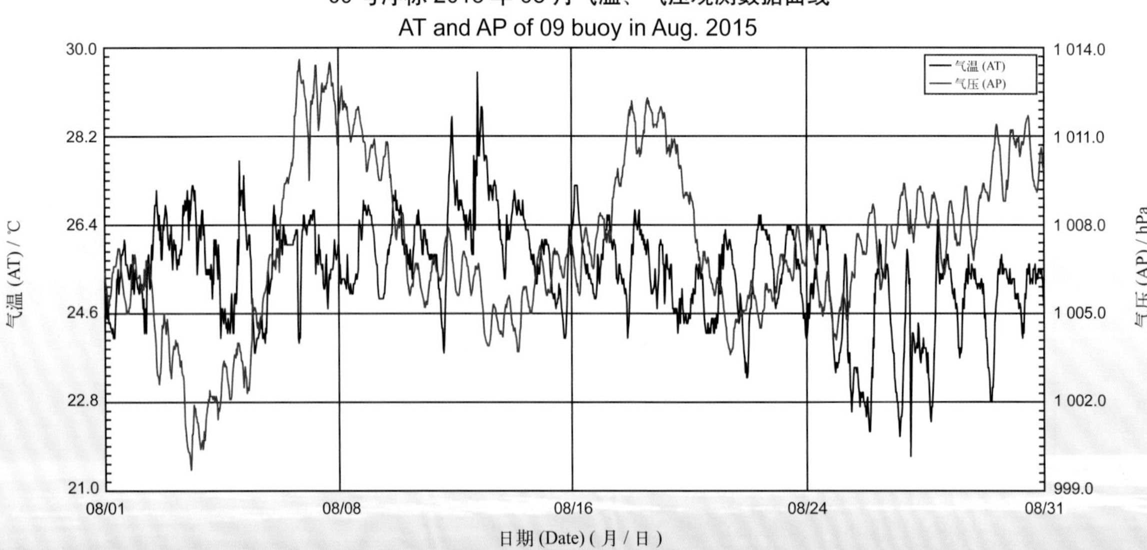

09 号浮标 2015 年 09 月气温、气压观测数据曲线

AT and AP of 09 buoy in Sep. 2015

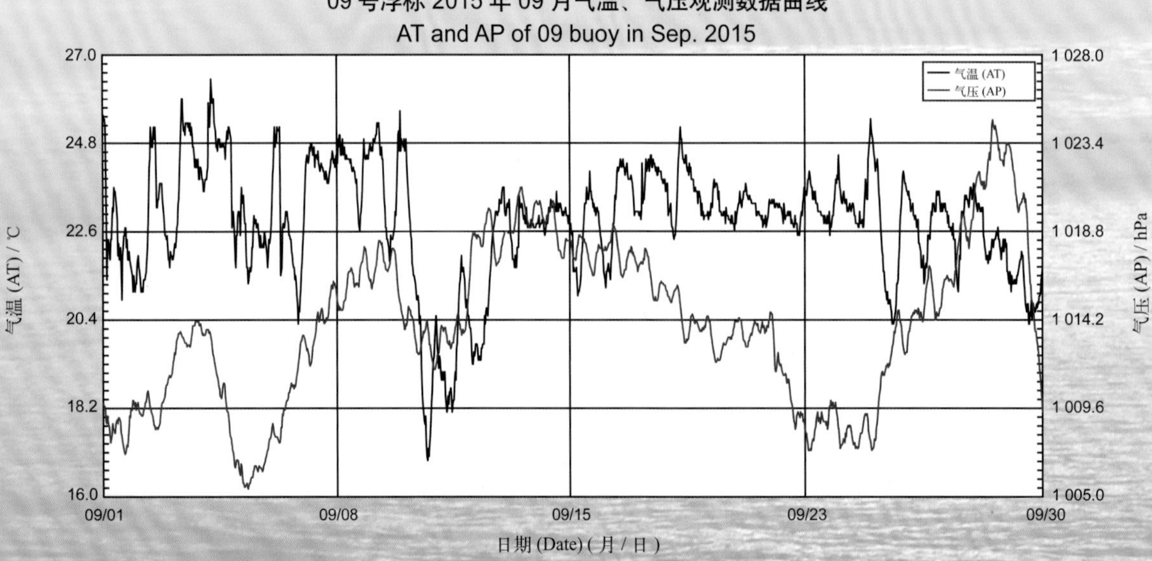

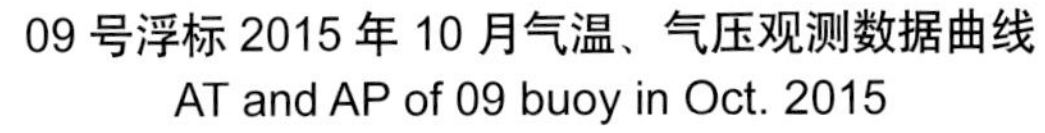

09 号浮标 2015 年 10 月气温、气压观测数据曲线

AT and AP of 09 buoy in Oct. 2015

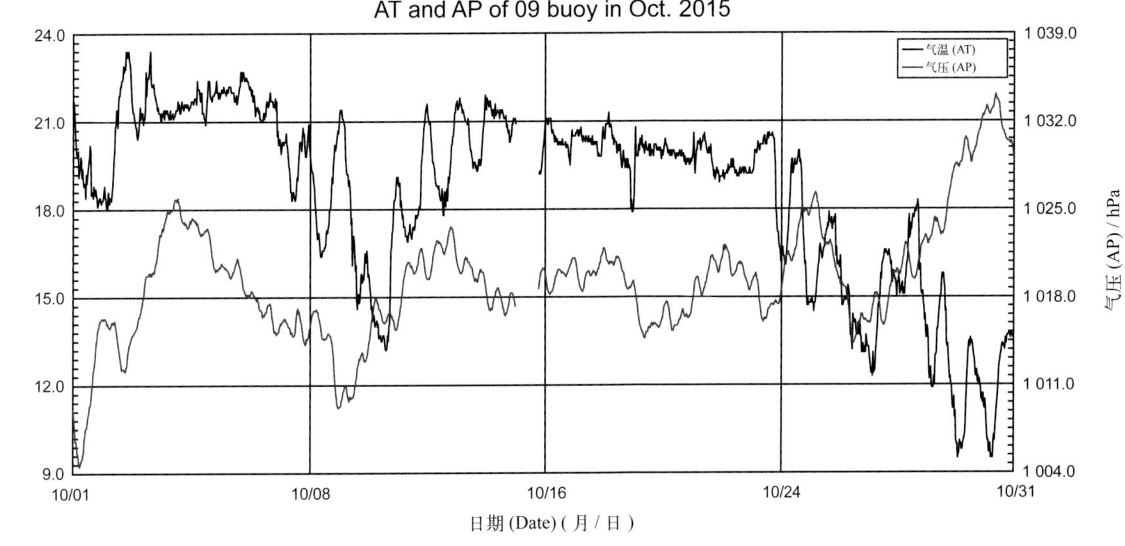

09 号浮标 2015 年 11 月气温、气压观测数据曲线

AT and AP of 09 buoy in Nov. 2015

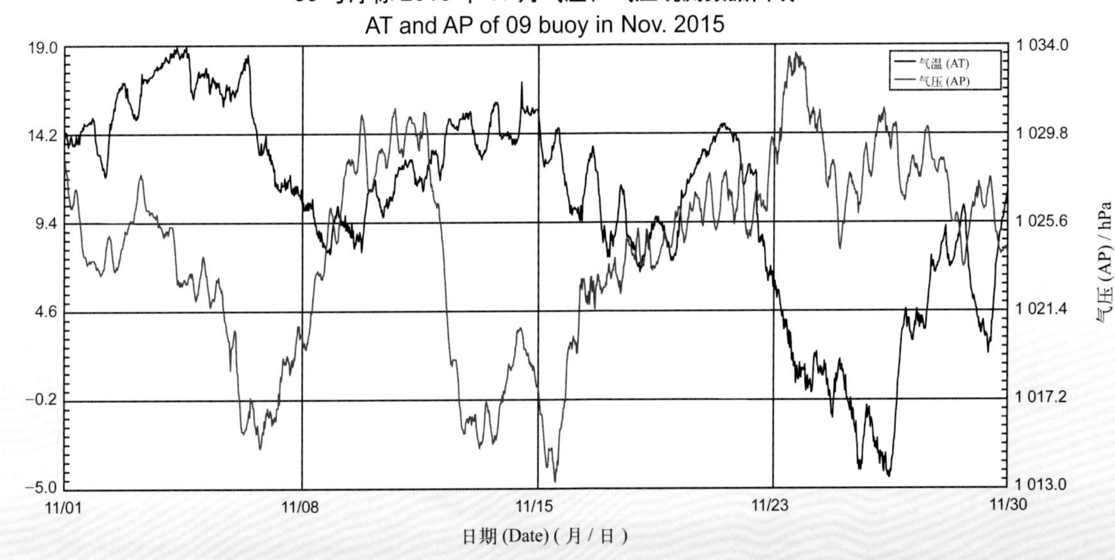

09 号浮标 2015 年 12 月气温、气压观测数据曲线

AT and AP of 09 buoy in Dec. 2015

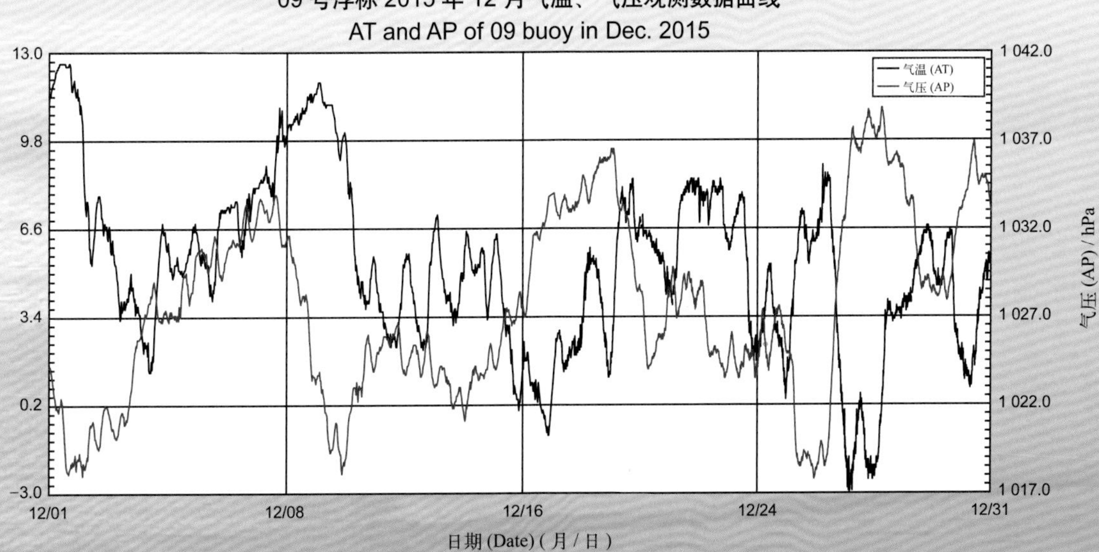

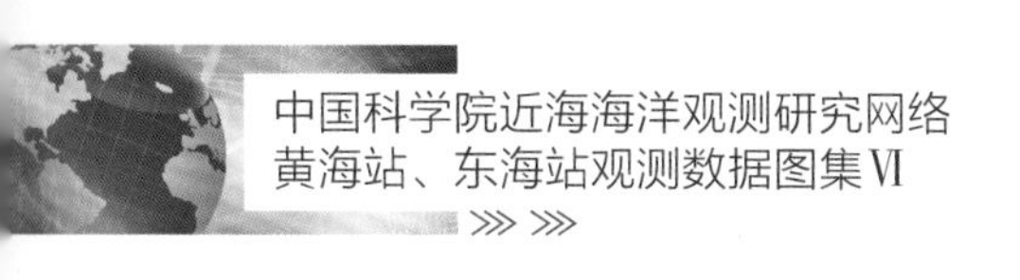

2015年度14号浮标观测数据概述及曲线
（气温和气压）

14号浮标位于东海长江口外海海域（31°06′N，122°32′E），是一套船形综合观测平台。可获取的观测参数包括气象、水文和水质，气温和气压数据是气象参数中的重要观测内容。

2015年，14号浮标共获取近363天的气温和气压长序列观测数据。获取数据的区间为1月1日00:00至12月28日15:10。

通过对获取数据质量控制和分析，14号浮标观测海域本年度气温、气压数据和季节数据特征如下：年度气温平均值为16.7℃，年度气压平均值为1 016.5 hPa；测得的年度高气温和最低气温分别为31.1℃（7月27日16:50）和1.4℃（2月8日23:30）；测得的年度最高气压和最低气压分别为1 038.6 hPa（12月28日09:50）和975.3 hPa（7月11日23:00）。以2月为冬季代表月，观测海域冬季的平均气温是7.1℃，平均气压是1 024.1 hPa；以5月为春季代表月，观测海域春季的平均气温是17.9℃，平均气压是1 010.2 hPa；以8月为夏季代表月，观测海域夏季的平均气温是25.9℃，平均气压是1 007.6 hPa；以11月为秋季代表月，观测海域秋季的平均气温是15.8℃，平均气压是1 022.7 hPa。

2015年，14号浮标布放海域月度气温、气压变化特征与该海域常年季节气候变化特点基本吻合。浮标观测的月平均气温、气压和最高值、最低值数据参见表5。从表中可以看出，气温平均值最低的月份为2月，并且在该时间段内出现观测到的年度最低气温（1.4℃），平均值最高的月份为8月，年度最高气温（31.1℃）出现在7月。气压平均值最低的月份为7月，并且在该时间段内出现观测到的年度最低气压（975.3 hPa），气压平均值最高的月份为1月，年度最高气压（1 038.6 hPa）出现在12月。从月度气温、气压的变化情况分析，气温变化最为剧烈的是11月，最高气温为16.7℃，最低气温为2.4℃，变化幅度达14.3℃，气压变化最为剧烈的是7月，最高气压为1 012.0 hPa，最低气压为975.3 hPa，变化幅度达36.7 hPa；比较而言，气温变化幅度较小的月份是8月，最高气温为28.3℃，最低气温为22.1℃，变化幅度仅为6.2℃，气压变化幅度较小的月份也是8月，最高气压为1 011.7 hPa，最低气压为998.5 hPa，变化幅度仅为13.2 hPa。

表 5　2015 年 14 号浮标各月份气温、气压观测数据

月份	气温 / ℃			气压 / hPa			备注
	平均	最高	最低	平均	最高	最低	
1	7.2	14.2	2.3	1 026.5	1 035.9	1 011.2	
2	7.1	12.4	1.4	1 024.1	1 035.1	1 013.1	冬季代表月
3	9.8	16.7	2.4	1 022.2	1 035.8	1 003.3	
4	13.5	20.3	6.7	1 015.7	1 029.5	997.6	
5	17.9	21.1	13.7	1 010.2	1 018.9	1 002.0	春季代表月
6	22.0	28.3	17.0	1 006.3	1 014.5	996.3	记录 1 次台风过程
7	24.6	31.1	17.9	1 005.3	1 012.0	975.3	
8	25.9	28.3	22.1	1 007.6	1 011.7	998.5	夏季代表月， 记录 1 次台风过程
9	24.2	27.2	20.7	1 013.0	1 020.2	1 001.9	
10	20.8	25.8	15.6	1 019.3	1 031.1	1 007.9	
11	15.8	22.2	1.9	1 022.7	1 031.3	1 013.2	秋季代表月， 记录 1 次寒潮过程
12	10.2	16.1	3.1	1 026.1	1 038.6	1 012.2	缺近 2 天的数据

2015 年，14 号浮标共记录到 1 次寒潮过程和 2 次台风过程。11 月 25 日 06:00 至 27 日 06:00，48 h 气温下降 10.3℃（由 12.9℃下降到 2.6℃），期间最低气温为 1.9℃（11 月 27 日 00:30），5℃以下气温持续时长为 32 h，寒潮期间气压最高值为 1 031.3 hPa（11 月 27 日 10:00）。第一次台风过程，7 月 10 日至 13 日，14 号浮标获取到了第 9 号超强台风“灿鸿”的相关数据，获取到的最低气压为 975.3 hPa（7 月 11 日 23:00）。第二次台风过程，8 月 23 日至 25 日，14 号浮标获取到了第 15 号超强台风“天鹅”的相关数据，获取到的最低气压为 998.5 hPa（8 月 24 日 17:20）。

14 号浮标 2015 年气温、气压观测数据曲线
AT and AP of 14 buoy in 2015

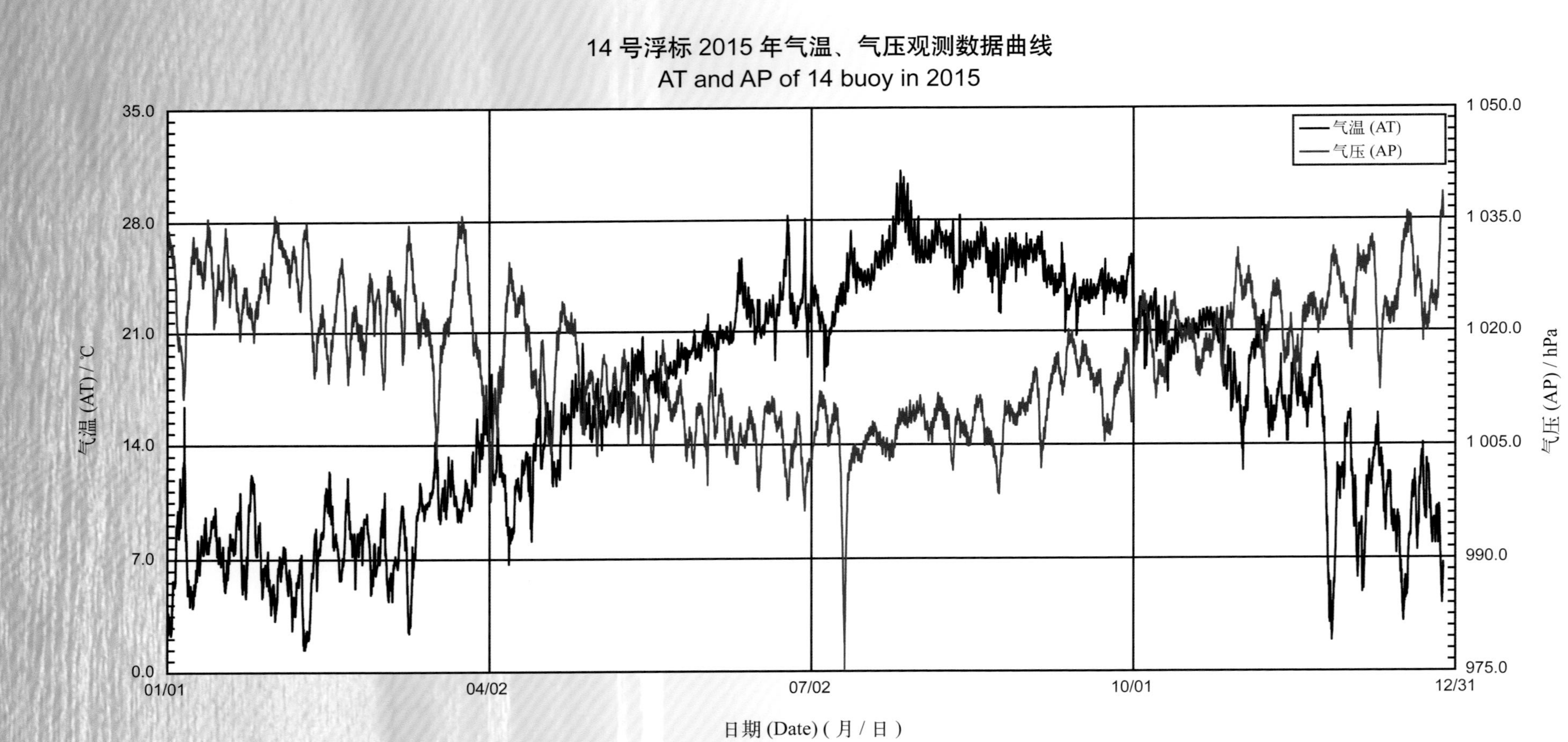

14 号浮标 2015 年 01 月气温、气压观测数据曲线
AT and AP of 14 buoy in Jan. 2015

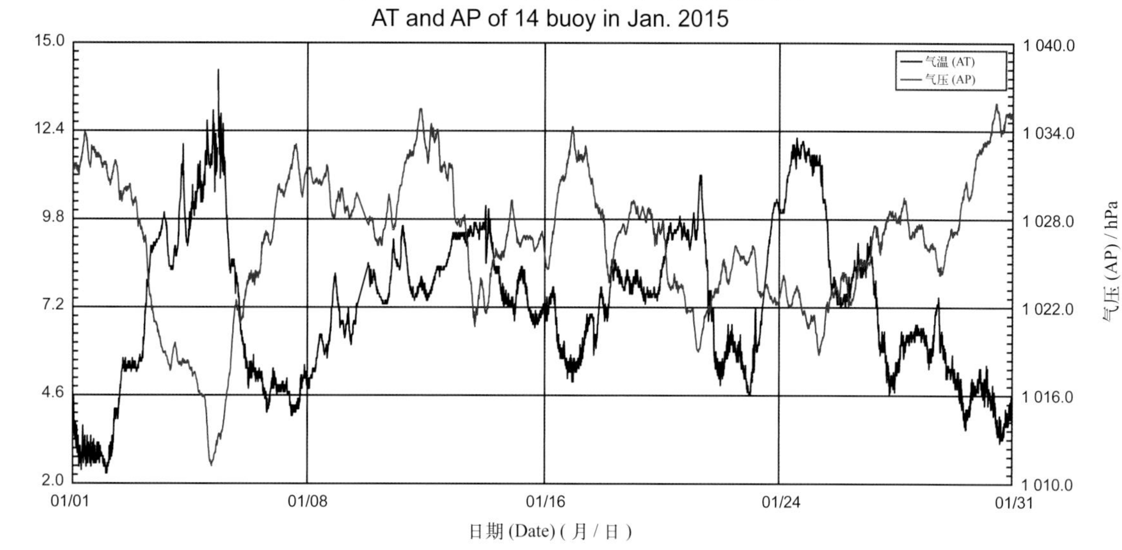

14 号浮标 2015 年 02 月气温、气压观测数据曲线
AT and AP of 14 buoy in Feb. 2015

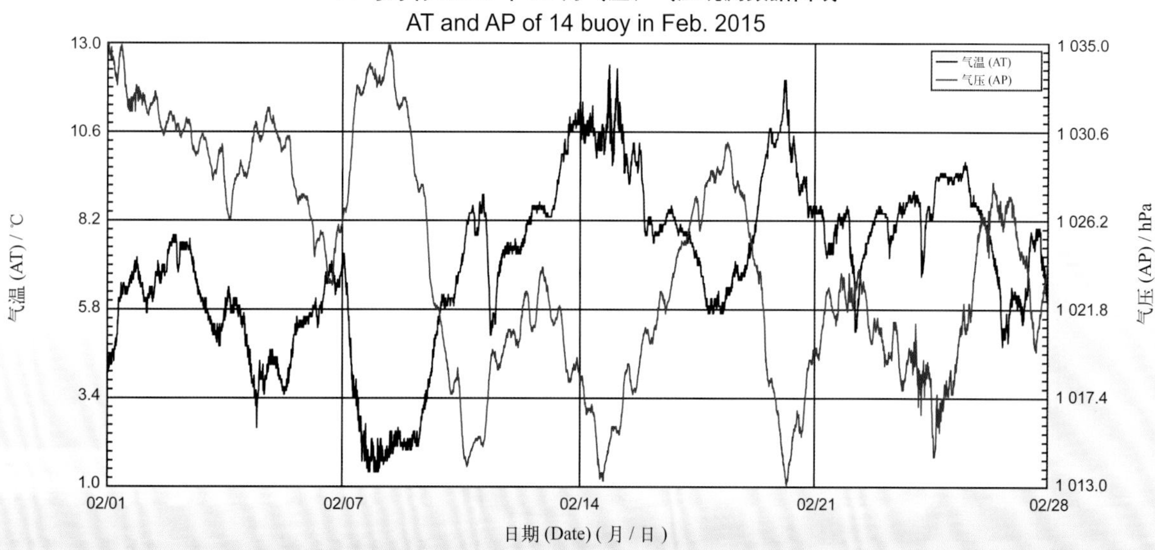

14 号浮标 2015 年 03 月气温、气压观测数据曲线
AT and AP of 14 buoy in Mar. 2015

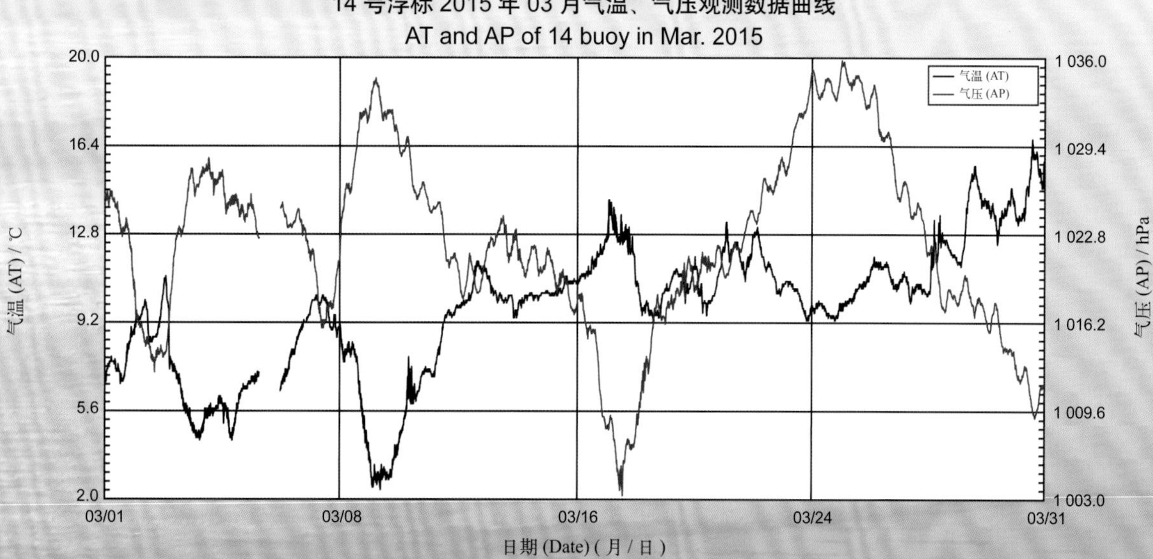

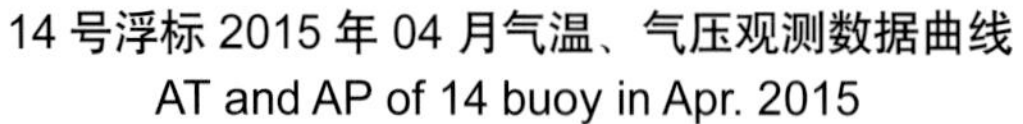

14 号浮标 2015 年 04 月气温、气压观测数据曲线
AT and AP of 14 buoy in Apr. 2015

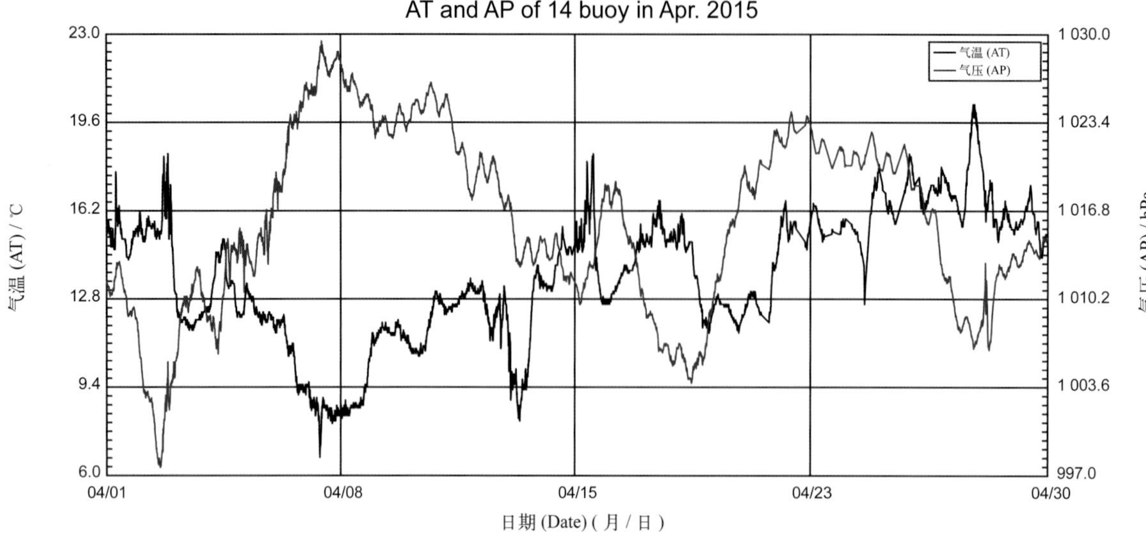

14 号浮标 2015 年 05 月气温、气压观测数据曲线
AT and AP of 14 buoy in May 2015

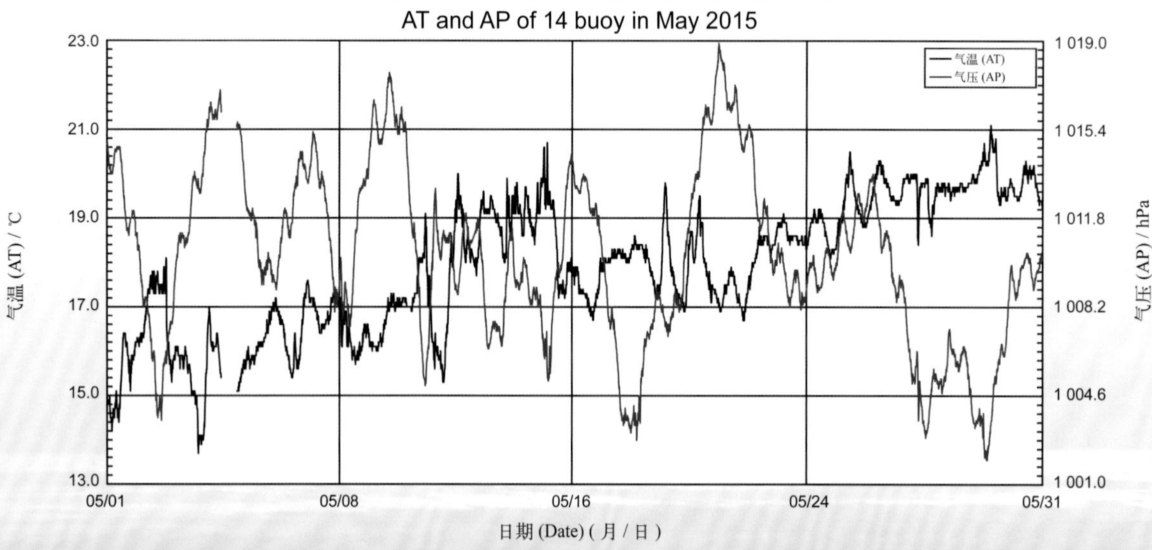

14 号浮标 2015 年 06 月气温、气压观测数据曲线
AT and AP of 14 buoy in Jun. 2015

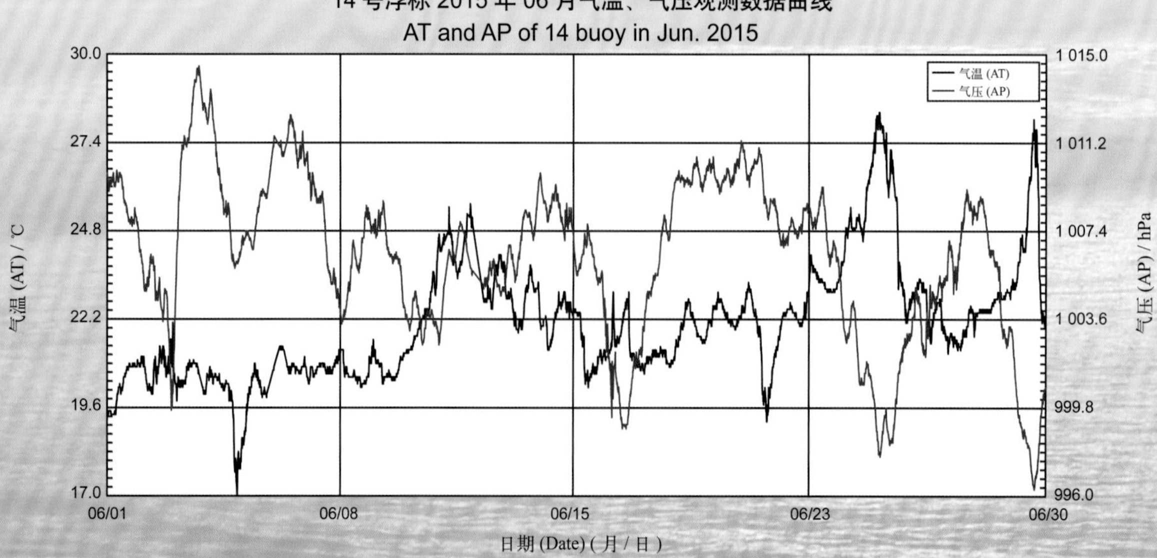

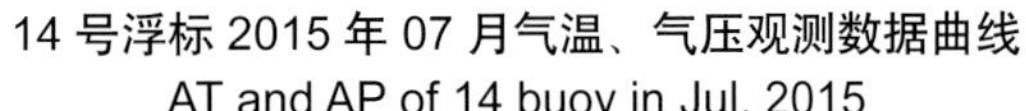
14 号浮标 2015 年 07 月气温、气压观测数据曲线
AT and AP of 14 buoy in Jul. 2015

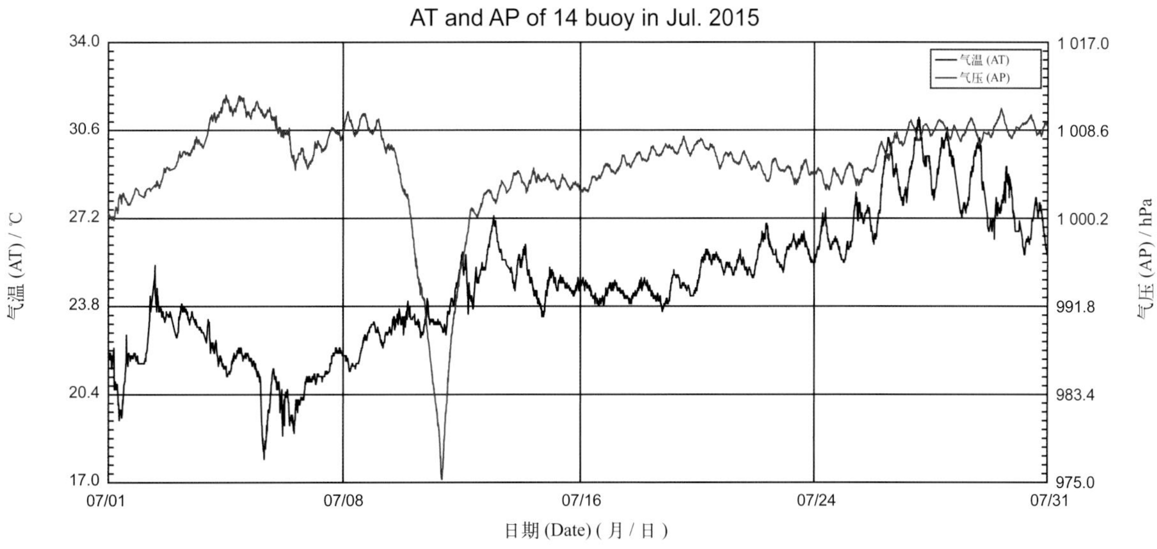
气温 (AT)
气压 (AP)
气温 (AT) / ℃
气压 (AP) / hPa
34.0
30.6
27.2
23.8
20.4
17.0
1 017.0
1 008.6
1 000.2
991.8
983.4
975.0
07/01
07/08
07/16
07/24
07/31
日期 (Date) (月 / 日)

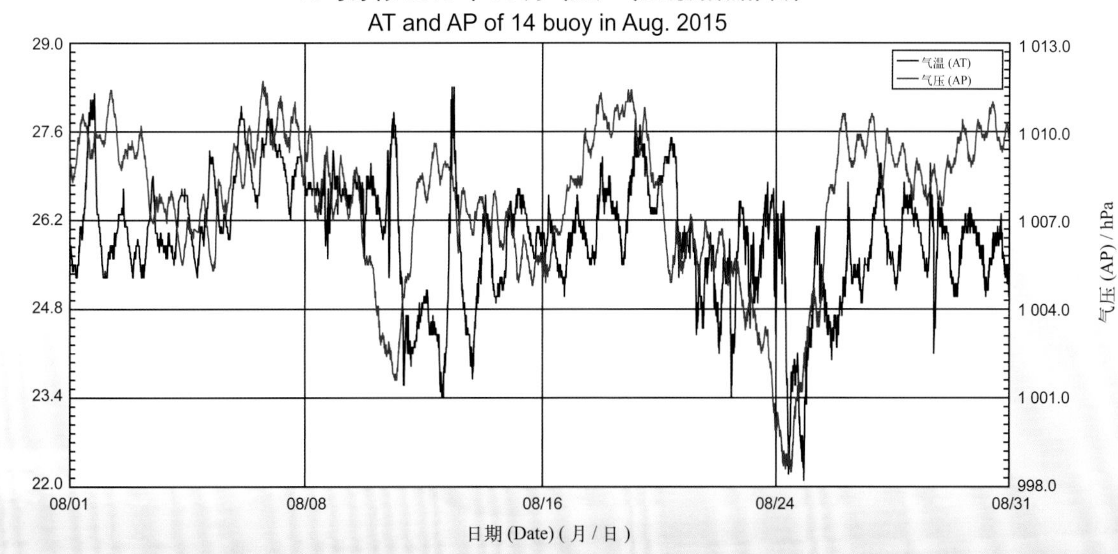
14 号浮标 2015 年 08 月气温、气压观测数据曲线
AT and AP of 14 buoy in Aug. 2015
气温 (AT)
气压 (AP)
气温 (AT) / ℃
气压 (AP) / hPa
29.0
27.6
26.2
24.8
23.4
22.0
1 013.0
1 010.0
1 007.0
1 004.0
1 001.0
998.0
08/01
08/08
08/16
08/24
08/31
日期 (Date) (月 / 日)

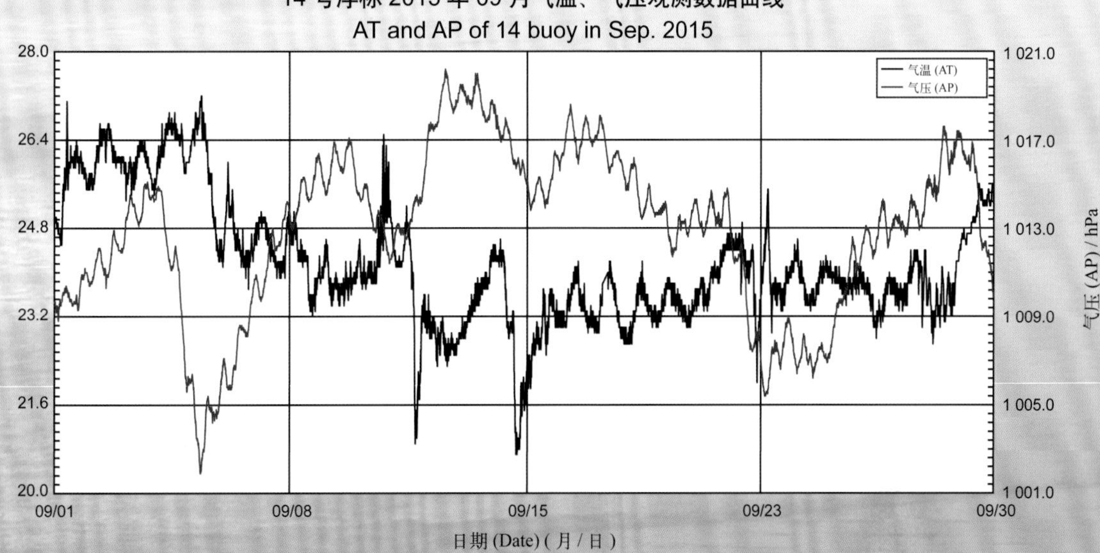
14 号浮标 2015 年 09 月气温、气压观测数据曲线
AT and AP of 14 buoy in Sep. 2015
气温 (AT)
气压 (AP)
气温 (AT) / ℃
气压 (AP) / hPa
28.0
26.4
24.8
23.2
21.6
20.0
1 021.0
1 017.0
1 013.0
1 009.0
1 005.0
1 001.0
09/01
09/08
09/15
09/23
09/30
日期 (Date) (月 / 日)

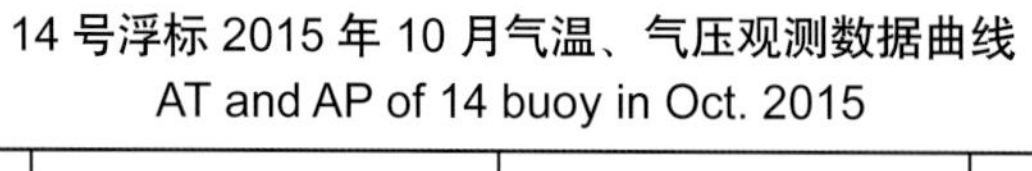

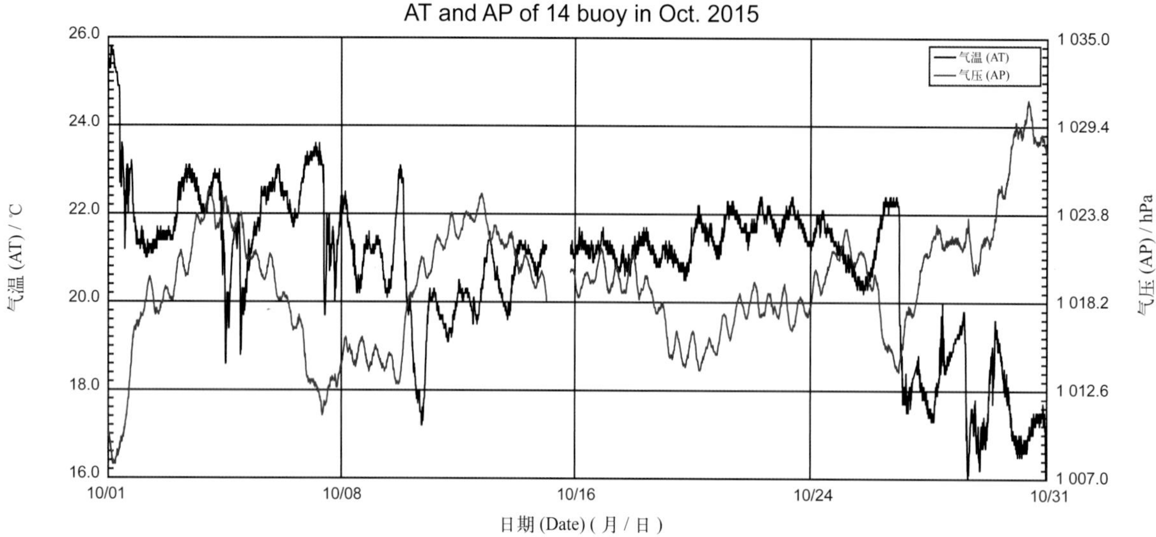

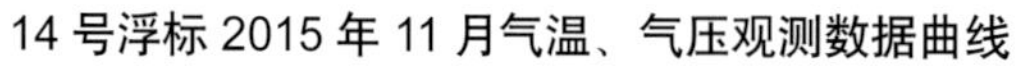

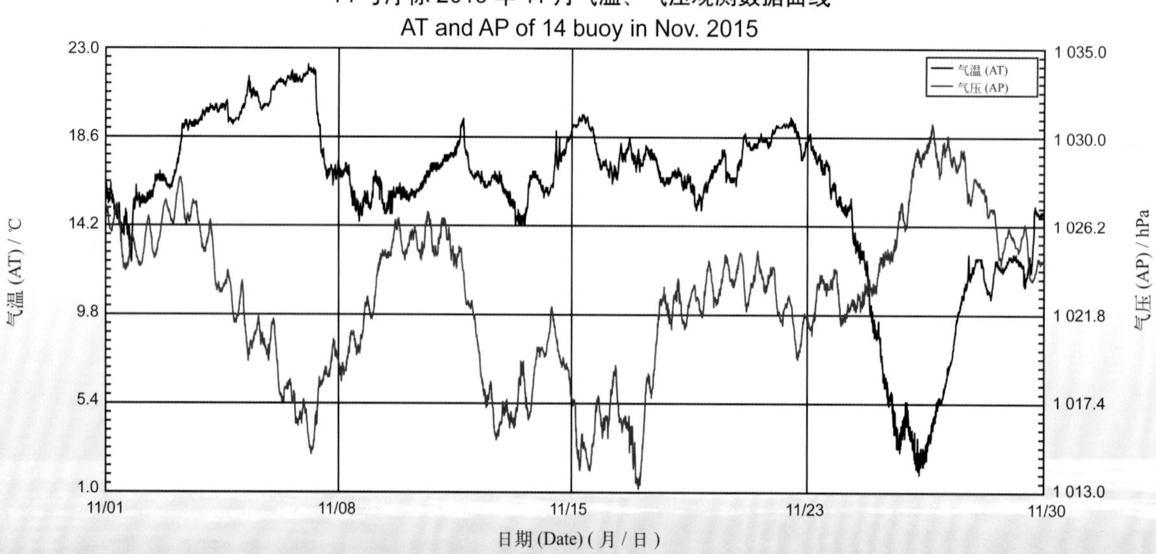

14 号浮标 2015 年 12 月气温、气压观测数据曲线
AT and AP of 14 buoy in Dec. 2015

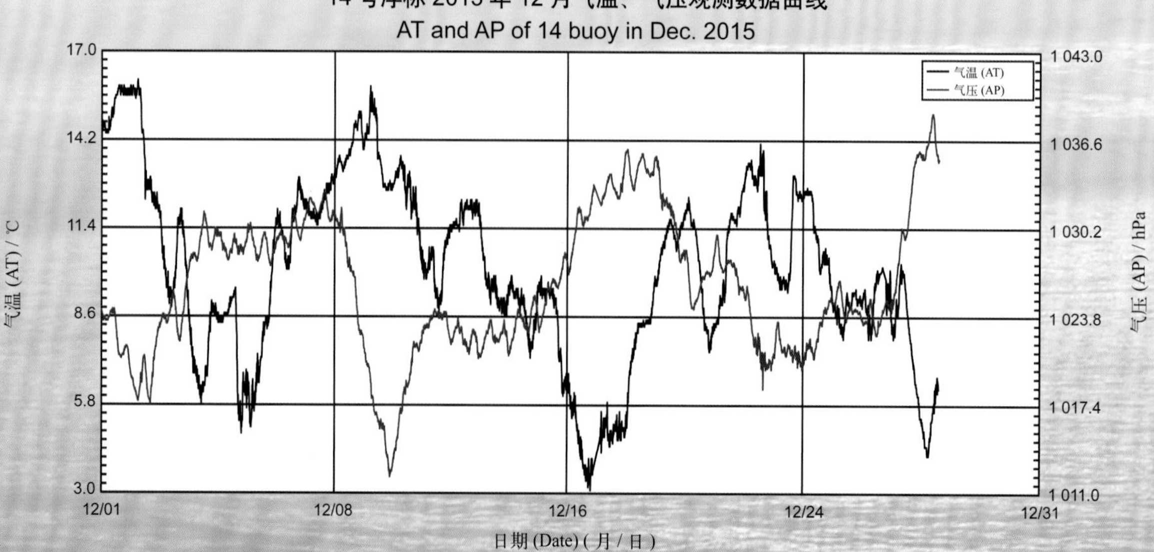

2015 年度 18 号浮标观测数据概述及曲线
（气温和气压）

18 号浮标位于黄海董家口外海海域（35°25′N，119°57′E），是一套直径为 10 m 的圆盘形综合观测平台。可获取的观测参数包括气象、水文和水质，气温和气压数据是气象参数中的重要观测内容。

2015 年度，18 号浮标是中国近海观测研究网络黄海站、东海站获取气温、气压数据最为完整的一套观测系统，几乎获取了全年 365 天的气温和气压长序列观测数据，仅在 3 月、5 月、10 月和 11 月因网络问题偶尔会缺失少量数据，均不到 1 天。

通过对获取数据质量控制和分析，18 号浮标观测海域本年度气温、气压数据和季节数据特征如下：年度气温平均值为 13.0℃，年度气压平均值为 1 016.7 hPa；测得的年度最高气温和最低气温分别为 30.5℃（7 月 13 日 21:10 和 21:30）和 −3.7℃（11 月 26 日 07:00）；测得的年度最高气压和最低气压分别为 1 040.3 hPa（1 月 31 日 09:30）和 993.5 hPa（7 月 12 日 14:20）。以 2 月为冬季代表月，观测海域冬季的平均气温是 4.1℃，平均气压是 1 024.7 hPa；以 5 月为春季代表月，观测海域春季的平均气温是 15.6℃，平均气压是 1 009.8 hPa；以 8 月为夏季代表月，观测海域夏季的平均气温是 26.1℃，平均气压是 1 007.8 hPa；以 11 月为秋季代表月，观测海域秋季的平均气温是 11.0℃，平均气压是 1 024.7 hPa。

2015 年，18 号浮标布放海域月度气温、气压变化特征与该海域常年季节气候变化特点基本吻合。浮标观测的月平均气温、气压和最高值、最低值数据参见表 6。从表中可以看出，气温平均值最低的月份为 1 月，年度最低气温（−3.7℃）出现在 11 月，平均值最高的月份为 8 月，年度最高气温（30.5℃）出现在 7 月。气压平均值最低的月份为 6 月和 7 月，年度最低气压（993.5 hPa）出现在 7 月，气压平均值最高的月份为 12 月，年度最高气压（1 040.3 hPa）出现在 1 月。从月度气温、气压的变化情况分析，气温变化最为剧烈的是 11 月，最高气温为 19.6℃，最低气温为 −3.7℃，变化幅度达 23.3℃，气压变化最为剧烈的是 4 月，最高气压为 1 033.3 hPa，最低气压为 996.1 hPa，变化幅度达 37.2 hPa；相比较而言，气温变化幅度较小的月份是 8 月，最高气温为 29.6℃，最低气温为 22.0℃，变化幅度仅为 7.6℃，气压变化幅度较小的月份也是 8 月，最高气压为 1 013.9 hPa，最低气压为 1 000.2 hPa，变化幅度仅为 13.7 hPa。

表6　2015年18号浮标各月份气温、气压观测数据

月份	气温 / ℃			气压 / hPa			备注
	平均	最高	最低	平均	最高	最低	
1	3.8	8.8	−2.5	1 027.8	1 040.3	1 011.3	
2	4.1	8.2	−3.5	1 024.7	1 037.7	1 011.8	冬季代表月
3	6.7	17.0	−1.5	1 022.5	1 037.8	1 008.9	
4	10.7	19.0	4.3	1 016.3	1 033.3	996.1	
5	15.6	23.5	11.4	1 009.8	1 019.0	999.0	春季代表月
6	20.1	27.0	16.4	1 005.9	1 014.9	997.0	
7	23.9	30.5	19.7	1 005.9	1 013.9	993.5	记录1次台风过程
8	26.1	29.6	22.0	1 007.8	1 013.9	1 000.2	夏季代表月
9	23.2	26.4	17.3	1 014.6	1 024.6	1 005.1	
10	19.2	23.9	11.0	1 020.0	1 034.5	1 004.6	
11	11.0	19.6	−3.7	1 024.7	1 034.1	1 013.7	秋季代表月，记录1次寒潮过程
12	6.3	13.0	−2.1	1 027.9	1 039.1	1 017.9	记录1次寒潮过程

2015年，18号浮标共记录到2次寒潮过程和1次台风过程。第一次寒潮过程，11月22日23:30至23日23:30，24 h气温下降10.0℃（由13.2℃下降到3.2℃），之后气温一度下降到 −3.7℃（11月26日07:00），0℃以下气温持续时长为34 h，寒潮期间气压最高值为1 034.1 hPa（11月24日04:30）。第二次寒潮过程，12月26日18:00至27日08:00，由9.0℃降到 −2.0℃，14 h气温下降了11.0℃，0℃以下气温持续时长为9.0 h，寒潮期间气压最高值为1 038.4 hPa（12月27日23:10）。7月11日至14日，18号浮标获取到了第9号超强台风“灿鸿”的相关数据，获取到的最低气压为992.8 hPa（7月12日14:20）。

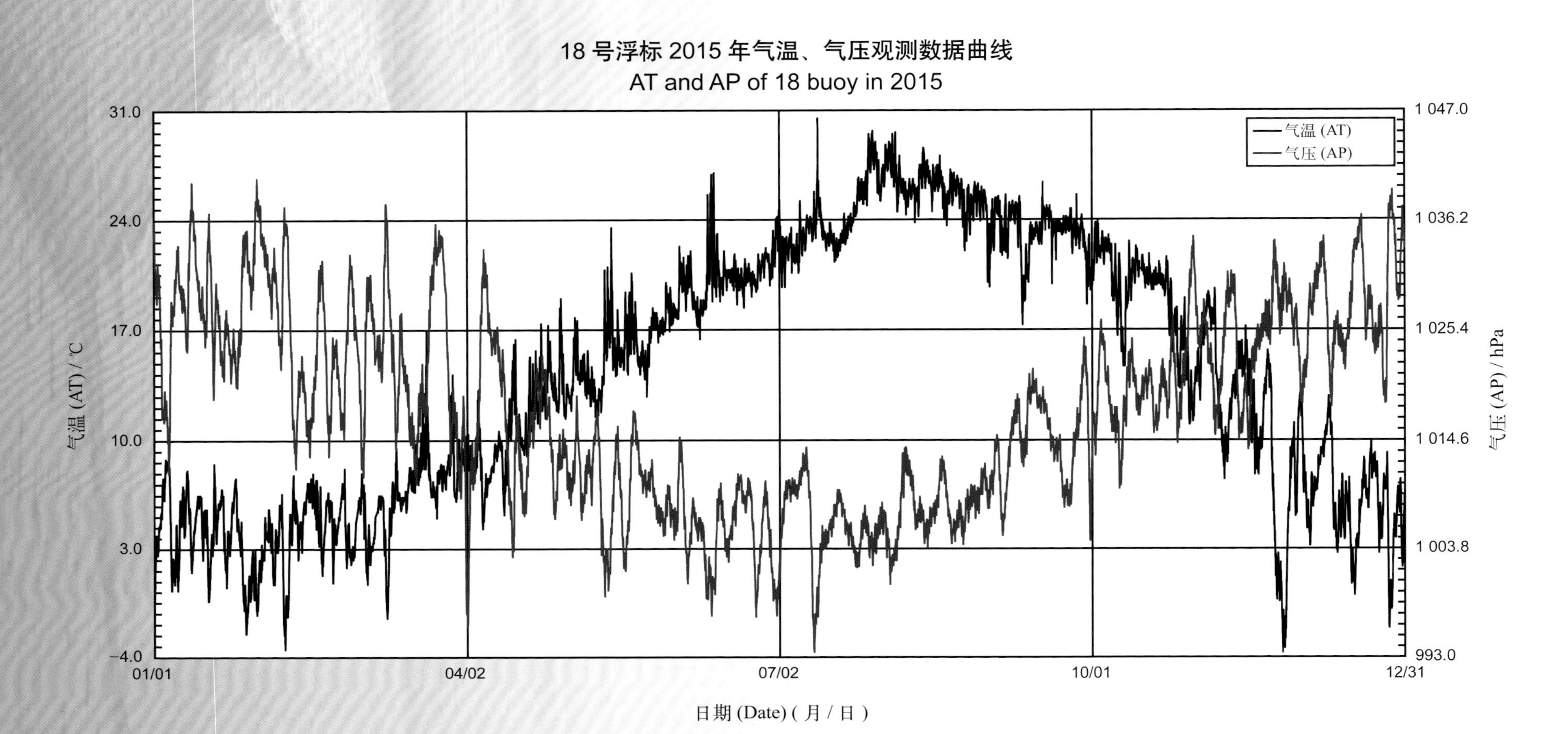
18 号浮标 2015 年气温、气压观测数据曲线
AT and AP of 18 buoy in 2015
气温 (AT)
气压 (AP)
气温 (AT) / °C
31.0
24.0
17.0
10.0
3.0
−4.0
气压 (AP) / hPa
1 047.0
1 036.2
1 025.4
1 014.6
1 003.8
993.0
01/01
04/02
07/02
10/01
12/31
日期 (Date) (月 / 日)

18 号浮标 2015 年 01 月气温、气压观测数据曲线
AT and AP of 18 buoy in Jan. 2015

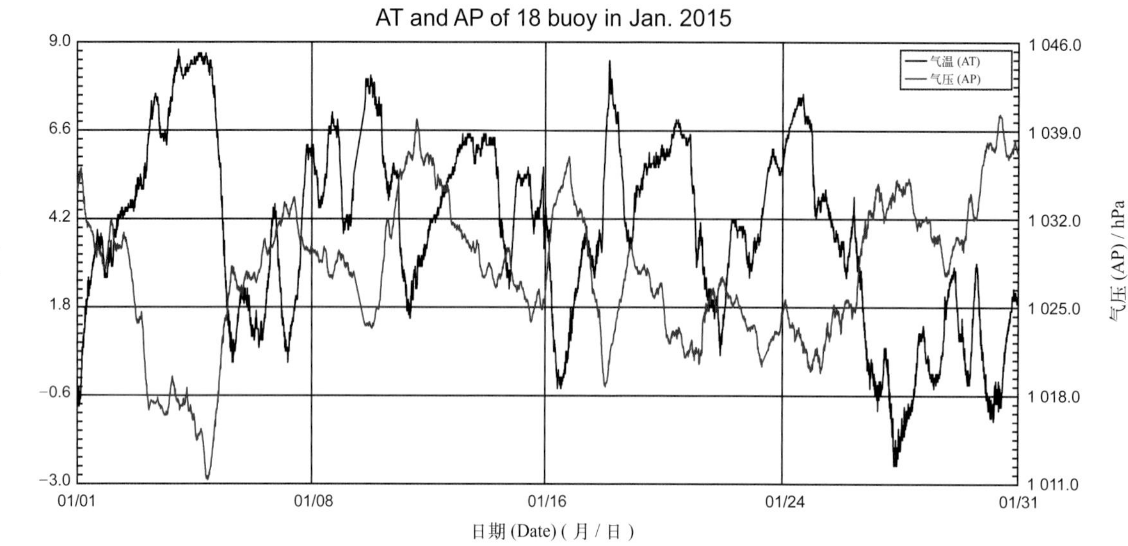

18 号浮标 2015 年 02 月气温、气压观测数据曲线
AT and AP of 18 buoy in Feb. 2015

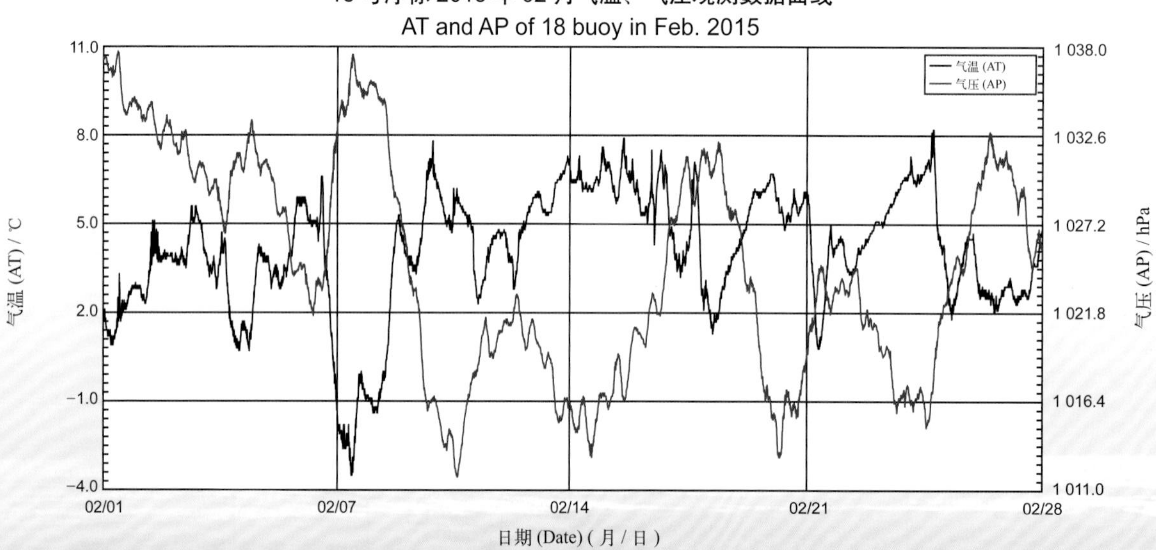

18 号浮标 2015 年 03 月气温、气压观测数据曲线
AT and AP of 18 buoy in Mar. 2015

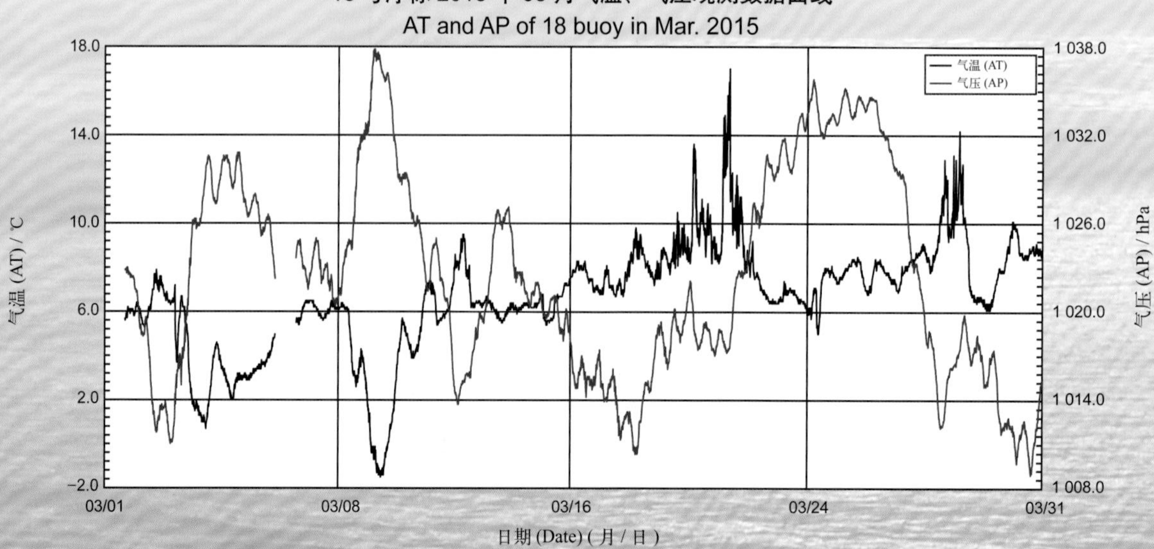

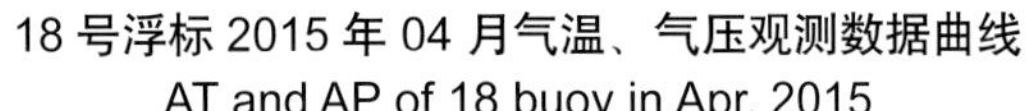

18 号浮标 2015 年 04 月气温、气压观测数据曲线
AT and AP of 18 buoy in Apr. 2015

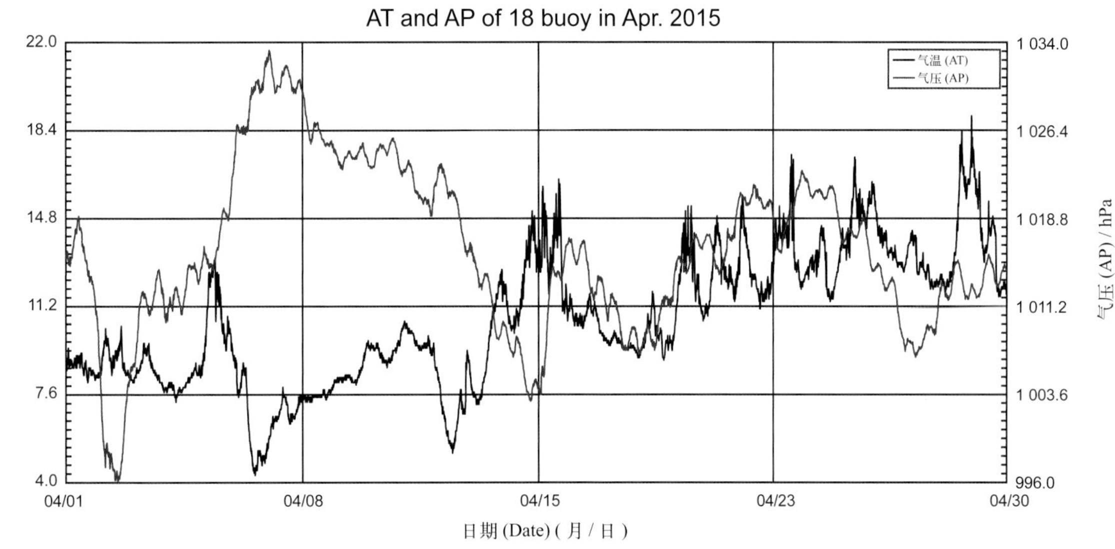

18 号浮标 2015 年 05 月气温、气压观测数据曲线
AT and AP of 18 buoy in May 2015

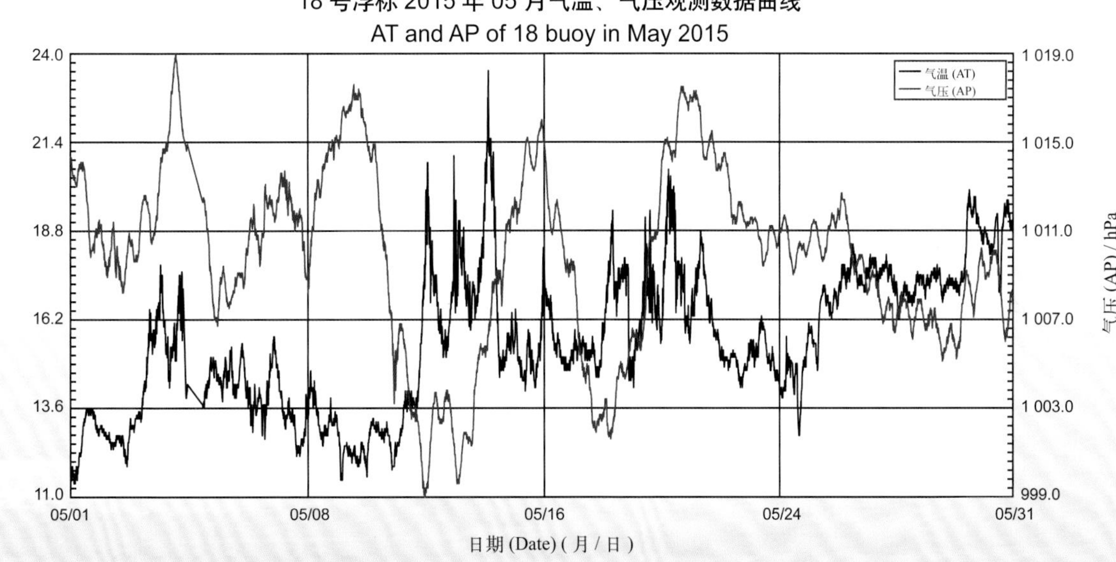

18 号浮标 2015 年 06 月气温、气压观测数据曲线
AT and AP of 18 buoy in Jun. 2015

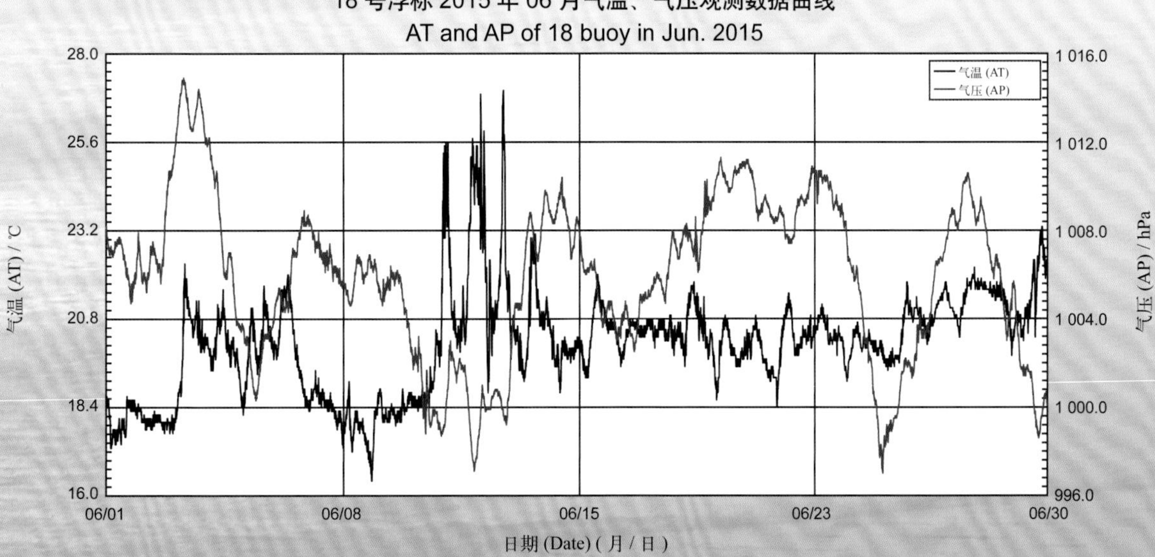

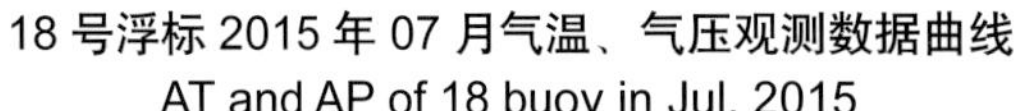

18 号浮标 2015 年 07 月气温、气压观测数据曲线
AT and AP of 18 buoy in Jul. 2015

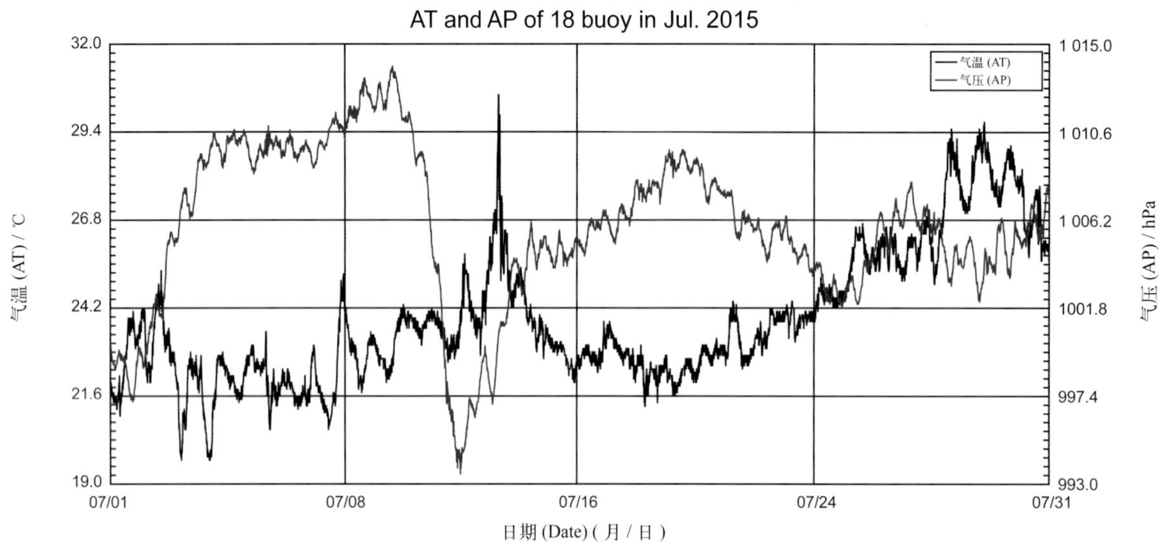

18 号浮标 2015 年 08 月气温、气压观测数据曲线
AT and AP of 18 buoy in Aug. 2015

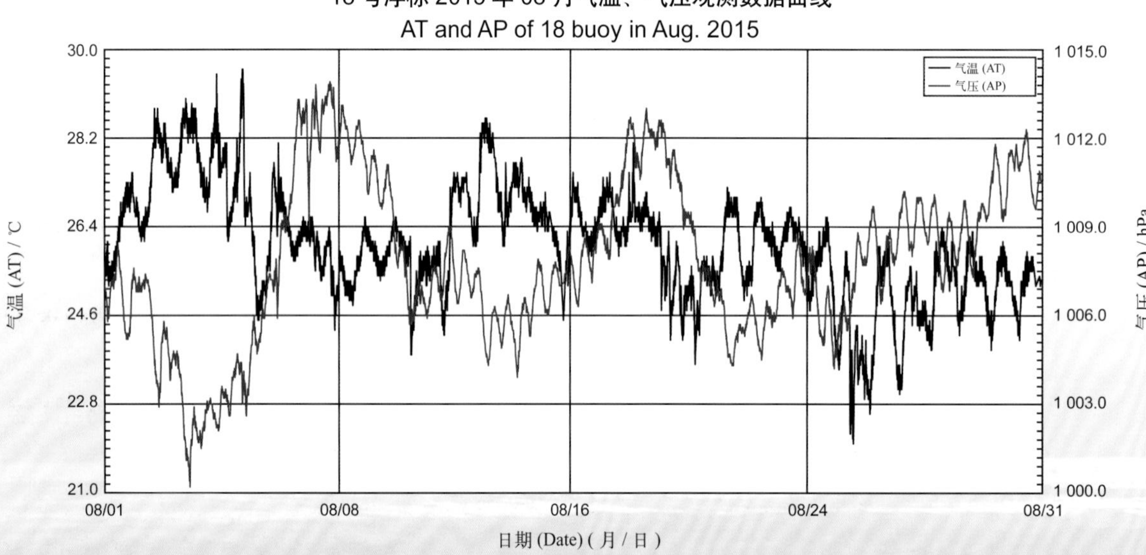

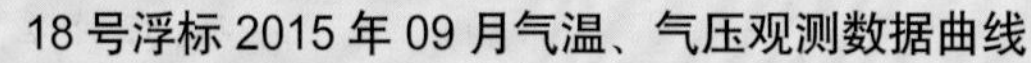

18 号浮标 2015 年 09 月气温、气压观测数据曲线
AT and AP of 18 buoy in Sep. 2015

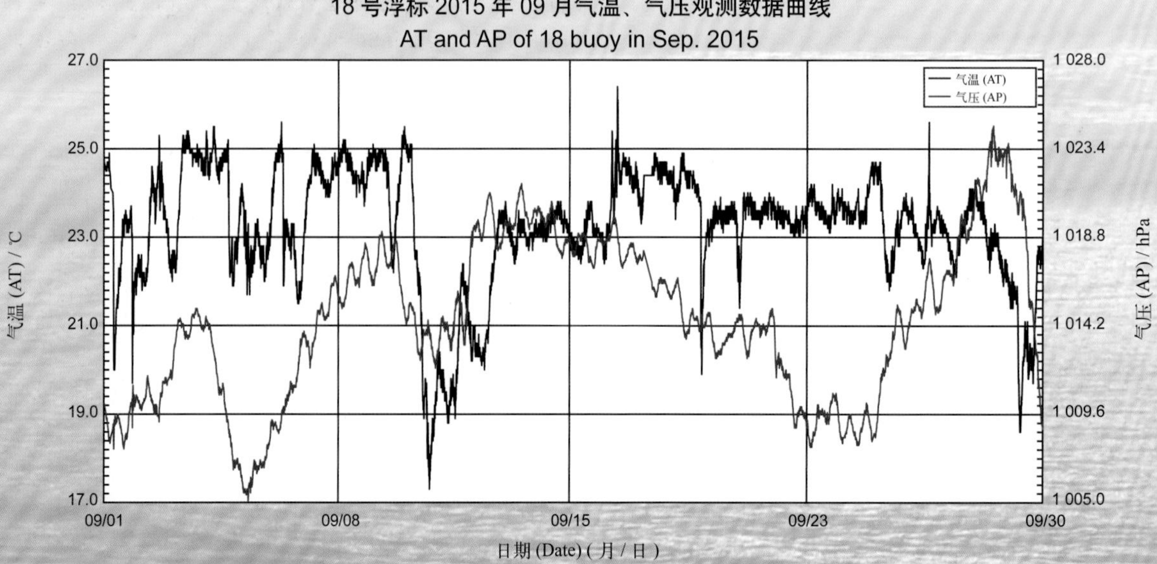

18 号浮标 2015 年 10 月气温、气压观测数据曲线
AT and AP of 18 buoy in Oct. 2015

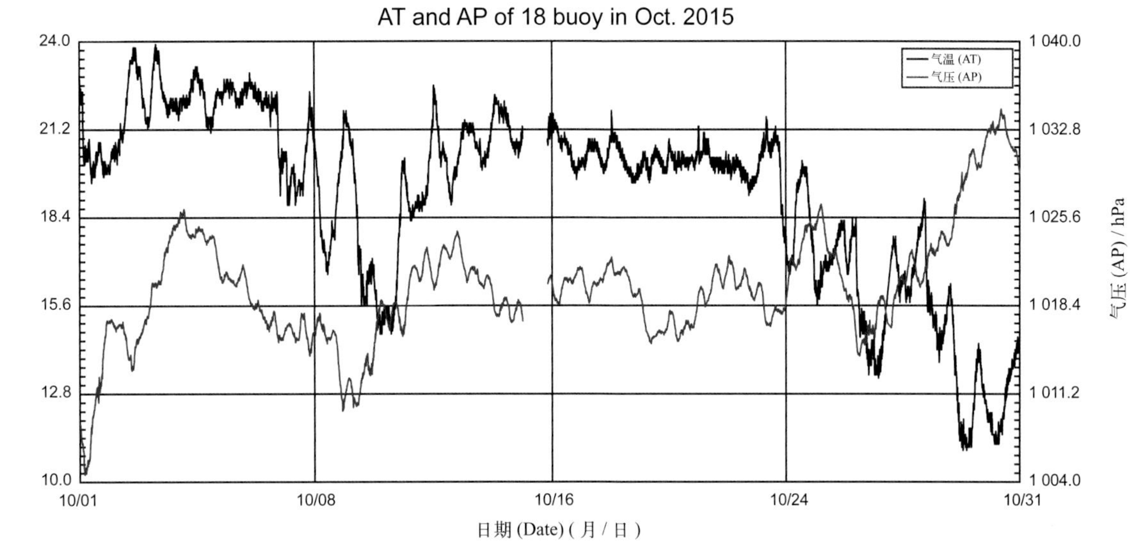

18 号浮标 2015 年 11 月气温、气压观测数据曲线
AT and AP of 18 buoy in Nov. 2015

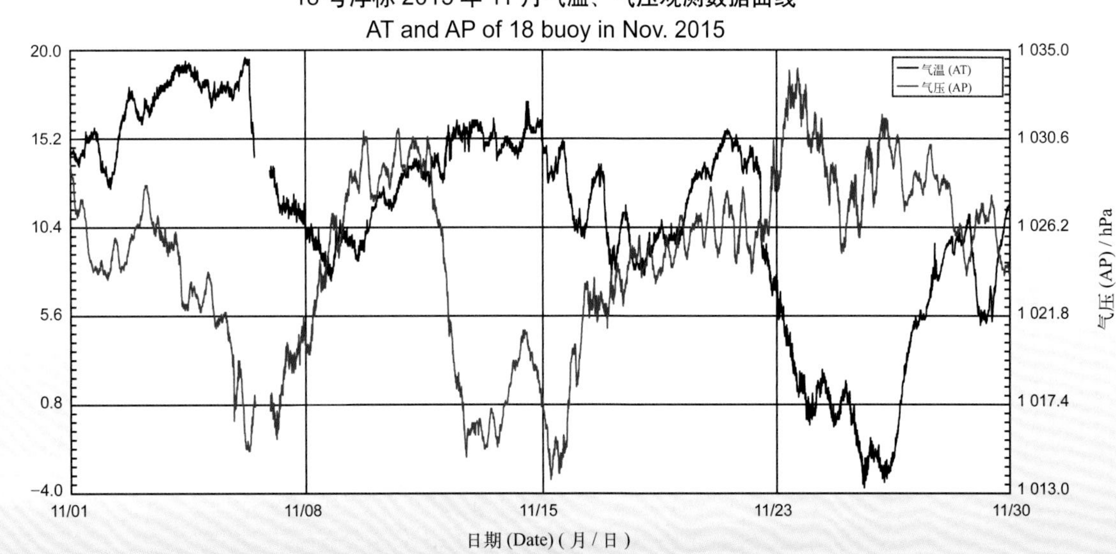

18 号浮标 2015 年 12 月气温、气压观测数据曲线
AT and AP of 18 buoy in Dec. 2015

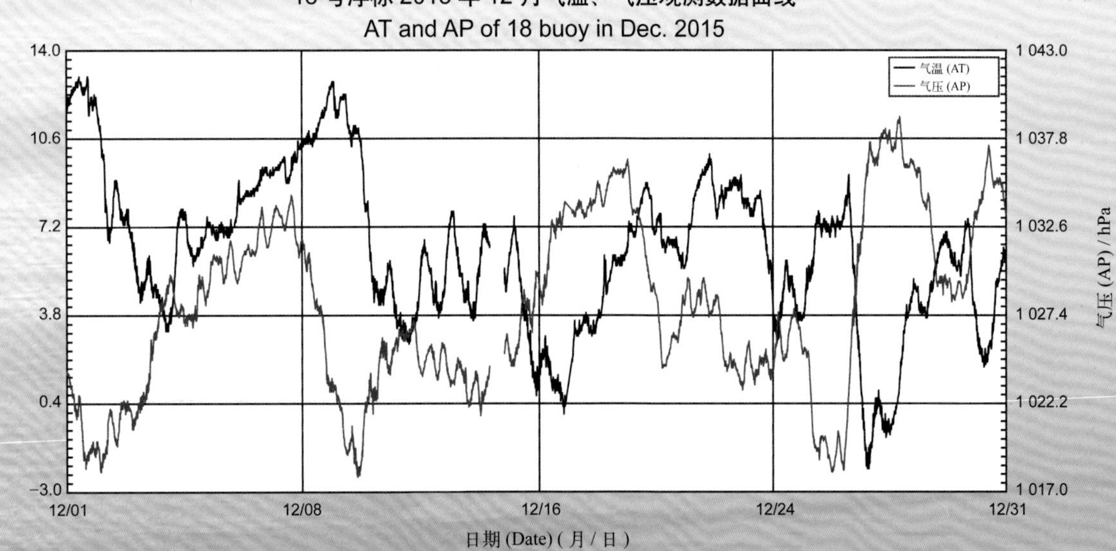

2015年度19号浮标观测数据概述及曲线
（气温和气压）

19号浮标位于黄海日照近海海域（35°25′N，119°36′E），是一套直径为3 m的圆盘形综合观测平台。可获取的观测参数包括气象、水文和水质，气温和气压数据是气象参数中的重要观测内容。

2015年，19号浮标共获取近363天的长序列气温、气压观测数据。获取数据的区间共两个时间段，具体为1月1日00:00至6月29日08:40和7月1日08:00至12月31日23:50，期间，3月、5月和10月偶尔会缺失少量数据，但均不超过1天。

通过对获取数据质量控制和分析，观测海域的年度气温、气压数据和季节数据特征如下：年度气温数据平均值为14.1℃，年度气压数据平均值为1 017.3 hPa；测得的年度最高气温和最低气温分别为34.1℃（7月13日15:20）和−5.1℃（11月27日04:50）；测得的年度最高气压和最低气压分别为1 040.3 hPa（1月31日09:10）和994.7 hPa（7月12日18:10）。以2月为冬季代表月，观测海域冬季的平均气温是3.7℃，平均气压是1 024.4 hPa；以5月为春季代表月，观测海域春季的平均气温是16.6℃，平均气压是1 009.7 hPa；以8月为夏季代表月，观测海域夏季的平均气温是25.7℃，平均气压是1 007.7 hPa；以11月为秋季代表月，观测海域秋季的平均气温是9.8℃，平均气压是1 024.8 hPa。

2015年，19号浮标布放海域月度气温、气压变化特征与该海域常年季节气候变化特点基本吻合。浮标观测的月平均气温、气压和最高值、最低值数据参见表7。从表中可以看出，气温平均值最低的月份为1月，年度最低气温（−5.1℃）出现在11月，平均值最高的月份为8月，年度最高气温（34.1℃）出现在7月。气压平均值最低的月份为7月，并且在该时间段内出现观测到的年度最低气压（994.7 hPa），气压平均值最高的月份为12月，年度最高气压（1 040.3 hPa）出现在1月。从月度气温、气压的变化情况分析，气温变化最为剧烈的是11月，最高气温为18.8℃，最低气温为−5.1℃，变化幅度达23.9℃，气压变化最为剧烈的是4月，最高气压为1 033.3 hPa，最低气压为996.0 hPa，变化幅度达37.3 hPa；相比较而言，气温变化幅度较小的月份是8月，最高气温为30.2℃，最低气温为21.9℃，变化幅度仅为8.3℃，气压变化幅度较小的月份也是8月，最高气压为1 013.8 hPa，最低气压为1 000.1 hPa，变化幅度仅为13.7 hPa。

表7　2015年19号浮标各月份气温、气压观测数据

月份	气温 / ℃			气压 / hPa			备注
	平均	最高	最低	平均	最高	最低	
1	3.2	10.8	−3.2	1 027.8	1 040.3	1 011.6	
2	3.7	10.0	−3.7	1 024.4	1 037.7	1 011.4	冬季代表月，记录1次寒潮过程
3	7.0	17.9	−3.0	1 022.4	1 037.9	1 008.7	
4	11.7	20.0	3.8	1 016.1	1 033.3	996.0	
5	16.6	25.2	11.7	1 009.7	1 018.6	998.8	春季代表月
6	20.8	33.2	17.5	1 006.0	1 014.8	996.5	缺近2天的数据
7	24.2	34.1	20.0	1 005.8	1 013.7	994.7	记录1次台风过程
8	25.7	30.2	21.9	1 007.7	1 013.8	1 000.1	夏季代表月
9	22.8	26.0	16.4	1 014.6	1 024.8	1 005.4	
10	18.2	24.0	9.0	1 020.0	1 034.2	1 005.7	
11	9.8	18.8	−5.1	1 024.8	1 034.2	1 013.9	秋季代表月，记录1次寒潮过程
12	5.1	11.6	−3.3	1 027.9	1 039.1	1 018.0	记录1次寒潮过程

2015年，19号浮标共记录到3次寒潮过程和1次台风过程。第一次寒潮过程，2月7日12:30至8日07:00，18.5 h气温下降了10.2℃（由7.7℃下降到 −3.0℃），之后，气温一度下降到 −3.7℃（2月9日04:30），0℃以下气温累计时长为27 h，寒潮期间气压最高值为1 037.4 hPa（2月8日10:00）。第二次寒潮过程，11月22日19:20至24日10:20，39 h气温下降了13.7℃（由13.1℃下降到 −0.6℃），之后，气温一度下降到 −5.1℃（11月27日04:50），0℃以下气温持续时长为40 h，寒潮期间气压最高值为1 034.2 hPa（11月23日22:00）。第三次寒潮过程，12月26日16:30至27日07:30，由8.1℃降到 −3.3℃，13 h气温降幅为11.4℃，0℃以下气温累计时长为27 h，寒潮期间气压最高值为1 039.1 hPa（12月28日10:30）。7月11日至14日，19号浮标获取到了第9号超强台风“灿鸿”的相关数据，获取到的最低气压为994.7 hPa（7月12日18:10）。

19 号浮标 2015 年气温、气压观测数据曲线
AT and AP of 19 buoy in 2015

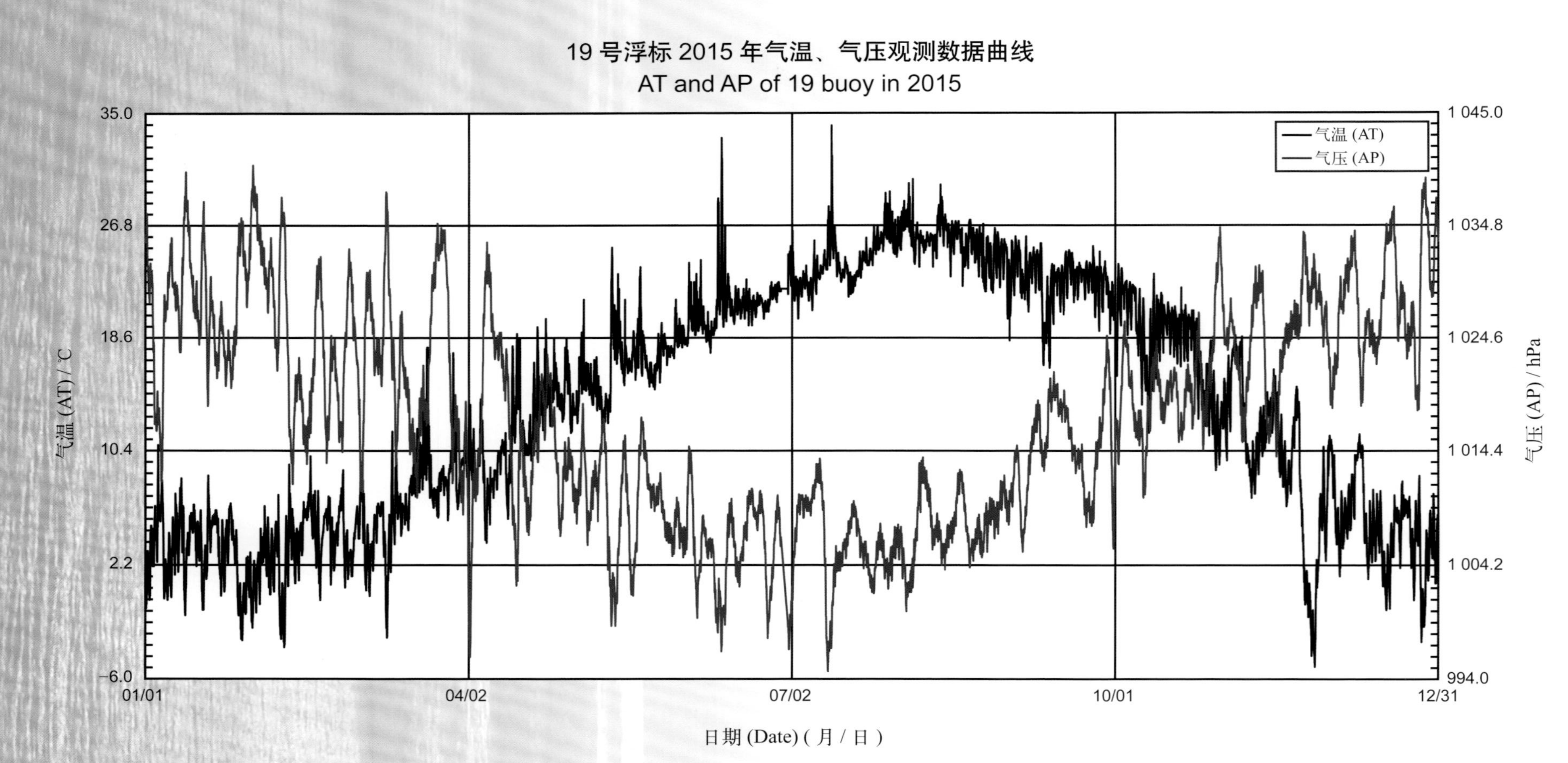

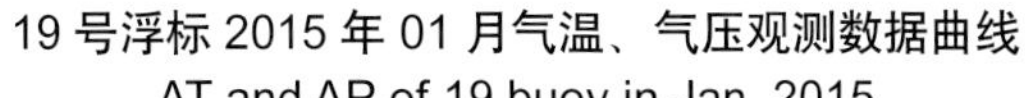

19 号浮标 2015 年 01 月气温、气压观测数据曲线
AT and AP of 19 buoy in Jan. 2015

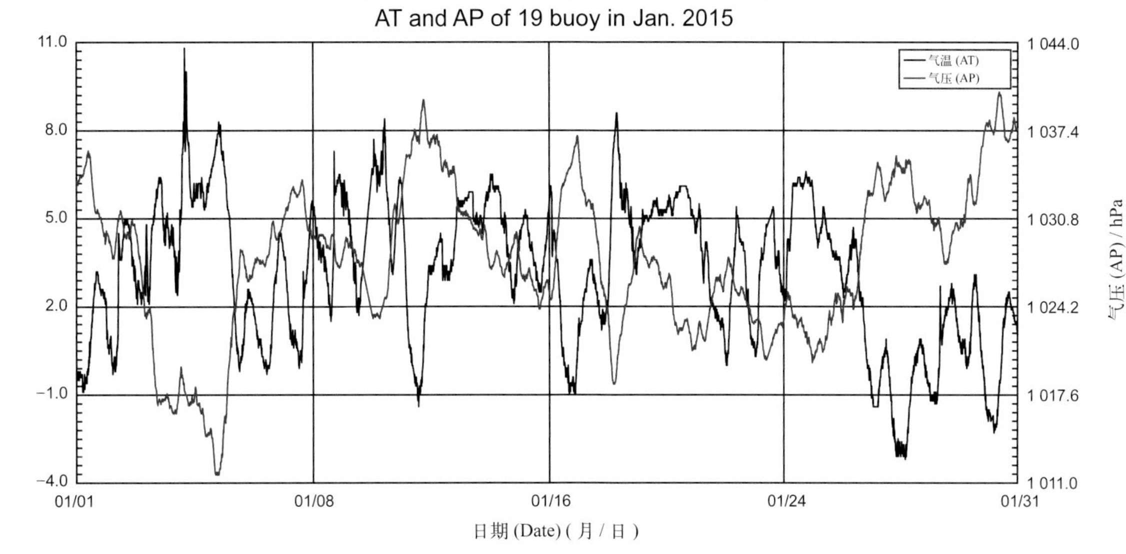

19 号浮标 2015 年 02 月气温、气压观测数据曲线
AT and AP of 19 buoy in Feb. 2015

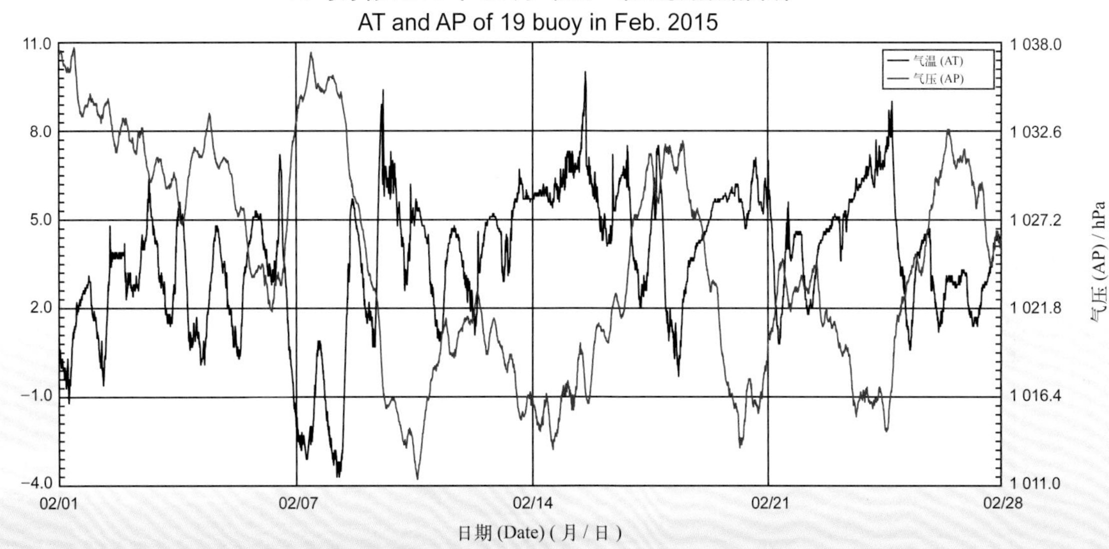

19 号浮标 2015 年 03 月气温、气压观测数据曲线
AT and AP of 19 buoy in Mar. 2015

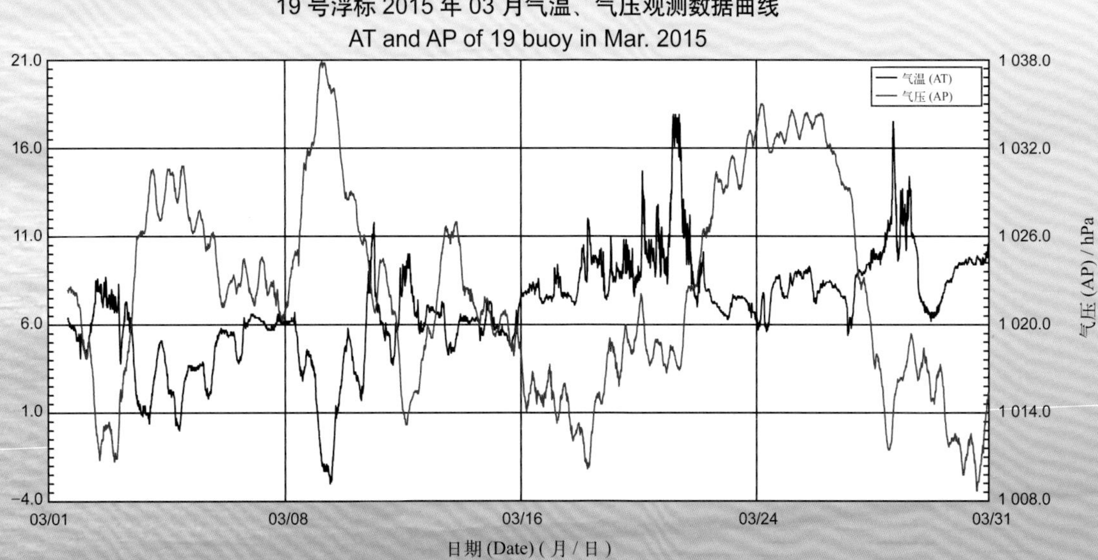

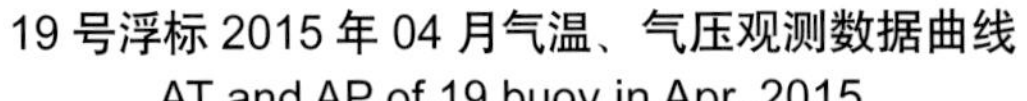

19 号浮标 2015 年 04 月气温、气压观测数据曲线
AT and AP of 19 buoy in Apr. 2015

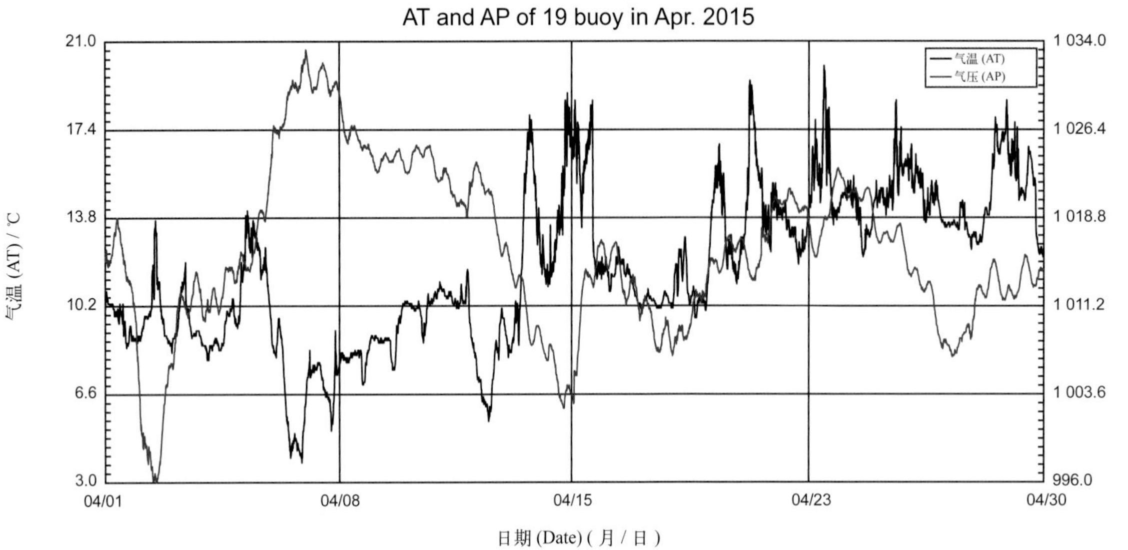

19 号浮标 2015 年 05 月气温、气压观测数据曲线
AT and AP of 19 buoy in May 2015

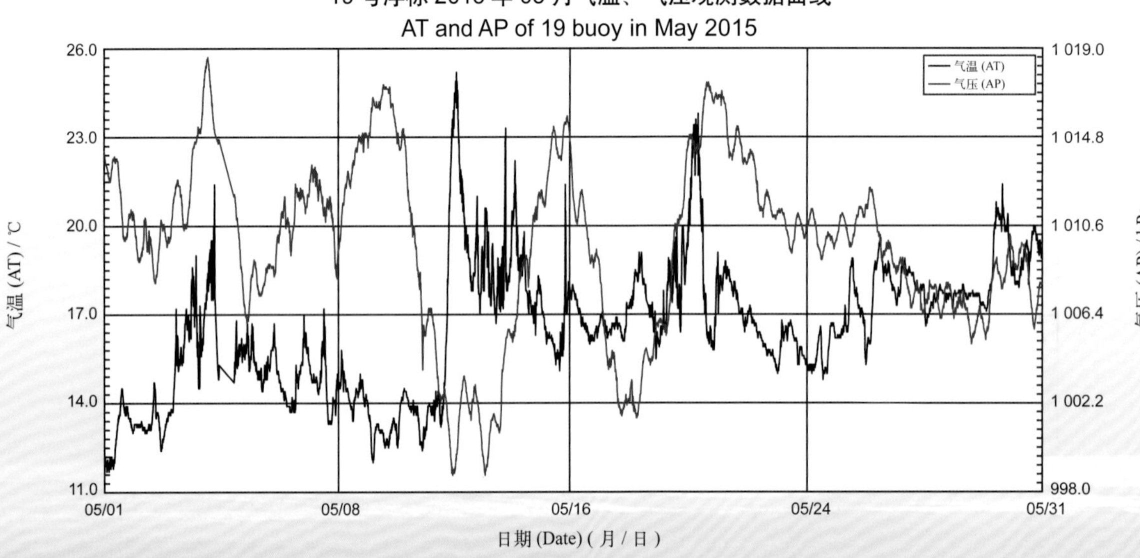

19 号浮标 2015 年 06 月气温、气压观测数据曲线
AT and AP of 19 buoy in Jun. 2015

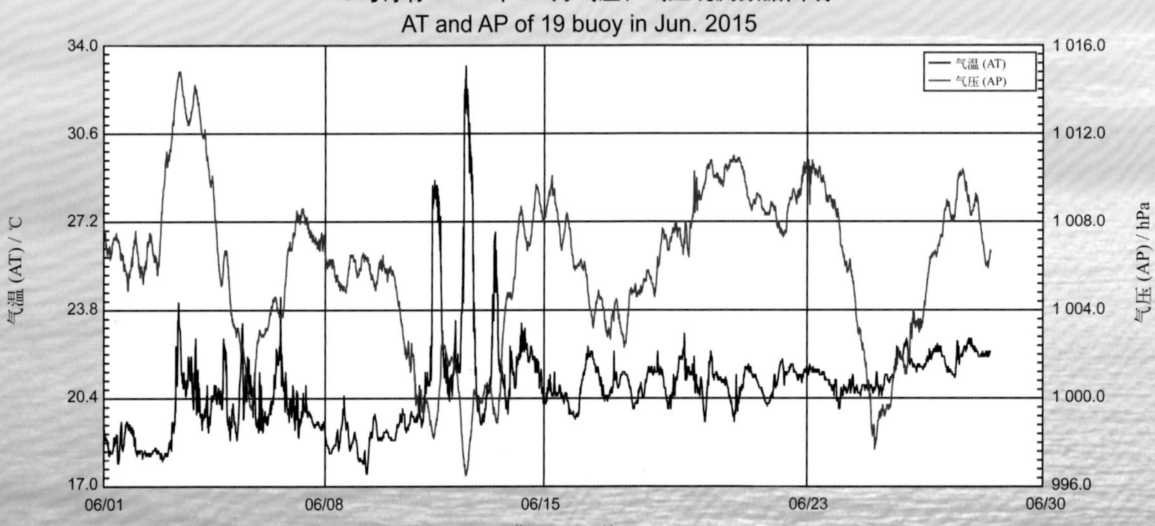

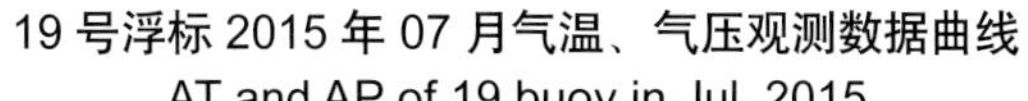

AT and AP of 19 buoy in Jul. 2015

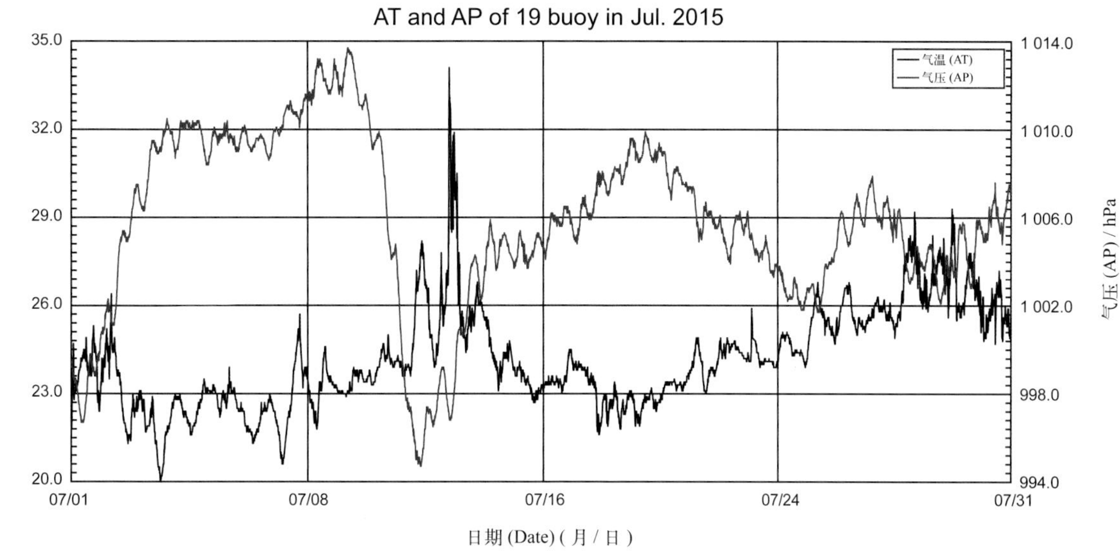

19 号浮标 2015 年 08 月气温、气压观测数据曲线

AT and AP of 19 buoy in Aug. 2015

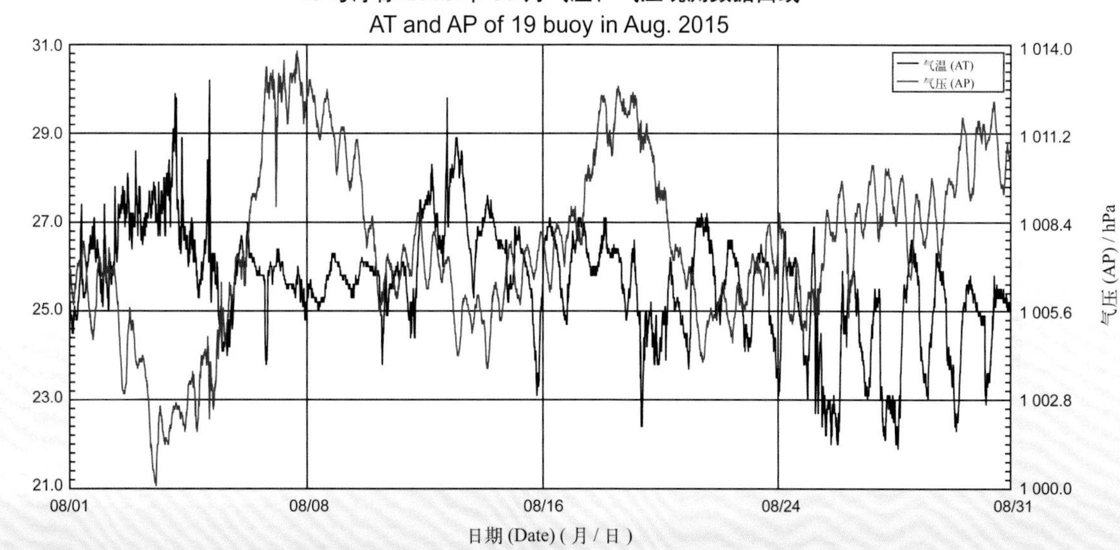

19 号浮标 2015 年 09 月气温、气压观测数据曲线

AT and AP of 19 buoy in Sep. 2015

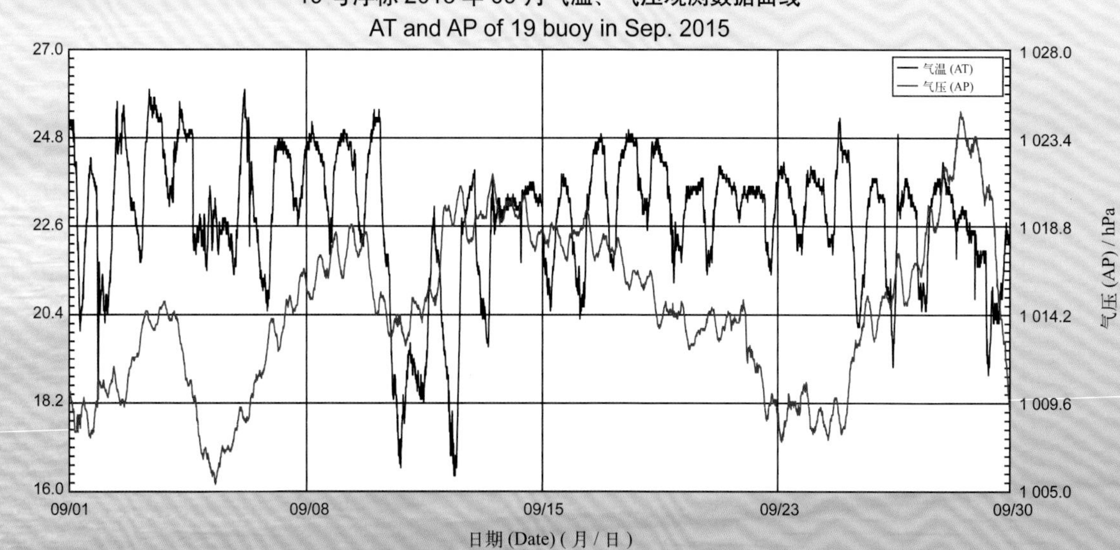

19 号浮标 2015 年 10 月气温、气压观测数据曲线
AT and AP of 19 buoy in Oct. 2015

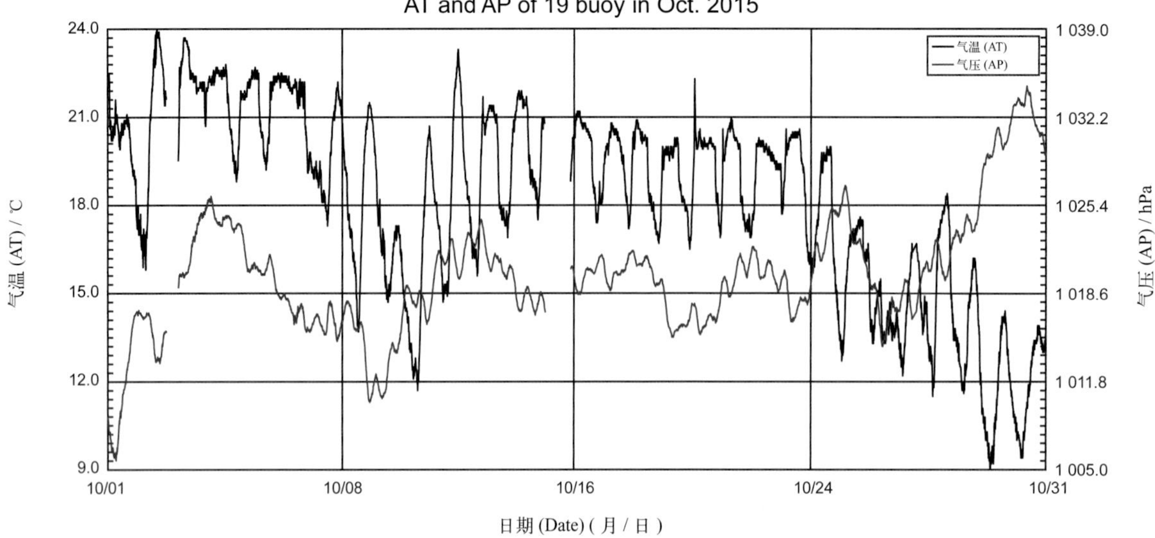

19 号浮标 2015 年 11 月气温、气压观测数据曲线
AT and AP of 19 buoy in Nov. 2015

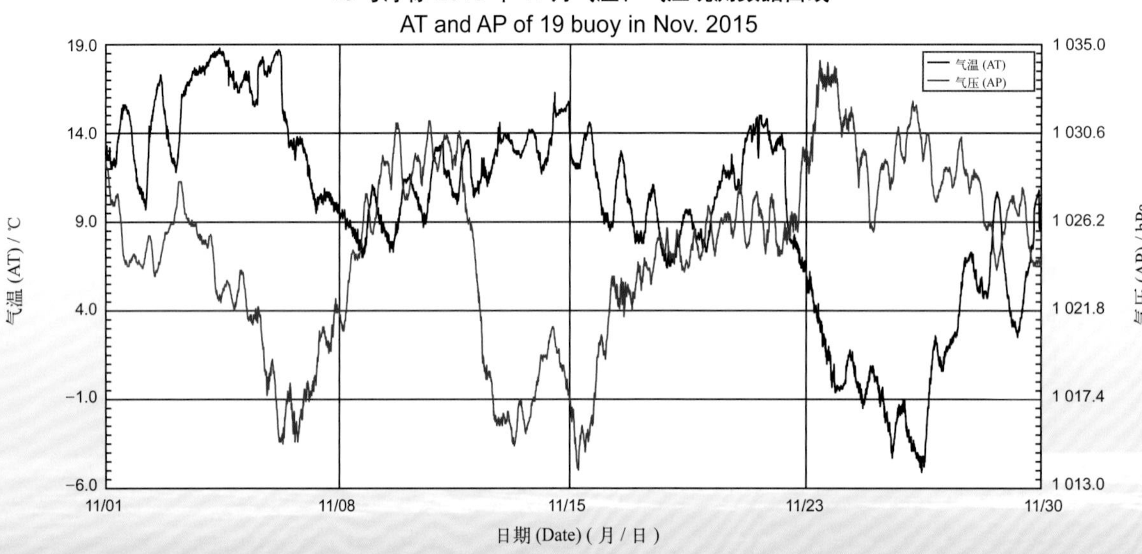

19 号浮标 2015 年 12 月气温、气压观测数据曲线
AT and AP of 19 buoy in Dec. 2015

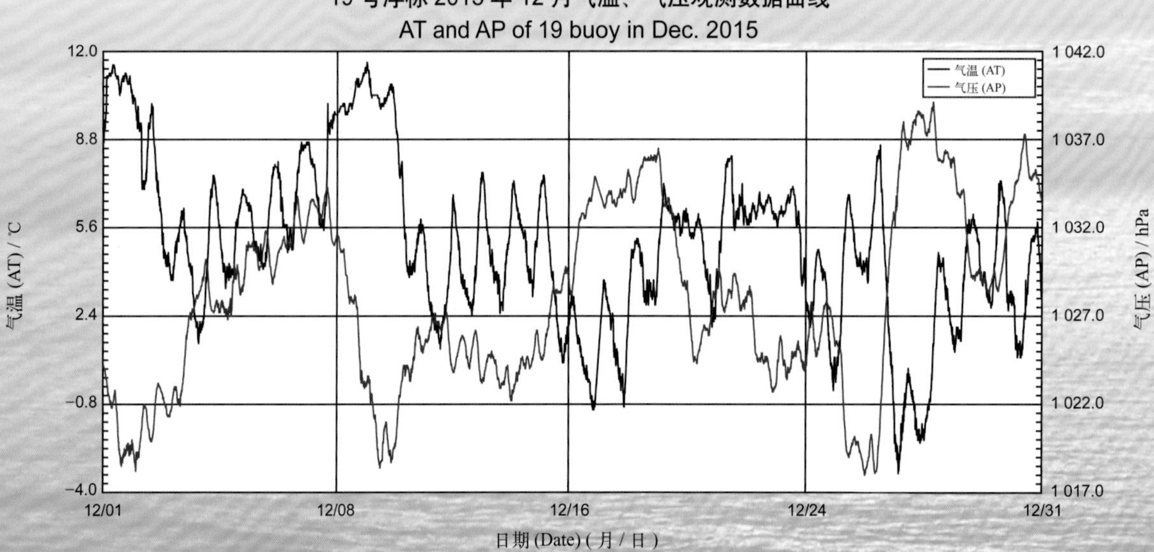

2015年度20号浮标观测数据概述及曲线
（气温和气压）

20号浮标位于东海舟山六横岛附近海域（29°45′N，122°45′E），是一套直径为10 m的圆盘形综合观测平台。可获取的观测参数包括气象、水文和水质，气温和气压数据是气象参数中的重要观测内容。

2015年，20号浮标共获取近333天的气温长序列观测数据，近339天的气压长序列观测数据。获取气温数据的区间共六个时间段，具体为1月1日00:00至2月8日17:40、2月12日09:00至24日01:50、3月6日15:00至6月29日08:30、7月1日07:50至9月2日16:50、9月16日15:00至10月14日09:50和10月20日11:40至12月31日23:50；获取气压数据的区间共五个时间段，具体为1月1日00:00至2月8日17:40、2月12日09:00至24日01:50、3月6日15:00至6月29日08:30、7月1日07:50至9月2日16:50和9月16日15:00至12月31日23:50。

通过对获取数据质量控制和分析，20号浮标观测海域本年度气温、气压数据和季节数据特征如下：年度气温平均值为17.7℃，年度气压平均值为1 015.8 hPa；测得的年度最高气温和最低气温分别为28.9℃（8月7日16:10）和3.2℃（2月8日17:30）；测得的年度最高气压和最低气压分别为1 035.4 hPa（12月28日10:30）和957.6 hPa（7月11日16:30）。以2月为冬季代表月，观测海域冬季的平均气温是9.2℃，平均气压是1 023.0 hPa；以5月为春季代表月，观测海域春季的平均气温是18.4℃，平均气压是1 010.2 hPa；以8月为夏季代表月，观测海域夏季的平均气温是26.4℃，平均气压是1 007.2 hPa；以11月为秋季代表月，观测海域秋季的平均气温是17.5℃，平均气压是1 021.6 hPa。

2015年，20号浮标布放海域月度气温、气压变化特征与该海域常年季节气候变化特点基本吻合。浮标观测的月平均气温、气压和最高值、最低值数据参见表8。从表中可以看出，气温平均值最低的月份为1月，年度最低气温（3.2℃）出现在2月，平均值最高的月份为8月，并且在该时间段内出现观测到的年度最高气温（28.9℃）。气压平均值最低的月份为7月，并且在该时间段内出现观测到的年度最低气压（957.6 hPa），气压平均值最高的月份为1月和12月，年度最高气压（1 035.4 hPa）出现在12月。从月度气温、气压的变化情况分析，气温变化最为剧烈的是12月，最高气温为19.4℃，最低气温为3.7℃，变化幅度达15.7℃，气压变化最为剧烈的是7月，最高气压为1 011.0 hPa，最低气压为957.6 hPa，变化幅度达53.4 hPa；相比较而言，气温变化幅度较小的月份是8月，最高气温为28.9℃，最低气温为23.0℃（9月数据较少，不参与比较），变化幅度仅为5.9℃，气压变化幅度较小的月份是6月（9月数据较少，不参与比较），最高气压为1 013.5 hPa，最低气压为999.0 hPa，变化幅度仅为14.5 hPa。

表 8　2015 年 20 号浮标各月份气温、气压观测数据

月份	气温 / ℃			气压 / hPa			备注
	平均	最高	最低	平均	最高	最低	
1	9.0	14.4	3.4	1 025.7	1 034.0	1 012.3	
2	9.2	14.0	3.2	1 023.0	1 031.9	1 013.2	冬季代表月，缺近 10 天的数据
3	11.2	16.4	4.2	1 021.6	1 034.4	1 005.0	缺近 6 天的数据
4	14.4	18.5	8.2	1 015.9	1 027.5	999.7	
5	18.4	22.7	14.5	1 010.2	1 017.9	1 001.5	春季代表月
6	22.5	25.6	18.4	1 006.6	1 013.5	999.0	缺近 2 天的数据
7	24.6	28.1	19.1	1 004.6	1 011.0	957.6	
8	26.4	28.9	23.0	1 007.2	1 012.2	994.6	夏季代表月
9	24.2	26.6	22.5	1 011.5	1 017.7	1 005.7	缺近 14 天的数据
10	21.7	25.3	17.8	1 018.6	1 029.3	1 009.9	缺近 6 天的气温数据
11	17.5	23.0	4.1	1 021.6	1 030.5	1 011.6	秋季代表月，记录 1 次寒潮过程
12	11.9	19.4	3.7	1 025.7	1 035.4	1 011.7	

2015 年，20 号浮标共记录到 1 次寒潮过程和 2 次台风过程。11 月 25 日 06:50 至 27 日 06:50，48 h 气温下降 10.2℃（由 15.1℃下降到 4.9℃），之后，气温一度下降到 4.1℃（11 月 27 日 03:40），5℃以下气温持续 5 h，寒潮期间气压最高值为 1 030.5 hPa（11 月 27 日 07:50）。第一次台风过程，7 月 10 日至 12 日，20 号浮标获取到了第 9 号超强台风“灿鸿”的相关数据，获取到的最低气压为 957.6 hPa（7 月 11 日 16:30）。第二次台风过程，8 月 23 日至 25 日，20 号浮标获取到了第 15 号超强台风“天鹅”的相关数据，获取到的最低气压为 994.7 hPa（8 月 24 日 16:30）。

20 号浮标 2015 年气温、气压观测数据曲线

AT and AP of 20 buoy in 2015

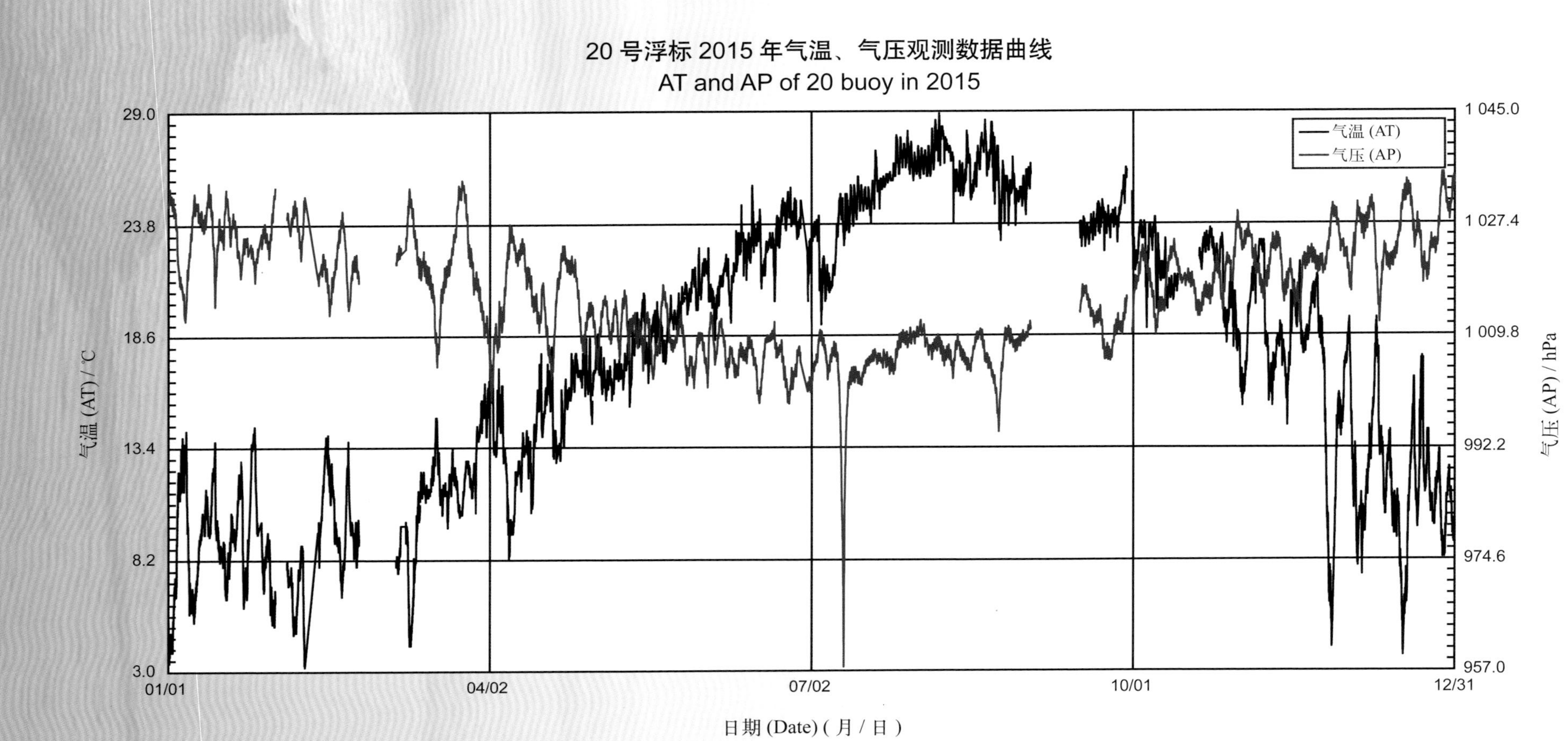

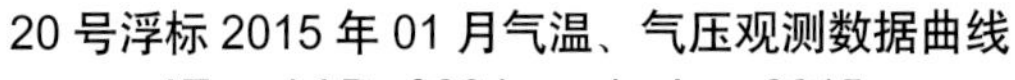

20 号浮标 2015 年 01 月气温、气压观测数据曲线
AT and AP of 20 buoy in Jan. 2015

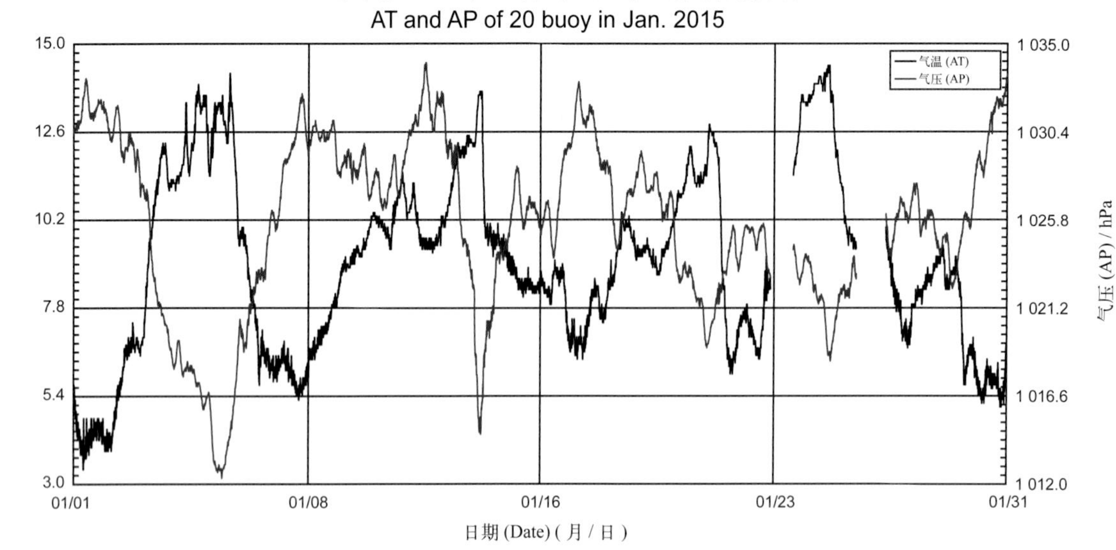

20 号浮标 2015 年 02 月气温、气压观测数据曲线
AT and AP of 20 buoy in Feb. 2015

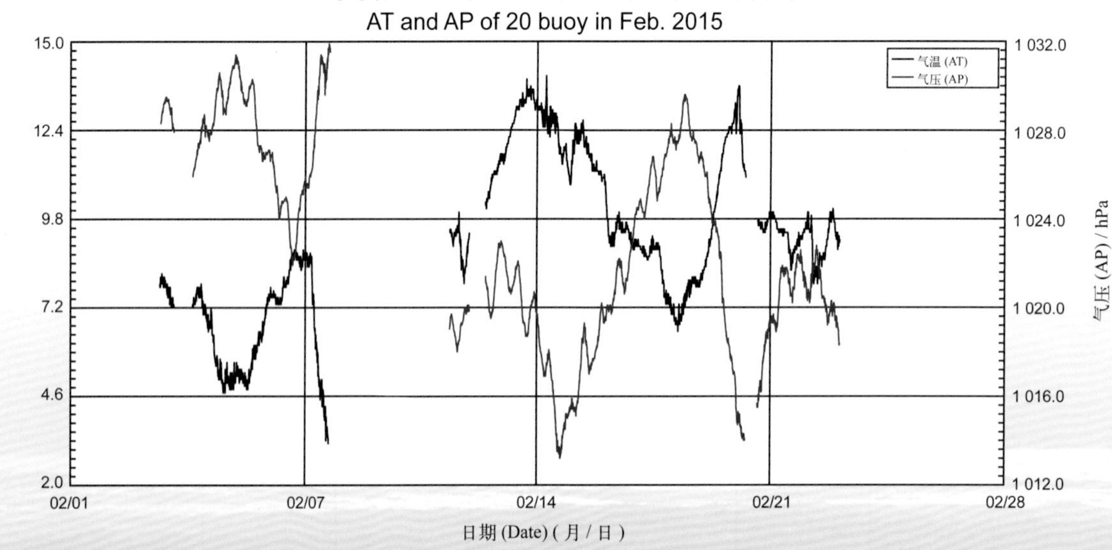

20 号浮标 2015 年 03 月气温、气压观测数据曲线
AT and AP of 20 buoy in Mar. 2015

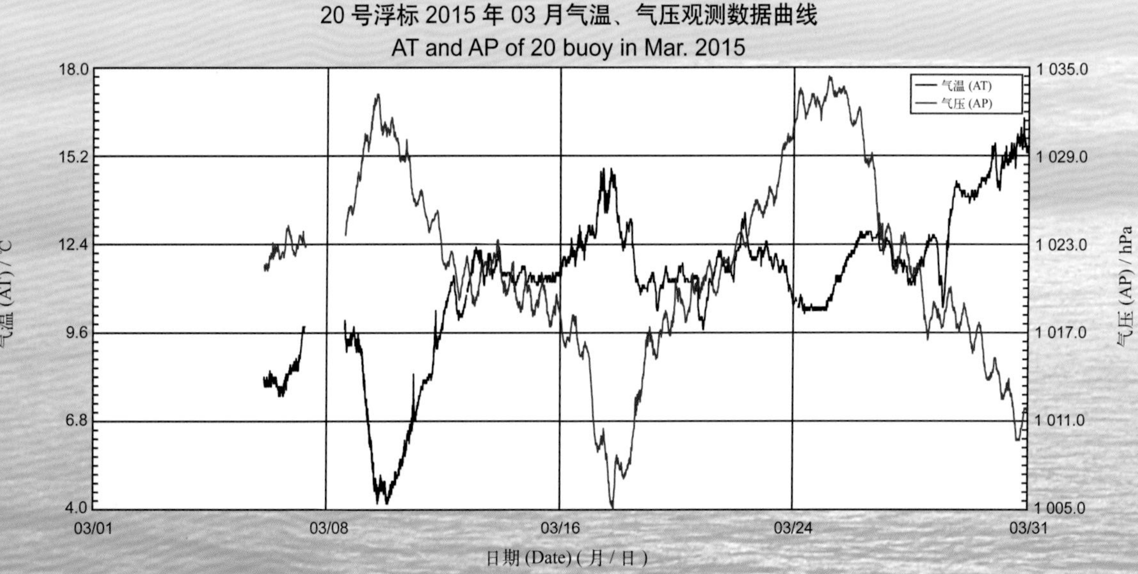

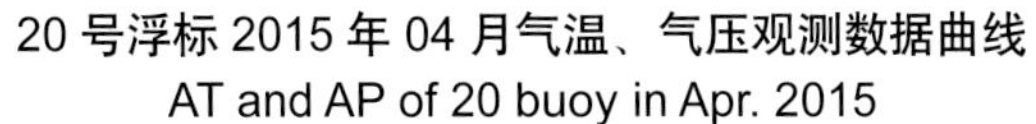

20 号浮标 2015 年 04 月气温、气压观测数据曲线
AT and AP of 20 buoy in Apr. 2015

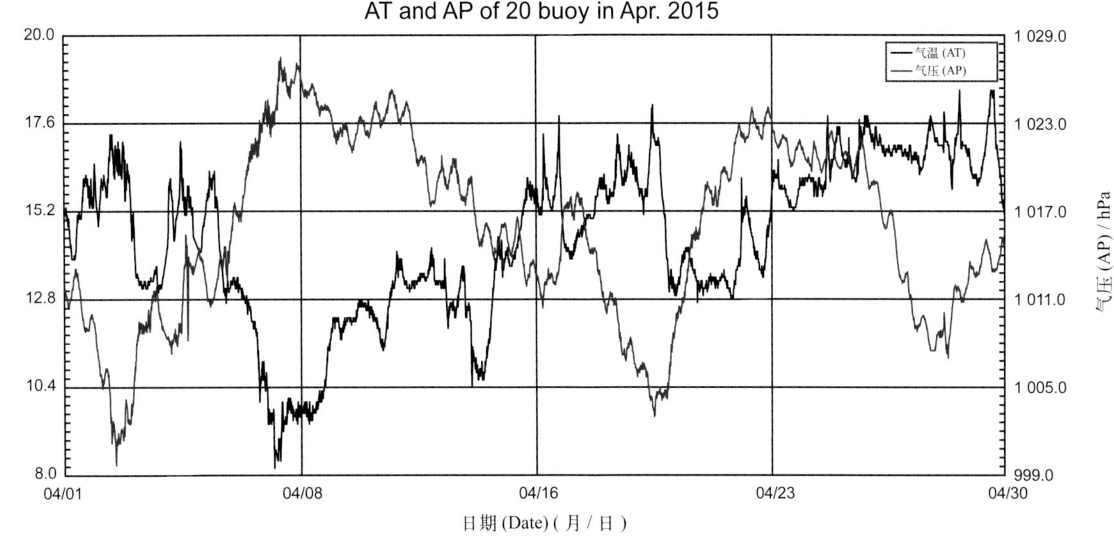

20 号浮标 2015 年 05 月气温、气压观测数据曲线
AT and AP of 20 buoy in May 2015

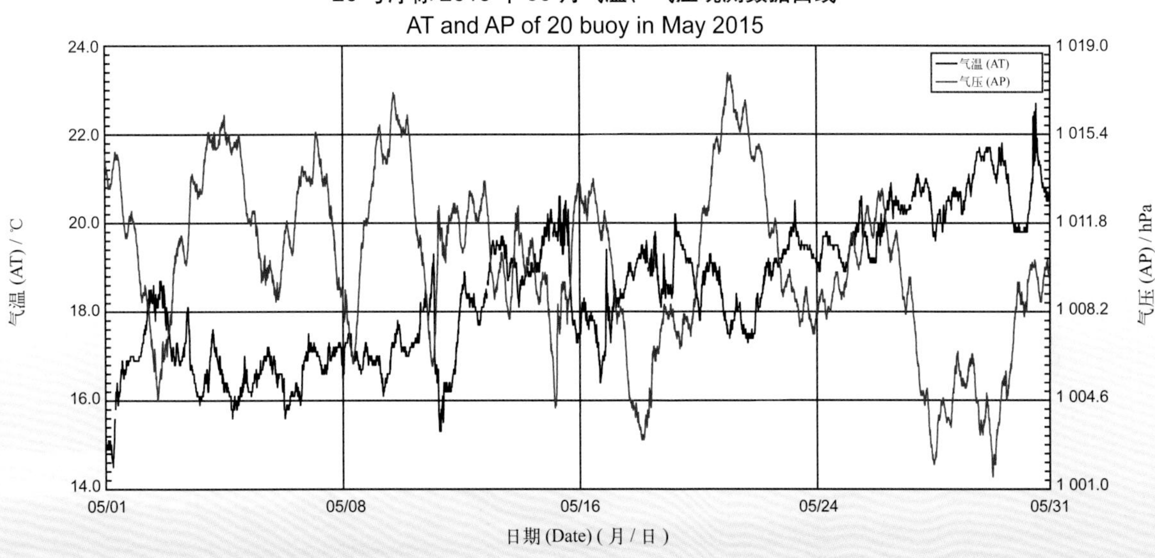

20 号浮标 2015 年 06 月气温、气压观测数据曲线
AT and AP of 20 buoy in Jun. 2015

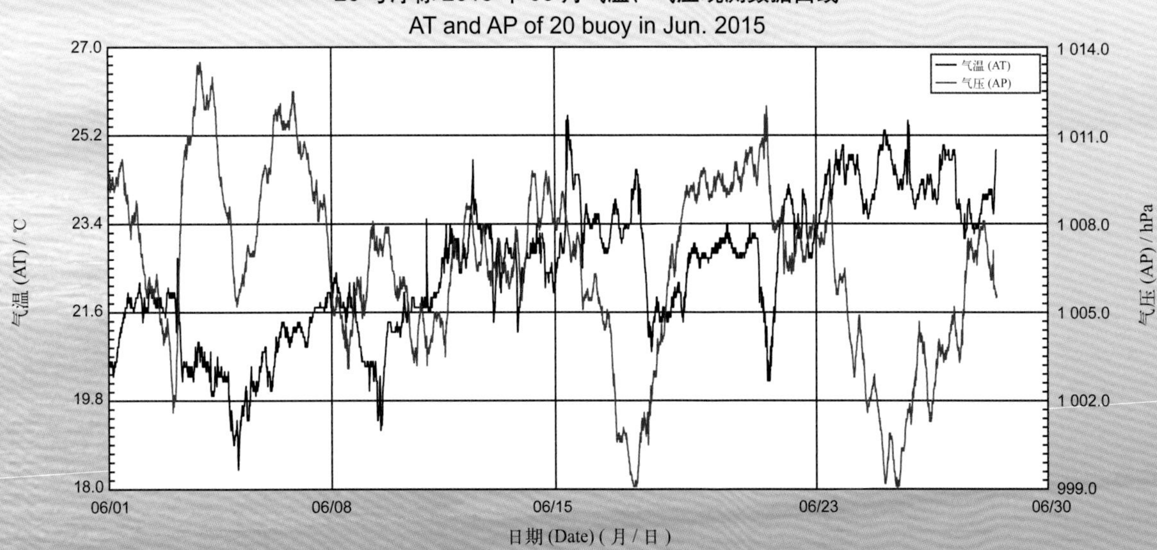

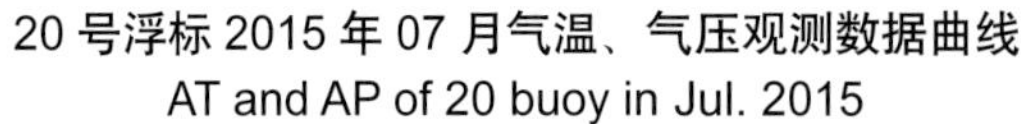

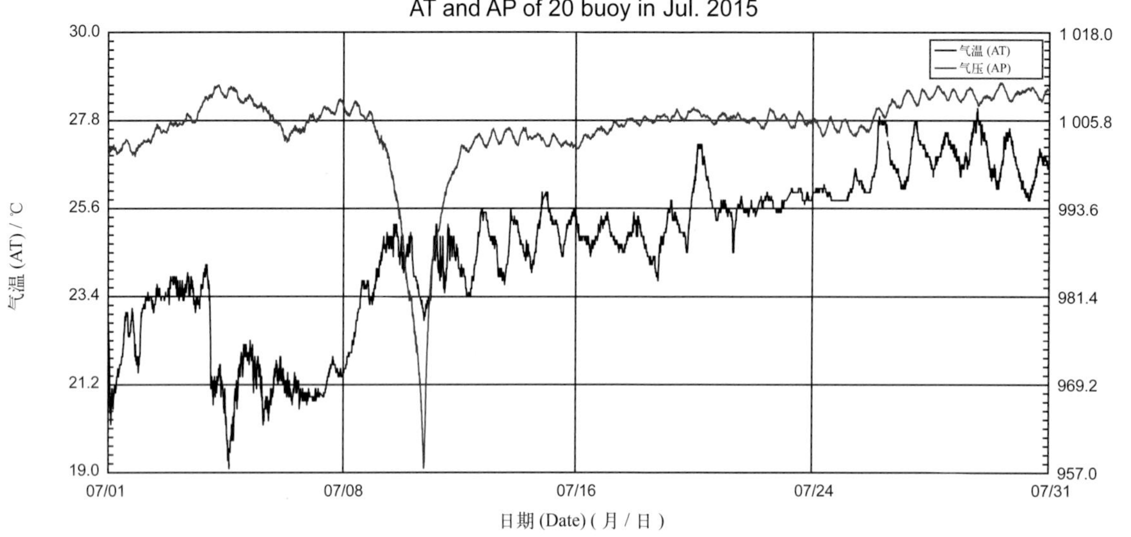

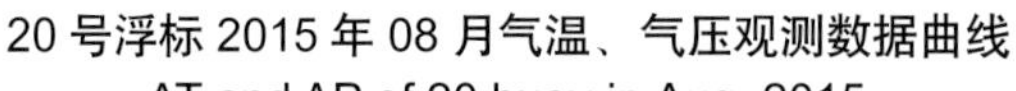

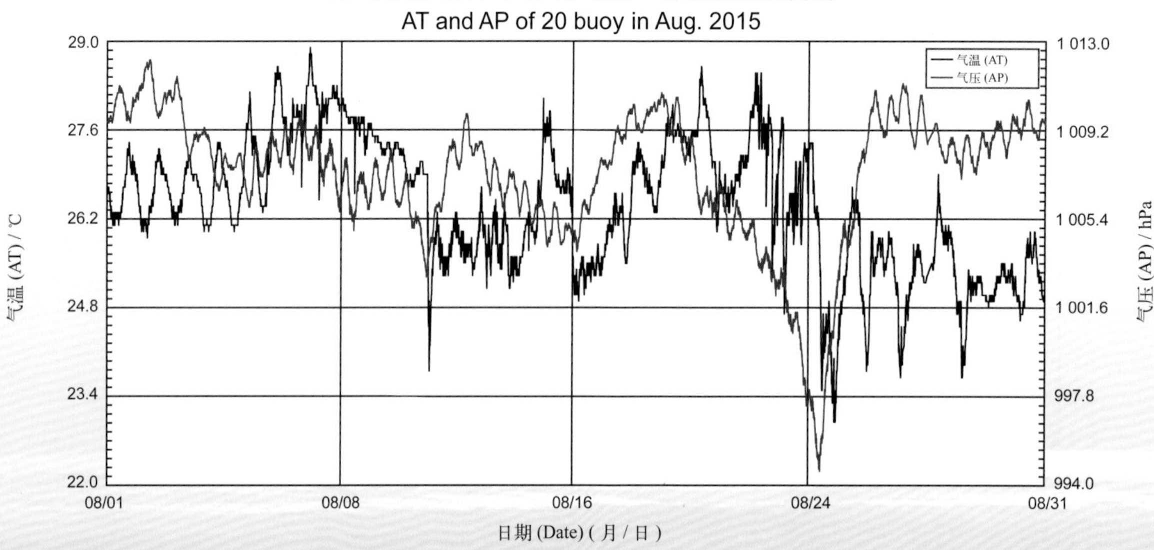

20 号浮标 2015 年 09 月气温、气压观测数据曲线
AT and AP of 20 buoy in Sep. 2015

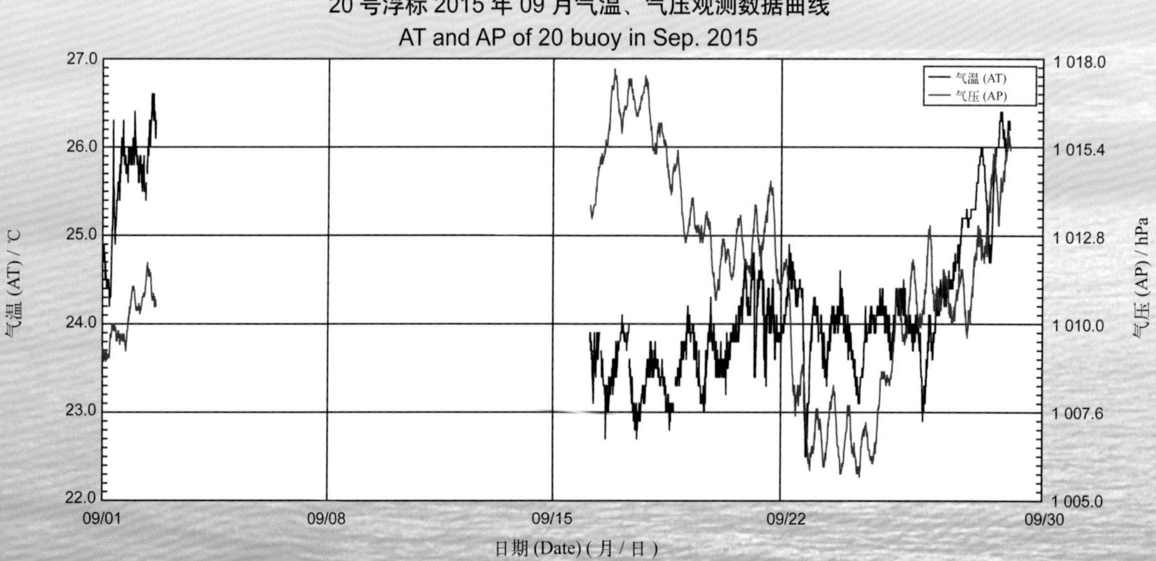

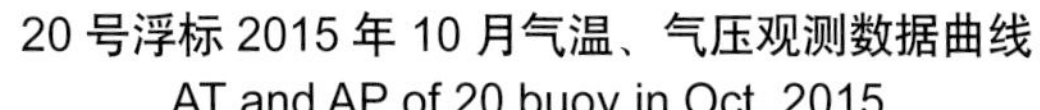

20号浮标2015年10月气温、气压观测数据曲线
AT and AP of 20 buoy in Oct. 2015

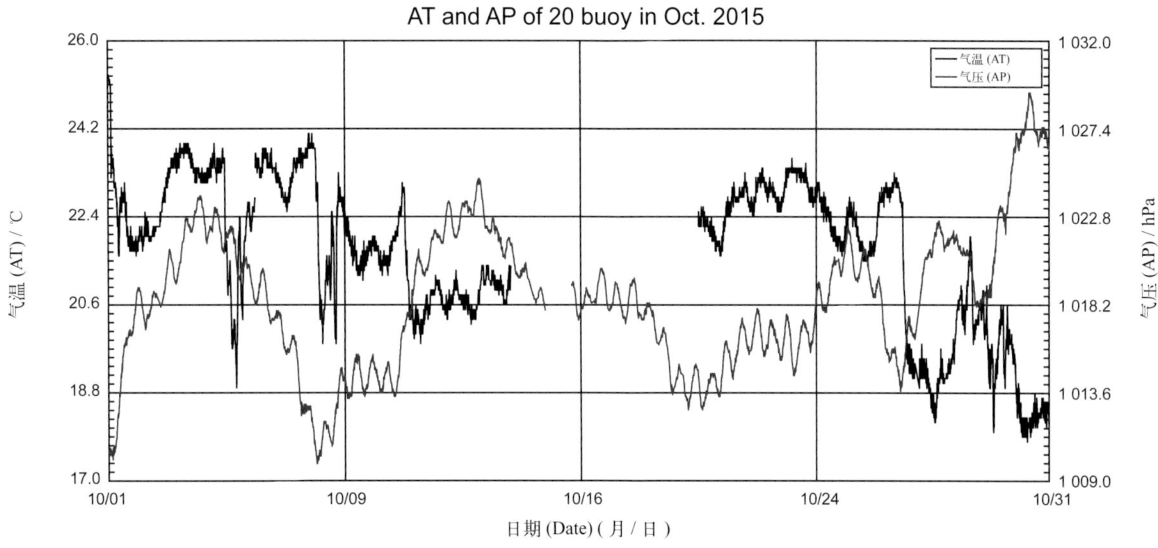

20号浮标2015年11月气温、气压观测数据曲线
AT and AP of 20 buoy in Nov. 2015

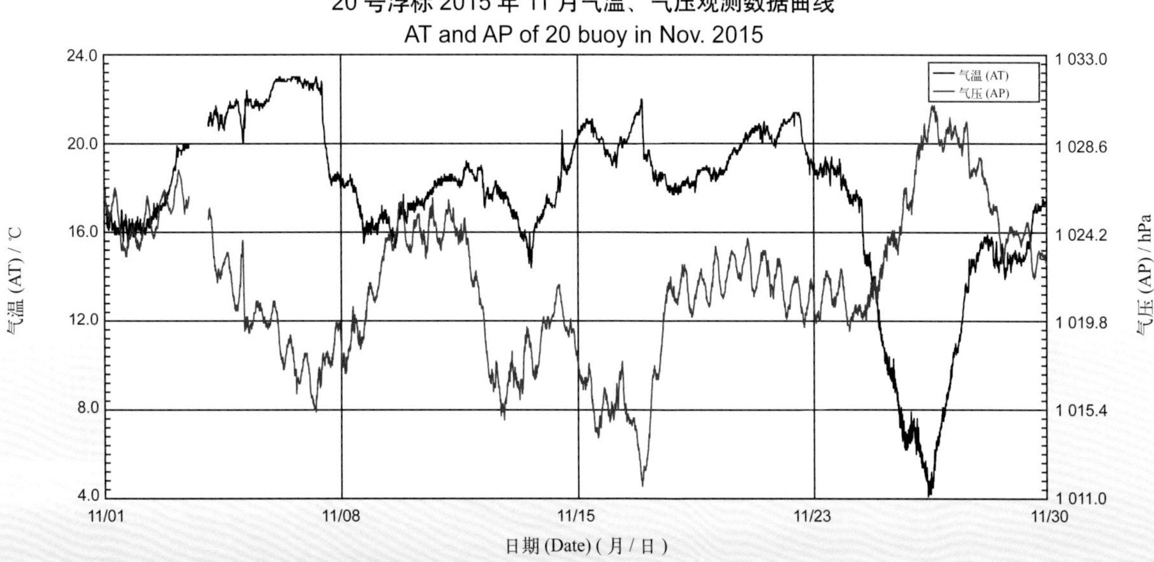

20号浮标2015年12月气温、气压观测数据曲线
AT and AP of 20 buoy in Dec. 2015

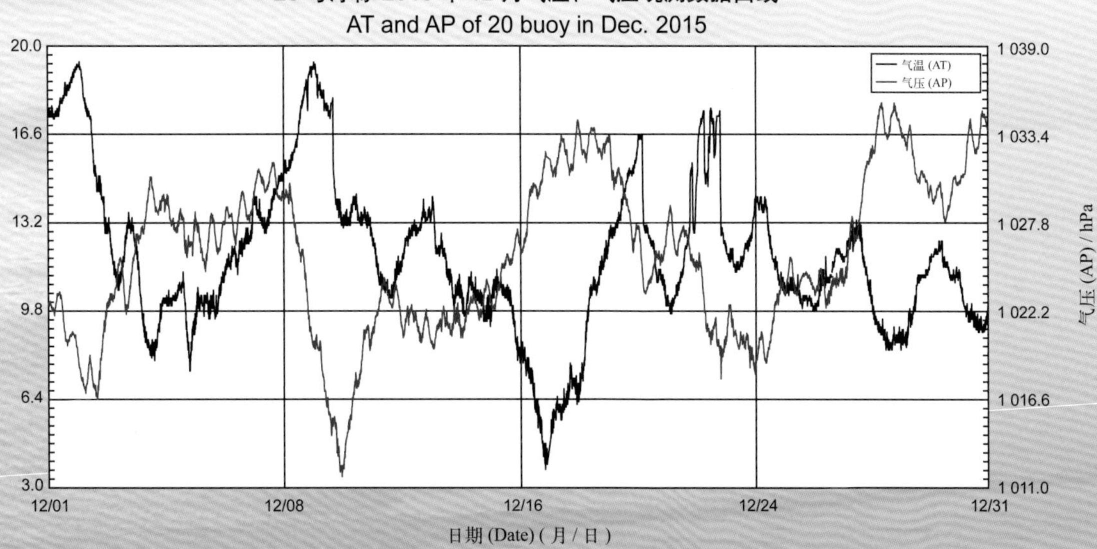

2015年度01号浮标观测数据概述及玫瑰图
（风速和风向）

01号浮标位于中国近海观测研究网络黄海站观测范围最北端的海域（38°45′N，122°45′E），是一套直径为3 m的圆盘形综合观测平台。可获取的观测参数包括气象、水文和水质，风速和风向数据是气象参数中的重要观测内容。

2015年，01号浮标共获取285天的长序列风速、风向观测数据。获取数据区间共四个时间段，具体为1月1日00:00至5月31日11:00、6月4日00:30至20日13:00、8月8日10:30至11月1日14:30和12月8日18:30至28日17:00。

表9　2015年01号浮标各月份6级以上大风日数及主要风向

月份	6级以上大风日数	6级以上大风主要风向	备注
1	13天	NNE	
2	9天	NE	冬季代表月， 记录1次寒潮过程
3	6天	NNE	
4	5天	NE	
5	2天	NNW	春季代表月
6	1天	SW	缺近14天的数据
7	—	—	浮标大修，无数据
8	0天	—	夏季代表月，缺近8天的数据
9	0天	—	
10	8天	NNW	记录1次8级以上大风过程
11	—	—	秋季代表月， 浮标故障，无数据
12	2天	N	缺近11天的数据

通过对获取数据质量控制和分析，观测海域的年度风速、风向数据和季节数据特征如下：测得的年度最大风速为 17.9 m/s（10 月 1 日 11:00），对应风向为 354°。2015 年，01 号浮标记录到 6 级以上大风日数总计 46 天，其中 6 级以上大风日数最多的月份为 1 月（13 天），6 级以上大风日数最少的月份是 8 月和 9 月（0 天）。全年共记录到 1 次 8 级以上大风过程，从 10 月 1 日 12:00 开始，持续时间为 2 h。以 2 月为冬季代表月，观测海域冬季 6 级以上大风日数为 9 天，大风主要风向为 NE；以 5 月为春季代表月，观测海域春季 6 级以上大风日数为 2 天，大风主要风向为 NNW；以 8 月为夏季代表月，观测海域夏季 6 级以上大风日数为 0 天。

2015 年，01 号浮标记录到 1 次寒潮过程。2 月 7 日 06:30 至 08:00，风力迅速增强至 6 级以上，之后最大风速达到 15.4 m/s（2 月 8 日 02:00），对应风向为 31°，6 级以上风一直持续到 2 月 8 日 18:00，寒潮影响期间的主要风向为 NE。

01 号浮标 2015 年风速、风向观测数据玫瑰图
WS and WD of 01 buoy in 2015

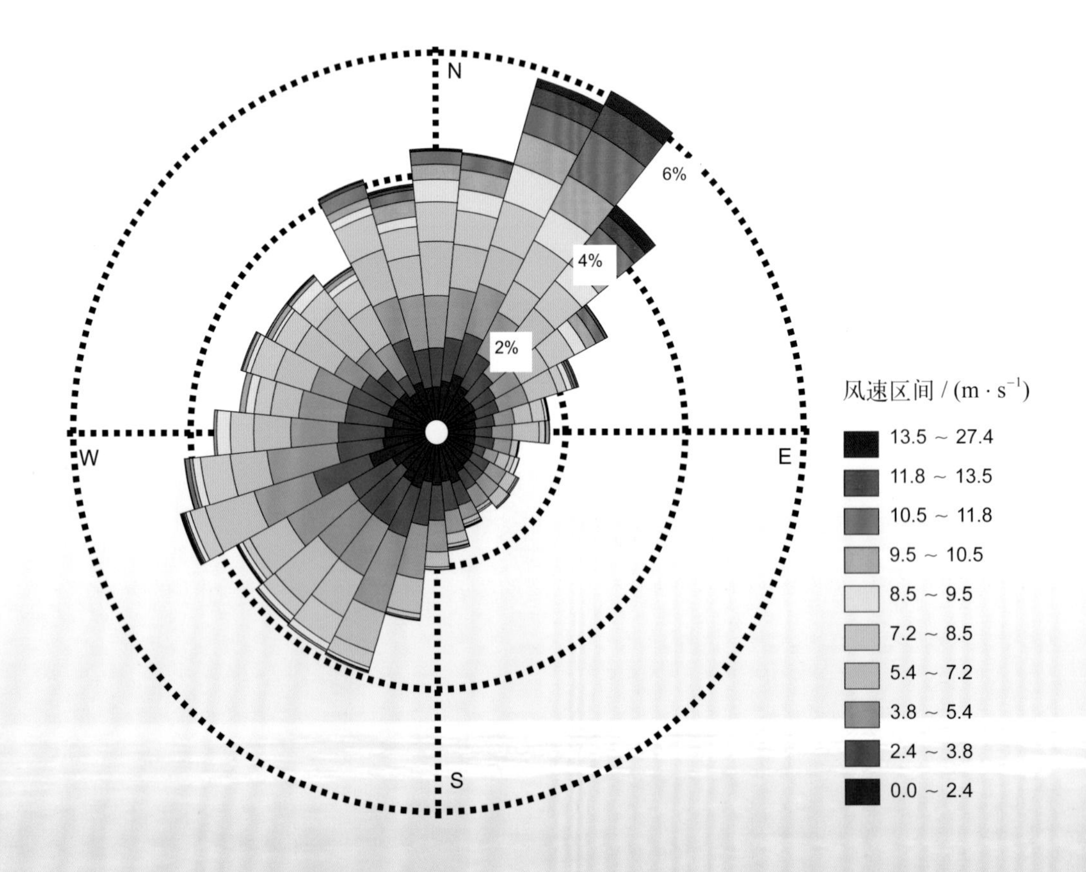

01 号浮标 2015 年 01 月风速、风向观测数据玫瑰图
WS and WD of 01 buoy in Jan. 2015

01 号浮标 2015 年 02 月风速、风向观测数据玫瑰图
WS and WD of 01 buoy in Feb. 2015

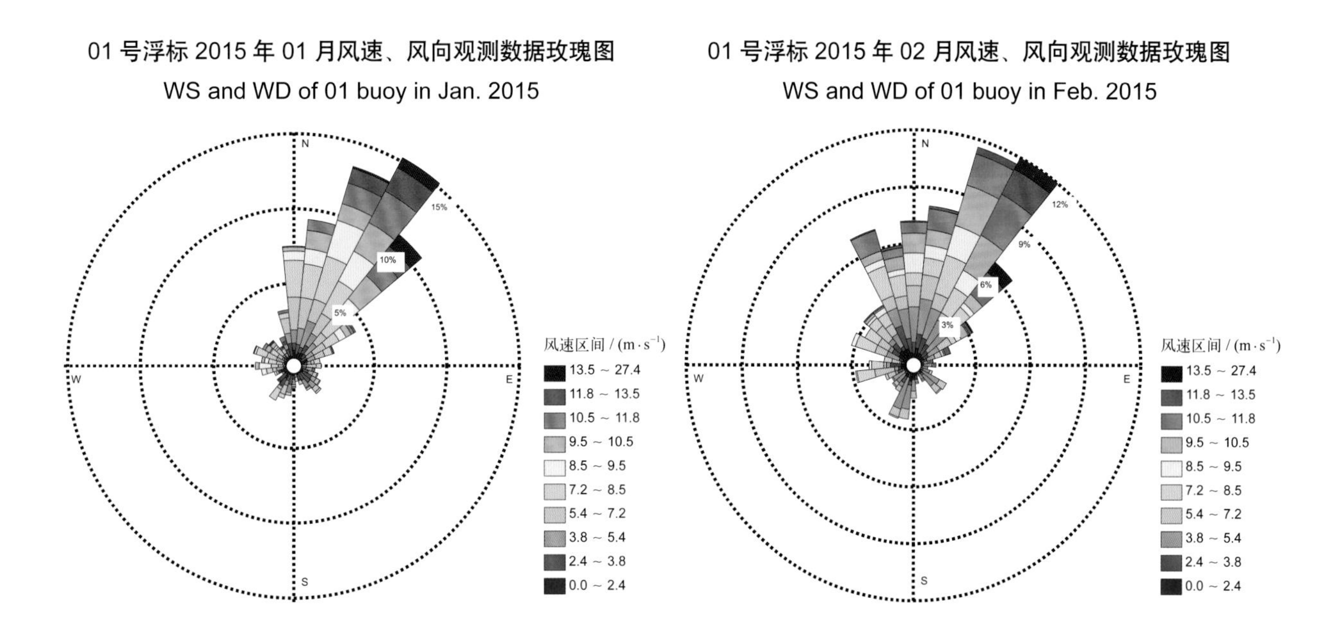

01 号浮标 2015 年 03 月风速、风向观测数据玫瑰图
WS and WD of 01 buoy in Mar. 2015

01 号浮标 2015 年 04 月风速、风向观测数据玫瑰图
WS and WD of 01 buoy in Apr. 2015

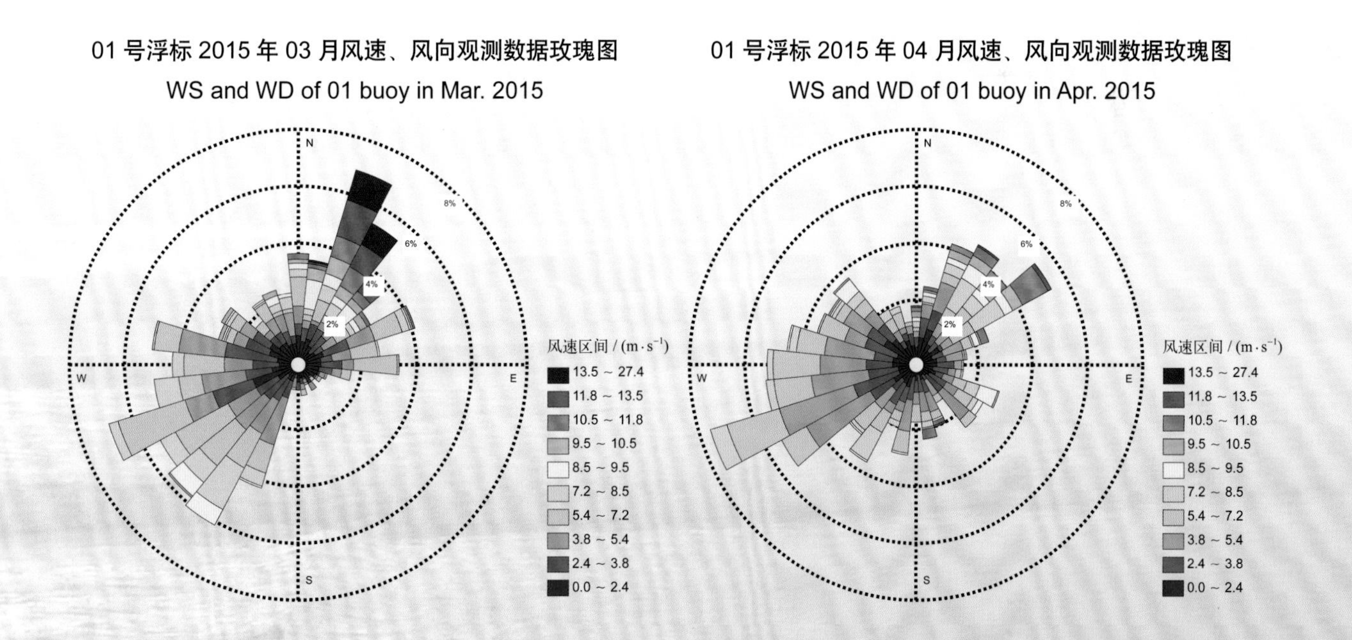

01 号浮标 2015 年 05 月风速、风向观测数据玫瑰图
WS and WD of 01 buoy in May 2015

01 号浮标 2015 年 06 月风速、风向观测数据玫瑰图
WS and WD of 01 buoy in Jun. 2015

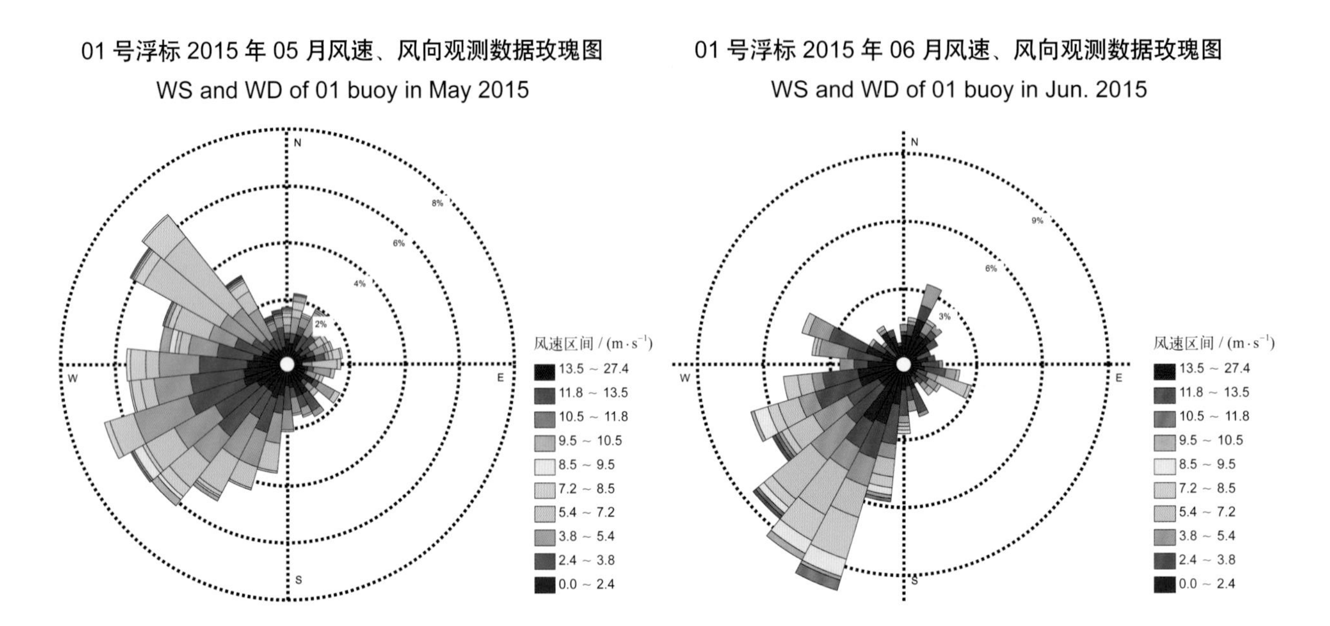

01 号浮标 2015 年 08 月风速、风向观测数据玫瑰图
WS and WD of 01 buoy in Aug. 2015

01 号浮标 2015 年 09 月风速、风向观测数据玫瑰图
WS and WD of 01 buoy in Sep. 2015

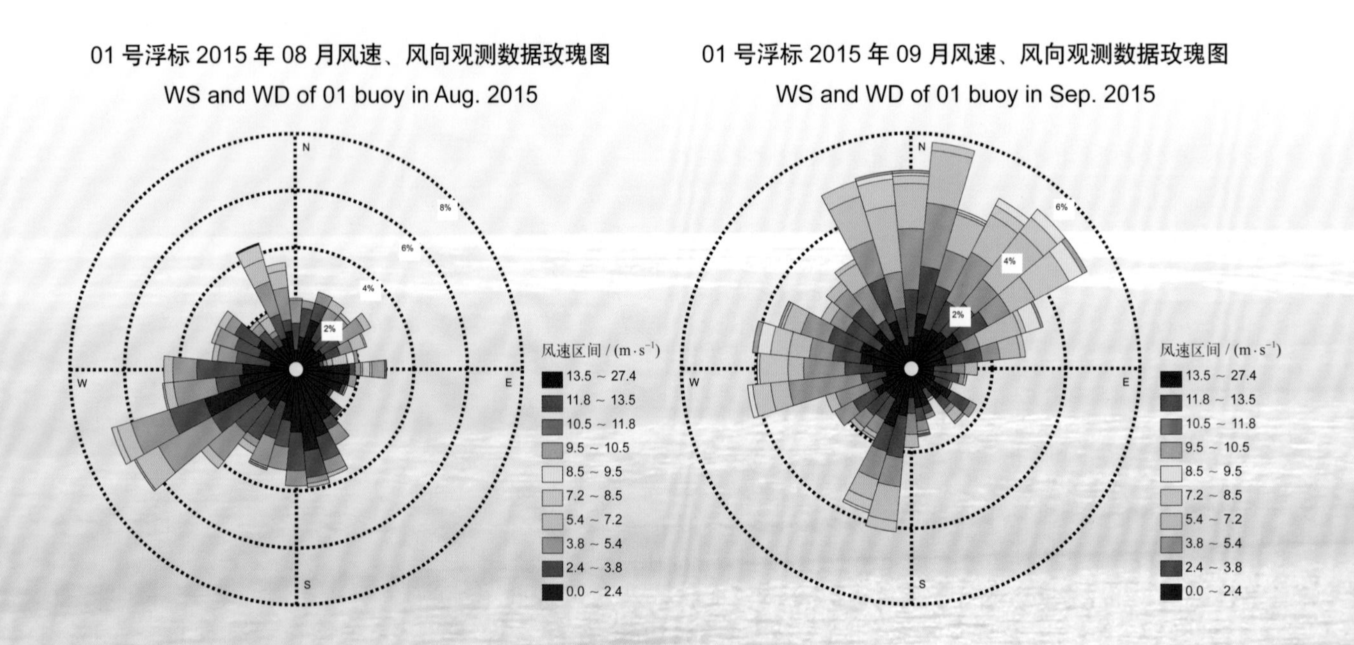

01 号浮标 2015 年 10 月风速、风向观测数据玫瑰图
WS and WD of 01 buoy in Oct. 2015

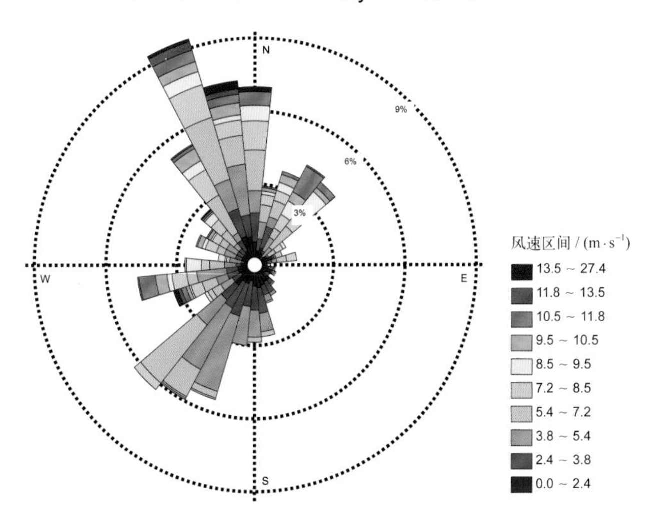

01 号浮标 2015 年 12 月风速、风向观测数据玫瑰图
WS and WD of 01 buoy in Dec. 2015

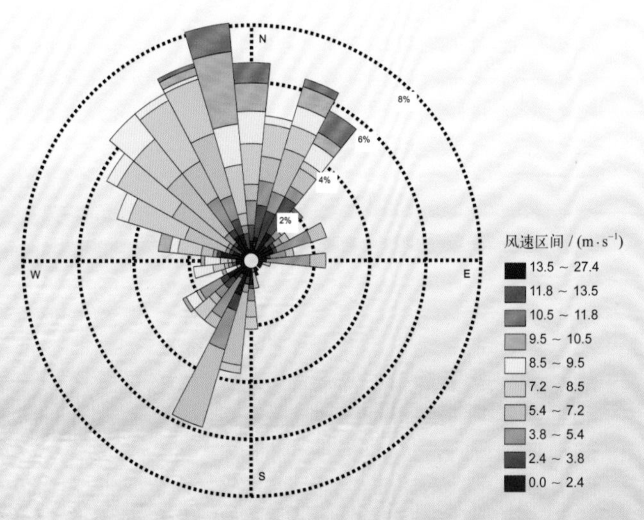

2015年度06号浮标观测数据概述及玫瑰图
（风速和风向）

06号浮标位于东海嵊山岛海礁附近海域（30°43′N，123°08′E），是一套直径为10 m的圆盘形综合观测平台。可获取的观测参数包括气象、水文和水质，风速和风向数据是气象参数中的重要观测内容。

2015年，06号浮标共获取363天的长序列风速、风向观测数据。获取数据的区间共两个时间段，具体为1月1日00:00至6月29日07:30和7月1日08:00至12月31日23:00。

表10　2015年06号浮标各月份6级以上大风日数及主要风向

月份	6级以上大风日数	6级以上大风主要风向	备注
1	18天	NNW	
2	6天	NNW	冬季代表月
3	9天	N	记录1次寒潮过程
4	10天	N	
5	7天	SSW	春季代表月
6	2天	N	缺近2天的数据
7	8天	E	记录1次台风过程
8	6天	SSW	夏季代表月，记录1次台风过程
9	5天	ENE	
10	5天	NW	
11	8天	NNW	秋季代表月，记录1次寒潮过程
12	11天	NW	

通过对获取数据质量控制和分析，观测海域的年度风速、风向数据和季节数据特征如下：测得的年度最大风速为27.4 m/s（7月11日22: 00），对应风向为191°。2015年，06号浮标记录到6级以上大风日数总计95天，其中6级以上大风日数最多的月份为1月（18天），6级以上大风日数最少的月份是6月（2天）。全年共记录到3次8级以上大风过程，分别出现在1月14日、7月10日至12日和8月24日。以2月为冬季代表月，观测海域冬季6级以上大风日数为6天，大风主要风向为NNW；以5月为春季代表月，观测海域春季6级以上大风日数为7天，大风主要风向为SSW；以8月为夏季代表月，观测海域夏季6级以上大风日数为6天，大风主要风向为SSW；以11月为秋季代表月，观测海域秋季6级以上大风日数为8天，大风主要风向为NNW。

2015年，06号浮标共记录到2次寒潮过程和2次台风过程。第一次寒潮过程，最大风速为14.1 m/s（3月10日00:30），对应风向为33°，6级以上风持续时长为31.5 h（3月9日02:00和3月10日09:30），寒潮影响期间的主要风向为N。第二次寒潮过程，最大风速为16.6 m/s（11月26日01:00），对应风向为298°，6级以上风持续时长为53 h（11月25日02:30至27日07:30），寒潮影响期间的主要风向为NNW。第一次台风过程，受第9号超强台风“灿鸿”影响，06号浮标获取到的最大风速达27.4 m/s（7月11日22:00），对应的风向为191°，8级以上大风持续了32.5 h（7月10日18:00至12日02:30），台风影响期间的主要风向为E。第二次台风过程，受第15号超强台风“天鹅”影响，06号浮标获取到的最大风速为18.9 m/s（8月24日18:00），对应风向为332°，8级风仅持续了4 h（8月24日16:00至20:00），台风影响期间的主要风向为NW。

06号浮标2015年风速、风向观测数据玫瑰图

WS and WD of 06 buoy in 2015

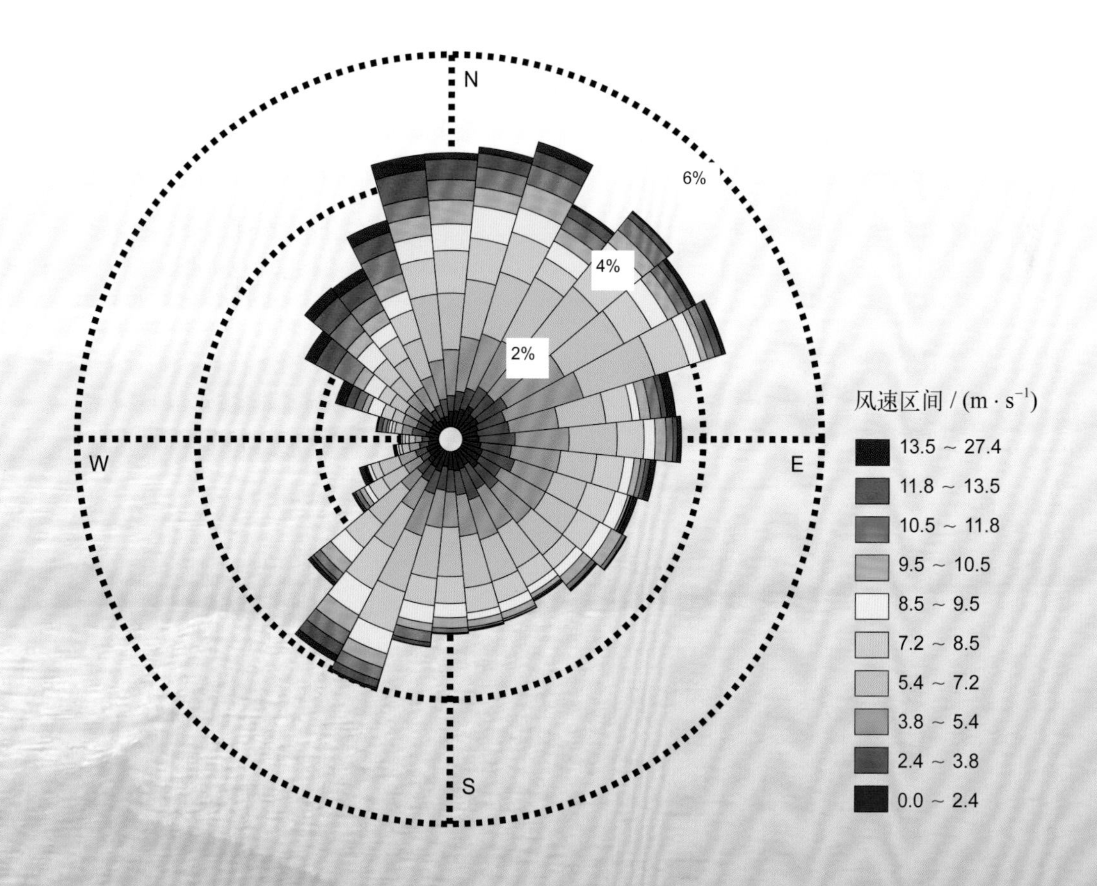

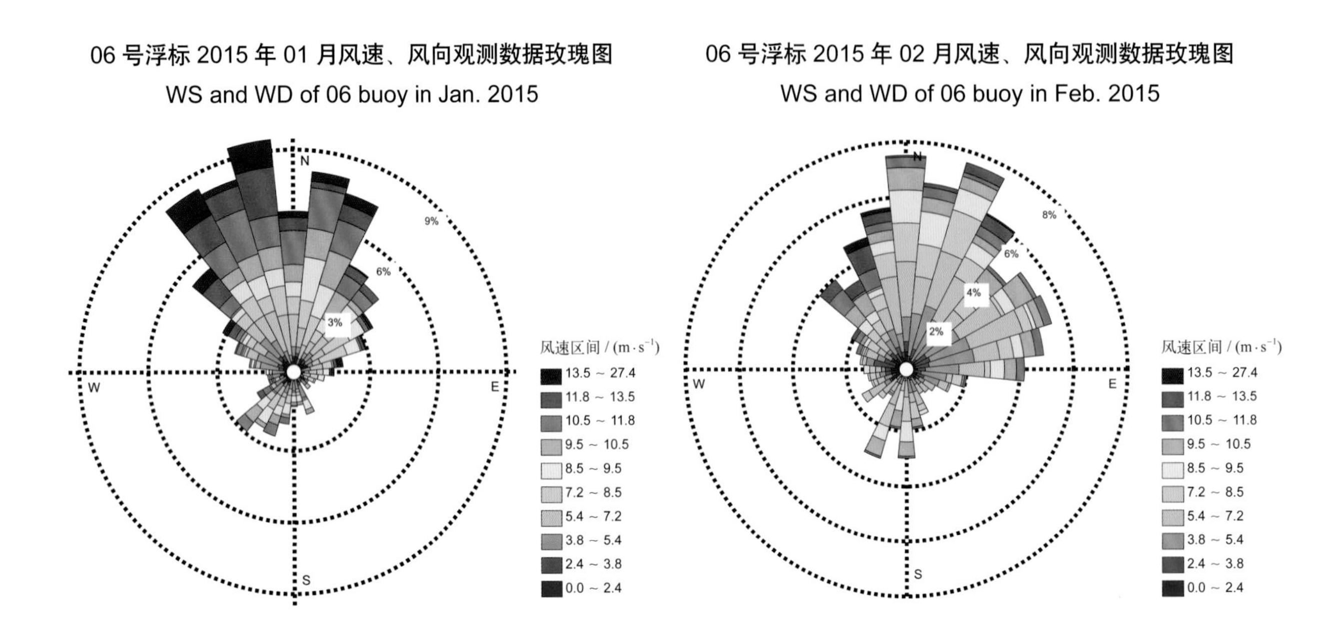

06 号浮标 2015 年 01 月风速、风向观测数据玫瑰图
WS and WD of 06 buoy in Jan. 2015

06 号浮标 2015 年 02 月风速、风向观测数据玫瑰图
WS and WD of 06 buoy in Feb. 2015

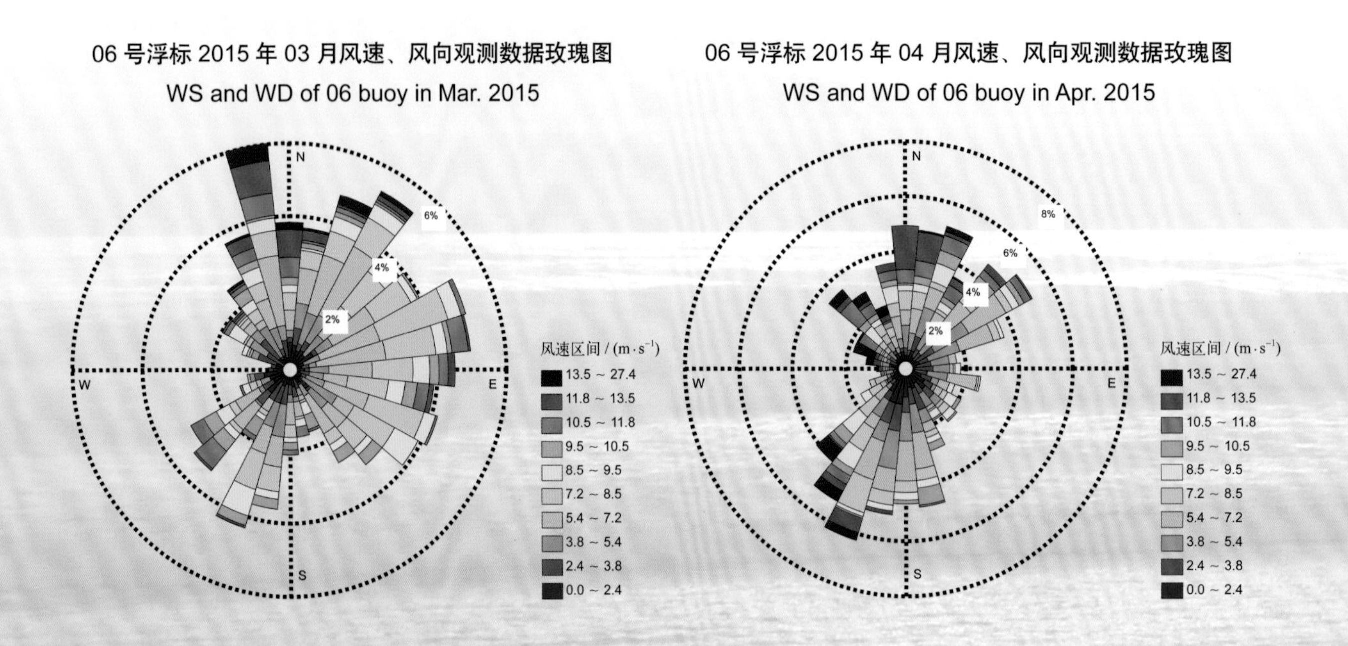

06 号浮标 2015 年 03 月风速、风向观测数据玫瑰图
WS and WD of 06 buoy in Mar. 2015

06 号浮标 2015 年 04 月风速、风向观测数据玫瑰图
WS and WD of 06 buoy in Apr. 2015

06 号浮标 2015 年 05 月风速、风向观测数据玫瑰图

WS and WD of 06 buoy in May 2015

06 号浮标 2015 年 06 月风速、风向观测数据玫瑰图

WS and WD of 06 buoy in Jun. 2015

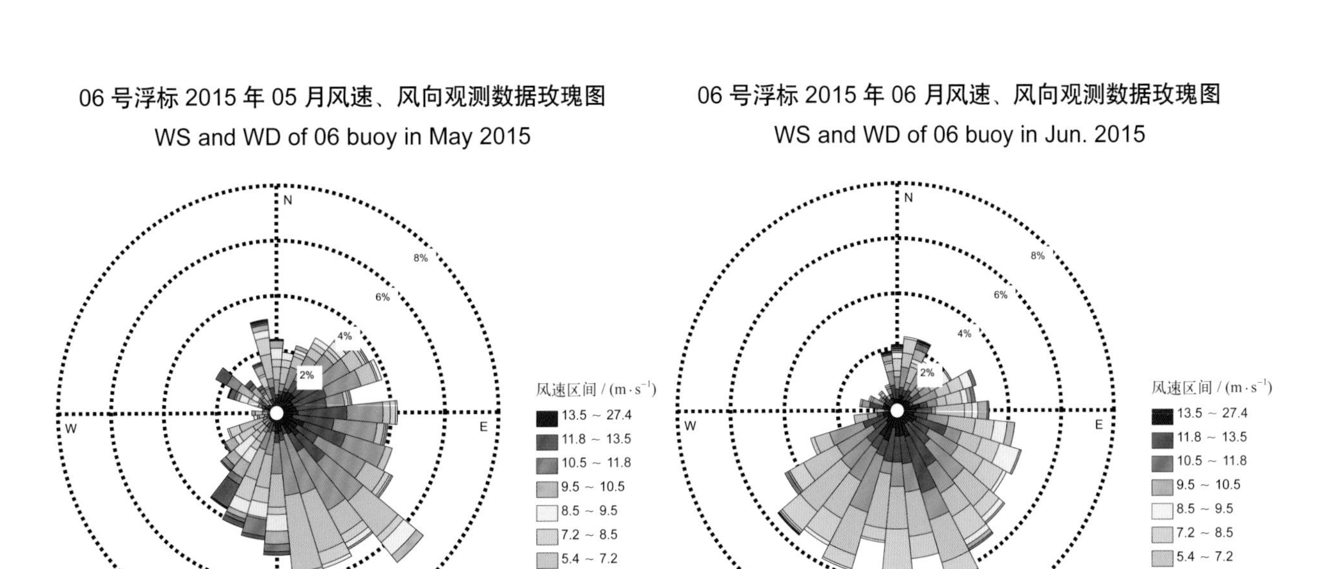

06 号浮标 2015 年 07 月风速、风向观测数据玫瑰图

WS and WD of 06 buoy in Jul. 2015

06 号浮标 2015 年 08 月风速、风向观测数据玫瑰图

WS and WD of 06 buoy in Aug. 2015

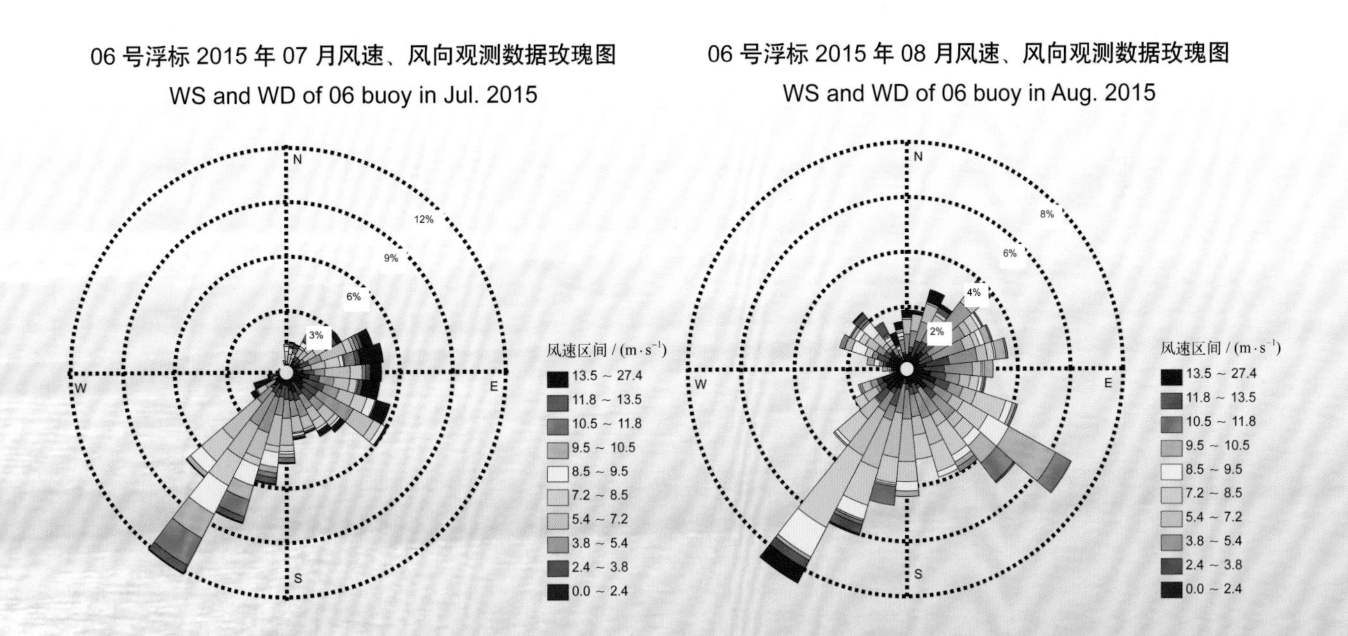

06 号浮标 2015 年 09 月风速、风向观测数据玫瑰图
WS and WD of 06 buoy in Sep. 2015

06 号浮标 2015 年 10 月风速、风向观测数据玫瑰图
WS and WD of 06 buoy in Oct. 2015

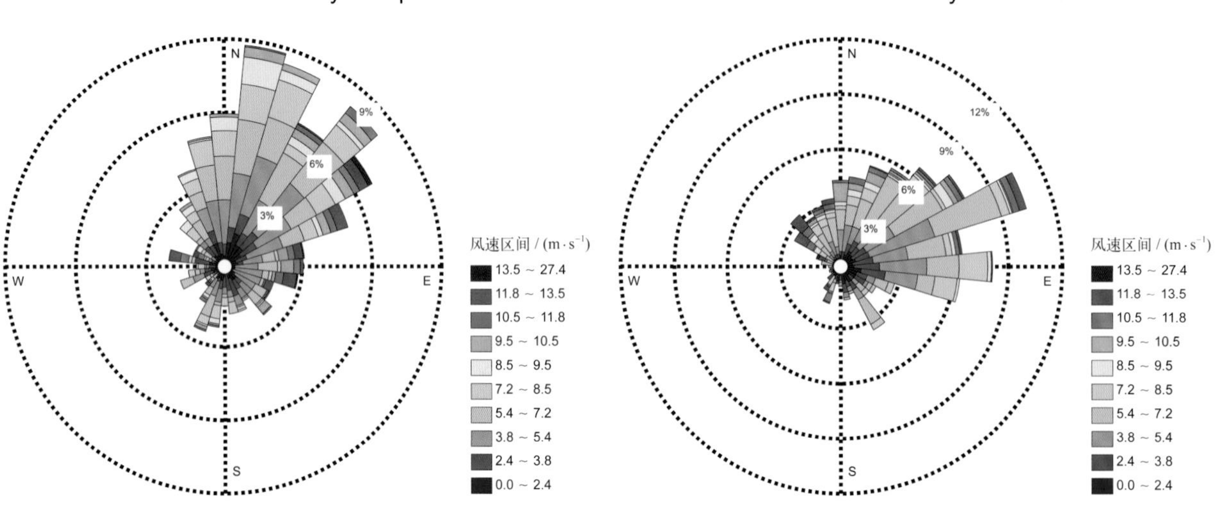

06 号浮标 2015 年 11 月风速、风向观测数据玫瑰图
WS and WD of 06 buoy in Nov. 2015

06 号浮标 2015 年 12 月风速、风向观测数据玫瑰图
WS and WD of 06 buoy in Dec. 2015

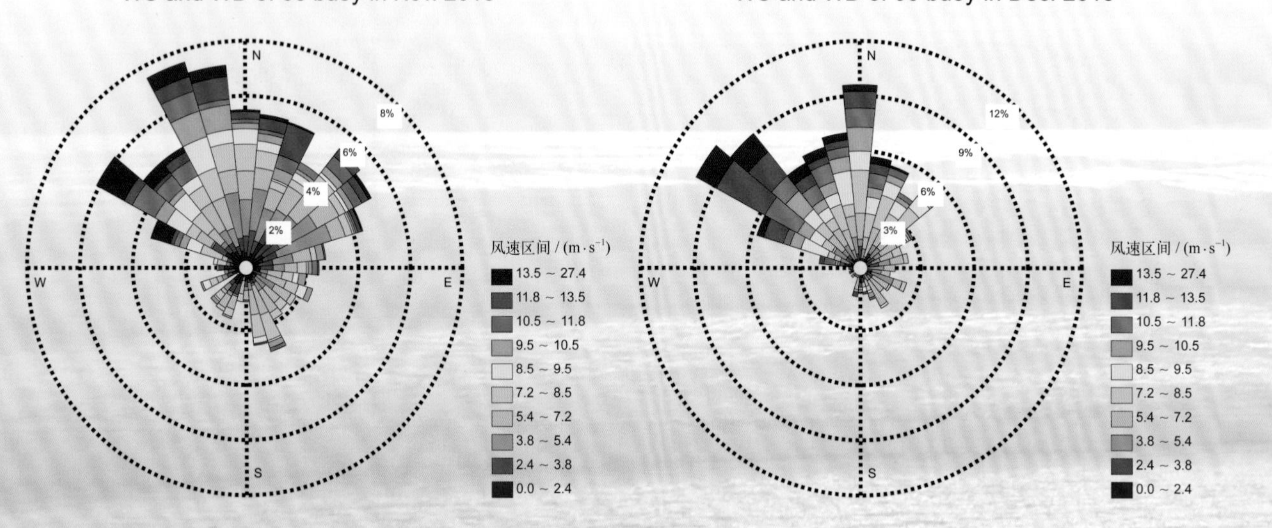

2015年度07号浮标观测数据概述及玫瑰图
（风速和风向）

07号浮标位于黄海荣成楮岛附近海域（37°04′N，122°35′E），是一套直径为3 m的圆盘形综合观测平台。可获取的观测参数包括气象、水文和水质，风速和风向数据是气象参数中的重要观测内容。

2015年，07号浮标共获取近327天的风速和风向长序列观测数据。获取数据的区间共三个时间段，具体为1月1日00:00至6月29日08:10、7月1日07:10至8月5日00:40和9月10日07:30至12月31日23:50。

表11　2015年07号浮标各月份6级以上大风日数及主要风向

月份	6级以上大风日数	6级以上大风主要风向	备注
1	11天	N	
2	2天	N	
3	4天	NNW	冬季代表月， 记录1次寒潮过程
4	4天	NNE	
5	0天	—	春季代表月
6	1天	S	缺近2天的数据
7	1天	NNE	记录1次台风过程
8	0天	—	夏季代表月，浮标大修， 仅有5天的数据
9	1天	N	浮标大修， 缺近10天的数据
10	2天	WNW	
11	5天	ENE	秋季代表月
12	5天	NW	

通过对获取数据质量控制和分析，观测海域的年度风速、风向数据和季节数据特征如下：测得的年度最大风速为 14.7 m/s（10 月 1 日 12:50），对应风向为 289°。2015 年，07 号浮标记录到 6 级以上大风日数总计 36 天，其中 6 级以上大风日数最多的月份为 1 月（11 天），6 级以上大风日数最少的月份是 5 月（0 天）。以 2 月为冬季代表月，观测海域冬季 6 级以上大风日数为 2 天，大风主要风向为 N；以 5 月为春季代表月，观测海域春季 6 级以上大风日数为 0 天；以 8 月为夏季代表月，观测海域夏季 6 级以上大风日数为 0 天；以 11 月为秋季代表月，观测海域秋季 6 级以上大风日数为 5 天，大风主要风向为 ENE。

2015 年，07 号浮标共记录到 1 次寒潮过程和 1 次台风过程。寒潮期间的最大风速为 13.4 m/s（2 月 7 日 21:20），对应风向为 318°，6 级以上风持续了 11.5 h（2 月 7 日 18:40 至 8 日 06:30），寒潮影响期间的主要风向为 NNW。受第 9 号超强台风“灿鸿”的影响，07 号浮标获取到的最大风速为 14.0 m/s（7 月 12 日 11:40 和 17:40），6 级以上风持续时长为 14.3 h（7 月 12 日 09:10 至 23:30），台风影响期间的主要风向为 NNE。

07 号浮标 2015 年风速、风向观测数据玫瑰图
WS and WD of 07 buoy in 2015

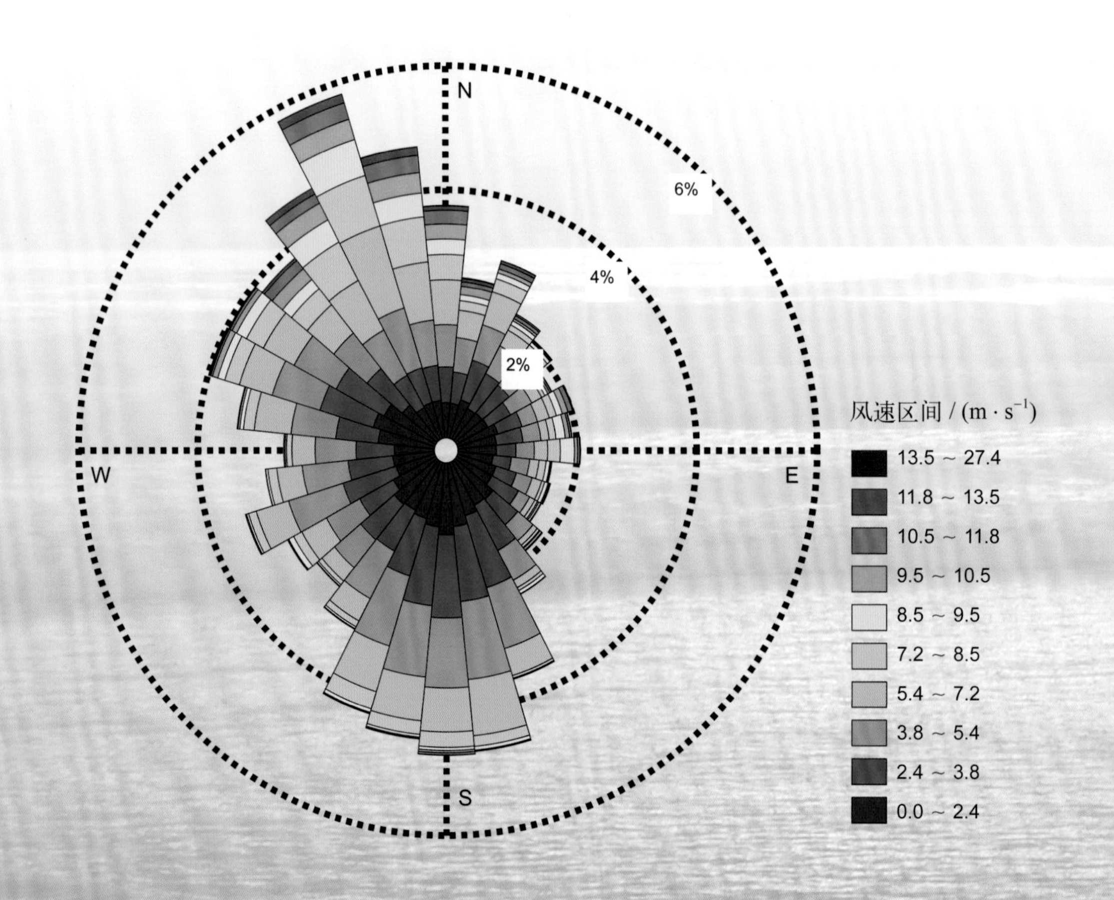

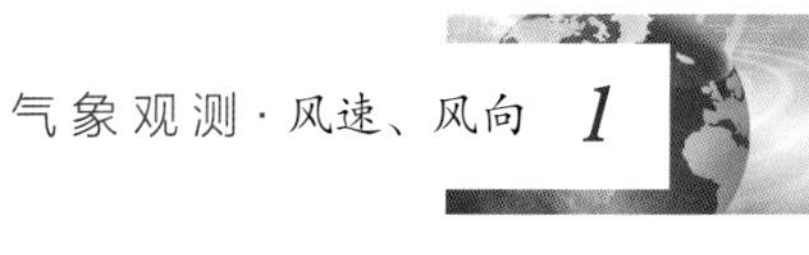

07 号浮标 2015 年 01 月风速、风向观测数据玫瑰图

WS and WD of 07 buoy in Jan. 2015

07 号浮标 2015 年 02 月风速、风向观测数据玫瑰图

WS and WD of 07 buoy in Feb. 2015

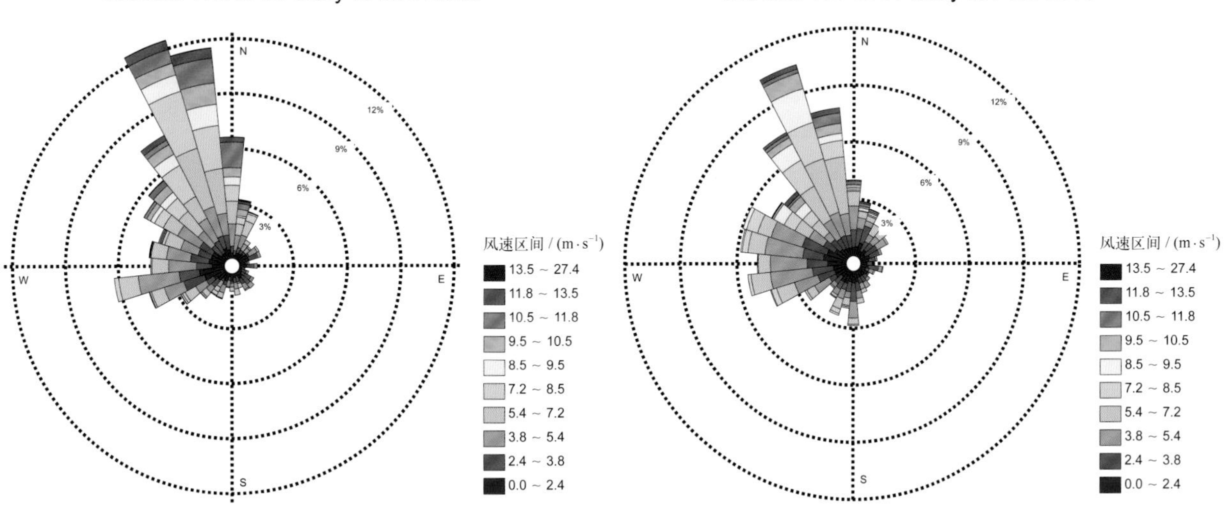

07 号浮标 2015 年 03 月风速、风向观测数据玫瑰图

WS and WD of 07 buoy in Mar. 2015

07 号浮标 2015 年 04 月风速、风向观测数据玫瑰图

WS and WD of 07 buoy in Apr. 2015

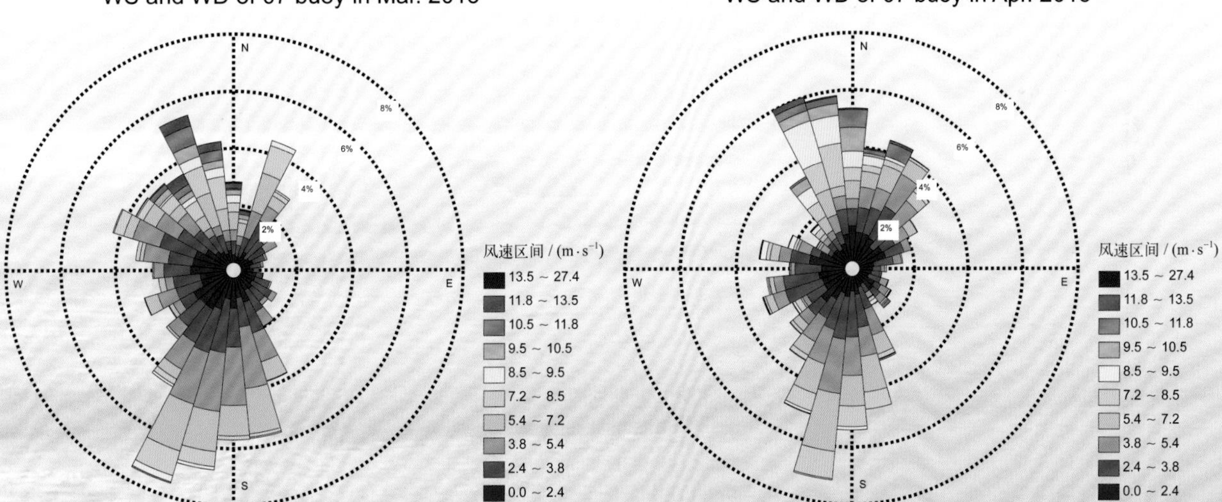

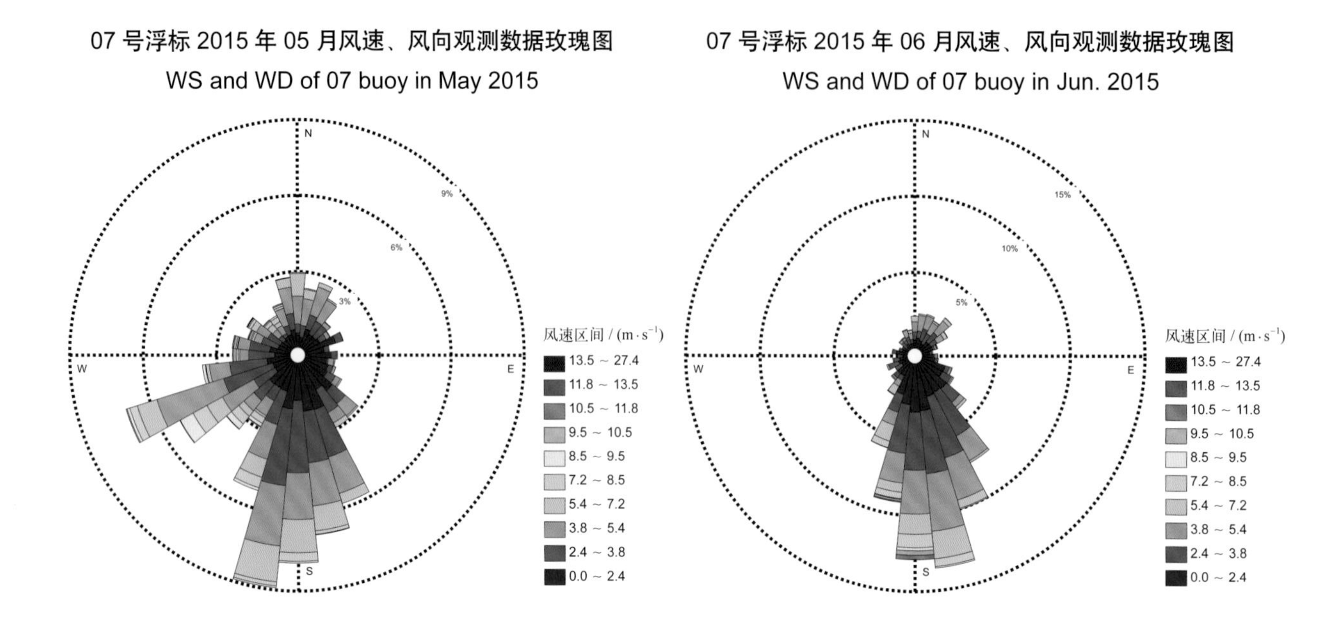
07 号浮标 2015 年 05 月风速、风向观测数据玫瑰图
WS and WD of 07 buoy in May 2015
N
E
S
W
3%
6%
9%
风速区间 / (m·s⁻¹)
13.5 ~ 27.4
11.8 ~ 13.5
10.5 ~ 11.8
9.5 ~ 10.5
8.5 ~ 9.5
7.2 ~ 8.5
5.4 ~ 7.2
3.8 ~ 5.4
2.4 ~ 3.8
0.0 ~ 2.4
07 号浮标 2015 年 06 月风速、风向观测数据玫瑰图
WS and WD of 07 buoy in Jun. 2015
N
E
S
W
5%
10%
15%
风速区间 / (m·s⁻¹)
13.5 ~ 27.4
11.8 ~ 13.5
10.5 ~ 11.8
9.5 ~ 10.5
8.5 ~ 9.5
7.2 ~ 8.5
5.4 ~ 7.2
3.8 ~ 5.4
2.4 ~ 3.8
0.0 ~ 2.4

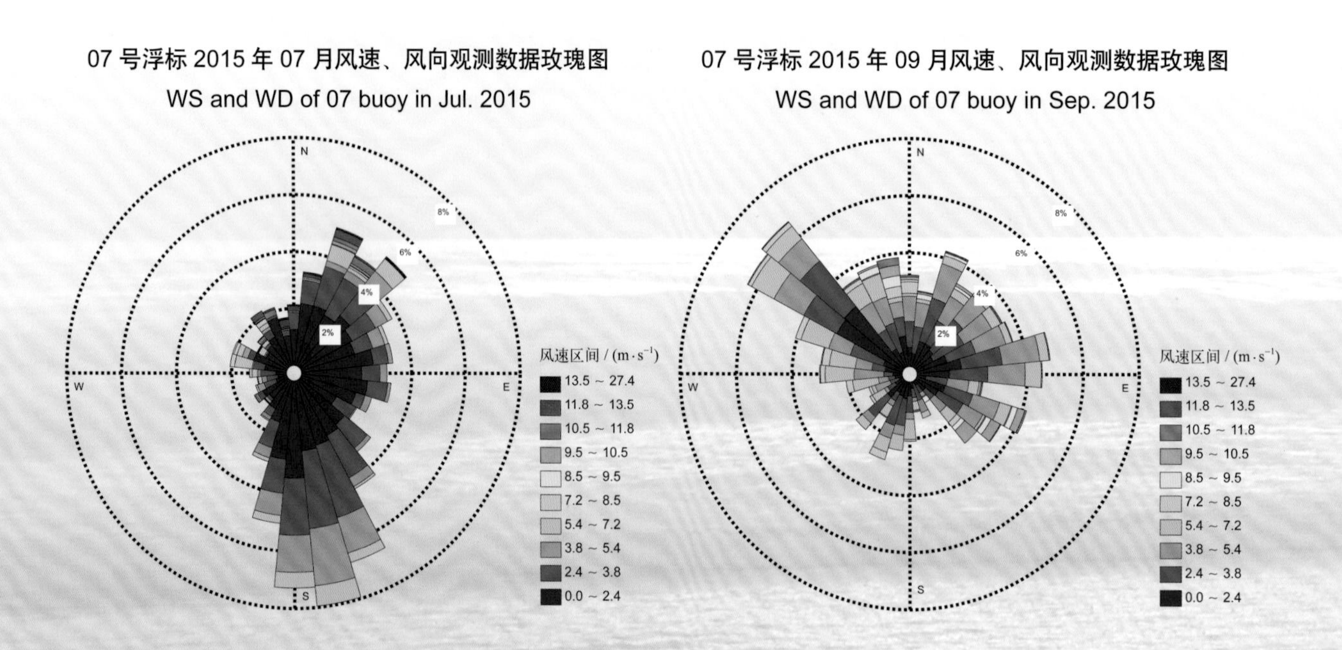
07 号浮标 2015 年 07 月风速、风向观测数据玫瑰图
WS and WD of 07 buoy in Jul. 2015
N
E
S
W
2%
4%
6%
8%
风速区间 / (m·s⁻¹)
13.5 ~ 27.4
11.8 ~ 13.5
10.5 ~ 11.8
9.5 ~ 10.5
8.5 ~ 9.5
7.2 ~ 8.5
5.4 ~ 7.2
3.8 ~ 5.4
2.4 ~ 3.8
0.0 ~ 2.4
07 号浮标 2015 年 09 月风速、风向观测数据玫瑰图
WS and WD of 07 buoy in Sep. 2015
N
E
S
W
2%
4%
6%
8%
风速区间 / (m·s⁻¹)
13.5 ~ 27.4
11.8 ~ 13.5
10.5 ~ 11.8
9.5 ~ 10.5
8.5 ~ 9.5
7.2 ~ 8.5
5.4 ~ 7.2
3.8 ~ 5.4
2.4 ~ 3.8
0.0 ~ 2.4

07号浮标2015年10月风速、风向观测数据玫瑰图
WS and WD of 07 buoy in Oct. 2015

07号浮标2015年11月风速、风向观测数据玫瑰图
WS and WD of 07 buoy in Nov. 2015

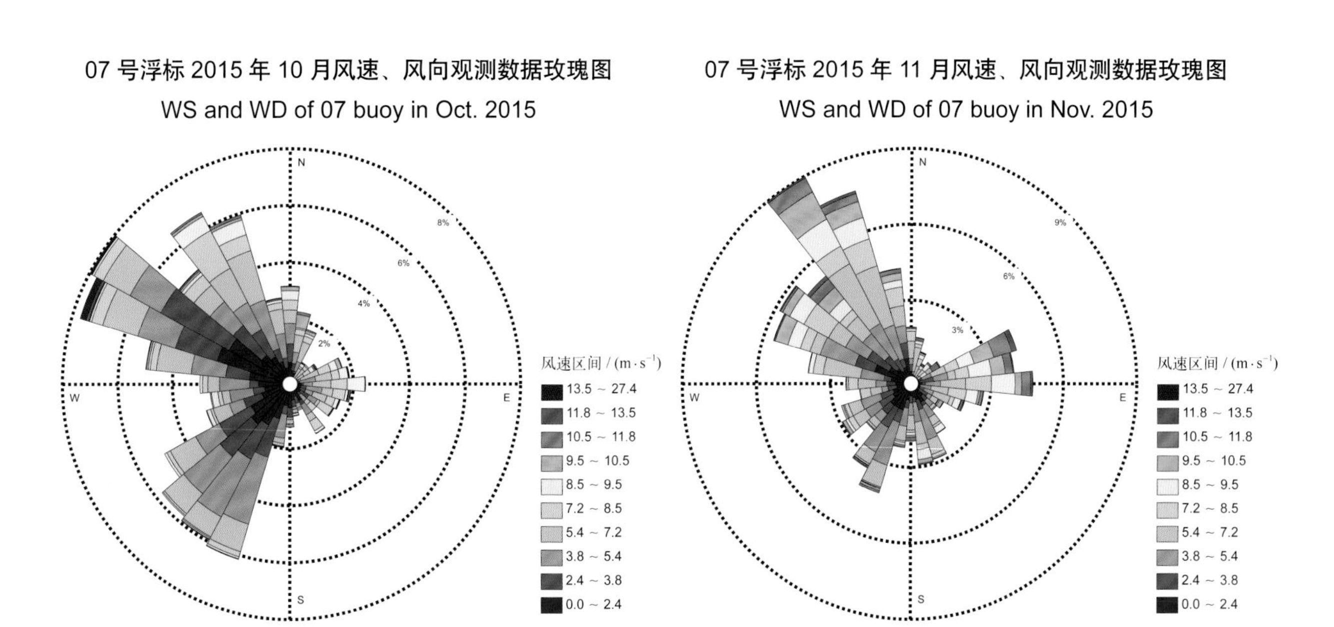

07号浮标2015年12月风速、风向观测数据玫瑰图
WS and WD of 07 buoy in Dec. 2015

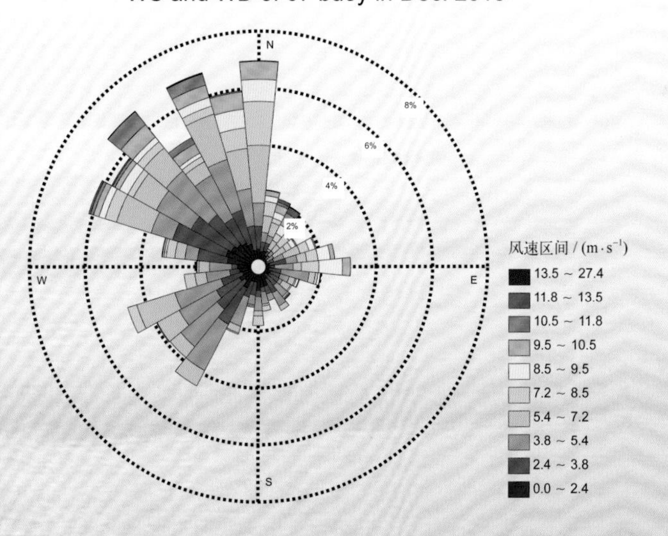

2015 年度 09 号浮标观测数据概述及玫瑰图
（风速和风向）

09 号浮标位于黄海灵山岛附近海域（35°55′N，120°16′E），是一套直径为 3 m 的圆盘形综合观测平台。可获取的观测参数包括气象、水文和水质，风速和风向数据是气象参数中的重要观测内容。

2015 年度，09 号浮标共获取近 363 天的风速和风向长序列观测数据。获取数据的区间共 2 个时间段，具体为 1 月 1 日 00:00 至 6 月 29 日 08:30 和 7 月 1 日 08:00 至 12 月 31 日 23:00。

表 12　2015 年 09 号浮标各月份 6 级以上大风日数及主要风向

月份	6 级以上大风日数	6 级以上大风主要风向	备注
1	3 天	N	
2	2 天	NNW	冬季代表月， 记录 1 次寒潮过程
3	2 天	NNW	
4	0 天	—	
5	1 天	WNW	春季代表月
6	0 天	—	缺近 2 天的数据
7	1 天	N	记录 1 次台风过程
8	0 天	—	夏季代表月
9	1 天	ENE	
10	1 天	NNW	
11	6 天	N	秋季代表月， 记录 1 次寒潮过程
12	5 天	N	记录 1 次寒潮过程

通过对获取数据质量控制和分析，观测海域的年度风速、风向数据和季节数据特征如下：测得的年度最大风速为 14.1 m/s（11 月 23 日 17:00），对应风向为 7°。2015 年，09 号浮标记录到 6 级以上大风日数总计 22 天，其中 6 级以上大风日数最多的月份为 11 月（6 天），6 级以上大风日数最少的月份是 4 月、6 月和 8 月（0 天）。以 2 月为冬季代表月，观测海域冬季 6 级以上大风日数为 2 天，大风主要风向为 NNW；以 5 月为春季代表月，观测海域春季 6 级以上大风日数为 1 天，大风主要风

向为 WNW；以 8 月为夏季代表月，观测海域夏季 6 级以上大风日数为 0 天；以 11 月为秋季代表月，观测海域秋季 6 级以上大风日数为 6 天，大风主要风向为 N。

2015 年，09 号浮标共记录到 3 次寒潮过程和 1 次台风过程。第一次寒潮过程，最大风速为 11.3 m/s（2 月 7 日 18:00），对应风向 14°，6 级以上风持续了 2.5 h（2 月 7 日 17:30 至 20:00），寒潮影响期间的主要风向为 N。第二次寒潮过程，最大风速为 14.1 m/s（11 月 23 日 17:00），对应风向为 7°，6 级以上风持续了 24 h（11 月 23 日 06:00 至 24 日 06:00），寒潮影响期间的主要风向为 N。第三次寒潮过程，最大风速为 13.2 m/s（12 月 27 日 04:00），对应风向为 8°，6 级以上风累计时长为 6 h（12 月 26 日 16:30 至 20:10 和 12 月 27 日 02:20 至 05:00），寒潮影响期间的主要风向为 N。受第 9 号超强台风“灿鸿”的影响，09 号浮标获取到的最大风速为 11.5 m/s（7 月 12 日 08:30 和 09:00），对应风向为 6°，因距台风路径较远（超过 350 km），并未形成持续大风过程，6 级以上风累计时长为 2.5 h，台风影响期间的主要风向为 N。

09 号浮标 2015 年风速、风向观测数据玫瑰图
WS and WD of 09 buoy in 2015

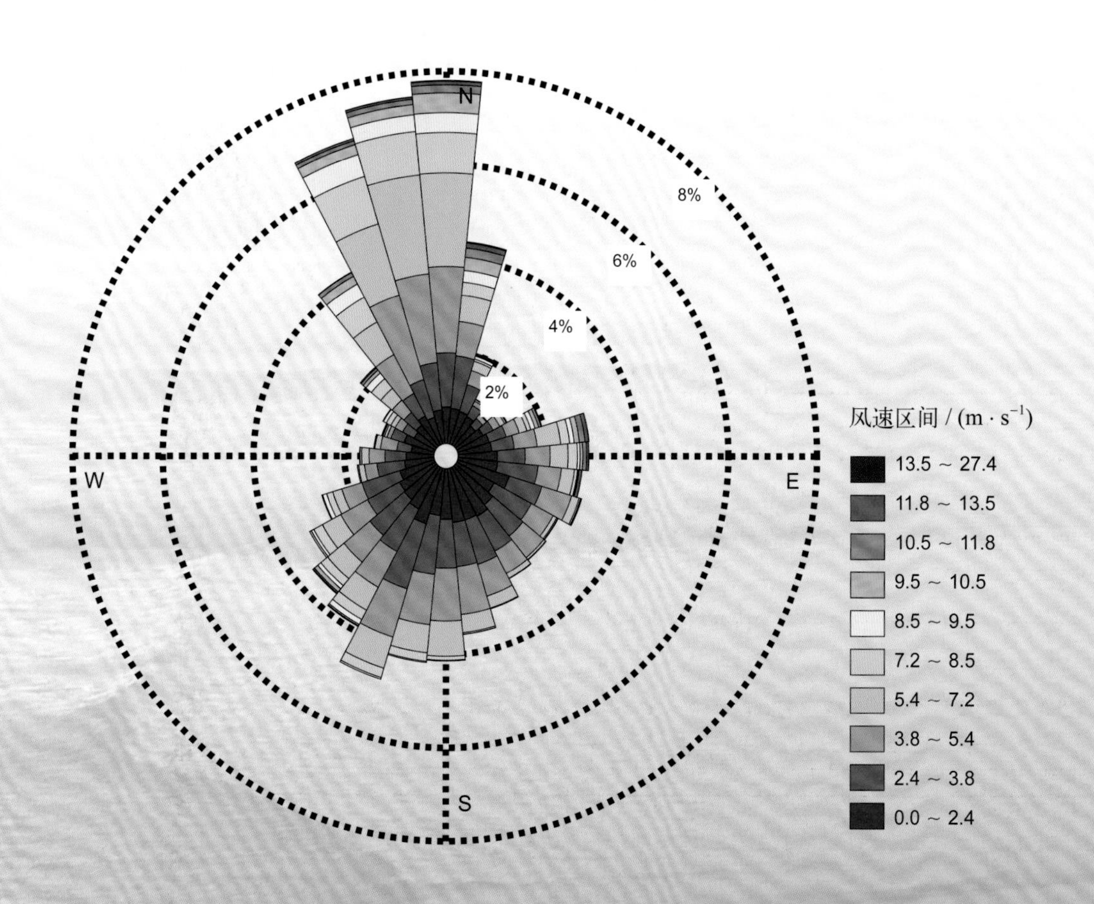

09 号浮标 2015 年 01 月风速、风向观测数据玫瑰图
WS and WD of 09 buoy in Jan. 2015

09 号浮标 2015 年 02 月风速、风向观测数据玫瑰图
WS and WD of 09 buoy in Feb. 2015

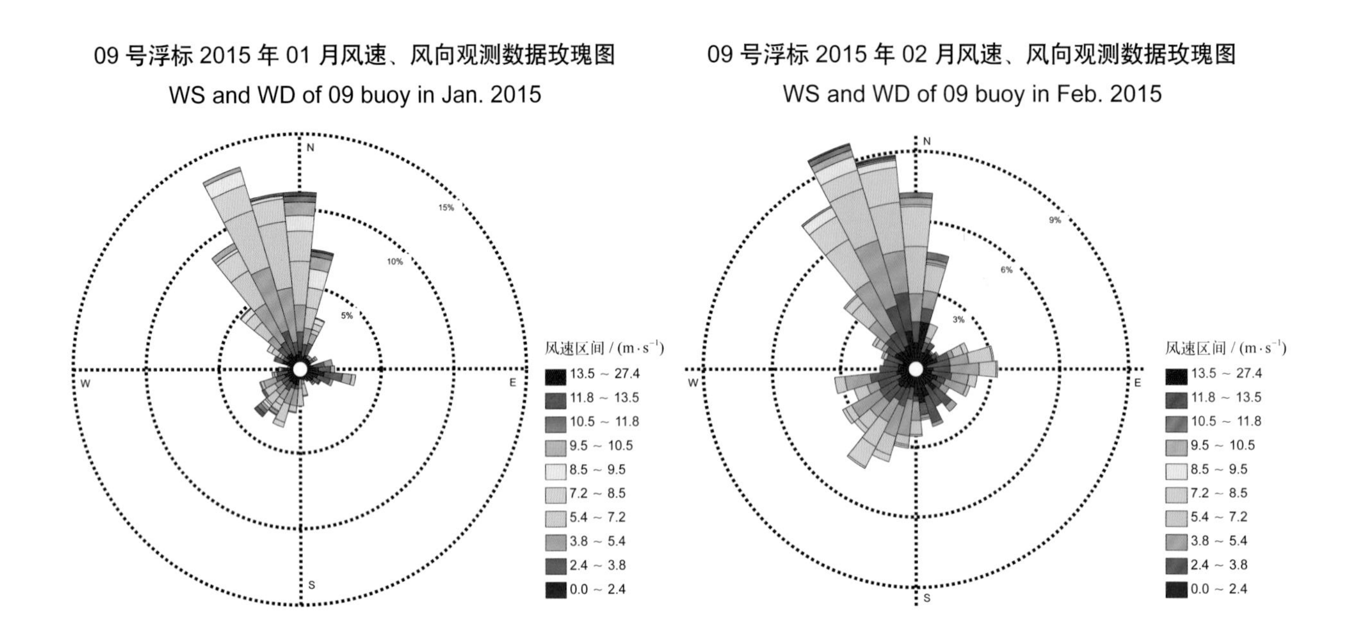

09 号浮标 2015 年 03 月风速、风向观测数据玫瑰图
WS and WD of 09 buoy in Mar. 2015

09 号浮标 2015 年 04 月风速、风向观测数据玫瑰图
WS and WD of 09 buoy in Apr. 2015

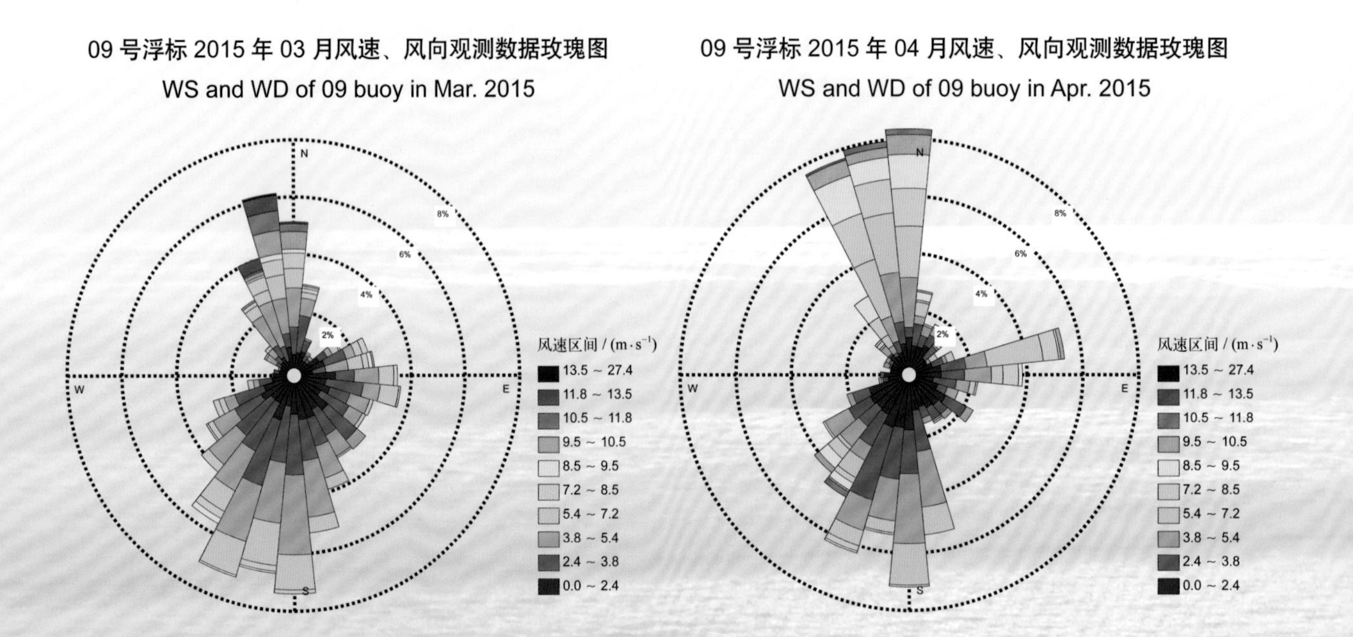

09 号浮标 2015 年 05 月风速、风向观测数据玫瑰图
WS and WD of 09 buoy in May 2015

09 号浮标 2015 年 06 月风速、风向观测数据玫瑰图
WS and WD of 09 buoy in Jun. 2015

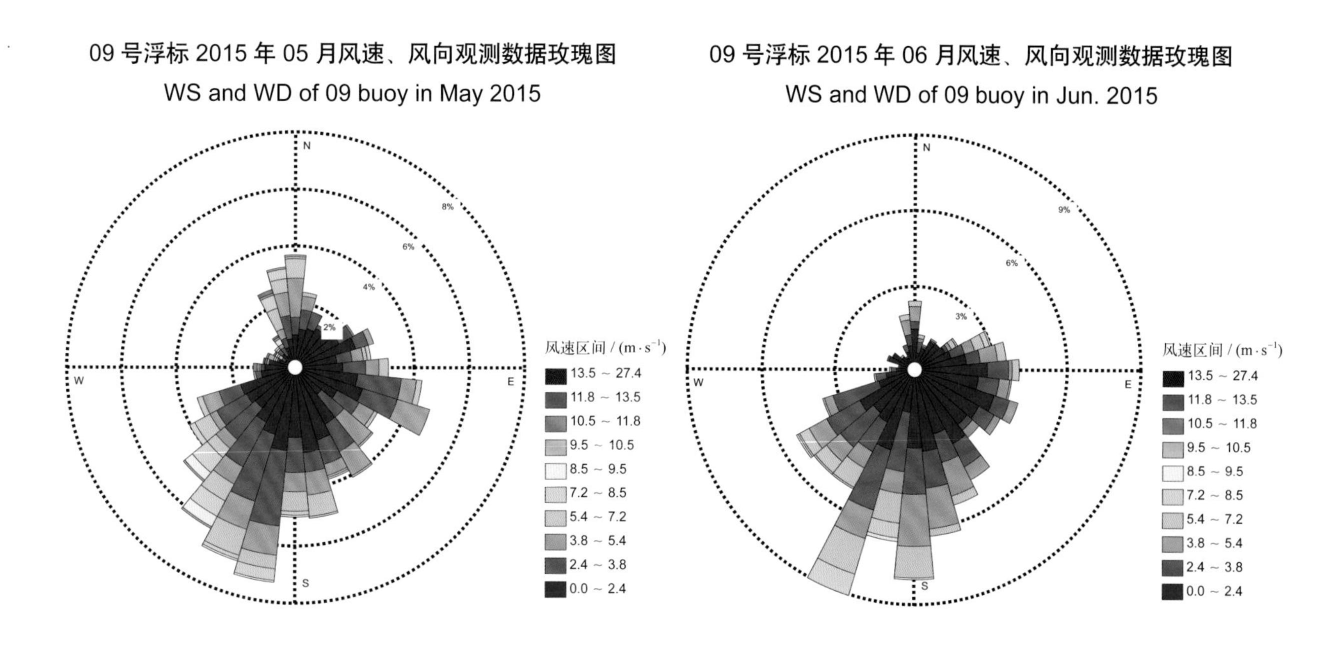

09 号浮标 2015 年 07 月风速、风向观测数据玫瑰图
WS and WD of 09 buoy in Jul. 2015

09 号浮标 2015 年 08 月风速、风向观测数据玫瑰图
WS and WD of 09 buoy in Aug. 2015

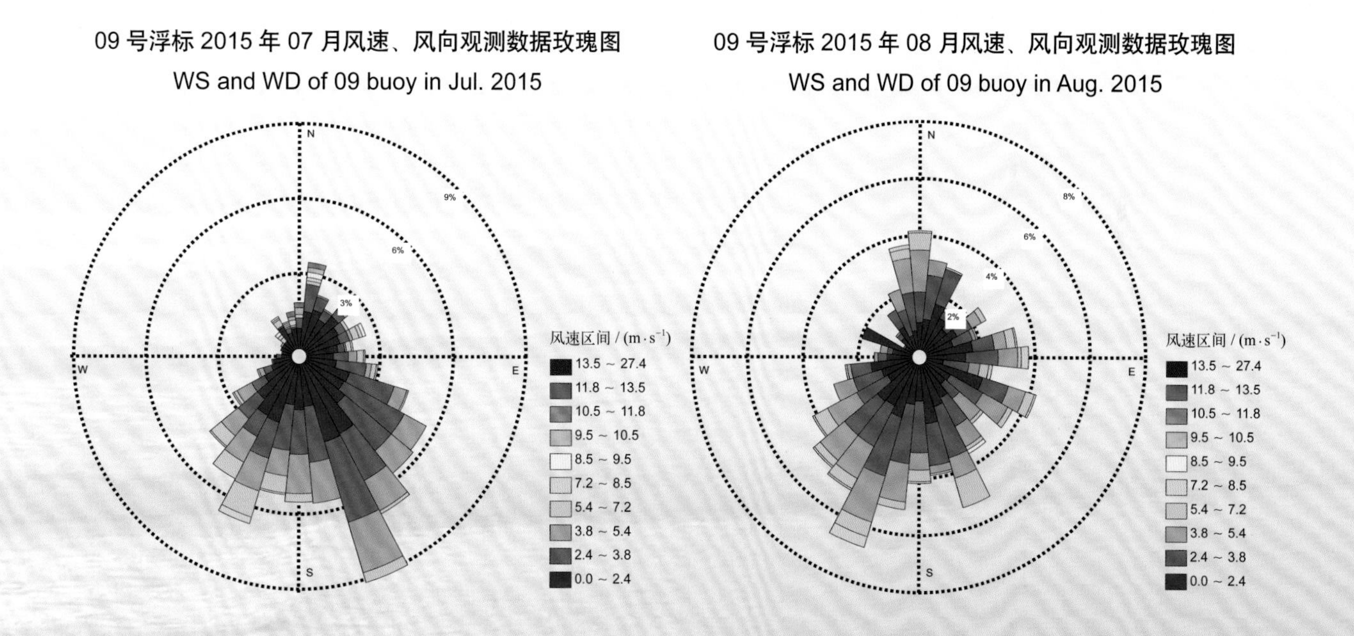

09号浮标2015年09月风速、风向观测数据玫瑰图
WS and WD of 09 buoy in Sep. 2015

09号浮标2015年10月风速、风向观测数据玫瑰图
WS and WD of 09 buoy in Oct. 2015

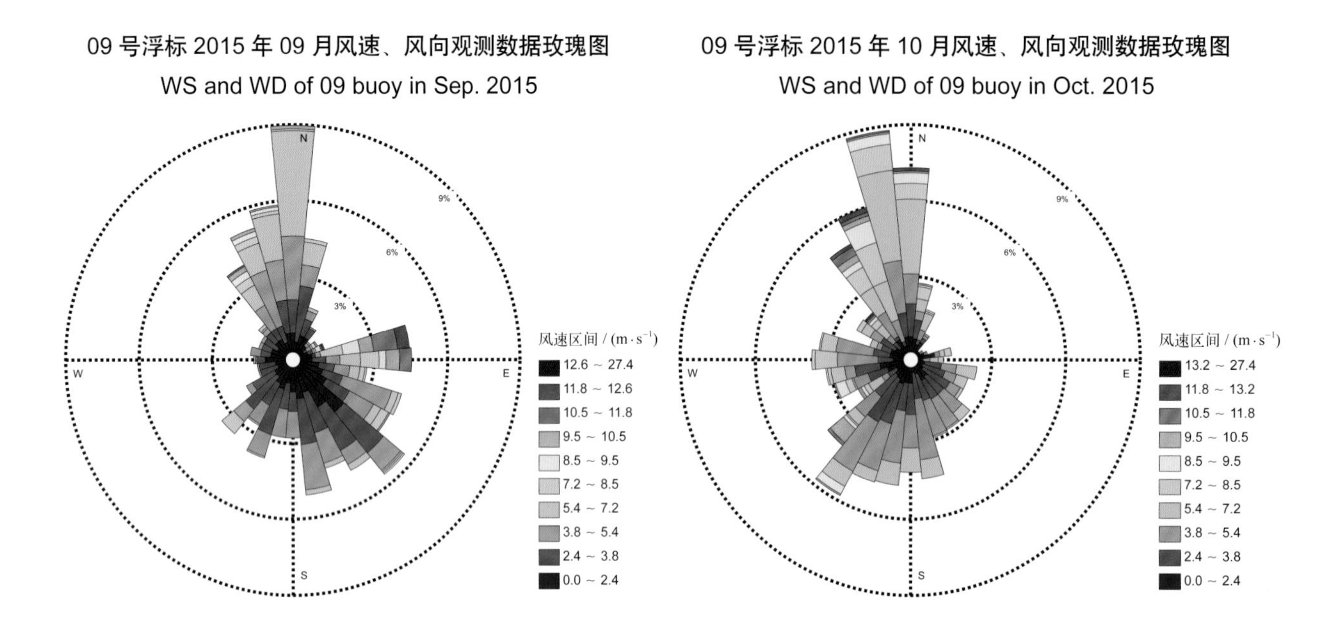

09号浮标2015年11月风速、风向观测数据玫瑰图
WS and WD of 09 buoy in Nov. 2015

09号浮标2015年12月风速、风向观测数据玫瑰图
WS and WD of 09 buoy in Dec. 2015

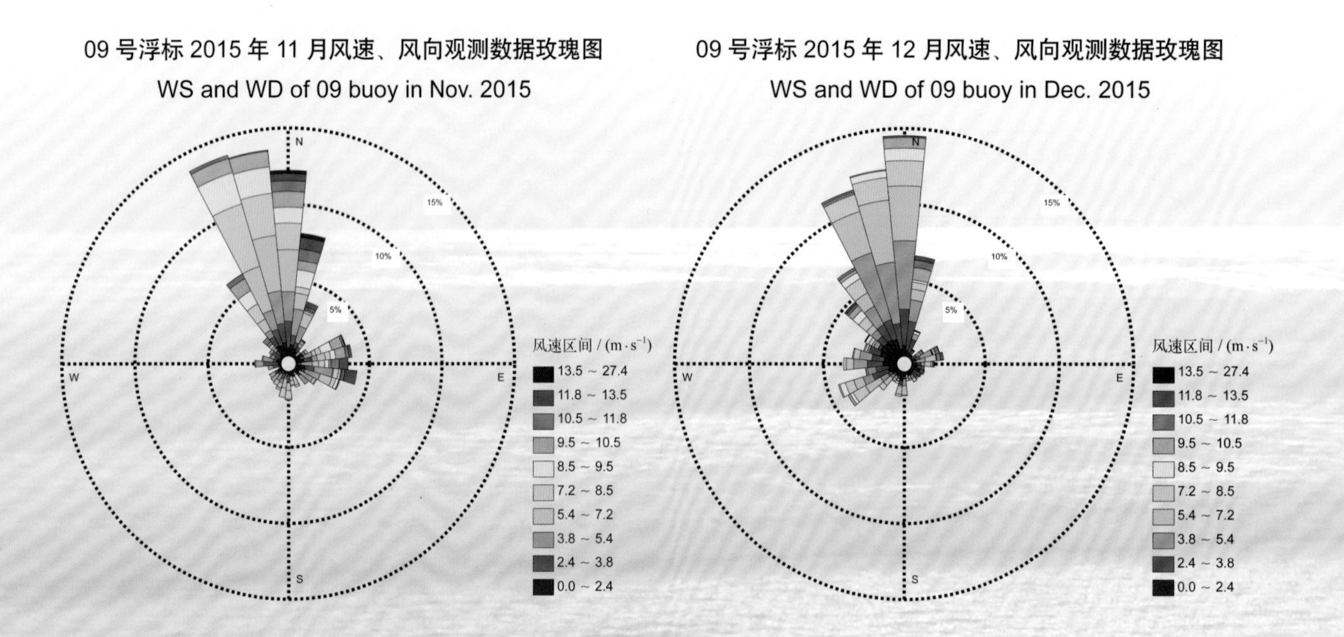

2015年度14号浮标观测数据概述及玫瑰图（风速和风向）

14号浮标位于东海长江口外海海域（31°06′N，122°32′E），是一套船形综合观测平台。可获取的观测参数包括气象、水文和水质，风速和风向数据是气象参数中的重要观测内容。

2015年，14号浮标共获取近363天的风速和风向长序列观测数据。获取数据的区间为1月1日00:00至12月28日15:10。

表13　2015年14号浮标各月份6级以上大风日数及主要风向

月份	6级以上大风日数	6级以上大风主要风向	备注
1	14天	WNW	
2	6天	NW	冬季代表月
3	5天	NW	
4	9天	WNW	
5	7天	WNW	春季代表月
6	2天	WNW	
7	5天	WSW	记录1次台风过程
8	9天	SW	夏季代表月，记录1次台风过程
9	7天	WNW	
10	7天	WNW	
11	10天	WNW	秋季代表月，记录1次寒潮过程
12	11天	WNW	缺近2天的数据

通过对获取数据质量控制和分析，14号浮标观测海域本年度风速、风向数据和季节数据特征如下：年度最大风速为18.8 m/s（7月11日10:50和12:20），对应风向为3°和24°。2015年，14号浮标记录到6级以上大风日数总计92天，其中6级以上大风日数最多的月份为1月（14天），6级以

上大风日数最少的月份是 6 月（2 天）。全年共记录到 3 次 8 级以上大风过程，分别出现在 4 月 2 日、7 月 10 日至 11 日（台风“灿鸿”影响）和 8 月 24 日（台风“天鹅”影响）。以 2 月为冬季代表月，观测海域冬季 6 级以上大风日数为 6 天，大风主要风向为 NW；以 5 月为春季代表月，观测海域春季 6 级以上大风日数为 7 天，大风主要风向为 WNW；以 8 月为夏季代表月，观测海域夏季 6 级以上大风日数为 9 天，大风主要风向为 SW；以 11 月为秋季代表月，观测海域秋季 6 级以上大风日数为 10 天，大风主要风向为 WNW。

2015 年，14 号浮标共记录到 1 次寒潮过程和 2 次台风过程。寒潮期间的最大风速为 16.9 m/s（11 月 26 日 00:10 和 00:30），7 级以上风累计时长 19 h，寒潮影响期间的主要风向为 WNW。第一次台风过程，受第 9 号超强台风“灿鸿”的影响，14 号浮标获取到的最大风速为 18.8 m/s（7 月 11 日 10:50 和 12:20），8 级以上风持续时长为 6.3 h（7 月 11 日 09:30 至 16:10），台风影响期间的主要风向为 WNW。第二次台风过程，受第 15 号超强台风“天鹅”的影响，14 号浮标获取到的最大风速为 17.8 m/s（8 月 24 日 15:40，风向：325°），7 级以上风持续时长为 8 h（8 月 24 日 12:30 至 20:30），台风影响期间的主要风向为 WNW。

14 号浮标 2015 年风速、风向观测数据玫瑰图
WS and WD of 14 buoy in 2015

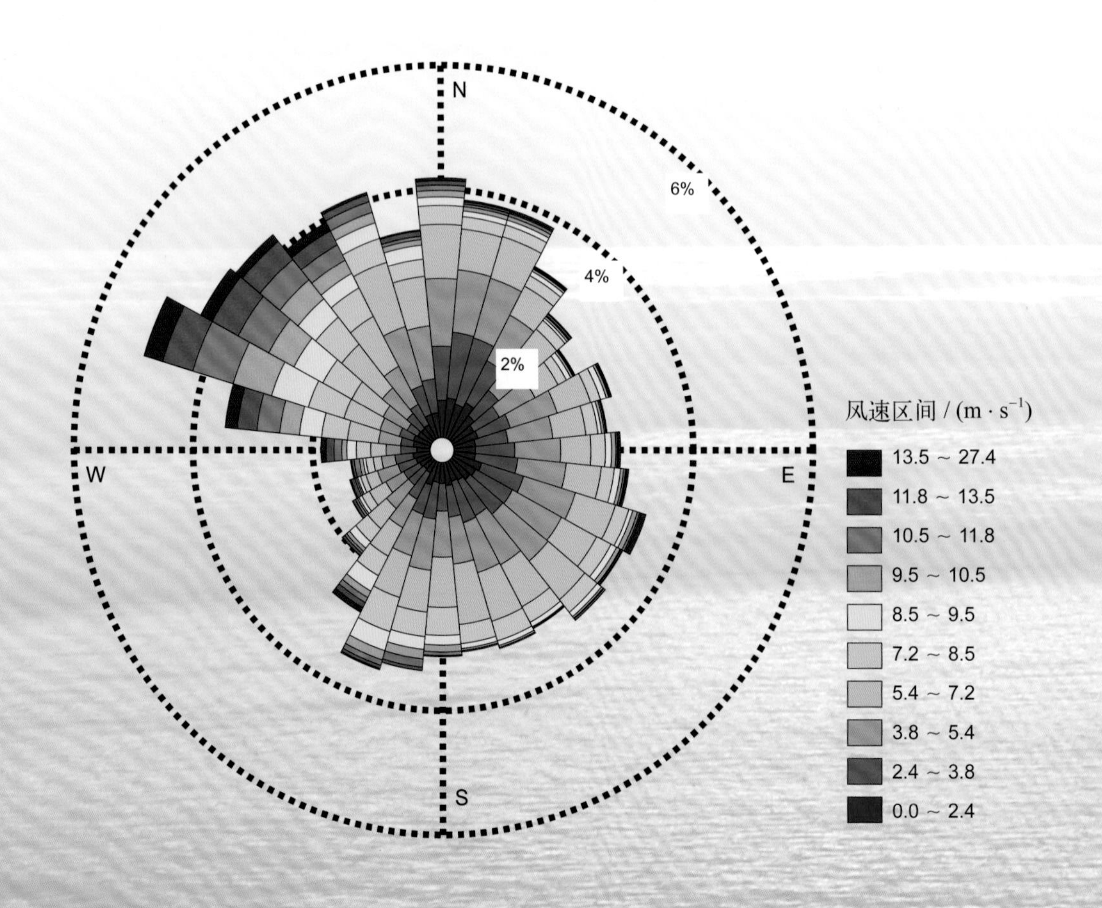

14 号浮标 2015 年 01 月风速、风向观测数据玫瑰图

WS and WD of 14 buoy in Jan. 2015

14 号浮标 2015 年 02 月风速、风向观测数据玫瑰图

WS and WD of 14 buoy in Feb. 2015

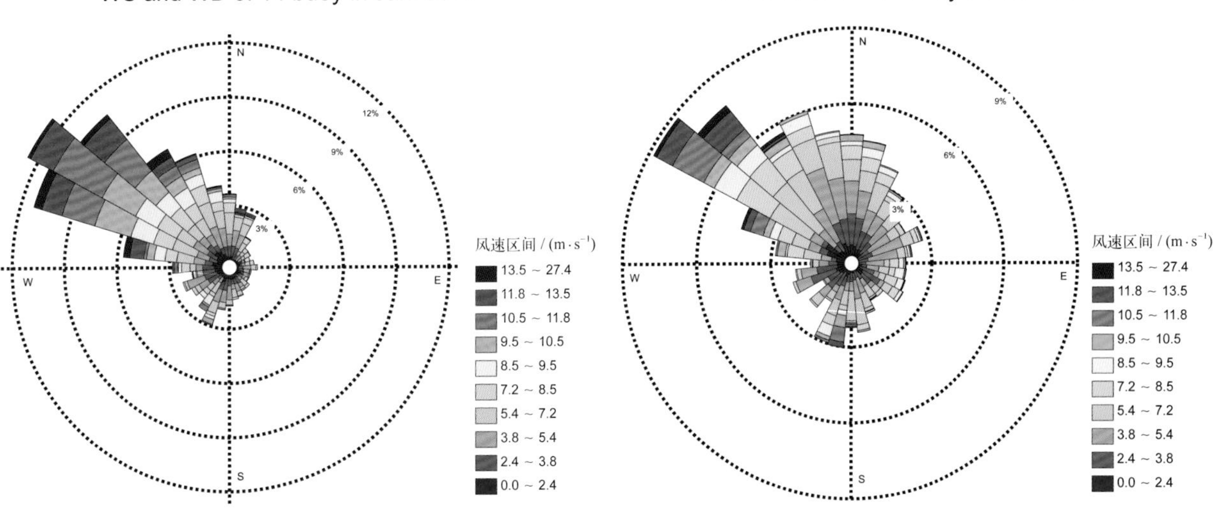

14 号浮标 2015 年 03 月风速、风向观测数据玫瑰图

WS and WD of 14 buoy in Mar. 2015

14 号浮标 2015 年 04 月风速、风向观测数据玫瑰图

WS and WD of 14 buoy in Apr. 2015

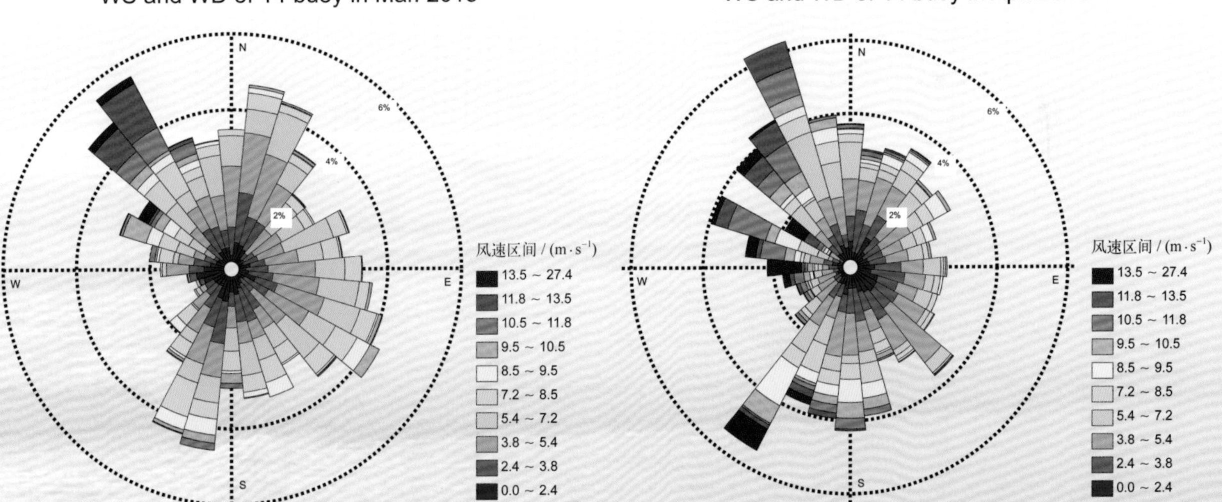

14 号浮标 2015 年 05 月风速、风向观测数据玫瑰图
WS and WD of 14 buoy in May 2015

14 号浮标 2015 年 06 月风速、风向观测数据玫瑰图
WS and WD of 14 buoy in Jun. 2015

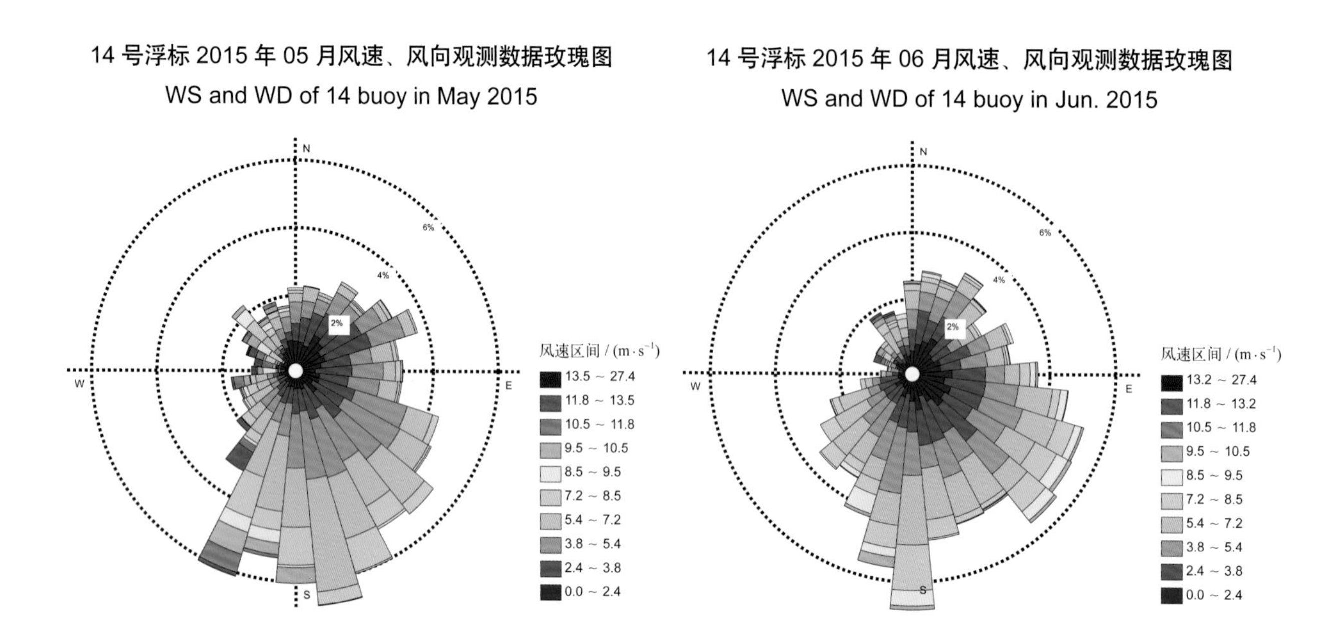

14 号浮标 2015 年 07 月风速、风向观测数据玫瑰图
WS and WD of 14 buoy in Jul. 2015

14 号浮标 2015 年 08 月风速、风向观测数据玫瑰图
WS and WD of 14 buoy in Aug. 2015

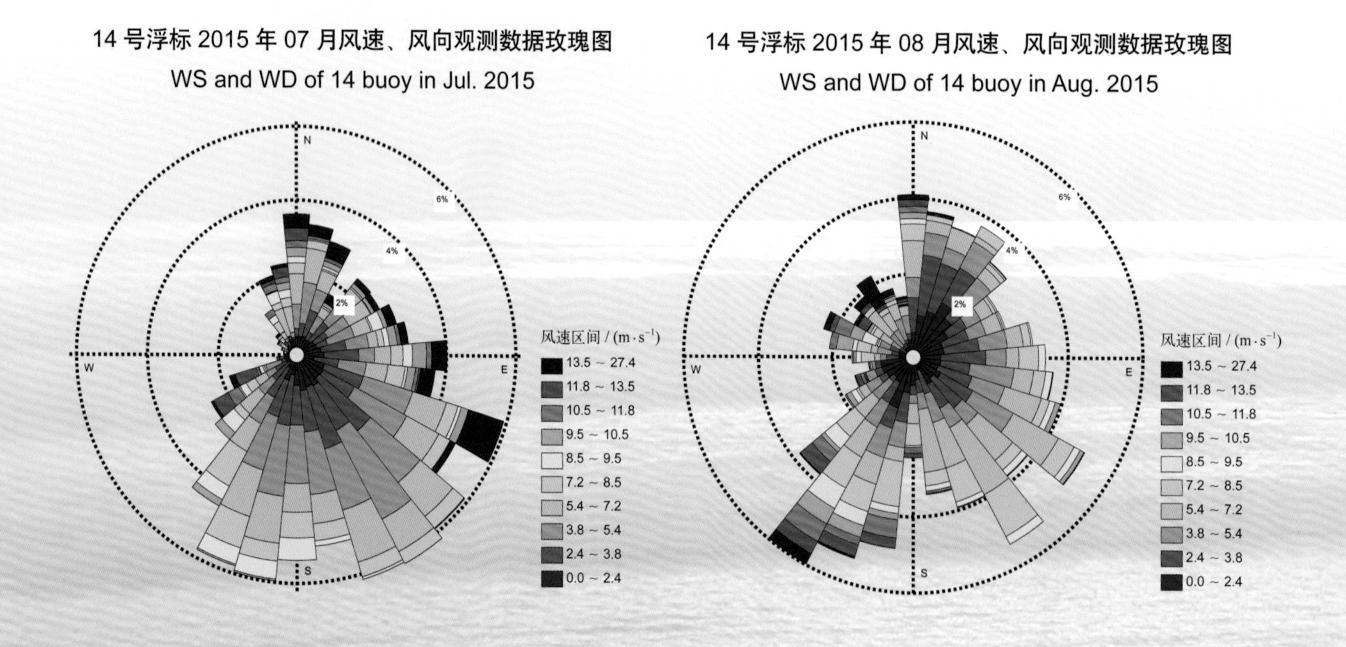

14 号浮标 2015 年 09 月风速、风向观测数据玫瑰图
WS and WD of 14 buoy in Sep. 2015

14 号浮标 2015 年 10 月风速、风向观测数据玫瑰图
WS and WD of 14 buoy in Oct. 2015

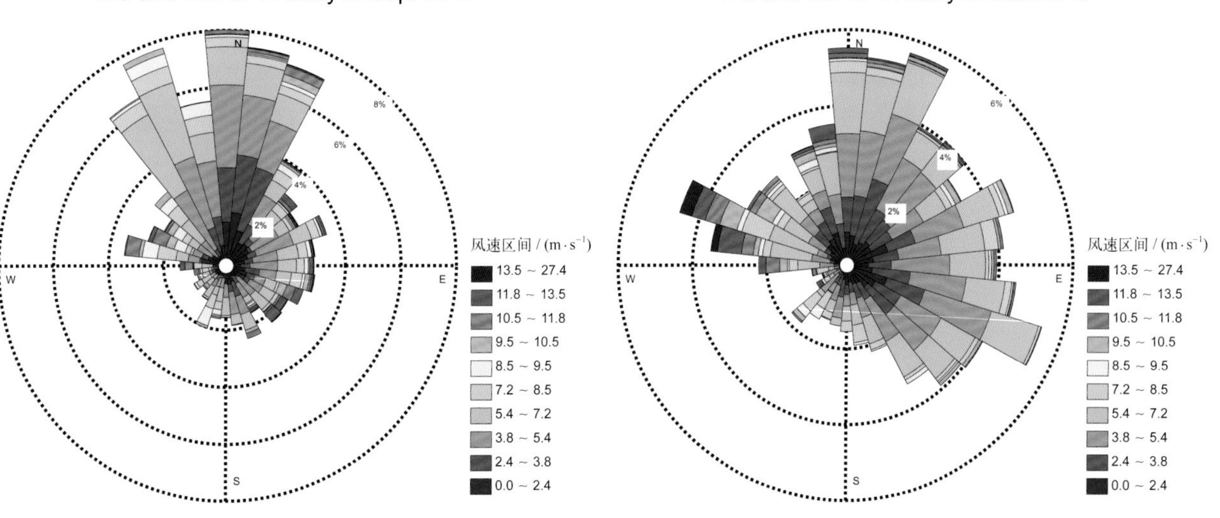

14 号浮标 2015 年 11 月风速、风向观测数据玫瑰图
WS and WD of 14 buoy in Nov. 2015

14 号浮标 2015 年 12 月风速、风向观测数据玫瑰图
WS and WD of 14 buoy in Dec. 2015

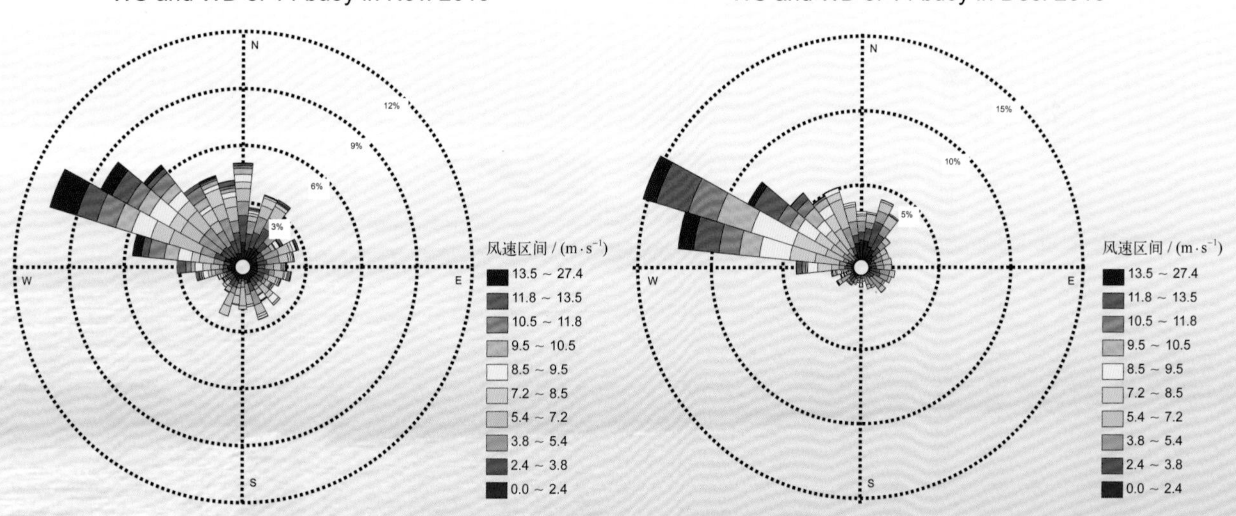

2015 年度 18 号浮标观测数据概述及玫瑰图（风速和风向）

18 号浮标位于黄海董家口外海海域（35°25′N，119°57′E），是一套直径为 10 m 的圆盘形综合观测平台。可获取的观测参数包括气象、水文和水质，风速和风向数据是气象参数中的重要观测内容。

2015 年度，18 号浮标是中国近海观测研究网络黄海站、东海站获取风速、风向数据最为完整的一套观测系统，几乎获取了全年 365 天的风速和风向长序列观测数据，仅在 3 月、5 月、10 月和 11 月因网络问题偶尔会缺失少量数据，均不到 1 天。

表 14　2015 年 18 号浮标各月份 6 级以上大风日数及主要风向

月份	6 级以上大风日数	6 级以上大风主要风向	备注
1	11 天	NNW	
2	6 天	NNW	冬季代表月
3	7 天	NNW	
4	8 天	NW	
5	3 天	NW	春季代表月
6	1 天	S	
7	1 天	NW	记录 1 次台风过程
8	1 天	SE	夏季代表月
9	3 天	E	
10	7 天	NW	
11	15 天	NNW	秋季代表月， 记录 1 次寒潮过程
12	9 天	NW	记录 1 次寒潮过程

通过对获取数据质量控制和分析，观测海域的年度风速、风向数据和季节数据特征如下：测得的年度最大风速为 18.0 m/s（10 月 1 日 09:20），对应风向为 311°。2015 年，18 号浮标记录到 6 级以上大风日数总计 72 天，其中 6 级以上大风日数最多的月份为 11 月（15 天），6 级以上大风日数最少的

月份是 6 月、7 月和 8 月（1 天）。以 2 月为冬季代表月，观测海域冬季 6 级以上大风日数为 6 天，大风主要风向为 NNW；以 5 月为春季代表月，观测海域春季 6 级以上大风日数为 3 天，大风主要风向为 NW；以 8 月为夏季代表月，观测海域夏季 6 级以上大风日数为 1 天，大风主要风向为 SE；以 11 月为秋季代表月，观测海域秋季 6 级以上大风日数为 15 天，大风主要风向为 NNW。

2015 年，18 号浮标共记录到 2 次寒潮过程和 1 次台风过程。第一次寒潮过程，最大风速为 15.5 m/s（11 月 23 日 22:20 至 22:30），对应风向为 337° 和 343°，6 级以上风持续时长 32.2 h（11 月 23 日 00:30 至 24 日 08:40），寒潮影响期间的主要风向为 NNW。第二次寒潮过程，最大风速为 15.5 m/s（12 月 26 日 20:40 和 21:30），对应风向为 27° 和 18°，6 级以上风持续时长 11.7 h（12 月 26 日 18:30 至 27 日 06:10），寒潮影响期间的主要风向为 N。受第 9 号超强台风“灿鸿”的影响，18 号浮标获取到的最大风速为 13.3 m/s（7 月 12 日 08:50），当时 6 级以上风累计时长为 5 h，台风影响期间的主要风向为 NW。

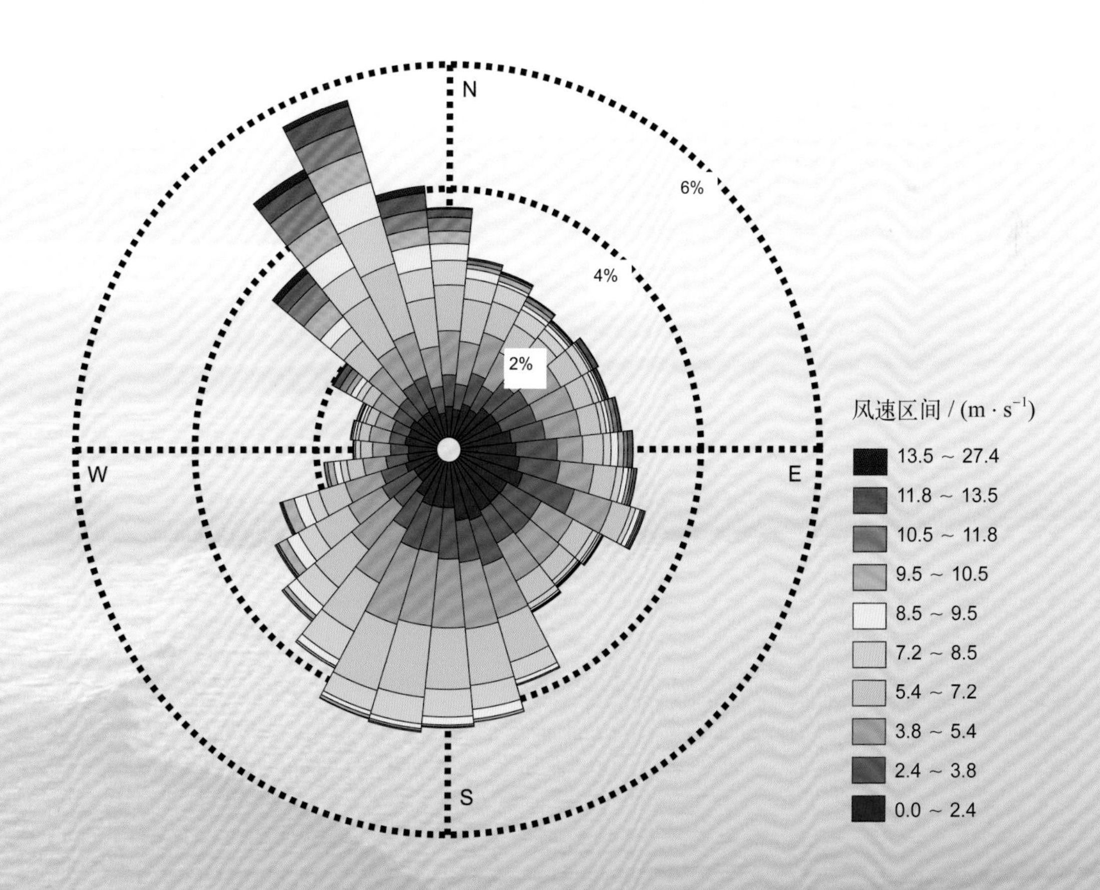

18号浮标2015年01月风速、风向观测数据玫瑰图

WS and WD of 18 buoy in Jan. 2015

18号浮标2015年02月风速、风向观测数据玫瑰图

WS and WD of 18 buoy in Feb. 2015

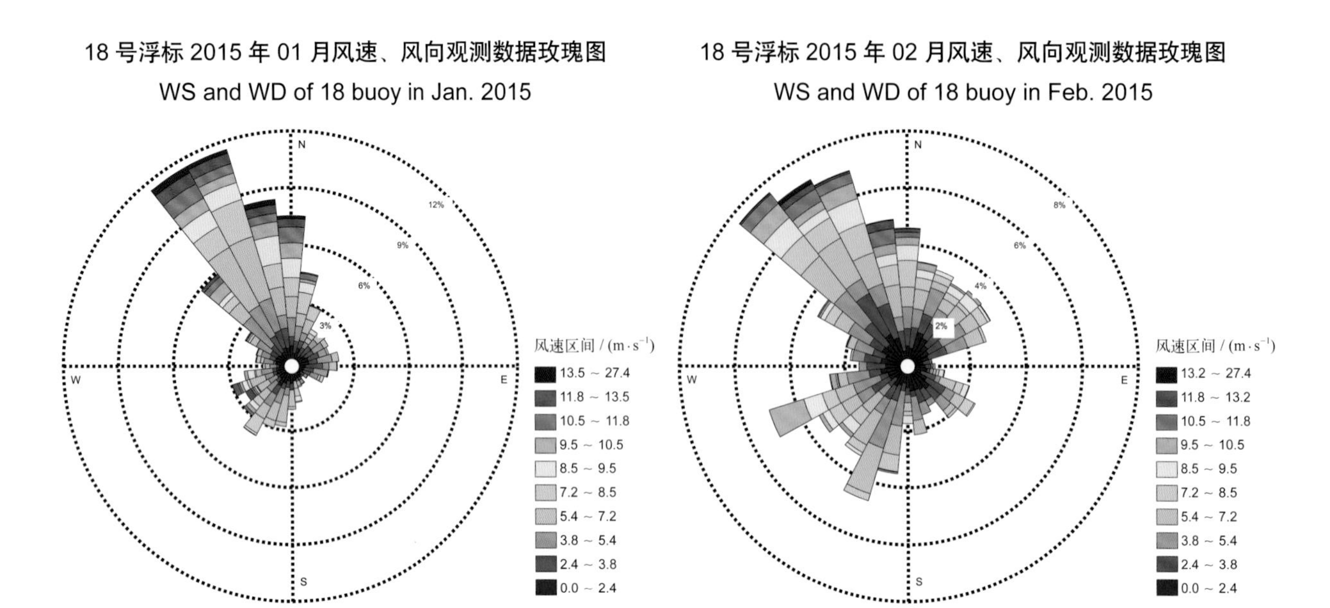

18号浮标2015年03月风速、风向观测数据玫瑰图

WS and WD of 18 buoy in Mar. 2015

18号浮标2015年04月风速、风向观测数据玫瑰图

WS and WD of 18 buoy in Apr. 2015

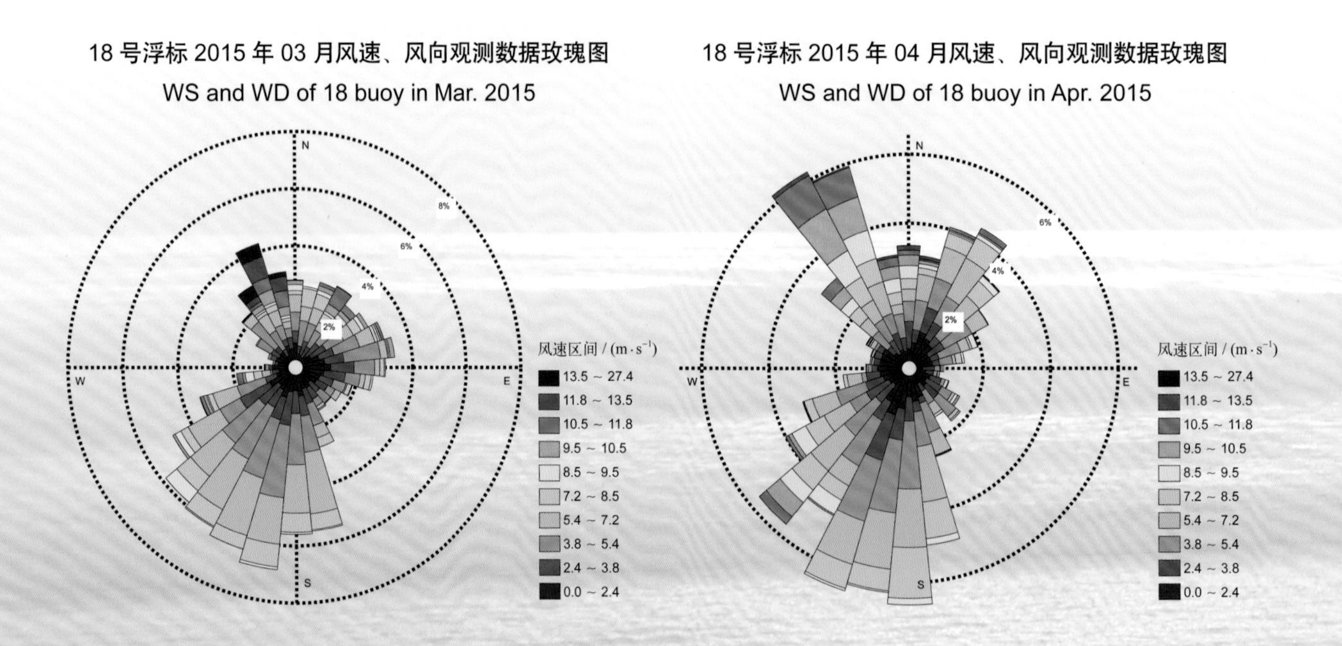

18 号浮标 2015 年 05 月风速、风向观测数据玫瑰图

WS and WD of 18 buoy in May 2015

18 号浮标 2015 年 06 月风速、风向观测数据玫瑰图

WS and WD of 18 buoy in Jun. 2015

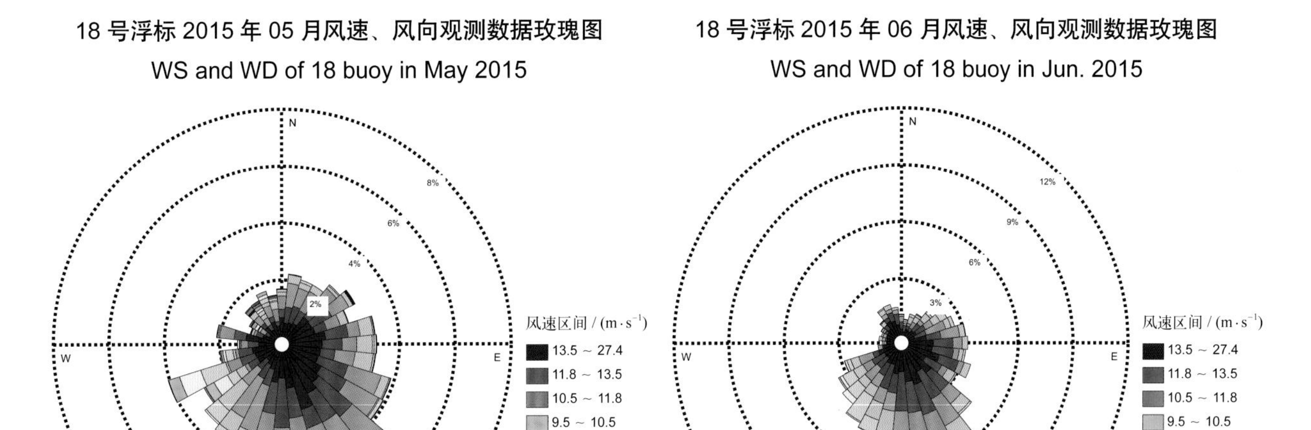

18 号浮标 2015 年 07 月风速、风向观测数据玫瑰图

WS and WD of 18 buoy in Jul. 2015

18 号浮标 2015 年 08 月风速、风向观测数据玫瑰图

WS and WD of 18 buoy in Aug. 2015

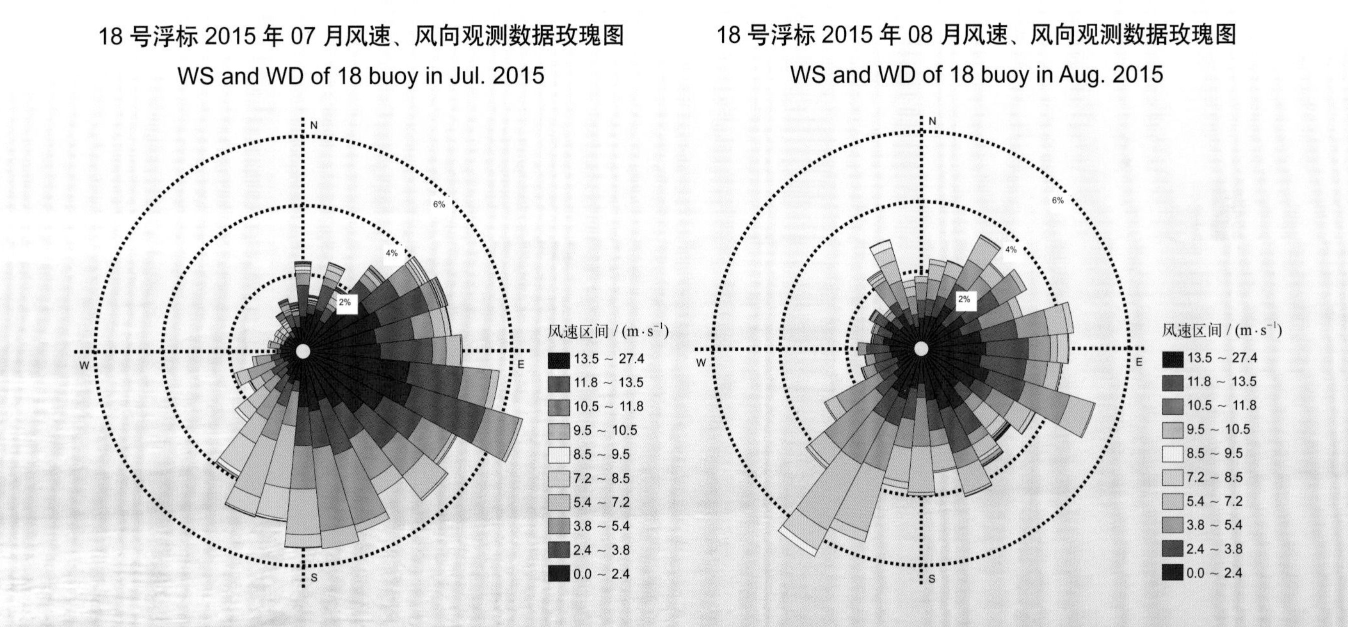

18 号浮标 2015 年 09 月风速、风向观测数据玫瑰图

WS and WD of 18 buoy in Sep. 2015

N E S W 2% 4% 6%

风速区间 / (m·s^{-1})
13.5 ~ 27.4
11.8 ~ 13.5
10.5 ~ 11.8
9.5 ~ 10.5
8.5 ~ 9.5
7.2 ~ 8.5
5.4 ~ 7.2
3.8 ~ 5.4
2.4 ~ 3.8
0.0 ~ 2.4

18 号浮标 2015 年 10 月风速、风向观测数据玫瑰图

WS and WD of 18 buoy in Oct. 2015

N E S W 2% 4% 6%

风速区间 / (m·s^{-1})
13.2 ~ 27.4
11.8 ~ 13.2
10.5 ~ 11.8
9.5 ~ 10.5
8.5 ~ 9.5
7.2 ~ 8.5
5.4 ~ 7.2
3.8 ~ 5.4
2.4 ~ 3.8
0.0 ~ 2.4

18 号浮标 2015 年 11 月风速、风向观测数据玫瑰图

WS and WD of 18 buoy in Nov. 2015

18 号浮标 2015 年 12 月风速、风向观测数据玫瑰图

WS and WD of 18 buoy in Dec. 2015

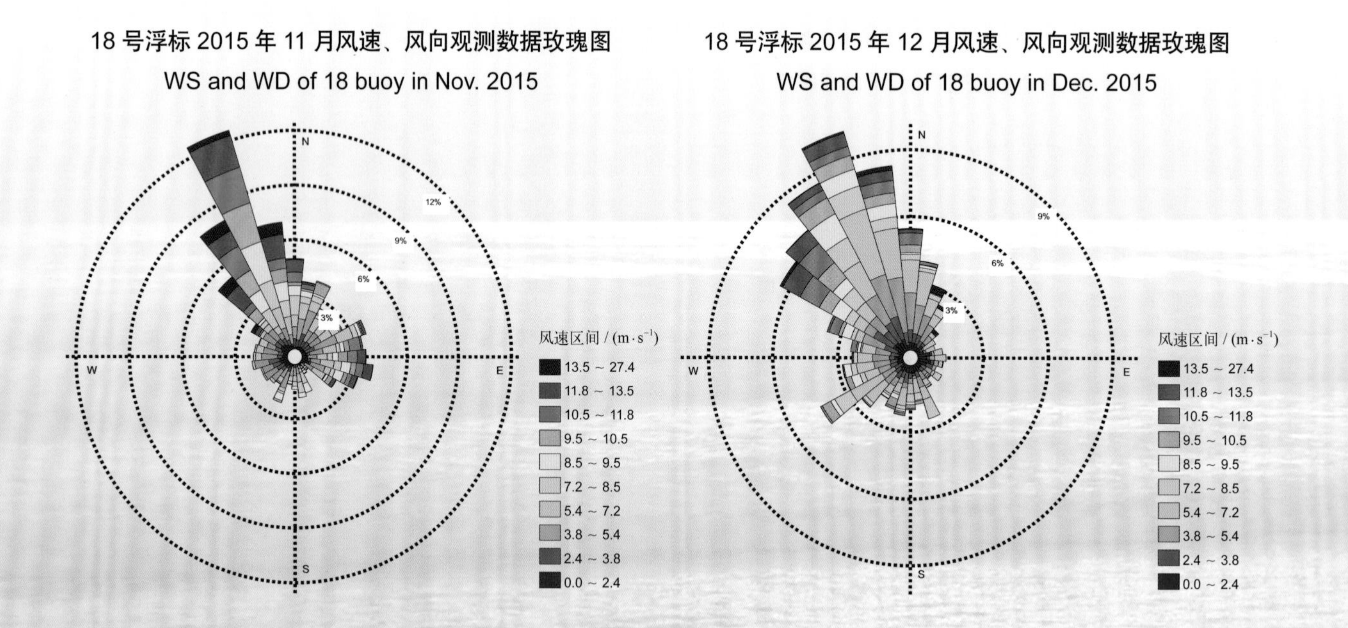

2015 年度 19 号浮标观测数据概述及玫瑰图
（风速和风向）

19 号浮标位于日照近海海域（35°25′N，119°36′E），是一套直径为 3 m 的圆盘形综合观测平台。可获取的观测参数包括气象、水文和水质，风速和风向数据是气象参数中的重要观测内容。

2015 年，19 号浮标共获取近 363 天的长序列风速、风向观测数据。获取数据的区间共两个时间段，具体为 1 月 1 日 00:00 至 6 月 29 日 08:40 和 7 月 1 日 08:00 至 12 月 31 日 23:50。

表 15　2015 年 19 号浮标各月份 6 级以上大风日数及主要风向

月份	6 级以上大风日数	6 级以上大风主要风向	备注
1	2 天	N 和 NNE	
2	0 天	—	冬季代表月，记录 1 次寒潮过程
3	1 天	N	
4	0 天	—	
5	1 天	W	春季代表月
6	0 天	—	缺近 2 天的数据
7	0 天	—	记录 1 次台风过程
8	0 天	—	夏季代表月
9	1 天	ENE	
10	1 天	NNW	
11	2 天	NNE	秋季代表月，记录 1 次寒潮过程
12	3 天	NNE	记录 1 次寒潮过程

通过对获取数据质量控制和分析，观测海域的年度风速、风向数据和季节数据特征如下：测得的年度最大风速为 14.8 m/s（3 月 3 日 10:00），对应风向为 356°。2015 年，19 号浮标记录到 6 级以上大风日数总计 11 天，是中国近海观测研究网络黄海站、东海站获取 6 级以上大风日数最少的观测系统，其中 6 级以上大风日数最多的月份为 12 月（3 天），6 级以上大风日数为 0 的月份是 2 月、

4 月、6 月、7 月和 8 月。以 2 月为冬季代表月，观测海域冬季 6 级以上大风日数为 0 天；以 5 月为春季代表月，观测海域春季 6 级以上大风日数为 1 天，大风主要风向为 W；以 8 月为夏季代表月，观测海域夏季 6 级以上大风日数为 0 天；以 11 月为秋季代表月，观测海域秋季 6 级以上大风日数为 2 天，大风主要风向为 NNE。

2015 年，19 号浮标共记录到 3 次寒潮过程和 1 次台风过程。第一次寒潮过程，最大风速为 10.4 m/s（2 月 7 日 18:20），对应风向为 3°，5 级以上风累计时长为 6 h，寒潮影响期间的主要风向为 N。第二次寒潮过程，最大风速为 13.6 m/s（11 月 23 日 19:10），对应风向为 13°，6 级以上风累计时长 16.8 h，寒潮影响期间的主要风向为 N。第三次寒潮过程，最大风速为 13.6 m/s（12 月 27 日 04:30），对应风向为 6°，6 级以上风累计时长为 13.8 h，寒潮影响期间的主要风向为 N。受第 9 号超强台风“灿鸿”的影响，19 号浮标获取到的最大风速为 10.0 m/s（7 月 12 日 10:20 和 11:00），5 级以上风累计时长为 7.7 h，台风影响期间的主要风向为 N。

19 号浮标 2015 年风速、风向观测数据玫瑰图
WS and WD of 19 buoy in 2015

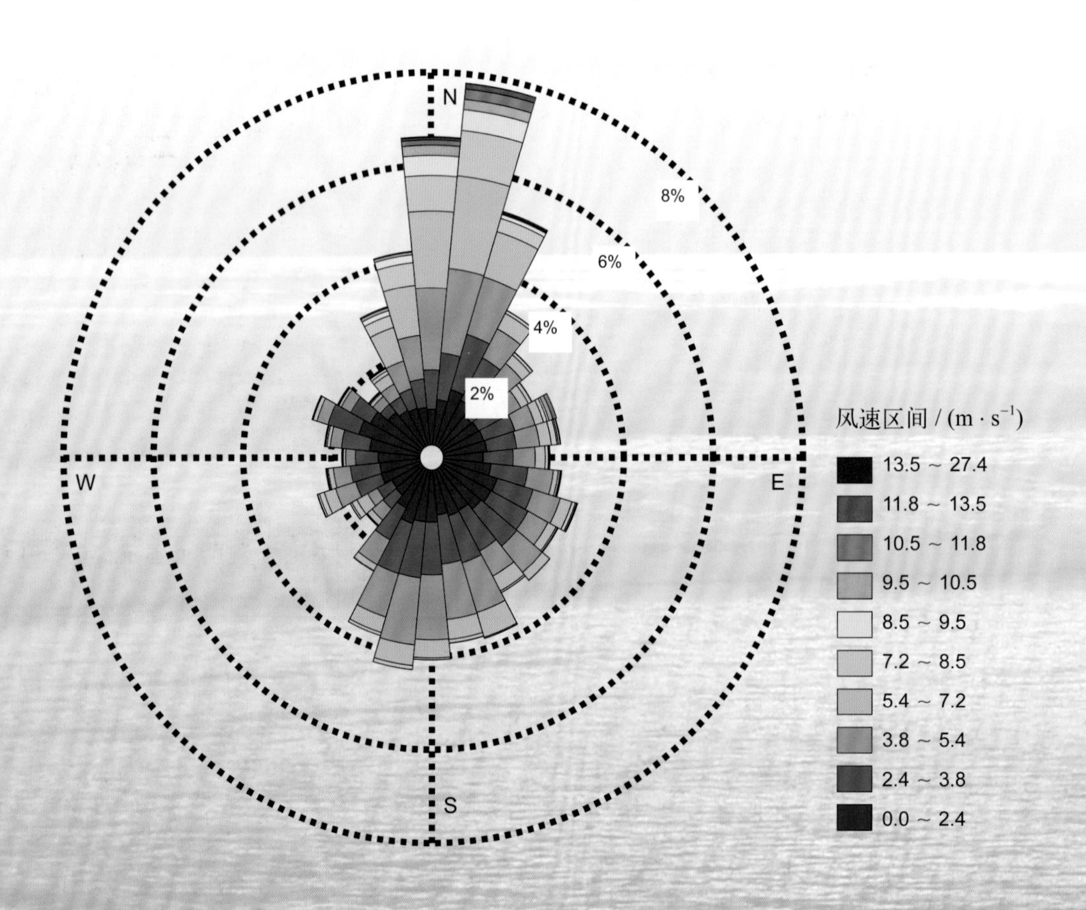

19 号浮标 2015 年 01 月风速、风向观测数据玫瑰图

WS and WD of 19 buoy in Jan. 2015

19 号浮标 2015 年 02 月风速、风向观测数据玫瑰图

WS and WD of 19 buoy in Feb. 2015

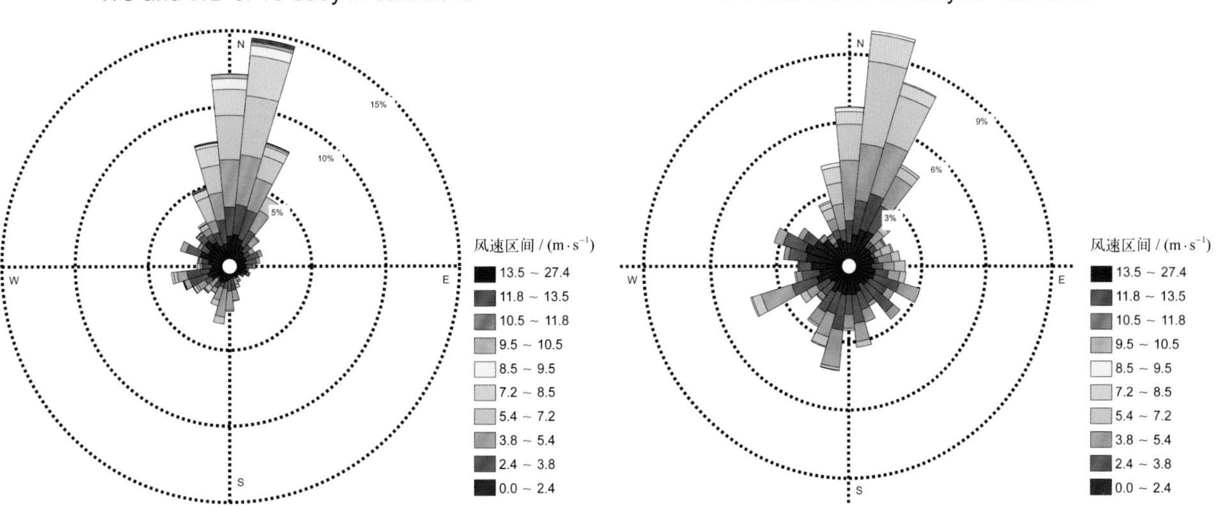

19 号浮标 2015 年 03 月风速、风向观测数据玫瑰图

WS and WD of 19 buoy in Mar. 2015

19 号浮标 2015 年 04 月风速、风向观测数据玫瑰图

WS and WD of 19 buoy in Apr. 2015

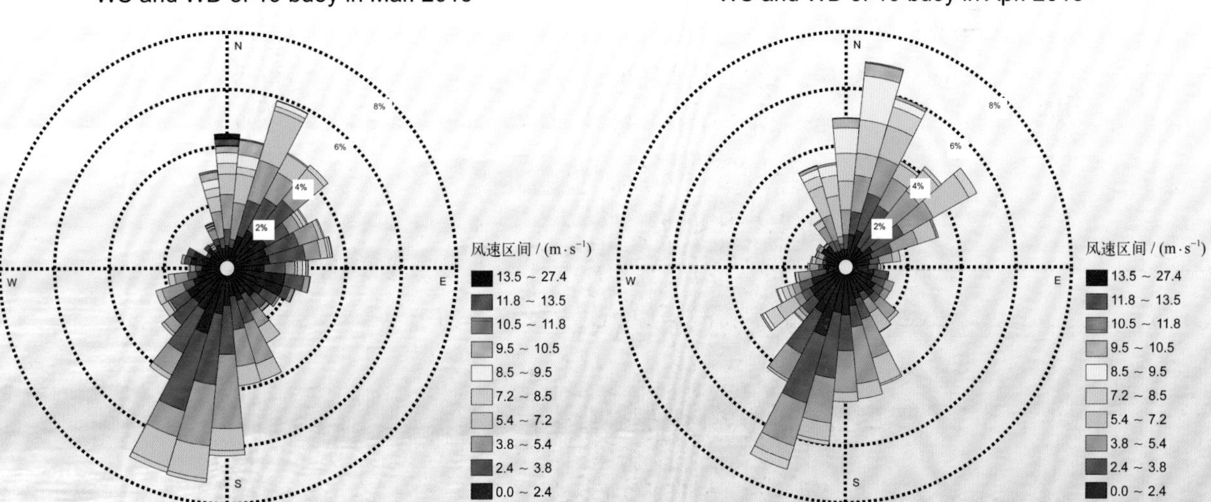

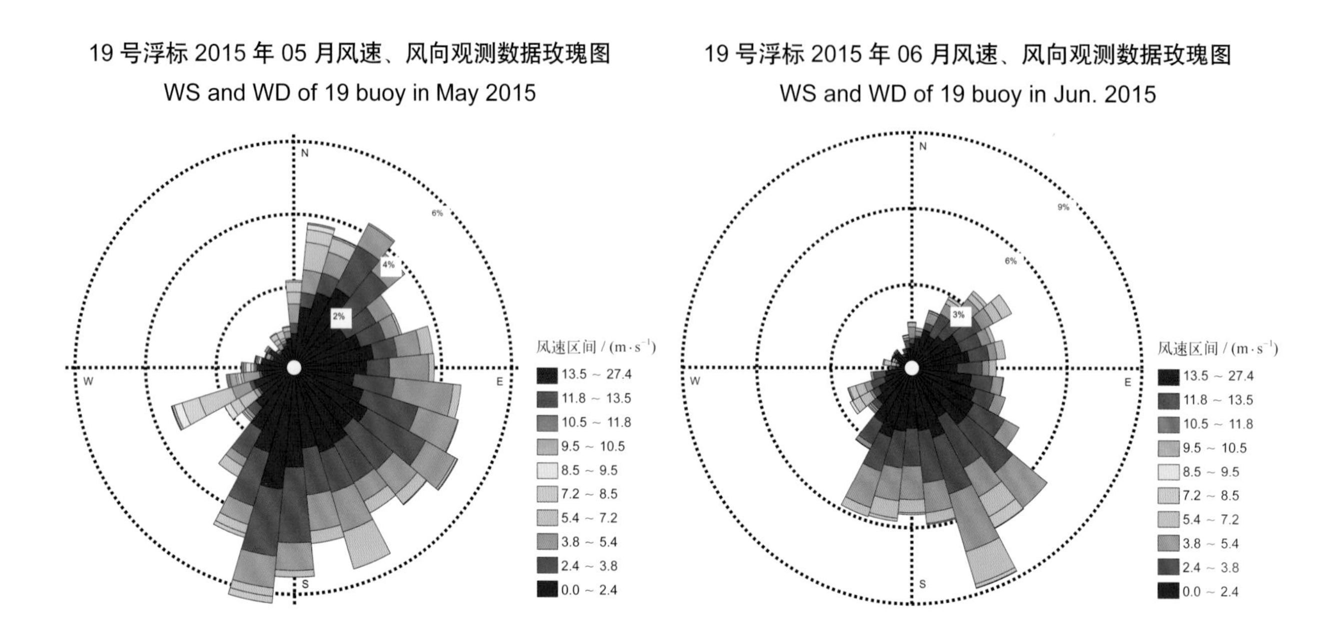

19 号浮标 2015 年 05 月风速、风向观测数据玫瑰图
WS and WD of 19 buoy in May 2015

19 号浮标 2015 年 06 月风速、风向观测数据玫瑰图
WS and WD of 19 buoy in Jun. 2015

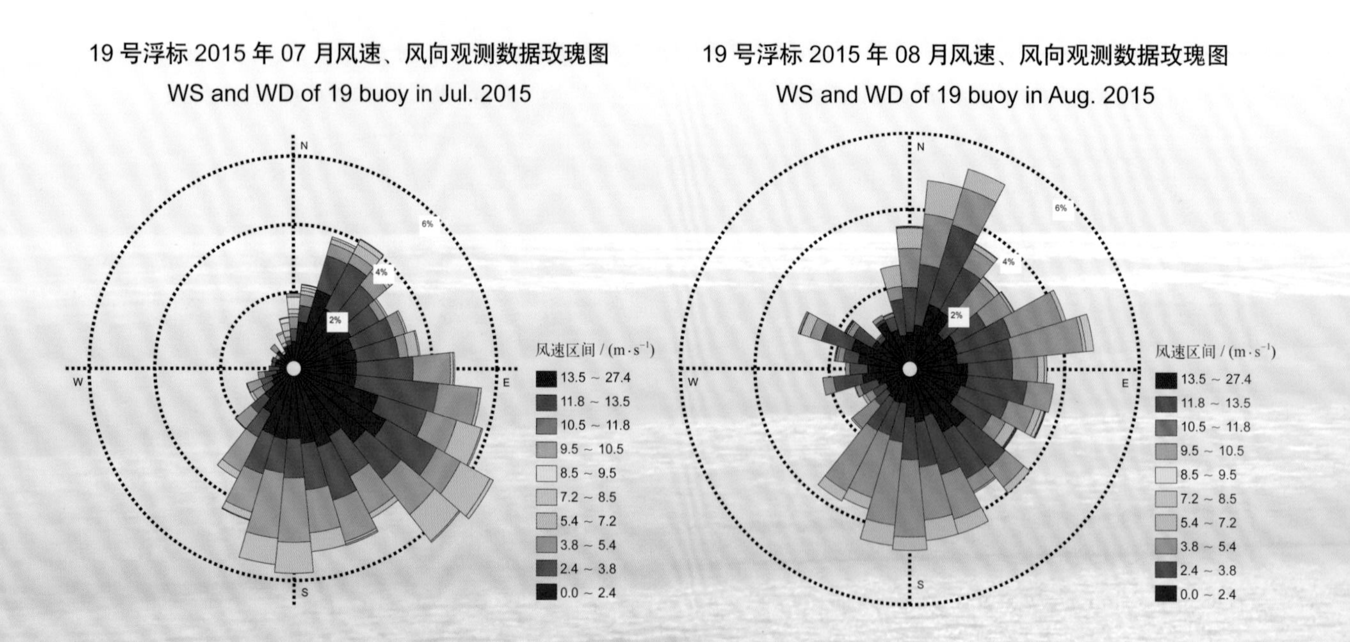

19 号浮标 2015 年 07 月风速、风向观测数据玫瑰图
WS and WD of 19 buoy in Jul. 2015

19 号浮标 2015 年 08 月风速、风向观测数据玫瑰图
WS and WD of 19 buoy in Aug. 2015

19 号浮标 2015 年 09 月风速、风向观测数据玫瑰图
WS and WD of 19 buoy in Sep. 2015

19 号浮标 2015 年 10 月风速、风向观测数据玫瑰图
WS and WD of 19 buoy in Oct. 2015

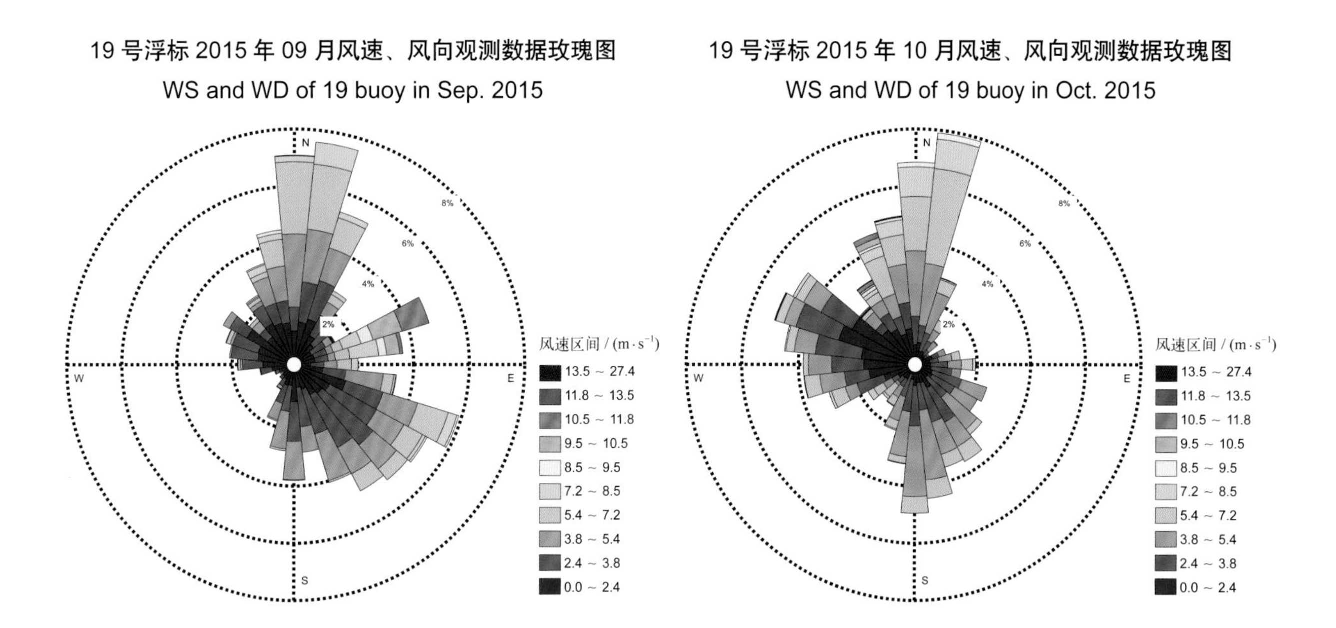

19 号浮标 2015 年 11 月风速、风向观测数据玫瑰图
WS and WD of 19 buoy in Nov. 2015

19 号浮标 2015 年 12 月风速、风向观测数据玫瑰图
WS and WD of 19 buoy in Dec. 2015

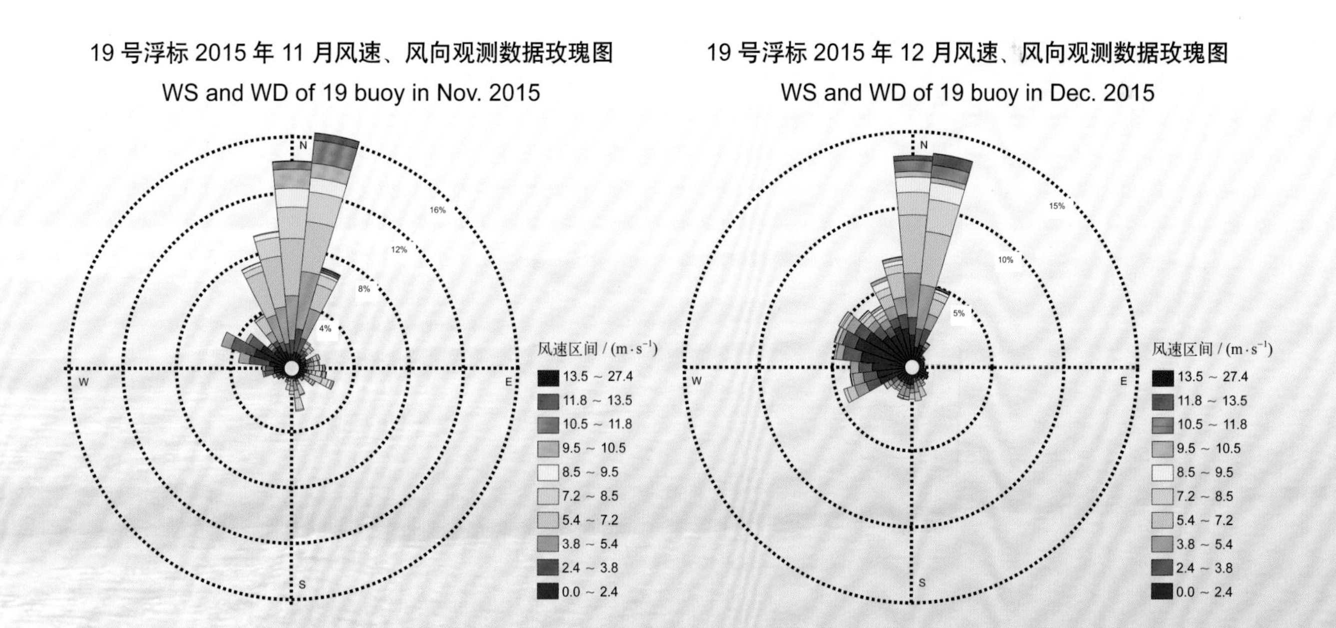

2015 年度 20 号浮标观测数据概述及玫瑰图
（风速和风向）

20 号浮标位于舟山六横岛附近海域（29°45′N，122°45′E），是一套直径为 10 m 的圆盘形综合观测平台。可获取的观测参数包括气象、水文和水质，风速和风向数据是气象参数中的重要观测内容。

2015 年，20 号浮标共获取近 332 天的风速和风向长序列观测数据。获取数据的区间共六个时间段，具体为 1 月 1 日 00:00 至 31 日 08:30、2 月 3 日 15:50 至 8 日 17:40、2 月 12 日 09:00 至 24 日 01:50、3 月 6 日 15:00 至 6 月 29 日 08:30、7 月 1 日 07:50 至 9 月 2 日 16:50 和 9 月 16 日 15:00 至 12 月 31 日 23:50。

表 16　2015 年 20 号浮标各月份 6 级以上大风日数及主要风向

月份	6 级以上大风日数	6 级以上大风主要风向	备注
1	18 天	NNW	
2	5 天	NNW	冬季代表月， 缺近 10 天的数据
3	5 天	N	缺近 6 天的数据
4	8 天	N	
5	5 天	NW	春季代表月
6	1 天	SSW	缺近 2 天的数据
7	14 天	SSW	记录 1 次台风过程
8	6 天	SSW	夏季代表月， 记录 1 次台风过程
9	4 天	NNE	缺近 14 天的数据
10	8 天	NNE	
11	11 天	NNW	秋季代表月， 记录 1 次寒潮过程
12	19 天	NNW	

通过对获取数据质量控制和分析，观测海域的年度风速、风向数据和季节数据特征如下：测得的年度最大风速为 27.0 m/s（7 月 11 日 16:30），对应风向为 154.0°。2015 年，20 号浮标记录到 6 级以

上大风日数总计 104 天，是中国近海观测研究网络黄海站、东海站获取 6 级以上大风日数最多的观测系统，其中 6 级以上大风日数最多的月份为 12 月（19 天），6 级以上大风日数最少的月份是 6 月（1 天）。全年共记录到 3 次 8 级以上大风过程，分别出现在 1 月 14 日（受冷空气影响）、7 月 10 日至 12 日（受台风“灿鸿”影响）和 8 月 24 日（受台风“天鹅”影响）。以 2 月为冬季代表月，观测海域冬季 6 级以上大风日数为 5 天，大风主要风向为 NNW；以 5 月为春季代表月，观测海域春季 6 级以上大风日数为 5 天，大风主要风向为 NW；以 8 月为夏季代表月，观测海域夏季 6 级以上大风日数为 6 天，大风主要风向为 SSW；以 11 月为秋季代表月，观测海域秋季 6 级以上大风日数为 11 天，大风主要风向为 NNW。

2015 年，20 号浮标共记录到 1 次寒潮过程和 2 次台风过程。寒潮期间的最大风速为 17.4 m/s（11 月 26 日 07:10），对应风向为 306°，6 级以上风持续时长 46.5 h（11 月 25 日 02:20 至 27 日 04:10），寒潮影响期间的主要风向为 NNW。第一次台风过程，受第 9 号超强台风“灿鸿”影响，20 号浮标获取到的最大风速达 27.0 m/s（7 月 11 日 22:00），对应的风向为 154°，8 级以上大风持续了 30.8 h（7 月 10 日 15:40 至 11 日 22:20），台风影响期间的主要风向为 NE。第二次台风过程，受第 15 号超强台风“天鹅”影响，20 号浮标获取到的最大风速为 19.8 m/s（8 月 24 日 17:30），对应风向为 345°，8 级大风持续了 2.3 h（8 月 24 日 16:10 至 18:20），台风影响期间的主要风向为 NW。

20 号浮标 2015 年风速、风向观测数据玫瑰图

WS and WD of 20 buoy in 2015

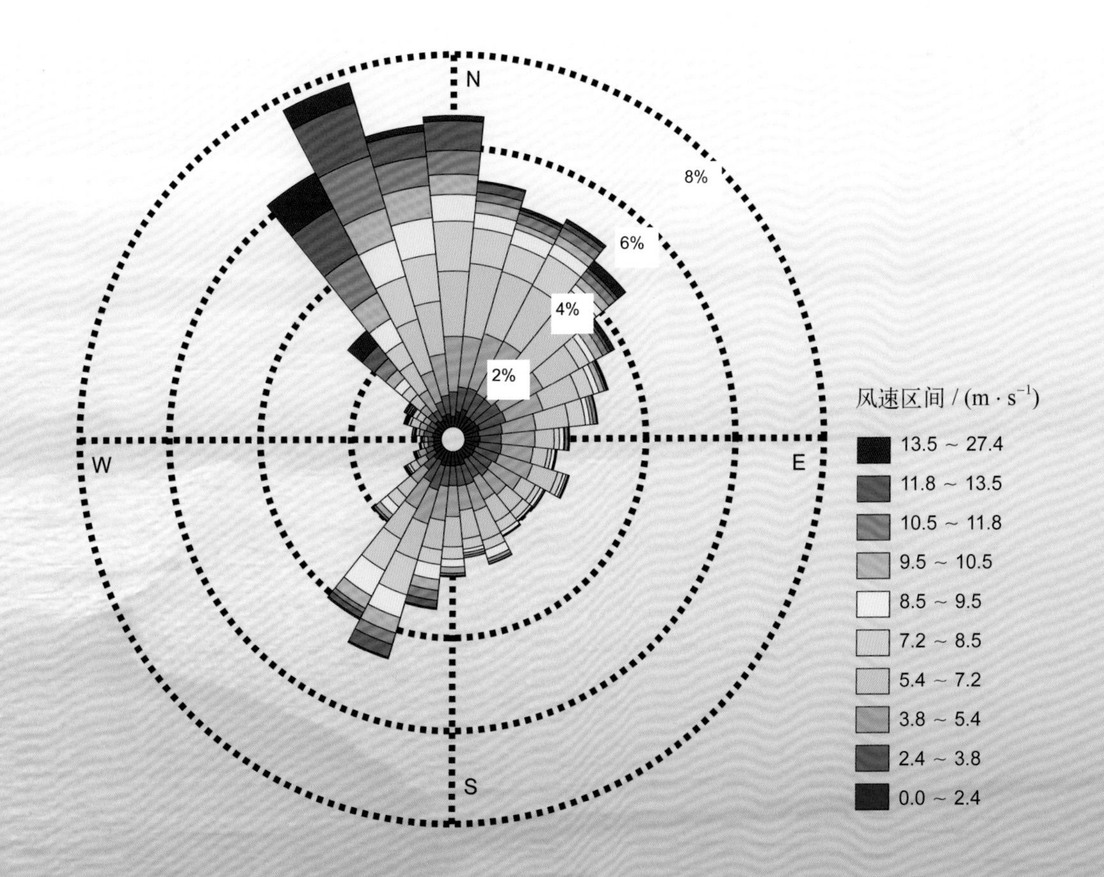

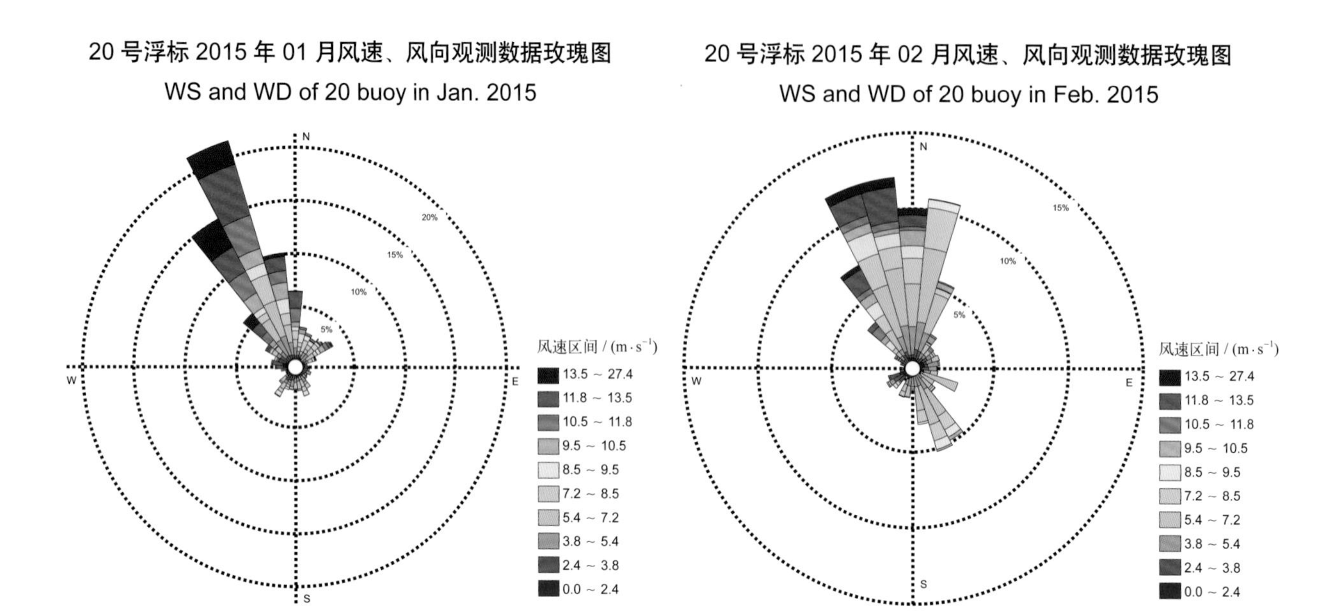

20 号浮标 2015 年 01 月风速、风向观测数据玫瑰图
WS and WD of 20 buoy in Jan. 2015

20 号浮标 2015 年 02 月风速、风向观测数据玫瑰图
WS and WD of 20 buoy in Feb. 2015

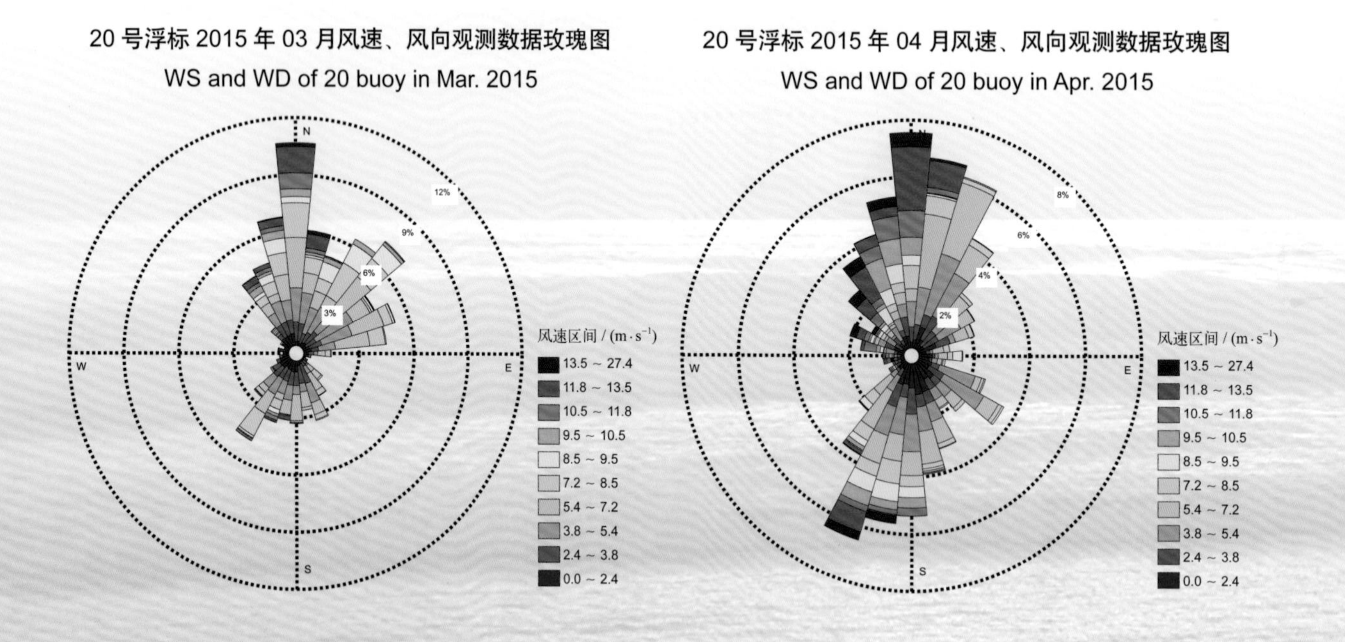

20 号浮标 2015 年 03 月风速、风向观测数据玫瑰图
WS and WD of 20 buoy in Mar. 2015

20 号浮标 2015 年 04 月风速、风向观测数据玫瑰图
WS and WD of 20 buoy in Apr. 2015

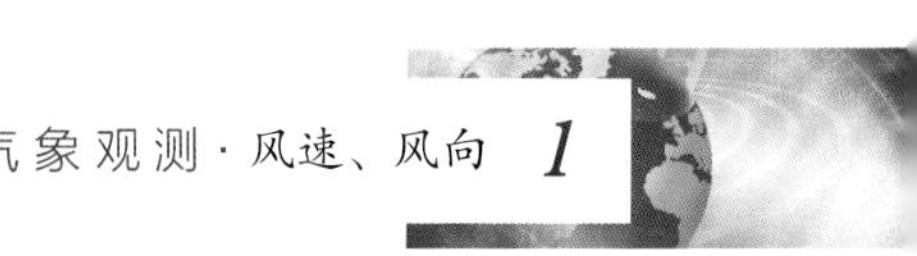

20 号浮标 2015 年 05 月风速、风向观测数据玫瑰图

WS and WD of 20 buoy in May 2015

20 号浮标 2015 年 06 月风速、风向观测数据玫瑰图

WS and WD of 20 buoy in Jun. 2015

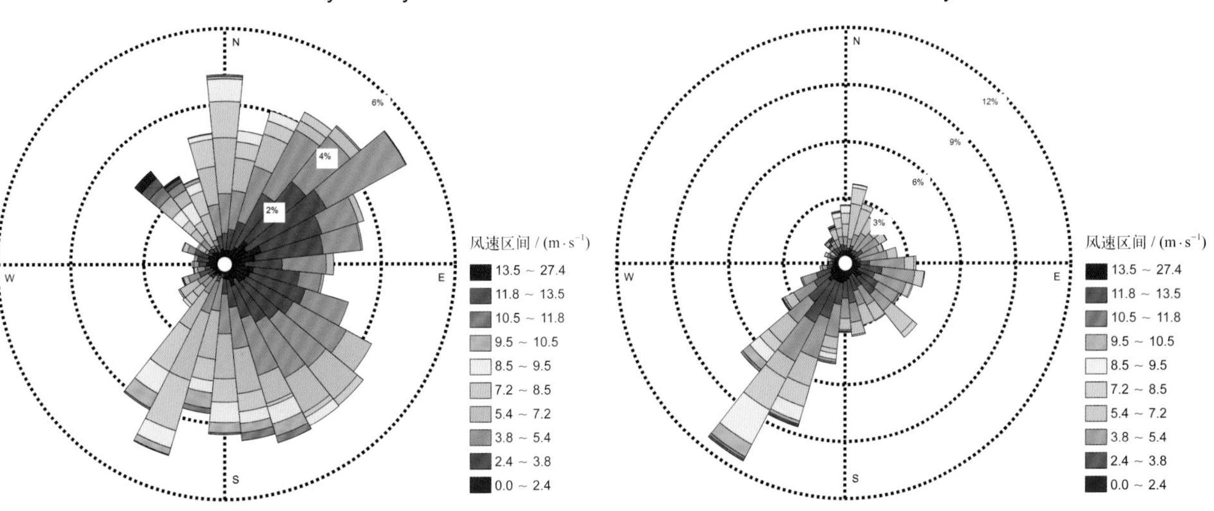

20 号浮标 2015 年 07 月风速、风向观测数据玫瑰图

WS and WD of 20 buoy in Jul. 2015

20 号浮标 2015 年 08 月风速、风向观测数据玫瑰图

WS and WD of 20 buoy in Aug. 2015

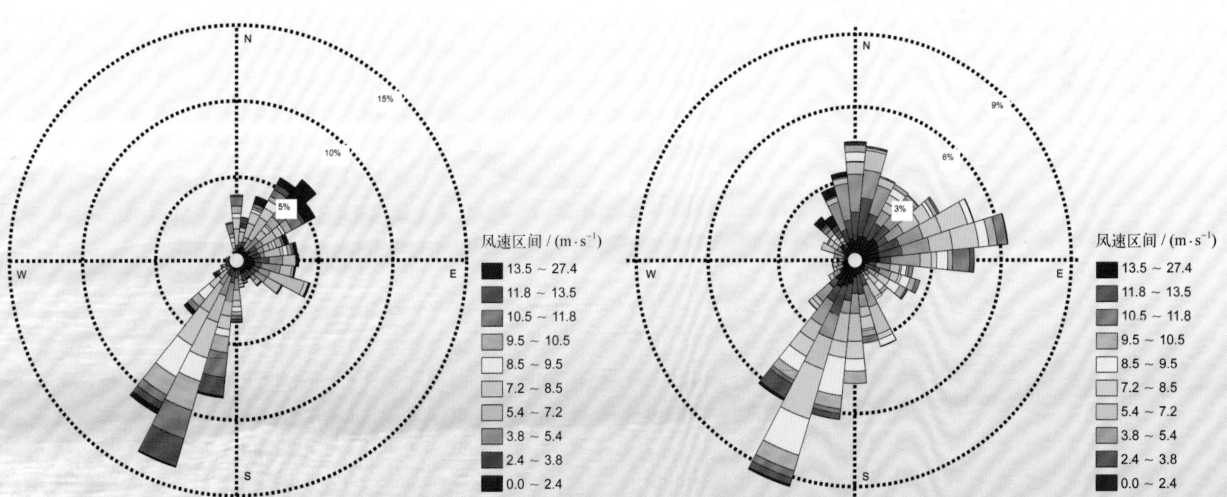

20 号浮标 2015 年 09 月风速、风向观测数据玫瑰图
WS and WD of 20 buoy in Sep. 2015

20 号浮标 2015 年 10 月风速、风向观测数据玫瑰图
WS and WD of 20 buoy in Oct. 2015

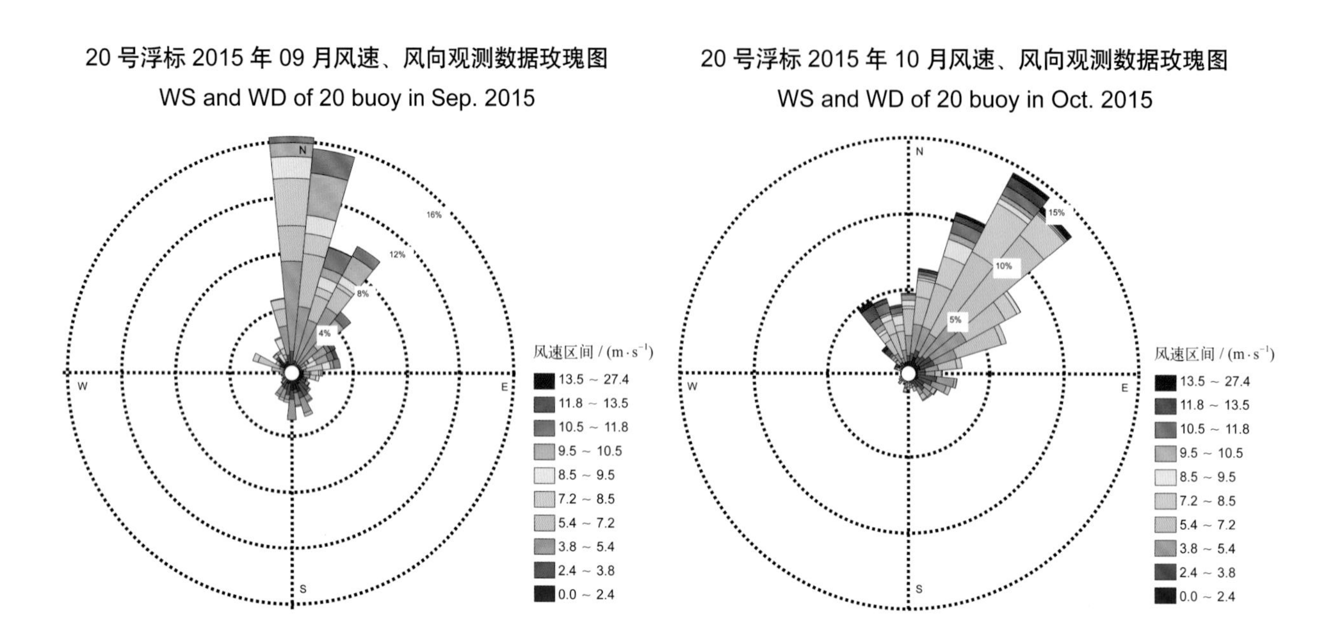

20 号浮标 2015 年 11 月风速、风向观测数据玫瑰图
WS and WD of 20 buoy in Nov. 2015

20 号浮标 2015 年 12 月风速、风向观测数据玫瑰图
WS and WD of 20 buoy in Dec. 2015

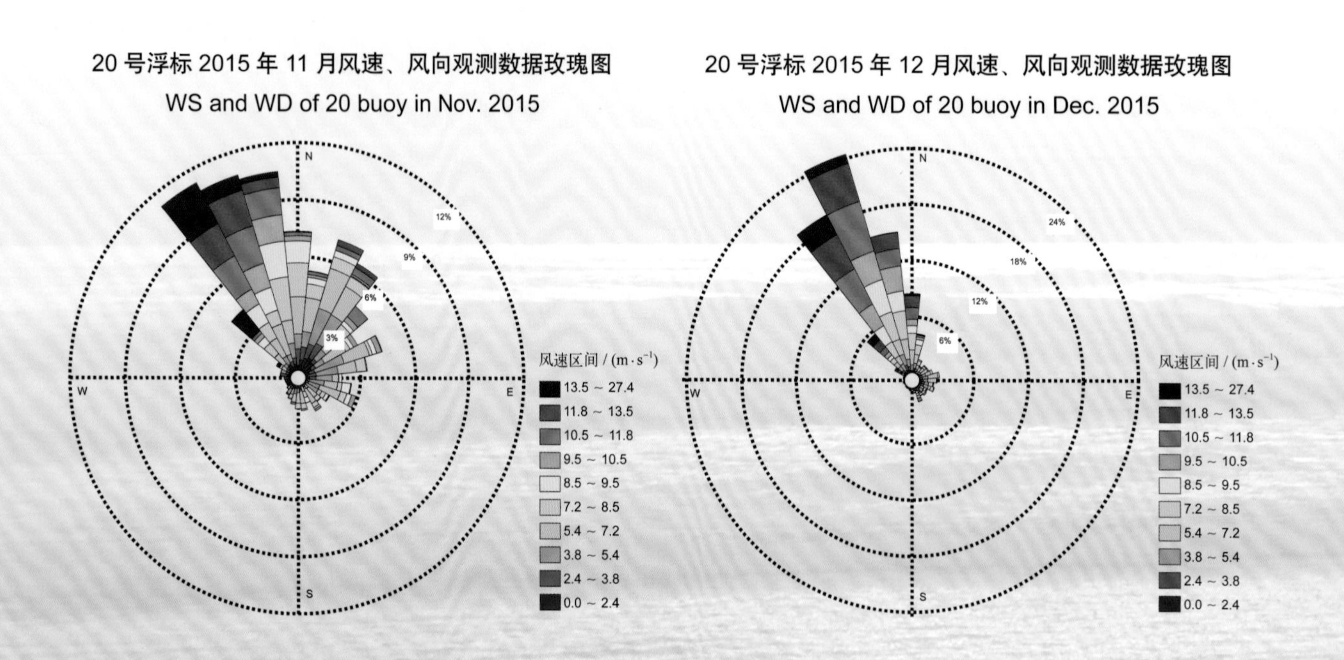

水文观测

2015年度01号浮标观测数据概述及曲线
（水温和盐度）

01号浮标位于中国近海观测研究网络黄海站观测范围最北端的海域（38°45′N，122°45′E），是一套直径为3 m的圆盘形综合观测平台。可获取的观测参数包括气象、水文和水质，水温和盐度数据是水文参数中的重要观测内容。

2015年，01号浮标共获取近285天的水温和盐度长序列观测数据。获取数据的时间区间共四个时间段，具体为1月1日00:00至5月31日11:00、6月4日00:30至20日13:00、8月8日10:30至11月1日14:30和12月16日15:00至28日17:00。

通过对获取数据质量控制和分析，01号浮标观测海域本年度水温、盐度数据和季节数据特征如下：年度水温平均值为12.8℃，年度盐度平均值为32.2；测得的年度最高水温和最低水温分别为28.8℃（8月16日17:00）和3.1℃（2月22日18:30）；测得的年度最高盐度和最低盐度分别为32.7（4月30日10:30和9月26日11:00）和30.9（9月28日09:30和10月7日07:30）。以2月为冬季代表月，观测海域冬季的平均水温是4.3℃，平均盐度是32.3；以5月为春季代表月，观测海域春季的平均水温是12.8℃，平均盐度是31.9；以8月为夏季代表月，观测海域夏季的平均水温是26.6℃，平均盐度是31.7。

01号浮标布放海域月度水温、盐度变化特征与该海域的气温和降水等因素密切相关。2015年，浮标观测的月平均水温、盐度和最高值、最低值数据参见表17，从表中可以看出，水温平均值最低的月份为2月，并且在该时间段内出现观测到的年度最低水温（3.1℃），水温平均值最高的月份为8月，并且在该时间段内出现观测到的年度最高水温（28.8℃）。盐度平均值最低的月份为6月和8月，年度盐度最低值（30.9）出现在9月和10月，盐度平均值最高的月份为12月，年度盐度最高值（32.7）出现在4月和9月。从月度水温、盐度的变化情况分析，水温变化最为剧烈的是4月，最高水温为14.1℃，最低水温为4.9℃，变化幅度达9.2℃，盐度变化最为剧烈的是9月，最高盐度为32.7，最低盐度为30.9，变化幅度达1.8；相比较而言，水温变化幅度较小的月份是2月，最高水温为11.2℃，最低水温为9.1℃，变化幅度仅为1.9℃，盐度变化幅度较小的月份是12月，最高盐度为32.5，最低盐度为32.3，变化幅度仅为0.2。

表 17　2015 年 01 号浮标各月份水温、盐度观测数据

月份	水温 / ℃			盐度			备注
	平均	最高	最低	平均	最高	最低	
1	5.3	6.7	4.2	32.0	32.4	31.7	
2	4.3	5.0	3.1	32.3	32.6	31.9	冬季代表月，记录 1 次寒潮过程
3	4.6	6.6	3.3	32.3	32.6	31.7	
4	7.0	14.1	4.9	32.2	32.7	31.6	
5	12.8	18.5	10.3	31.9	32.4	31.1	春季代表月
6	18.5	22.4	15.8	31.7	31.9	31.1	缺近 14 天的数据
7	—	—	—	—	—	—	浮标大修，无数据
8	26.6	28.8	25.0	31.7	32.1	31.2	夏季代表月，缺近 8 天的数据
9	24.6	27.0	21.3	32.2	32.7	30.9	
10	18.8	22.4	15.9	32.2	32.5	30.9	
11	—	—	—	—	—	—	秋季代表月，浮标故障，无数据
12	10.0	11.2	9.1	32.4	32.5	32.3	缺近 11 天的数据

2015 年，01 号浮标获取的水温和盐度数据存在一些特殊情况，尚待进一步分析。水温数据从 2 月 2 日开始低于 5.0℃，之后，一直持续到 3 月 19 日，共计 45 天（2014 年 01 号浮标水温低于 5.0℃ 的持续时长为 63 天，2013 年为 94 天）。2015 年 10 月 3 日至 11 日，01 号浮标盐度数据有一个明显下降再回升的过程，变化幅度为 2.1（30.3 ~ 32.4）。2015 年，01 号浮标记录到 1 次寒潮过程，2 月 7 日至 10 日寒潮期间，01 号浮标水温的变化幅度为 0.8℃（3.9 ~ 4.7℃），盐度比较稳定，变化范围为 32.1 ~ 32.4，平均盐度为 32.3。

01 号浮标 2015 年水温、盐度观测数据曲线
WT and SL of 01 buoy in 2015

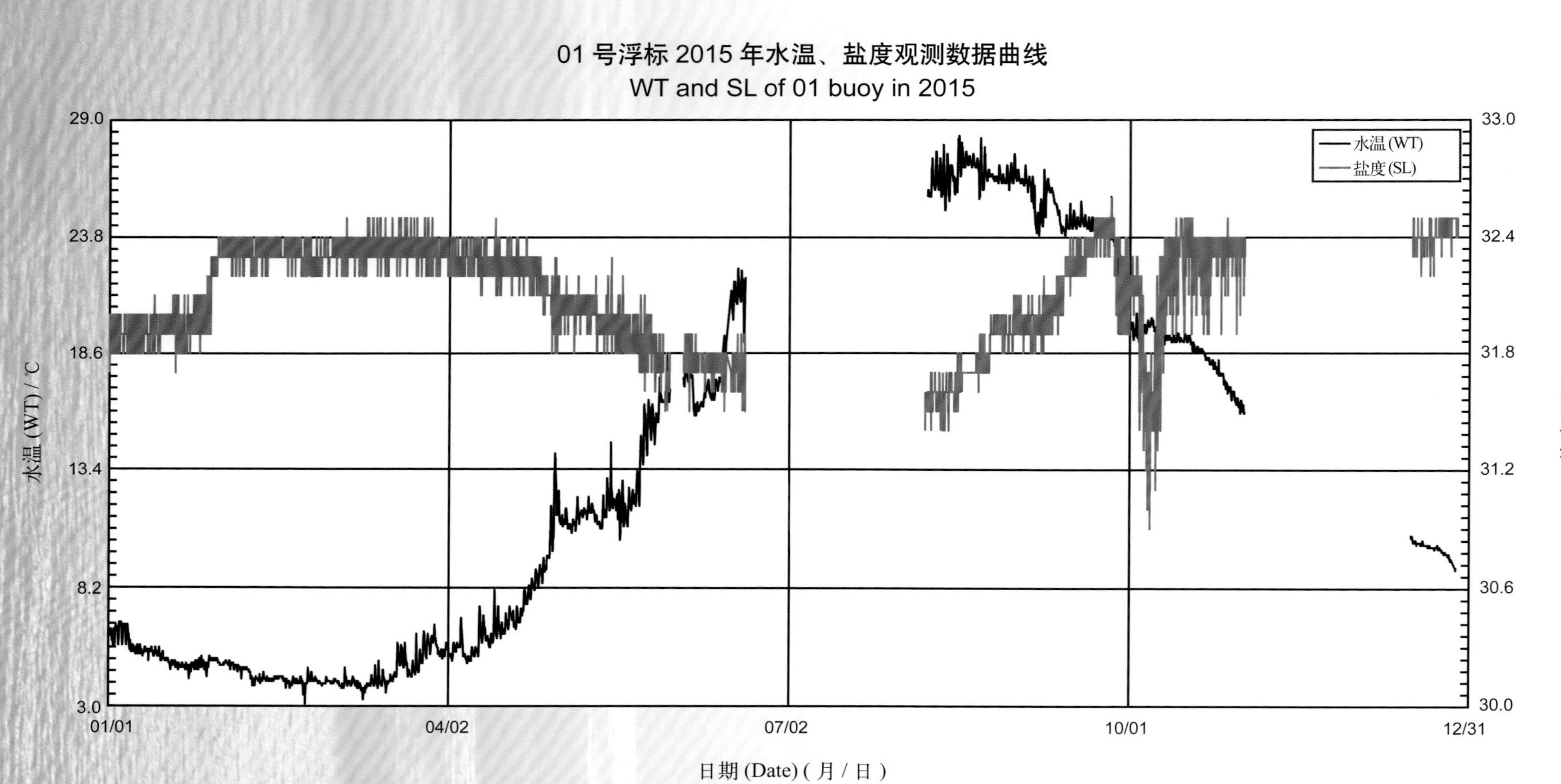

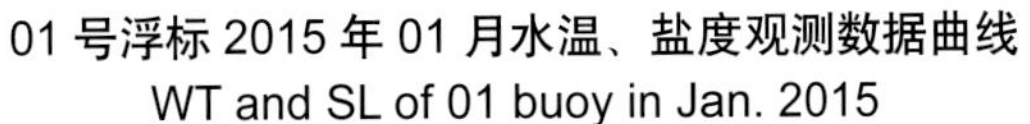

01 号浮标 2015 年 01 月水温、盐度观测数据曲线
WT and SL of 01 buoy in Jan. 2015

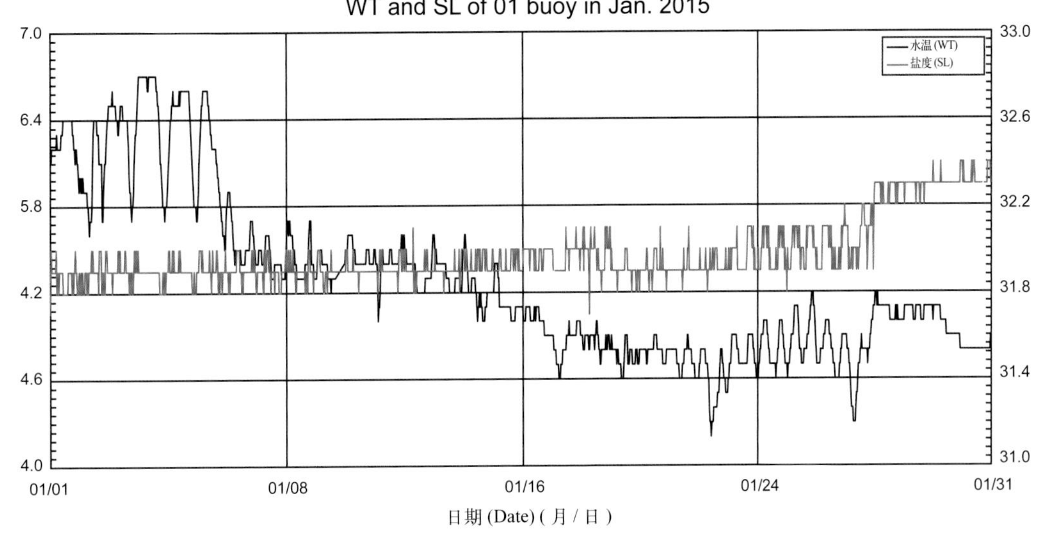

01 号浮标 2015 年 02 月水温、盐度观测数据曲线
WT and SL of 01 buoy in Feb. 2015

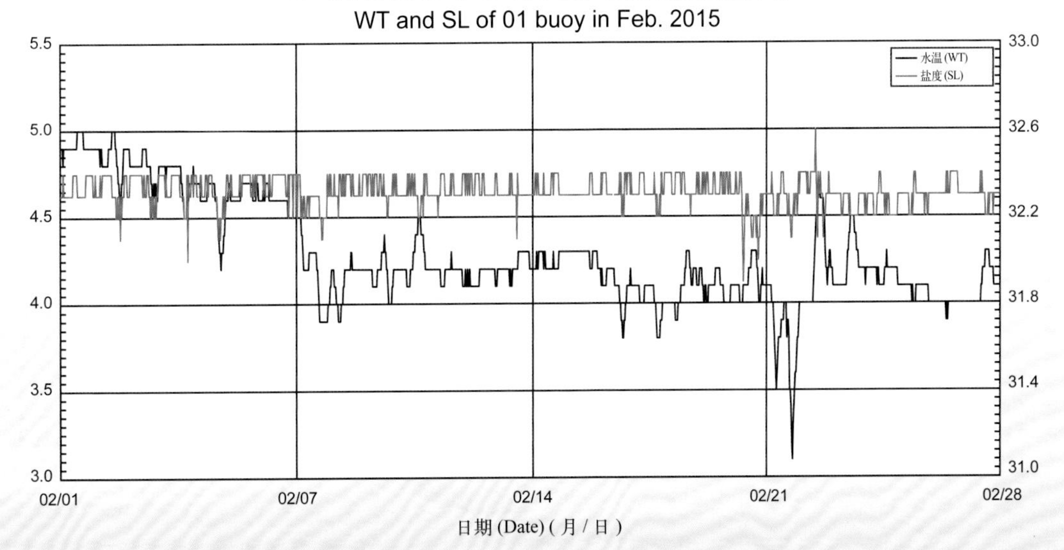

01 号浮标 2015 年 03 月水温、盐度观测数据曲线
WT and SL of 01 buoy in Mar. 2015

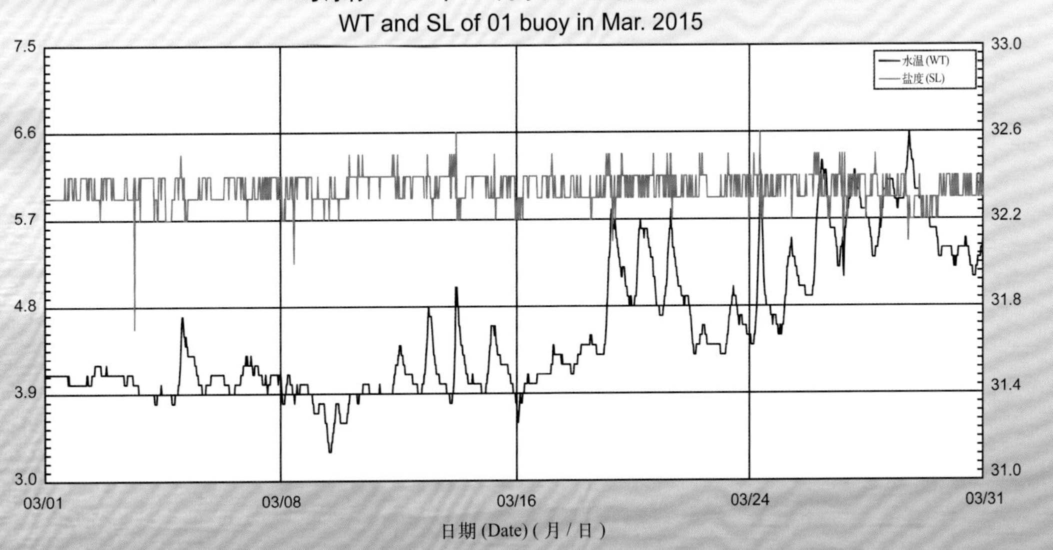

01 号浮标 2015 年 04 月水温、盐度观测数据曲线
WT and SL of 01 buoy in Apr. 2015

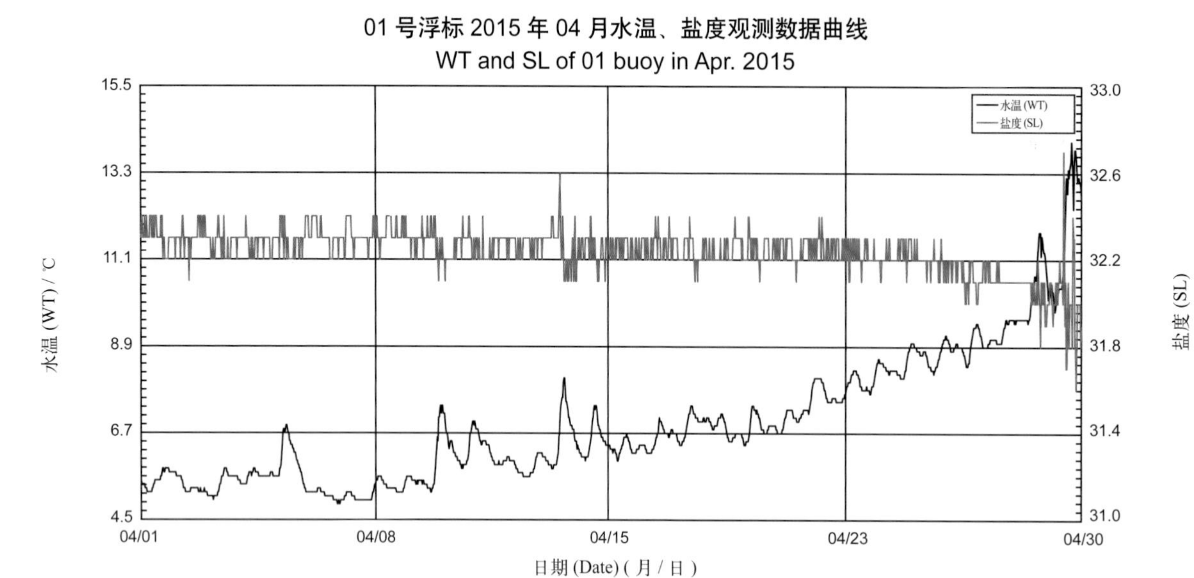

01 号浮标 2015 年 05 月水温、盐度观测数据曲线
WT and SL of 01 buoy in May 2015

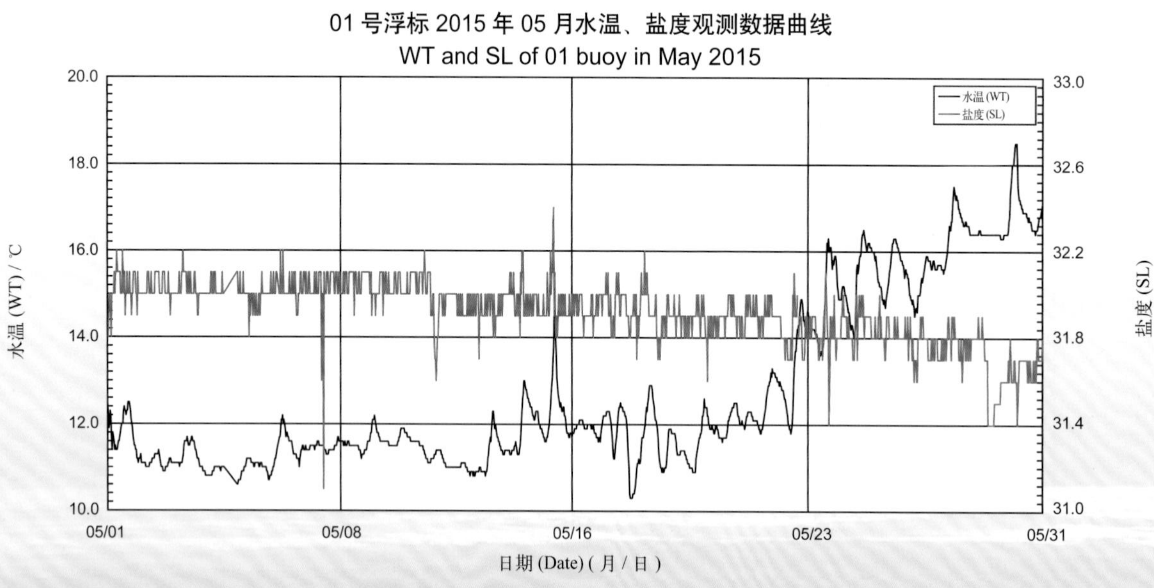

01 号浮标 2015 年 06 月水温、盐度观测数据曲线
WT and SL of 01 buoy in Jun. 2015

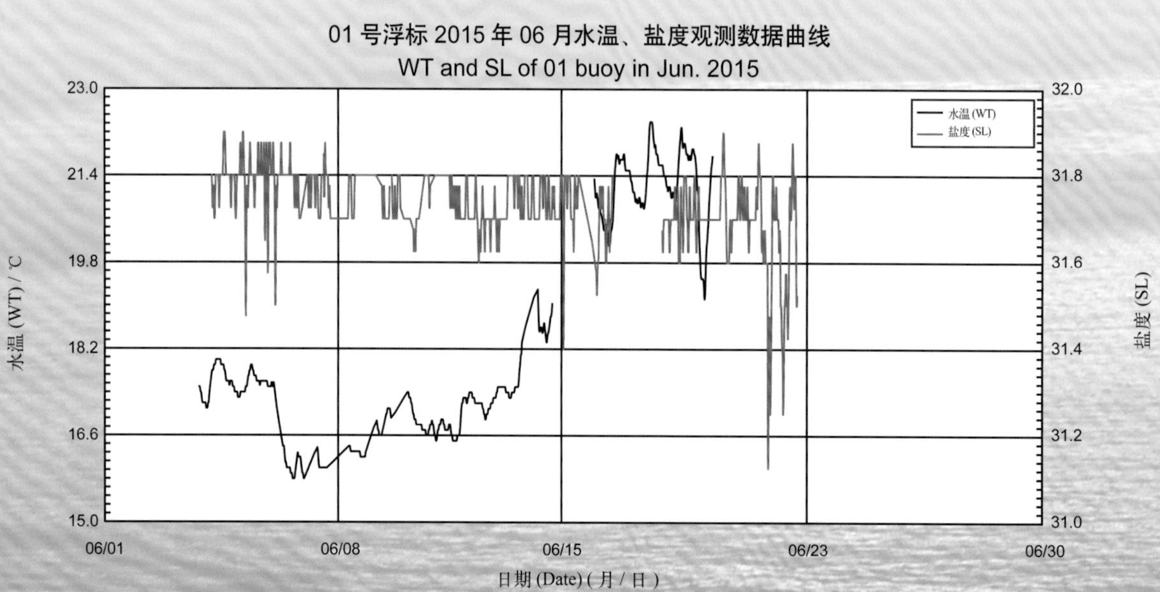

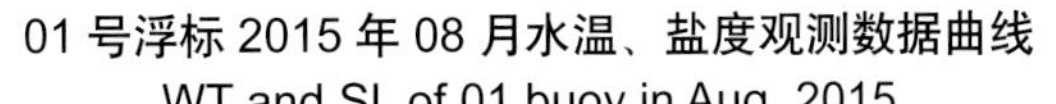

01 号浮标 2015 年 08 月水温、盐度观测数据曲线
WT and SL of 01 buoy in Aug. 2015

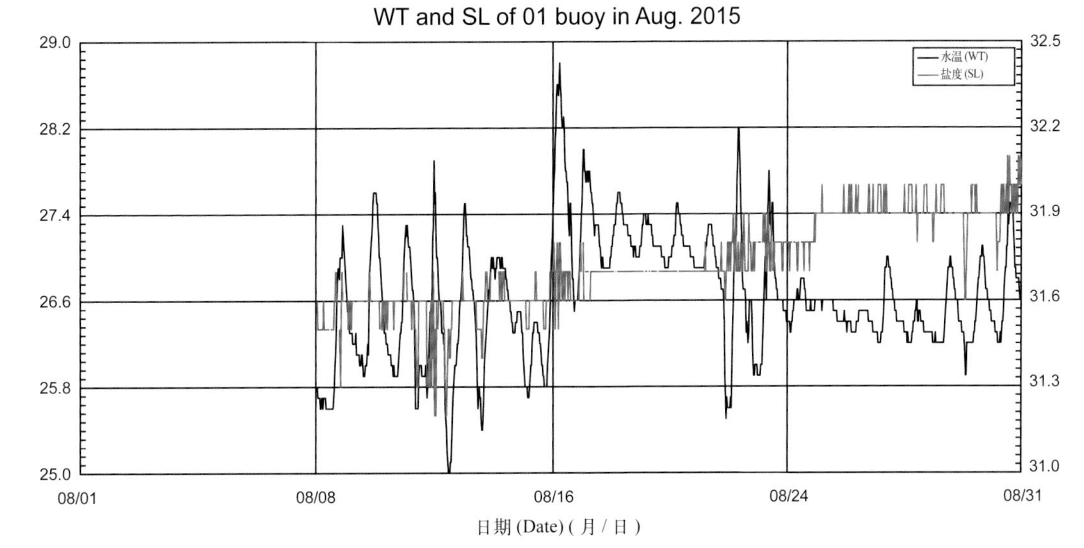

01 号浮标 2015 年 09 月水温、盐度观测数据曲线
WT and SL of 01 buoy in Sep. 2015

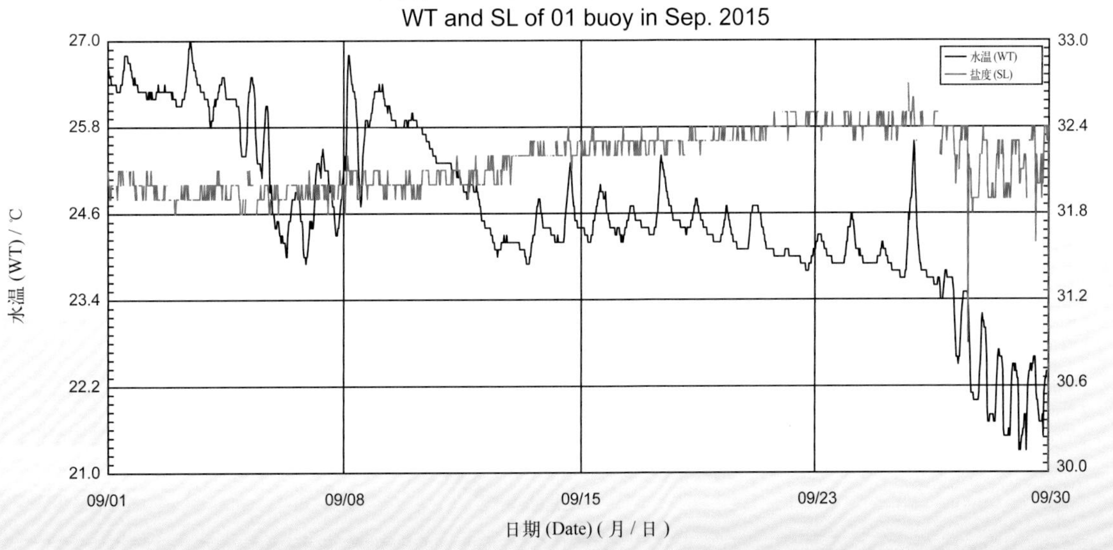

01 号浮标 2015 年 10 月水温、盐度观测数据曲线
WT and SL of 01 buoy in Oct. 2015

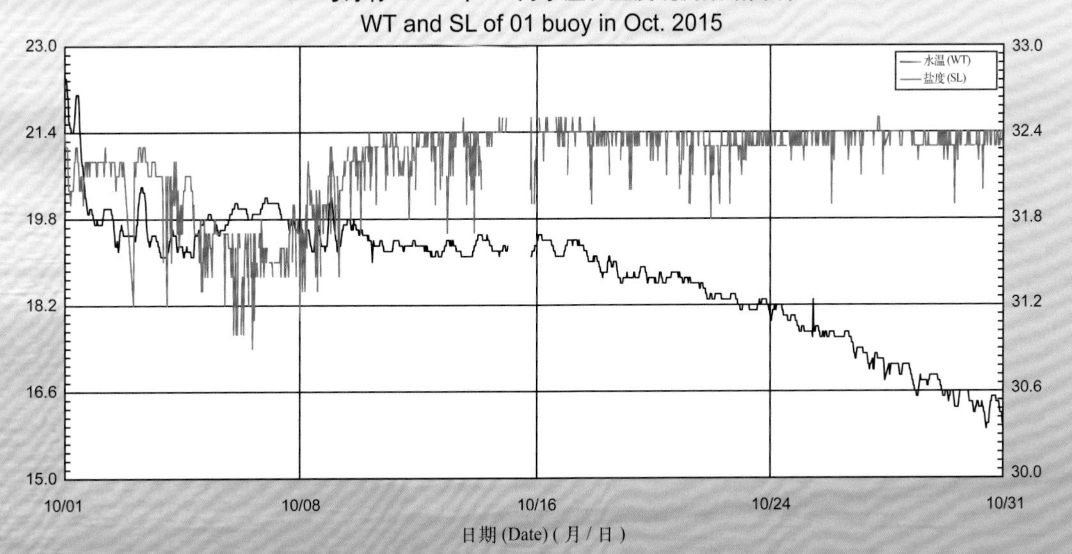

2015 年度 06 号浮标观测数据概述及曲线（水温和盐度）

06 号浮标位于东海嵊山岛海礁附近海域（30°43′N，123°08′E），是一套直径为 10 m 的圆盘形综合观测平台。可获取的观测参数包括气象、水文和水质，水温和盐度数据是水文参数中的重要观测内容。

2015 年，06 号浮标共获取近 342 天的水温长序列观测数据和近 277 天的盐度长序列观测数据。获取水温数据的区间共三个时间段，具体为 1 月 1 日 00:00 至 6 月 29 日 07:30、7 月 1 日 08:00 至 12 月 9 日 13:30 和 12 月 30 日 15:30 至 31 日 23:00；获取盐度数据的区间共三个时间段，具体为 1 月 1 日 00:00 至 6 月 24 日 20:00、8 月 28 日 08:30 至 12 月 7 日 17:00 和 12 月 30 日 15:30 至 31 日 23:00。

通过对获取数据质量控制和分析，06 号浮标观测海域本年度水温、盐度数据和季节数据特征如下：年度水温平均值为 19.6℃，年度盐度平均值为 32.1；测得的年度最高水温和最低水温分别为 30.0℃（8 月 19 日 15:00）和 9.7℃（2 月 16 日 16:00 和 2 月 19 日 23:00）；测得的年度最高盐度和最低盐度分别为 34.4（11 月 28 日 15:30）和 24.1（4 月 27 日 17:00）。以 2 月为冬季代表月，观测海域冬季的平均水温是 11.9℃，平均盐度是 32.0；以 5 月为春季代表月，观测海域春季的平均水温是 18.2℃，平均盐度是 28.3；以 8 月为夏季代表月，观测海域夏季的平均水温是 26.6℃，平均盐度是 32.7；以 11 月为秋季代表月，观测海域秋季的平均水温是 20.9℃，平均盐度是 32.1。

06 号浮标布放海域月度水温、盐度变化特征与该海域的气温和降水等因素密切相关。2015 年，浮标观测的月平均水温、盐度和最高值、最低值数据参见表 18。从表中可以看出，水温平均值最低的月份为 2 月，并且在该时间段内出现观测到的年度最低水温（9.7℃），水温平均值最高的月份为 8 月，并且在该时间段内出现观测到的年度最高水温（30.0℃），盐度平均值最低的月份为 5 月，年度盐度最低值（24.1）出现在 4 月，盐度平均值最高的月份为 12 月，年度盐度最高值（34.4）出现在 11 月。从月度水温、盐度的变化情况分析，水温变化最为剧烈的是 7 月，最高水温为 29.4℃，最低水温为 22.2℃，变化幅度达 7.2℃，盐度变化最为剧烈的是 11 月，最高盐度为 34.4，最低盐度为 25.6，变化幅度达 8.8；相比较而言，水温变化幅度较小的月份是 10 月，最高水温为 24.7℃，最低水温为 21.6℃，变化幅度仅为 3.1℃，盐度变化幅度较小的月份是 8 月（12 月数据较少，不参与比较），最高盐度为 33.6 ，最低盐度为 31.9，变化幅度仅为 1.7。

表18　2015年06号浮标各月份水温、盐度观测数据

月份	水温/℃			盐度			备注
	平均	最高	最低	平均	最高	最低	
1	14.4	15.9	11.6	32.8	33.5	29.1	
2	11.9	13.4	9.7	32.0	33.5	28.6	冬季代表月
3	12.4	14.9	10.9	31.5	32.8	28.9	
4	14.7	17.9	13.4	29.6	31.9	24.1	
5	18.2	21.0	16.1	28.3	30.3	26.2	春季代表月
6	22.3	25.0	19.6	29.4	31.2	25.3	水温缺近2天的数据，盐度缺近6天的数据
7	24.6	29.4	22.2	—	—	—	记录1次台风过程，无盐度数据
8	26.6	30.0	24.4	32.7	33.6	31.9	夏季代表月，盐度只有4天的数据
9	25.6	28.8	24.0	32.0	33.6	29.4	
10	23.2	24.7	21.6	31.8	33.8	26.2	
11	20.9	22.5	19.2	32.1	34.4	25.6	秋季代表月，记录1次寒潮过程
12	19.4	20.2	16.5	33.7	34.1	32.7	水温只有11天的数据，盐度只有9天的数据

2015年，06号浮标获取的水温数据存在一个特殊情况，尚待进一步分析。水温数据在7月下旬有一个较为明显的升高过程，7月24日08:00至26日16:30，增幅达5.8℃（23.6～29.4℃）。2015年，06号浮标共记录1次寒潮过程和1次台风过程。11月24日至27日寒潮期间，06号浮标水温的变化幅度为1.2℃（19.9～21.1℃），盐度比较稳定，变化范围为33.2～33.7，平均盐度为33.5。受台风“灿鸿”强烈风应力引起的水体垂向混合以及上升流等的影响，7月10日至12日06号浮标水温数据发生下降，7月12日达到最低值22.7℃，降幅为1.4℃，由于盐度传感器发生故障，未能获取到台风期间的盐度变化。

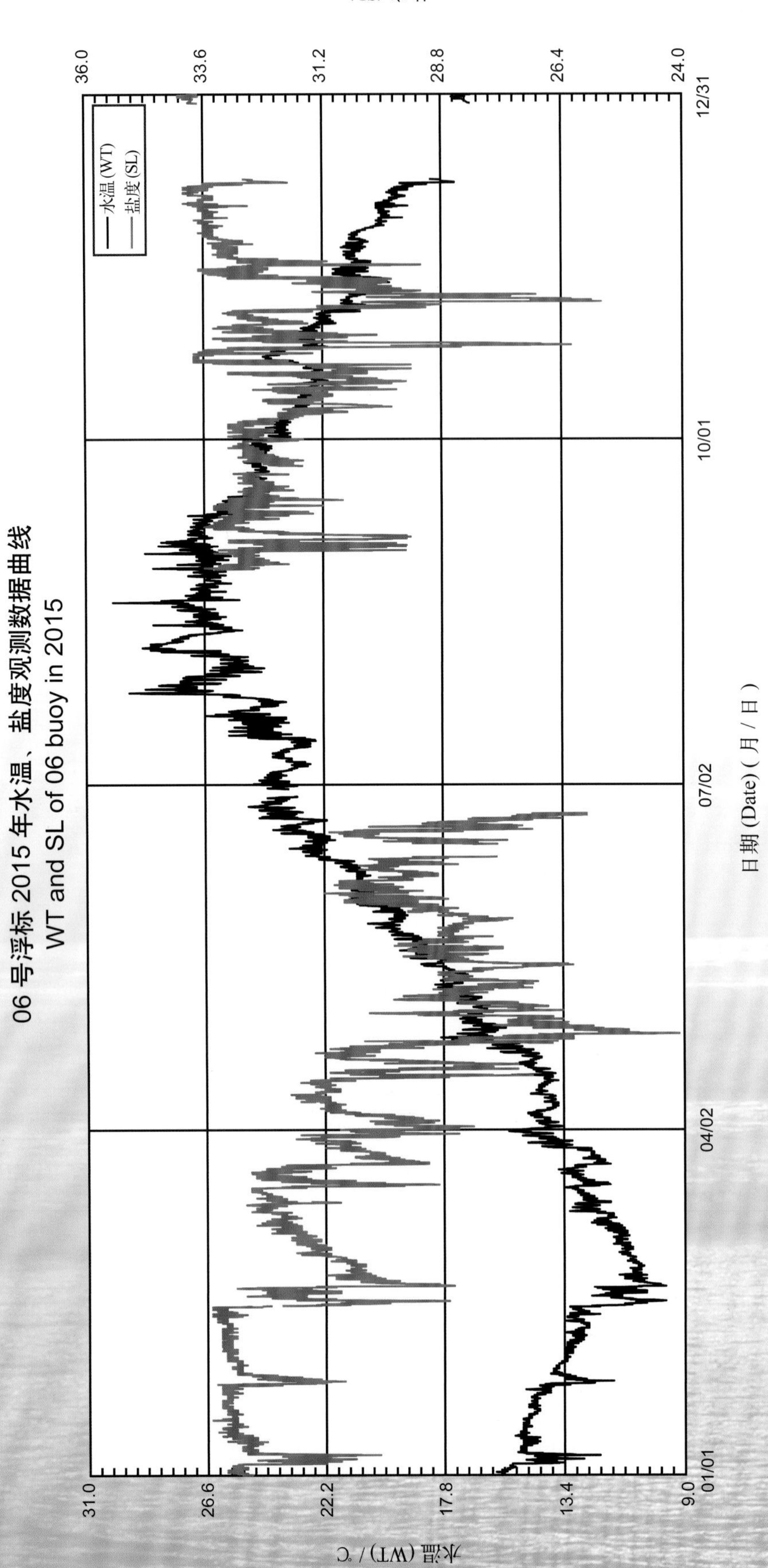
06 号浮标 2015 年水温、盐度观测数据曲线
WT and SL of 06 buoy in 2015
水温 (WT)
盐度 (SL)
水温 (WT) / ℃
盐度 (SL)
日期 (Date) (月 / 日)
31.0
26.6
22.2
17.8
13.4
9.0
36.0
33.6
31.2
28.8
26.4
24.0
01/01
04/02
07/02
10/01
12/31

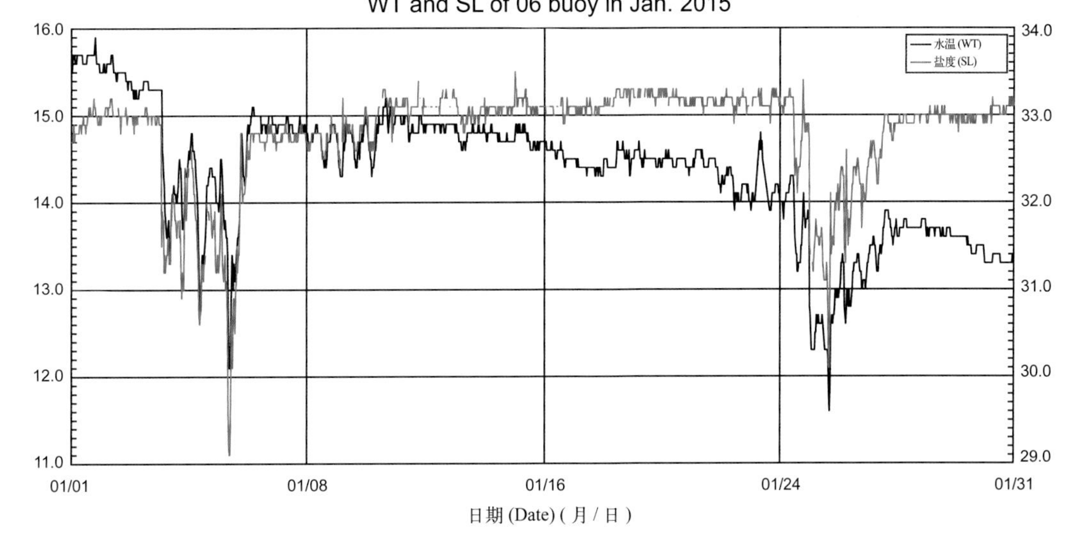
06 号浮标 2015 年 01 月水温、盐度观测数据曲线
WT and SL of 06 buoy in Jan. 2015
水温 (WT)
盐度 (SL)
16.0
15.0
14.0
13.0
12.0
11.0
34.0
33.0
32.0
31.0
30.0
29.0
水温 (WT) / ℃
盐度 (SL)
01/01
01/08
01/16
01/24
01/31
日期 (Date) (月 / 日)

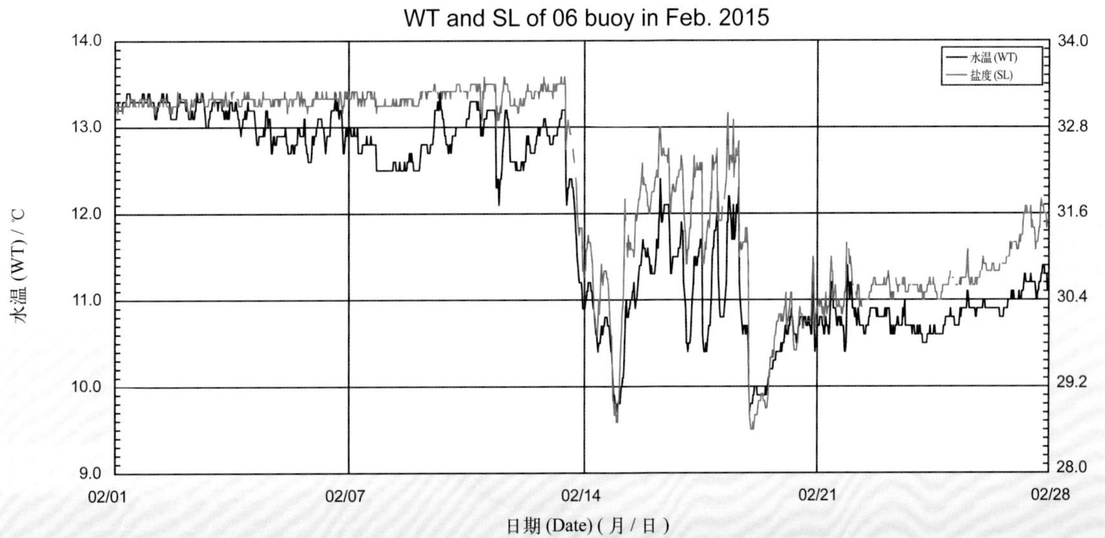
06 号浮标 2015 年 02 月水温、盐度观测数据曲线
WT and SL of 06 buoy in Feb. 2015
水温 (WT)
盐度 (SL)
14.0
13.0
12.0
11.0
10.0
9.0
34.0
32.8
31.6
30.4
29.2
28.0
水温 (WT) / ℃
盐度 (SL)
02/01
02/07
02/14
02/21
02/28
日期 (Date) (月 / 日)

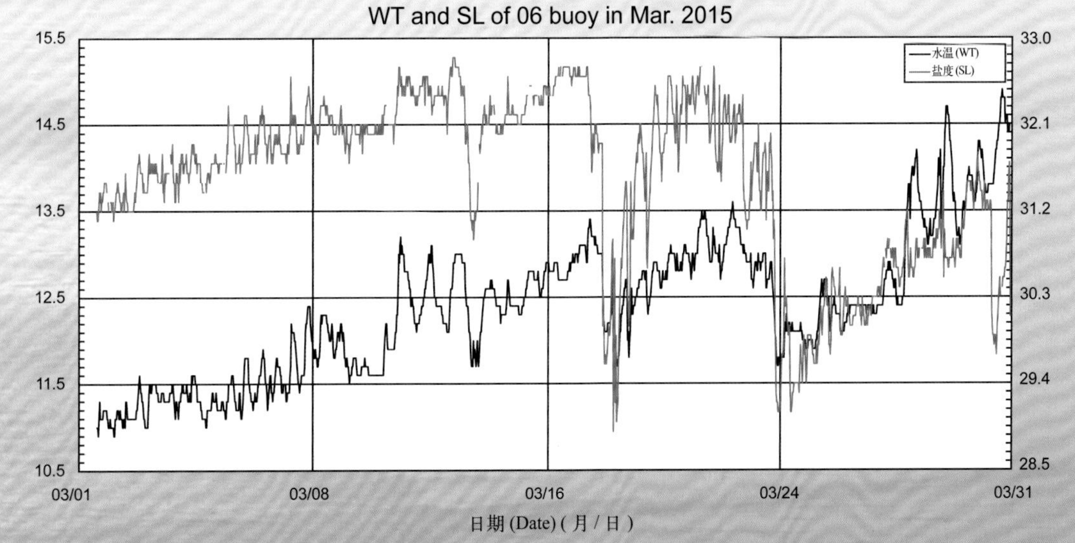
06 号浮标 2015 年 03 月水温、盐度观测数据曲线
WT and SL of 06 buoy in Mar. 2015
水温 (WT)
盐度 (SL)
15.5
14.5
13.5
12.5
11.5
10.5
33.0
32.1
31.2
30.3
29.4
28.5
水温 (WT) / ℃
盐度 (SL)
03/01
03/08
03/16
03/24
03/31
日期 (Date) (月 / 日)

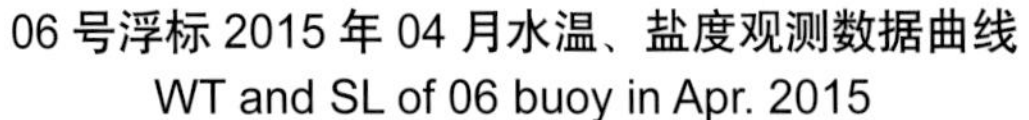

06 号浮标 2015 年 04 月水温、盐度观测数据曲线
WT and SL of 06 buoy in Apr. 2015

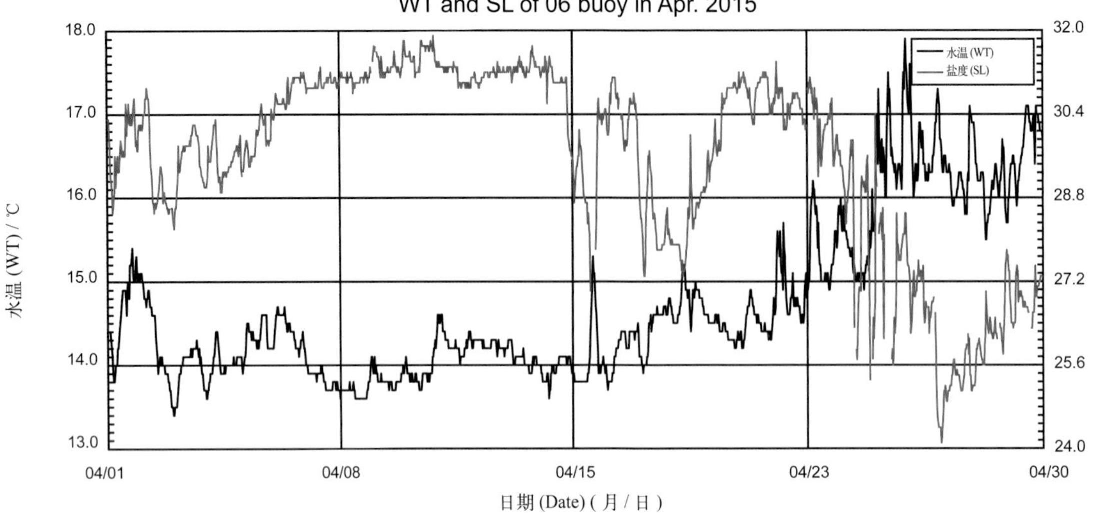

06 号浮标 2015 年 05 月水温、盐度观测数据曲线
WT and SL of 06 buoy in May 2015

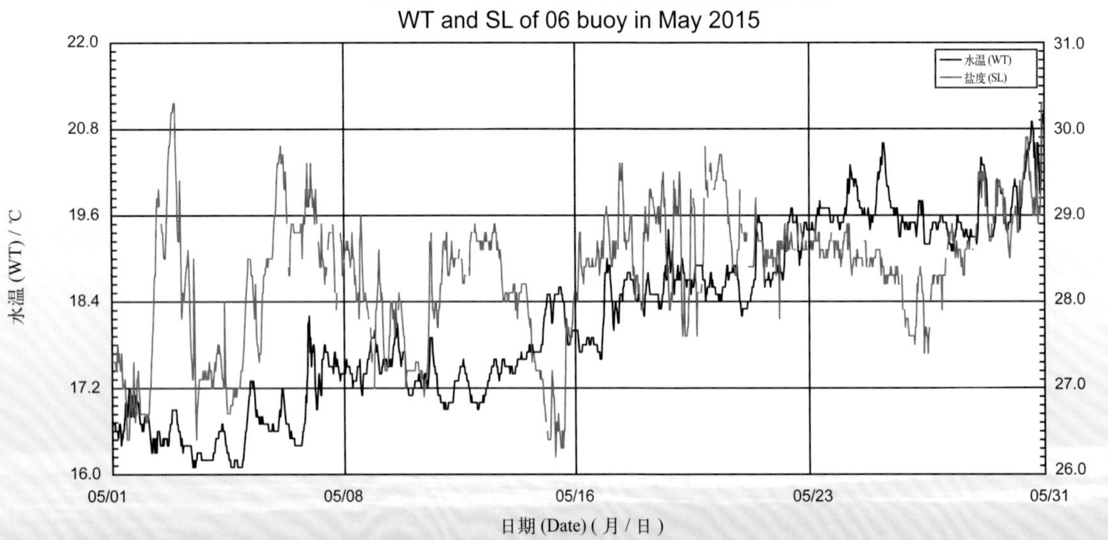

06 号浮标 2015 年 06 月水温、盐度观测数据曲线
WT and SL of 06 buoy in Jun. 2015

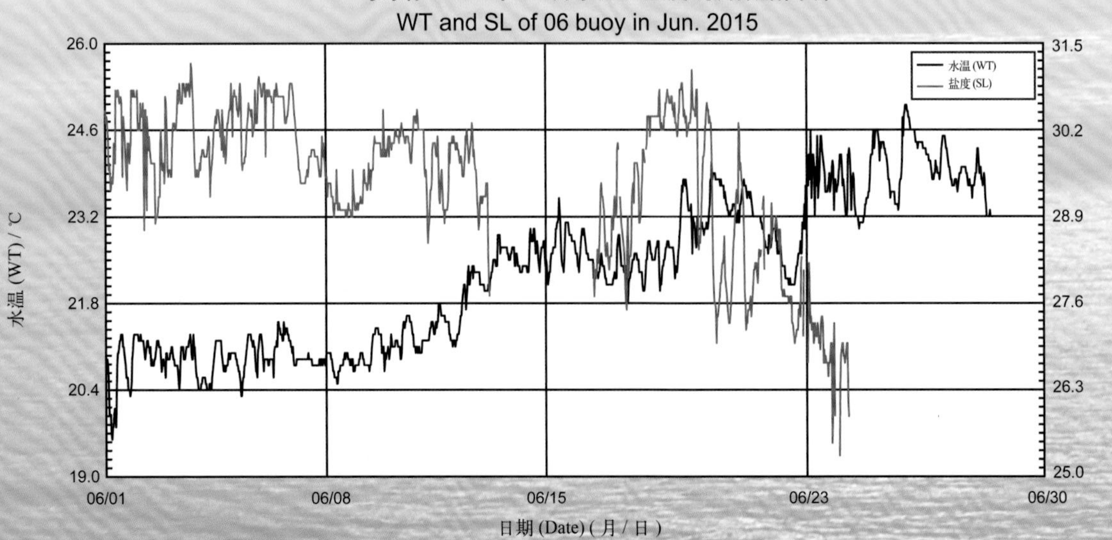

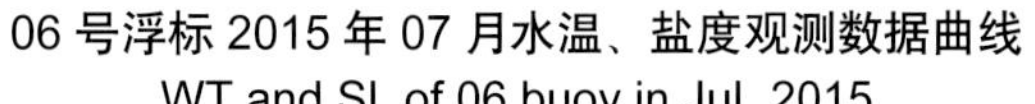

06 号浮标 2015 年 07 月水温、盐度观测数据曲线

WT and SL of 06 buoy in Jul. 2015

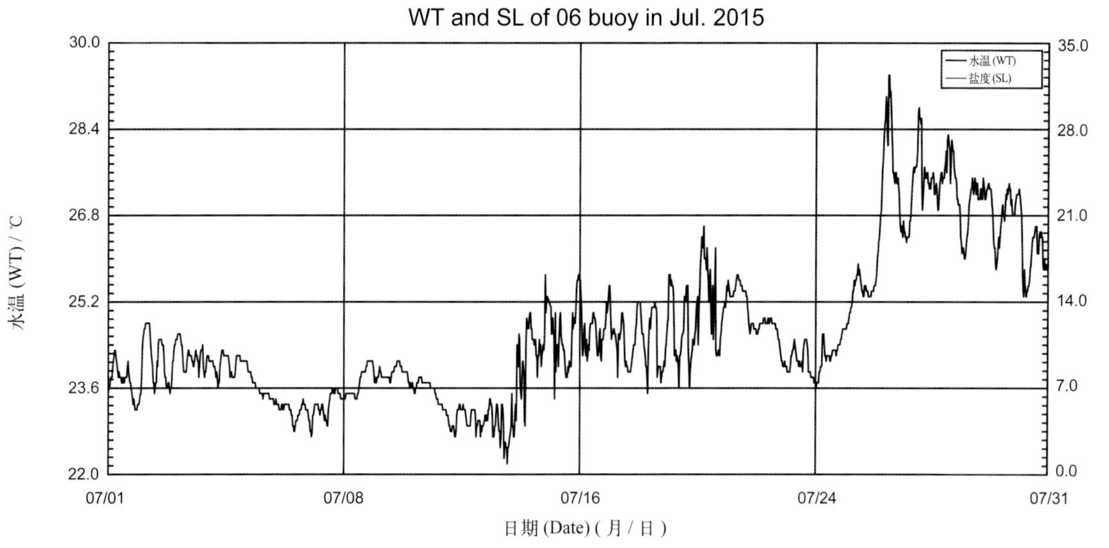

06 号浮标 2015 年 08 月水温、盐度观测数据曲线

WT and SL of 06 buoy in Aug. 2015

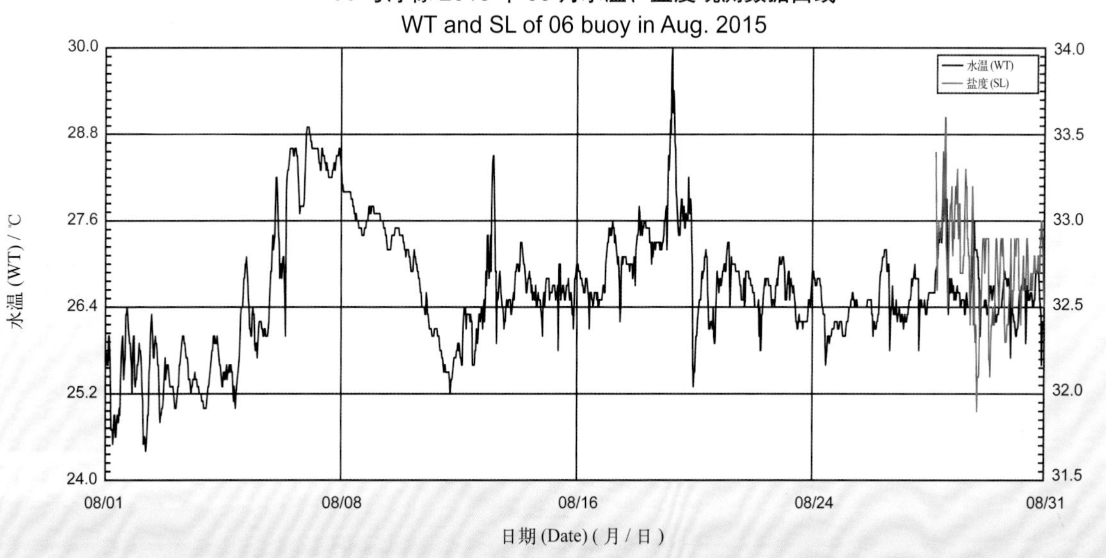

06 号浮标 2015 年 09 月水温、盐度观测数据曲线

WT and SL of 06 buoy in Sep. 2015

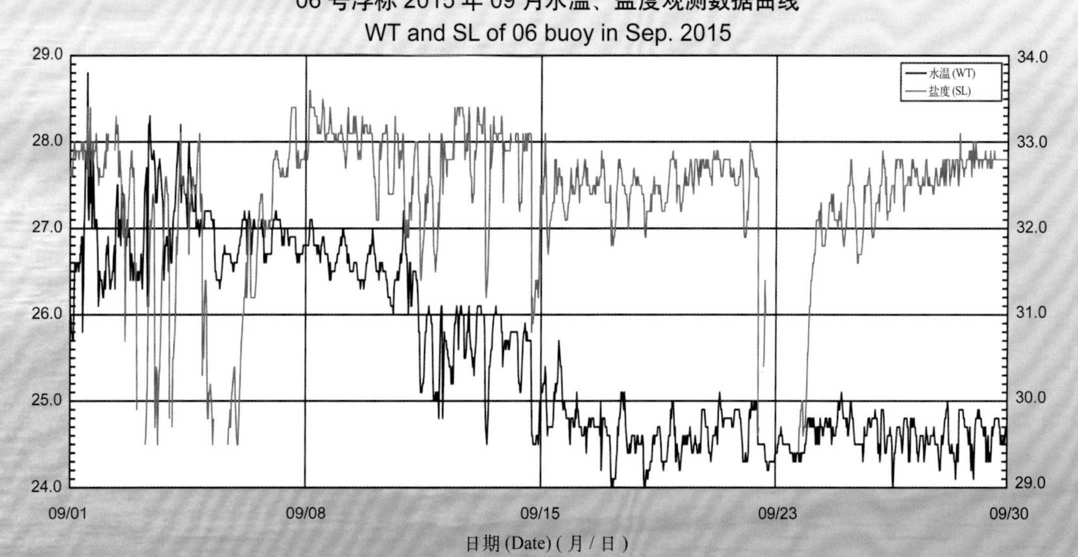

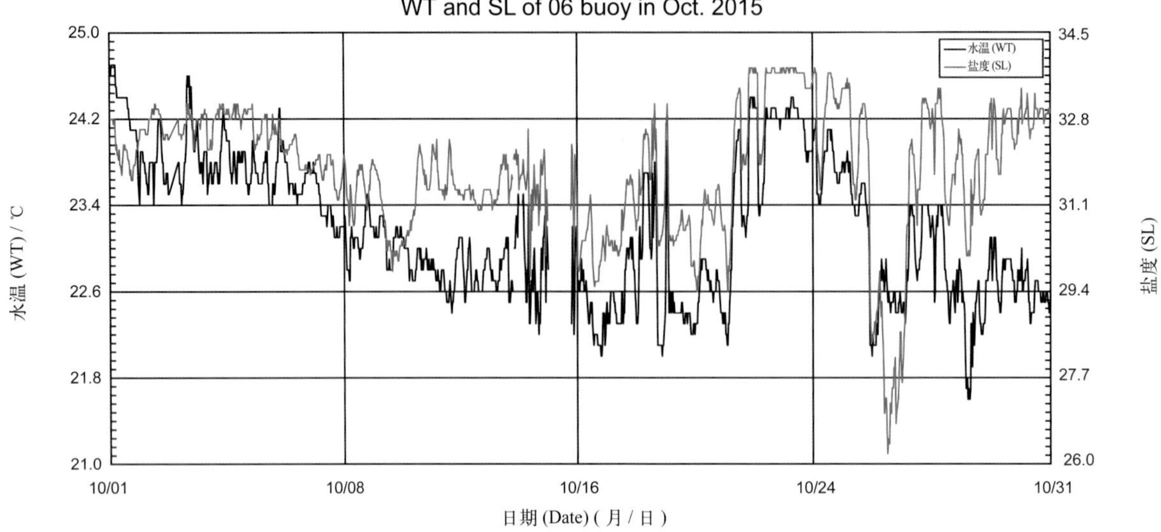
06 号浮标 2015 年 10 月水温、盐度观测数据曲线
WT and SL of 06 buoy in Oct. 2015
水温 (WT)
盐度 (SL)
25.0
24.2
23.4
22.6
21.8
21.0
34.5
32.8
31.1
29.4
27.7
26.0
水温 (WT) / ℃
盐度 (SL)
10/01
10/08
10/16
10/24
10/31
日期 (Date) (月 / 日)

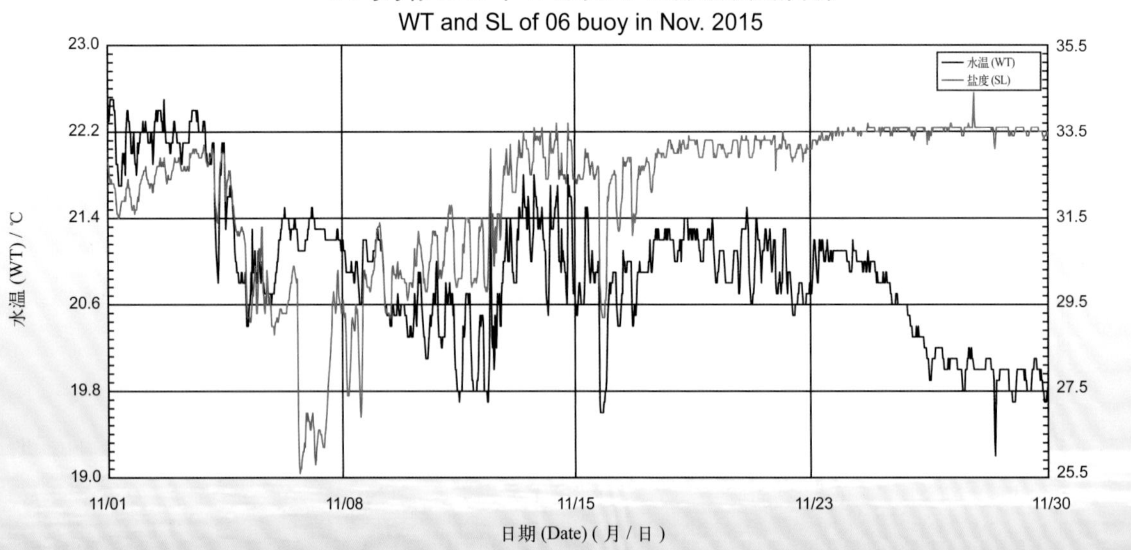
06 号浮标 2015 年 11 月水温、盐度观测数据曲线
WT and SL of 06 buoy in Nov. 2015
水温 (WT)
盐度 (SL)
23.0
22.2
21.4
20.6
19.8
19.0
35.5
33.5
31.5
29.5
27.5
25.5
水温 (WT) / ℃
盐度 (SL)
11/01
11/08
11/15
11/23
11/30
日期 (Date) (月 / 日)

2015年度07号浮标观测数据概述及曲线
(水温和盐度)

07号浮标位于黄海荣成楮岛附近海域（37°04′N，122°35′E），是一套直径为3 m的圆盘形综合观测平台。可获取的观测参数包括气象、水文和水质，水温和盐度数据是水文参数中的重要观测内容。

2015年，07号浮标获取近327天的水温和盐度长序列观测数据。获取数据的区间共三个时间段，具体为1月1日00:00至6月29日08:10、7月1日07:10至8月5日00:40和9月10日07:30至12月31日23:50。

通过对获取数据质量的控制和分析，07号浮标观测海域本年度水温、盐度数据和季节数据特征如下：年度水温平均值为11.8℃，年度盐度平均值为31.4；测得的年度最高水温和最低水温分别为24.9℃（7月29日12:10和12:20）和0.8℃（2月9日10:10）；测得的年度最高盐度和最低盐度分别为32.7（5月25日18:50、5月27日21:40和5月28日10:50）和30.5（7月14日01:20和7月15日14:00）。以2月为冬季代表月，观测海域冬季的平均水温是2.6℃，平均盐度是31.3；以5月为春季代表月，观测海域春季的平均水温是11.6℃，平均盐度是31.5；以11月为秋季代表月，观测海域秋季的平均水温是14.7℃，平均盐度是31.5。

07号浮标布放海域月度水温、盐度变化特征与该海域的气温和降水等因素密切相关。2015年，浮标观测的月平均水温、盐度和最高值、最低值数据参见表19。从表中可以看出，水温平均值最低的月份为2月，并且在该时间段内出现观测到的年度最低水温（0.8℃），水温平均值最高的月份为9月，年度最高水温（24.9℃）出现在7月。盐度平均值最低的月份为9月，年度盐度最低值（30.5）出现在7月，盐度平均值最高的月份为6月，年度盐度最高值（32.7）出现在5月。从月度水温、盐度的变化情况分析，水温变化最为剧烈的是6月，最高水温为22.5℃，最低水温为13.0℃，变化幅度达9.5℃，盐度变化最为剧烈的是5月，最高盐度为32.7，最低盐度为30.6，变化幅度达2.1；相比较而言，水温变化幅度较小的月份是9月，最高水温为24.1℃，最低水温为22.0℃，变化幅度仅为2.1℃，盐度变化幅度较小的月份也是9月，最高盐度为31.5，最低盐度为31.0，变化幅度仅为0.5。

表 19　2015 年 07 号浮标各月份水温、盐度观测数据

月份	水温 / ℃			盐度			备注
	平均	最高	最低	平均	最高	最低	
1	3.9	5.4	1.5	31.4	31.7	31.1	
2	2.6	3.2	0.8	31.3	31.7	31.1	冬季代表月，记录 1 次寒潮过程
3	3.9	6.4	2.8	31.4	31.9	31.0	
4	7.2	12.6	4.8	31.5	32.2	31.0	
5	11.6	16.9	9.0	31.5	32.7	30.6	春季代表月
6	16.0	22.5	13.0	31.6	32.5	30.7	缺 2 天的数据
7	20.7	24.9	17.1	31.4	32.4	30.5	记录 1 次台风过程
8	—	—	—	—	—	—	夏季代表月，浮标大修，仅有 5 天的数据
9	23.1	24.1	22.0	31.2	31.5	31.0	浮标大修，缺近 10 天的数据
10	19.8	22.3	16.7	31.5	31.8	31.0	
11	14.7	18.0	9.0	31.5	31.8	30.7	秋季代表月
12	8.1	11.7	4.5	31.5	31.9	30.7	

2015 年，07 号浮标共记录到 1 次寒潮过程和 1 次台风过程。2 月 7 日至 9 日寒潮期间，07 号浮标水温的变化幅度为 2.1℃（0.8 ~ 2.9℃），盐度比较稳定，变化范围为 31.1 ~ 31.7，平均盐度为 31.4。受台风“灿鸿”强烈风应力引起的水体垂向混合以及上升流等的影响，7 月 11 日至 13 日，07 号浮标水温数据发生下降，7 月 12 日 23:20 至 13 日 00:00 达到最低值 19.3℃，降幅为 2.9℃，期间受强降水影响，盐度发生下降，降幅达 1.2（31.0 ~ 32.2）。

盐度 (SL)

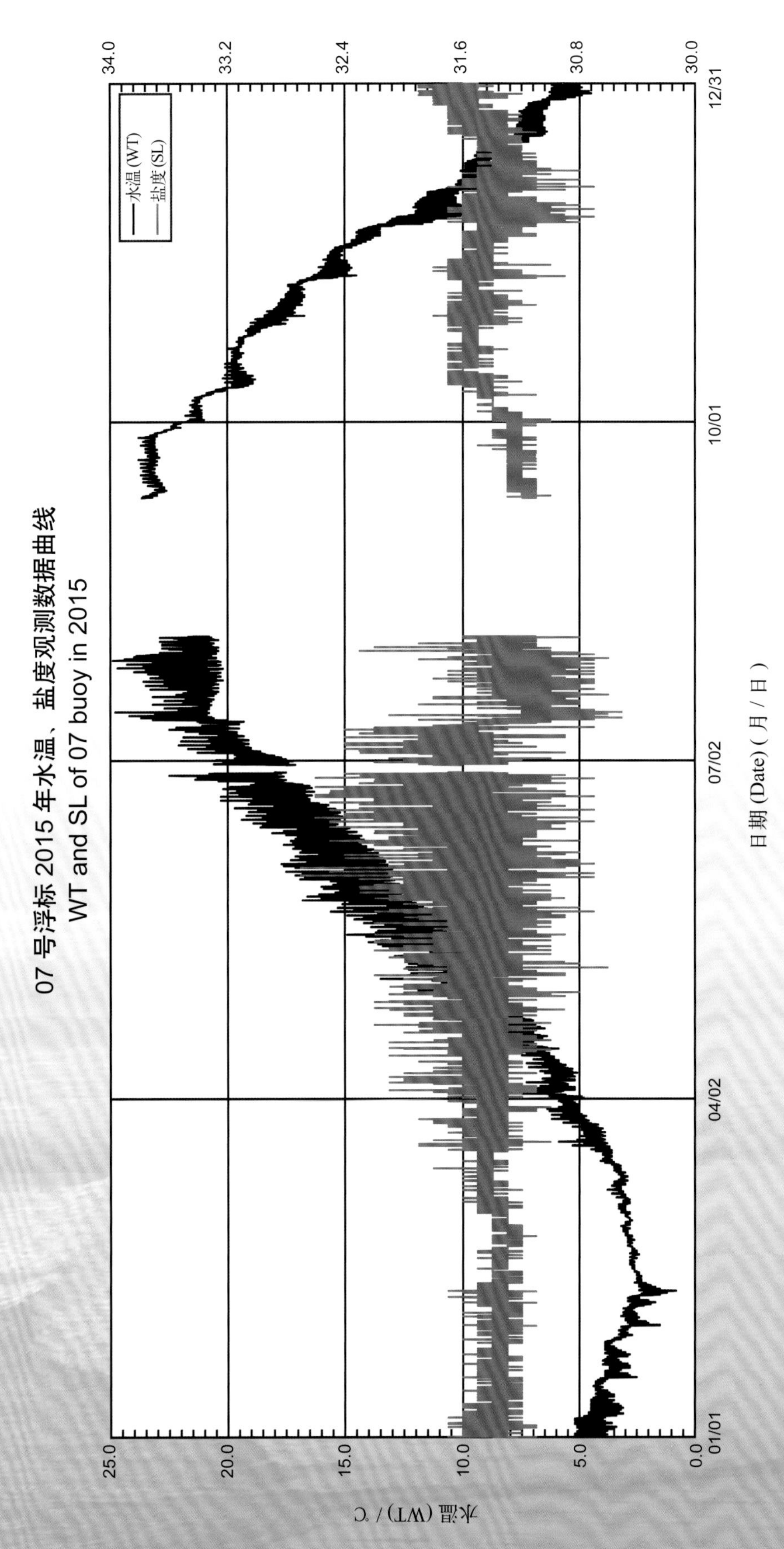
07 号浮标 2015 年水温、盐度观测数据曲线
WT and SL of 07 buoy in 2015
水温 (WT)
盐度 (SL)
水温 (WT) / ℃
日期 (Date) (月 / 日)
01/01
04/02
07/02
10/01
12/31
0.0
5.0
10.0
15.0
20.0
25.0
30.0
30.8
31.6
32.4
33.2
34.0

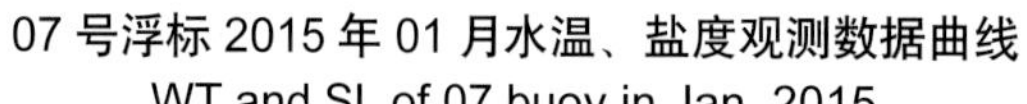

07 号浮标 2015 年 01 月水温、盐度观测数据曲线
WT and SL of 07 buoy in Jan. 2015

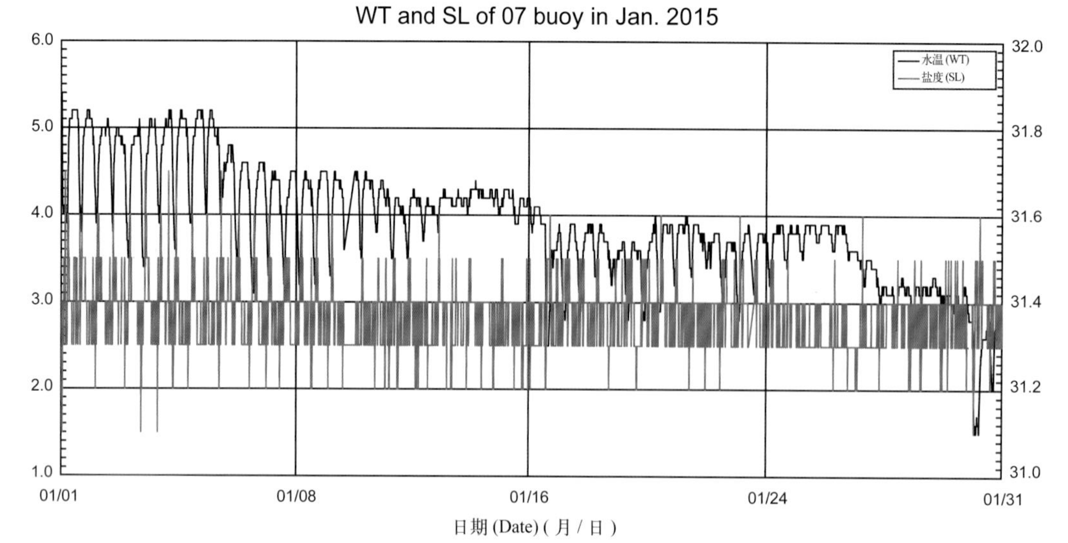

07 号浮标 2015 年 02 月水温、盐度观测数据曲线
WT and SL of 07 buoy in Feb. 2015

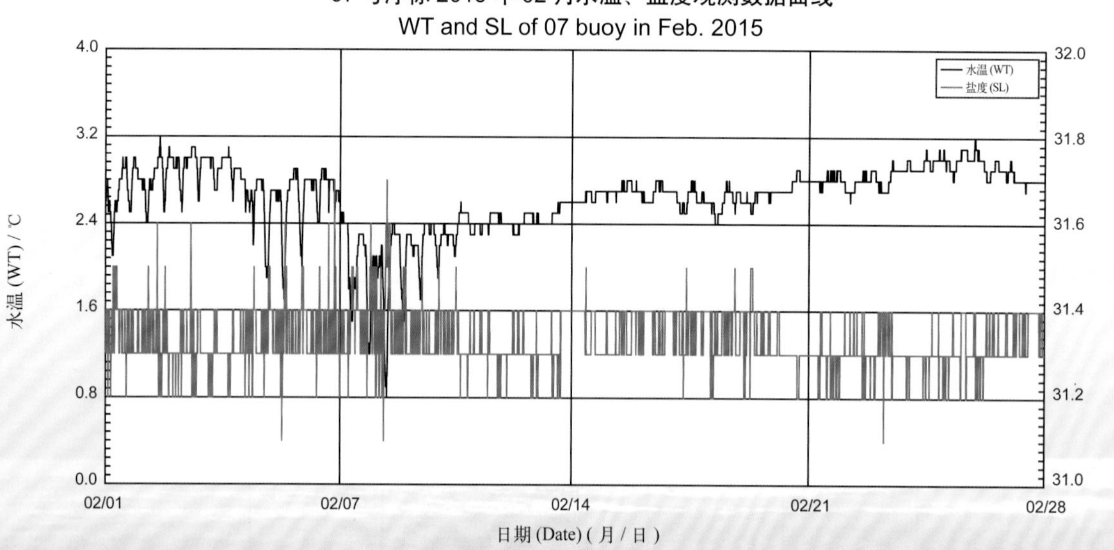

07 号浮标 2015 年 03 月水温、盐度观测数据曲线
WT and SL of 07 buoy in Mar. 2015

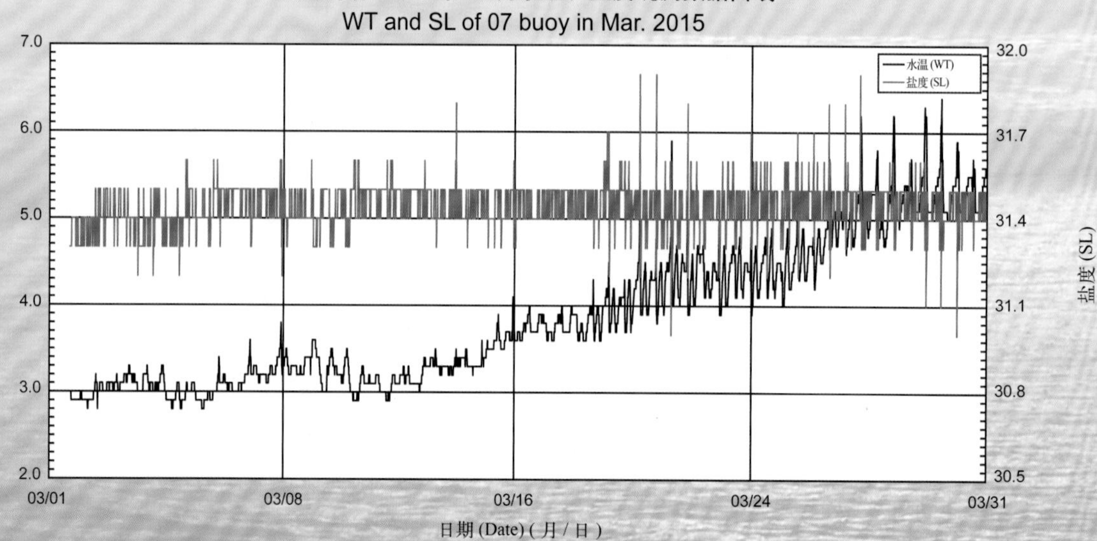

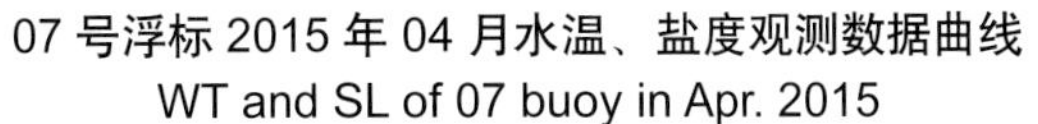

07 号浮标 2015 年 04 月水温、盐度观测数据曲线
WT and SL of 07 buoy in Apr. 2015

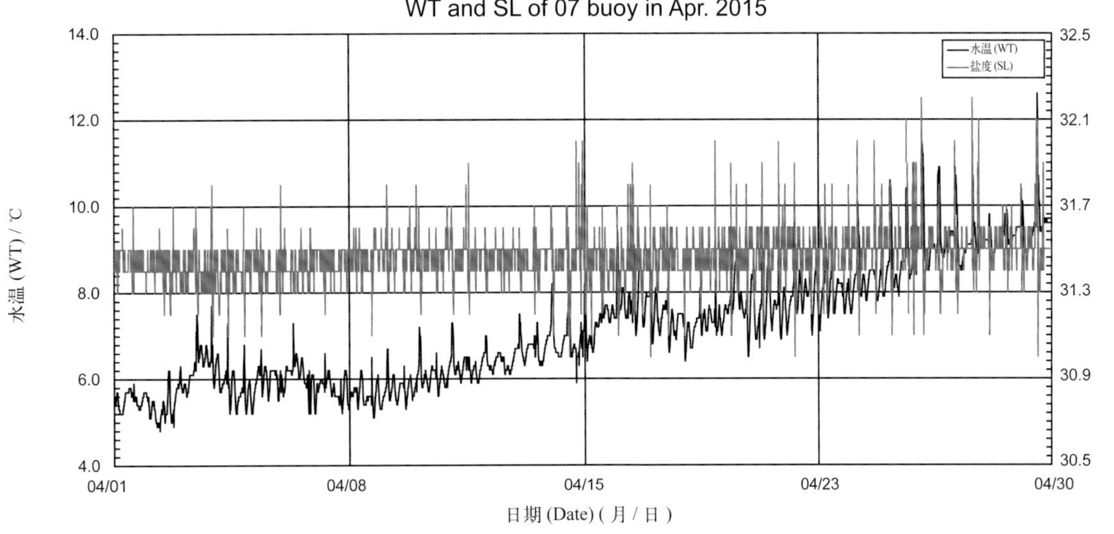

07 号浮标 2015 年 05 月水温、盐度观测数据曲线
WT and SL of 07 buoy in May 2015

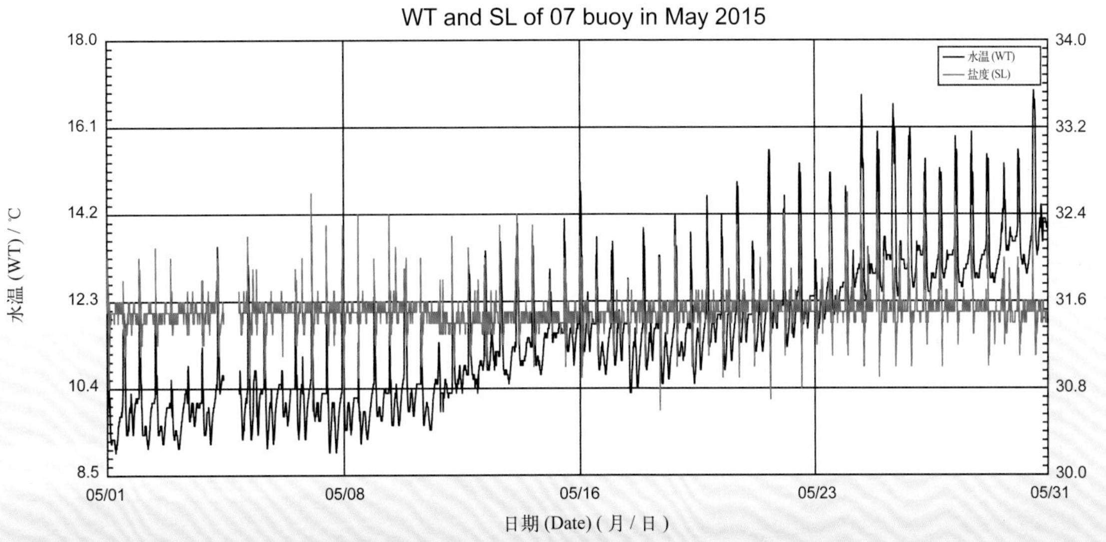

07 号浮标 2015 年 06 月水温、盐度观测数据曲线
WT and SL of 07 buoy in Jun. 2015

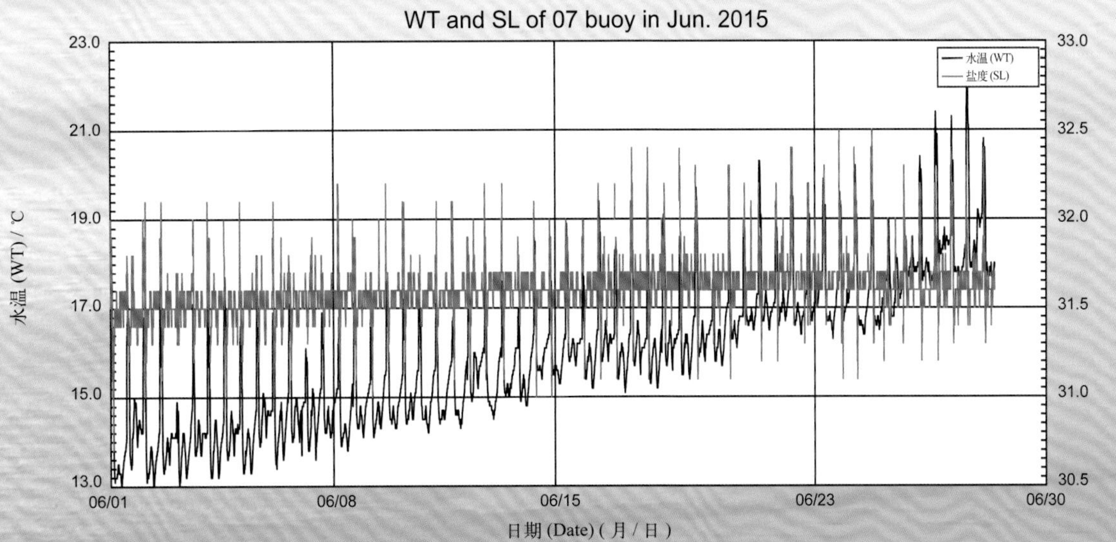

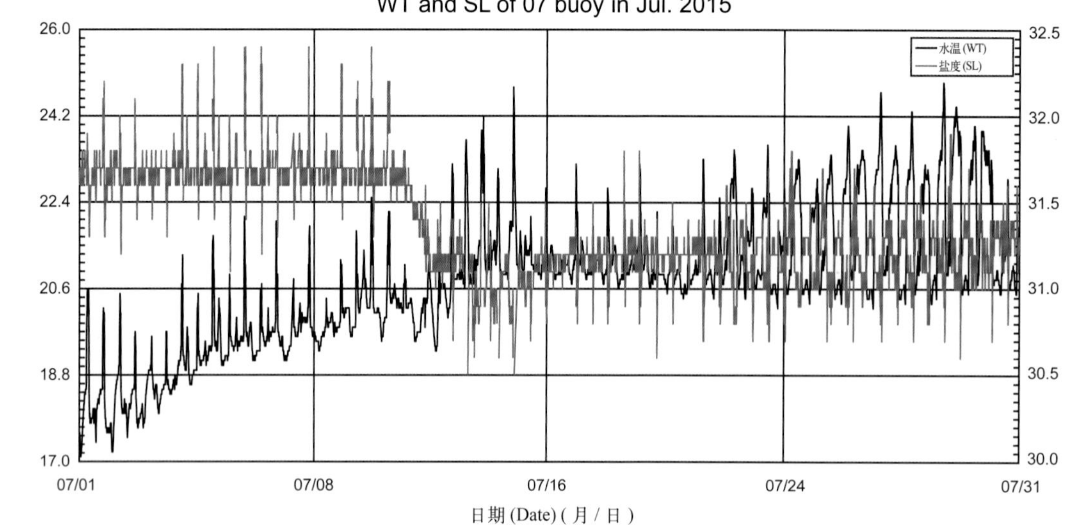
07 号浮标 2015 年 07 月水温、盐度观测数据曲线
WT and SL of 07 buoy in Jul. 2015
水温 (WT)
盐度 (SL)
水温 (WT) / ℃
盐度 (SL)
26.0
24.2
22.4
20.6
18.8
17.0
32.5
32.0
31.5
31.0
30.5
30.0
07/01
07/08
07/16
07/24
07/31
日期 (Date) (月 / 日)

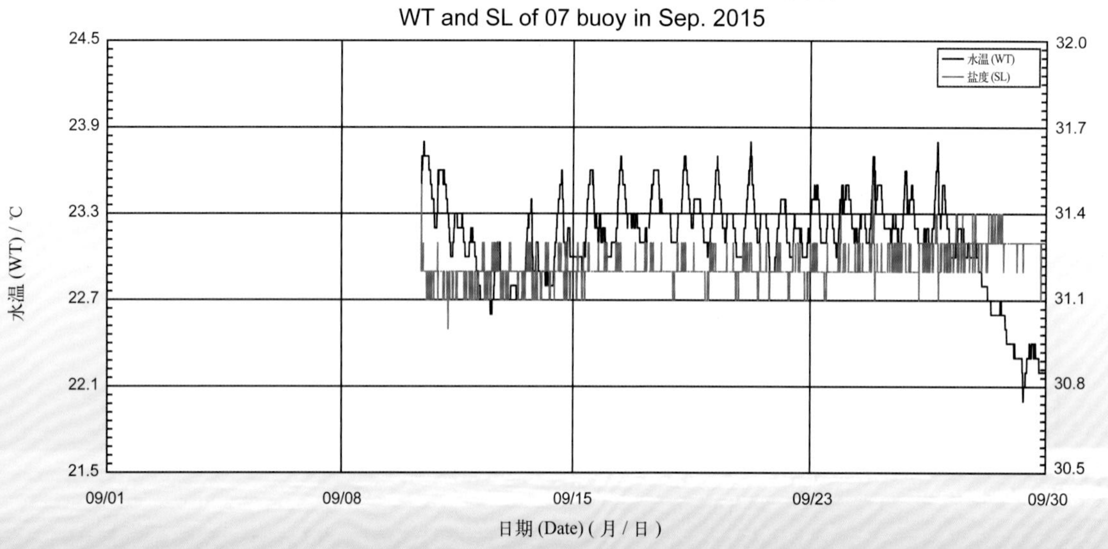
07 号浮标 2015 年 09 月水温、盐度观测数据曲线
WT and SL of 07 buoy in Sep. 2015
水温 (WT)
盐度 (SL)
水温 (WT) / ℃
盐度 (SL)
24.5
23.9
23.3
22.7
22.1
21.5
32.0
31.7
31.4
31.1
30.8
30.5
09/01
09/08
09/15
09/23
09/30
日期 (Date) (月 / 日)

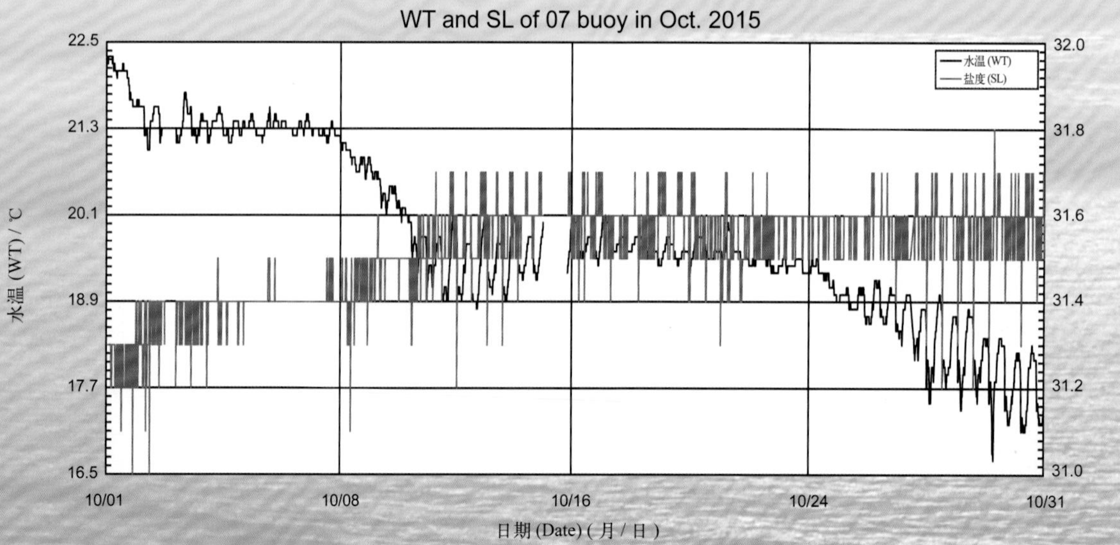
07 号浮标 2015 年 10 月水温、盐度观测数据曲线
WT and SL of 07 buoy in Oct. 2015
水温 (WT)
盐度 (SL)
水温 (WT) / ℃
盐度 (SL)
22.5
21.3
20.1
18.9
17.7
16.5
32.0
31.8
31.6
31.4
31.2
31.0
10/01
10/08
10/16
10/24
10/31
日期 (Date) (月 / 日)

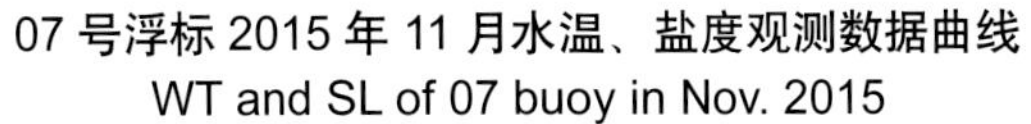

07 号浮标 2015 年 11 月水温、盐度观测数据曲线
WT and SL of 07 buoy in Nov. 2015

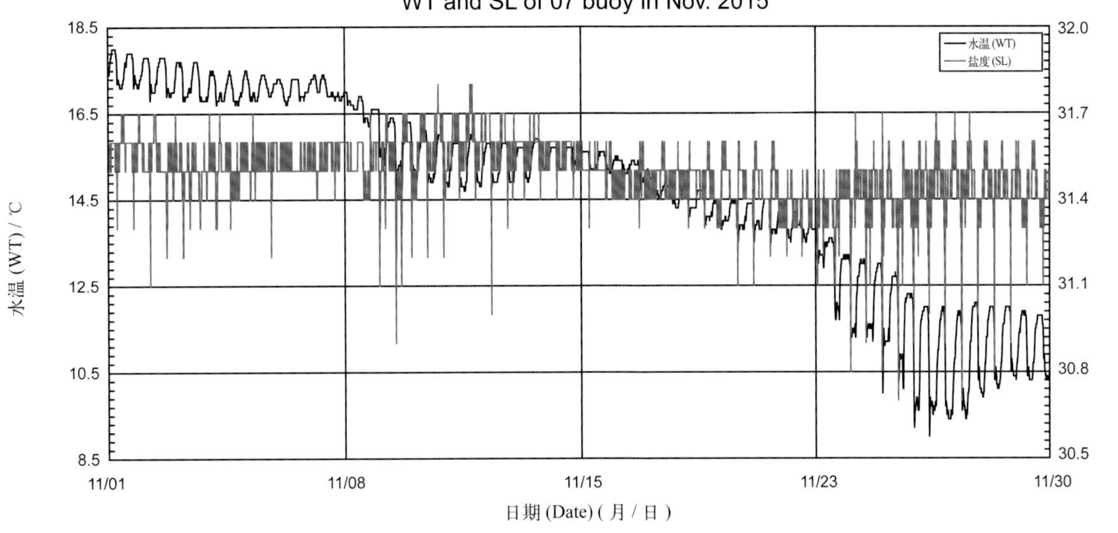

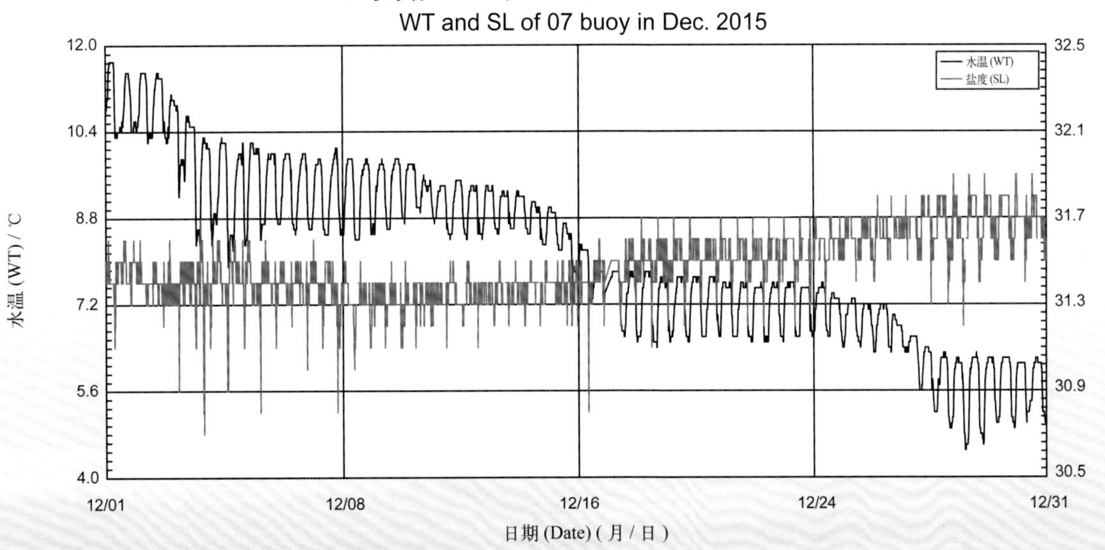

2015年度09号浮标观测数据概述及曲线
（水温和盐度）

09号浮标位于黄海灵山岛附近海域（35°55′N，120°16′E），是一套直径为3 m的圆盘形综合观测平台。可获取的观测参数包括气象、水文和水质，水温和盐度数据是水文参数中的重要观测内容。

2015年，09号浮标共获取近363天的水温长序列观测数据，近309天的盐度长序列观测数据。获取水温数据的区间共两个时间段，具体为1月1日00:00至6月29日08:30和7月1日08:00至12月31日23:50；获取盐度数据的区间共三个时间段，具体为1月1日00:00至6月29日08:30、7月1日08:00至10月25日12:30和12月18日11:50至31日23:50。

通过对获取数据质量控制和分析，09号浮标观测海域本年度水温、盐度数据和季节数据特征如下：年度水温平均值为15.3℃，年度盐度平均值为31.2；测得的年度最高水温和最低水温分别为27.4℃（8月9日16:00）和4.5℃（2月11日03:00至04:30）；测得的年度最高盐度和最低盐度分别为32.1（7月9日03:00）和30.4（8月5日06:30和8月11日11:00）。以2月为冬季代表月，观测海域冬季的平均水温是5.1℃，平均盐度是31.1；以5月为春季代表月，观测海域春季的平均水温是14.0℃，平均盐度是31.3；以8月为夏季代表月，观测海域夏季的平均水温是25.4℃，平均盐度是31.0；以11月为秋季代表月，观测海域秋季的平均水温是16.4℃。

09号浮标布放海域月度水温、盐度变化特征与该海域的气温和降水等因素密切相关。2015年，09号浮标观测的月平均水温、盐度和最高值、最低值数据参见表20。从表中可以看出，水温平均值最低的月份为2月，并且在该时间段内出现观测到的年度最低水温（4.5℃），月平均水温最高的月份为8月，并且在该时间段内出现观测到的年度最高水温（27.4℃），盐度平均值最低的月份为1月，年度盐度最低值（30.4）出现在8月，盐度平均值最高的月份为12月，年度盐度最高值（32.7）出现在6月。从月度水温、盐度的变化情况分析，水温变化最为剧烈的是11月，最高水温为19.5℃，最低水温为11.9℃，变化幅度达7.6℃，盐度变化最为剧烈的是8月，最高盐度为32.0，最低盐度为30.4，变化幅度达1.6；相比较而言，水温变化幅度较小的月份是2月，最高水温为5.8℃，最低水温为4.5℃，变化幅度仅为1.3℃，盐度变化幅度较小的月份是2月和3月，最高盐度分别为31.2和31.4，最低盐度分别为30.9和31.1，变化幅度仅为0.3。

表 20　2015 年 09 号浮标各月份水温、盐度观测数据

月份	水温 / ℃			盐度			备注
	平均	最高	最低	平均	最高	最低	
1	6.2	7.4	5.0	30.9	31.1	30.7	
2	5.1	5.8	4.5	31.1	31.2	30.9	冬季代表月，记录 1 次寒潮过程
3	6.4	8.6	5.3	31.2	31.4	31.1	
4	9.6	14.0	7.7	31.3	31.4	30.9	
5	14.0	18.7	11.6	31.3	31.7	30.7	春季代表月
6	18.0	22.7	15.3	31.3	32.0	30.8	缺近 2 天的数据
7	22.8	26.0	18.8	31.2	32.1	30.6	记录 1 次台风数据
8	25.4	27.4	23.3	31.0	32.0	30.4	夏季代表月
9	24.5	26.1	23.4	31.1	31.4	30.7	
10	21.7	23.5	19.3	31.0	31.4	30.8	缺近 6 天的盐度数据
11	16.4	19.5	11.9	—	—	—	秋季代表月，盐度无数据，记录 1 次寒潮过程
12	9.6	12.6	8.0	31.4	31.6	31.2	记录 1 次寒潮过程，缺近 18 天的盐度数据

2015 年，09 号浮标共记录到 3 次寒潮过程和 1 次台风过程。第一次寒潮过程，2 月 7 日至 9 日，水温降幅为 0.8℃（5.3 ~ 4.5℃），盐度变化范围为 30.9 ~ 31.2。第二次寒潮过程，11 月 22 日至 24 日，水温降幅为 2.7℃（15.8 ~ 13.1℃），之后，水温于 11 月 30 日 01:30 降至最低（11.9℃），盐度变化范围为 29.3 ~ 29.7。第三次寒潮过程，12 月 26 日至 27 日，水温降幅为 1.3℃（9.4 ~ 8.1℃），盐度变化范围为 31.3 ~ 31.6。7 月 11 日至 13 日，受台风“灿鸿”强烈风应力引起的水体垂向混合以及上升流等的影响， 09 号浮标水温数据发生下降，7 月 13 日 05:30 达到最低值 20.9℃，降幅为 3.4℃；盐度在台风影响初期受到降水和水体混合等因素共同影响，发生明显波动后趋于平稳，在 2 h 内盐度先升高 0.7 后又下降 0.8（31.1 ~ 31.8 ~ 31.0），平稳后的平均盐度为 31.3。

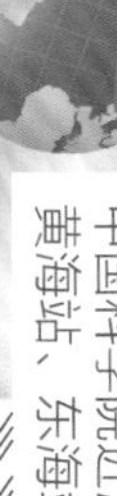

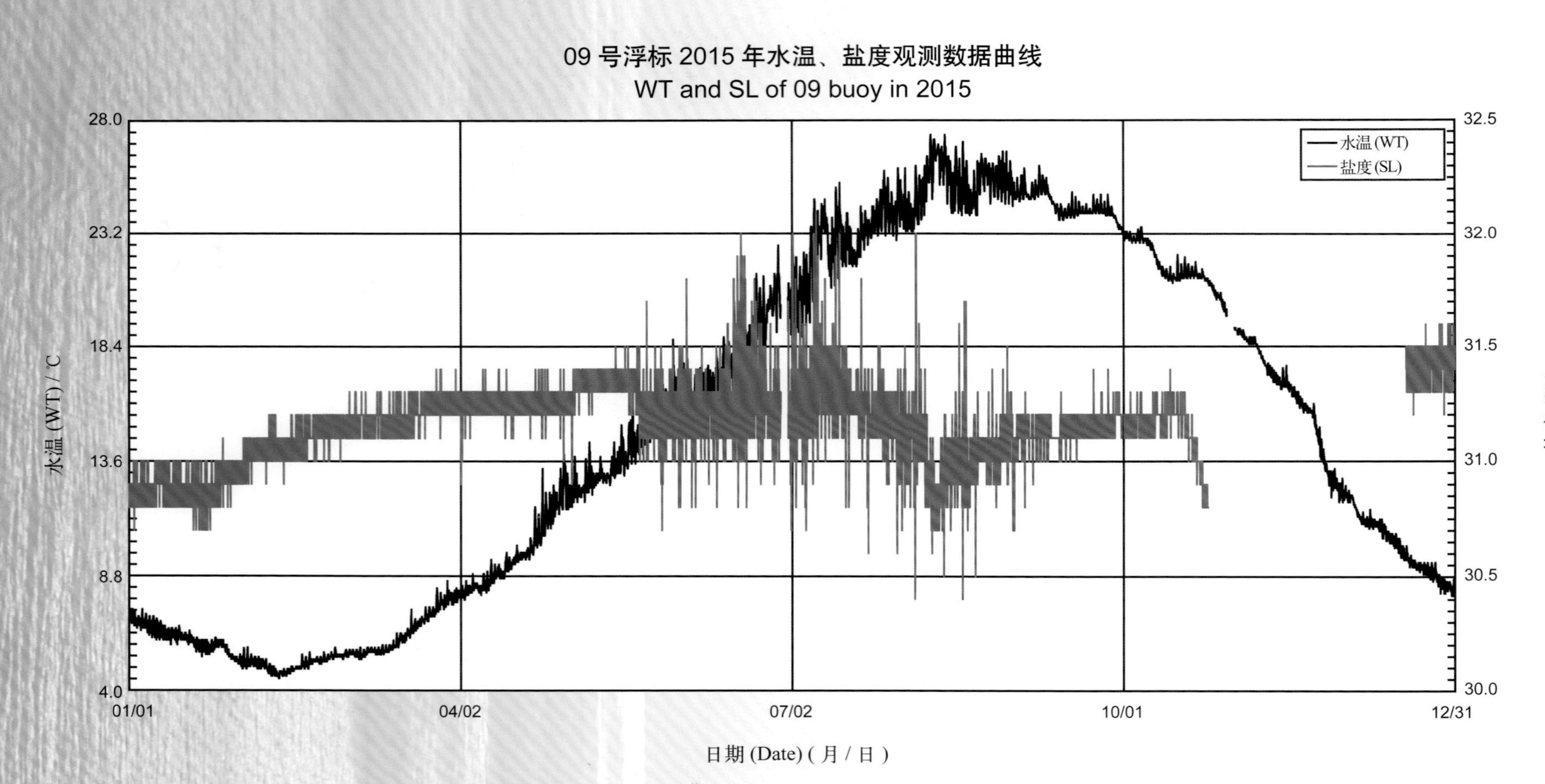
09 号浮标 2015 年水温、盐度观测数据曲线
WT and SL of 09 buoy in 2015
水温 (WT)
盐度 (SL)
28.0
23.2
18.4
13.6
8.8
4.0
32.5
32.0
31.5
31.0
30.5
30.0
01/01
04/02
07/02
10/01
12/31
日期 (Date) (月 / 日)
水温 (WT) / ℃

盐度 (SL)

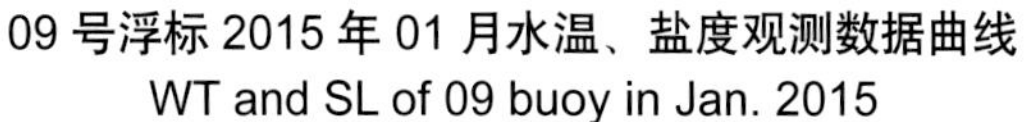

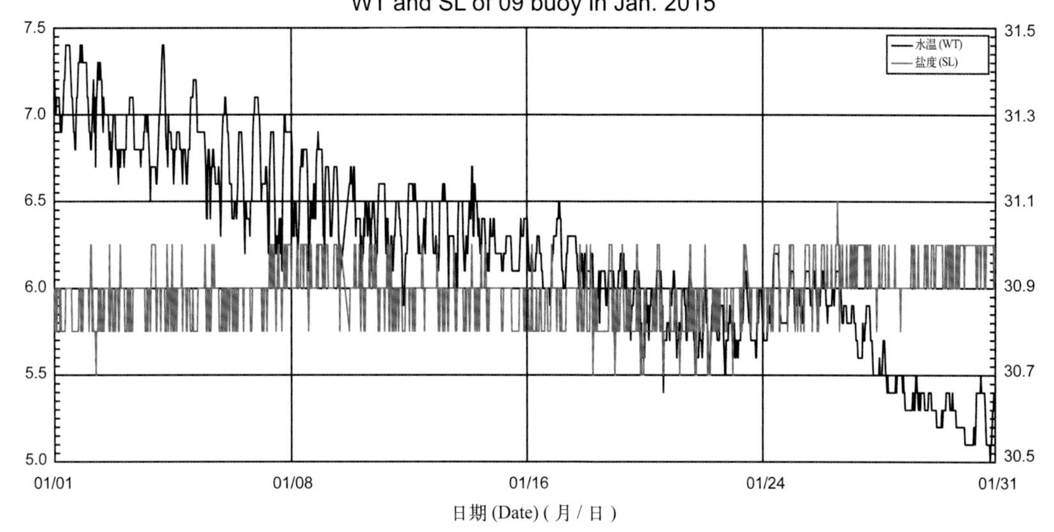

09 号浮标 2015 年 02 月水温、盐度观测数据曲线
WT and SL of 09 buoy in Feb. 2015

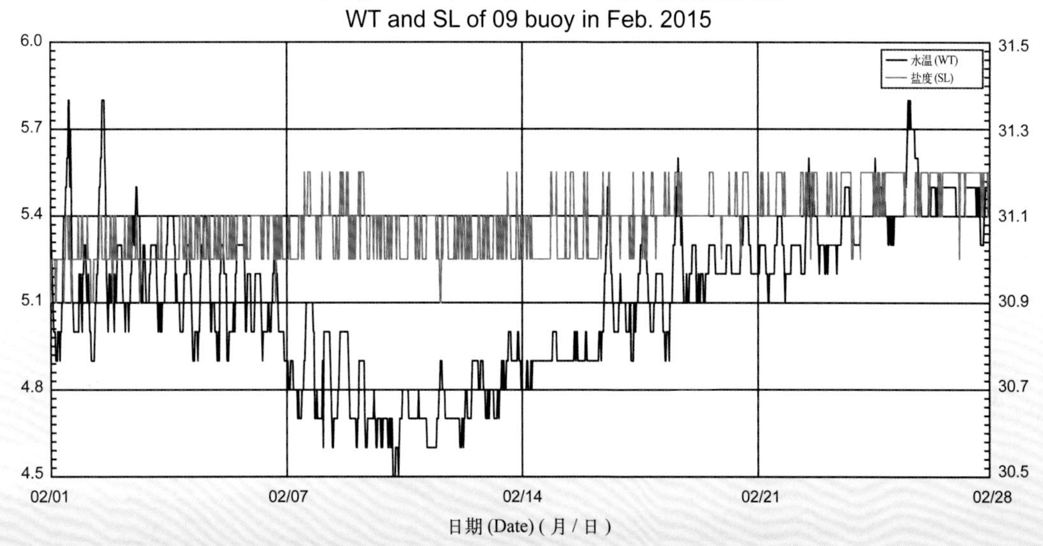

09 号浮标 2015 年 03 月水温、盐度观测数据曲线
WT and SL of 09 buoy in Mar. 2015

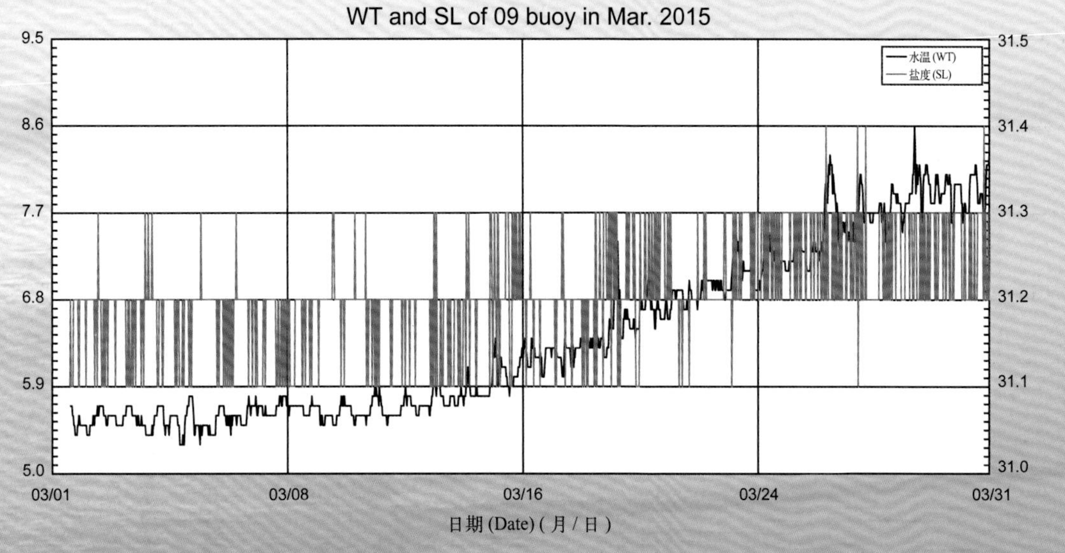

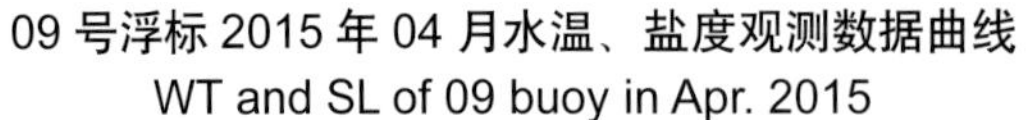

09 号浮标 2015 年 04 月水温、盐度观测数据曲线
WT and SL of 09 buoy in Apr. 2015

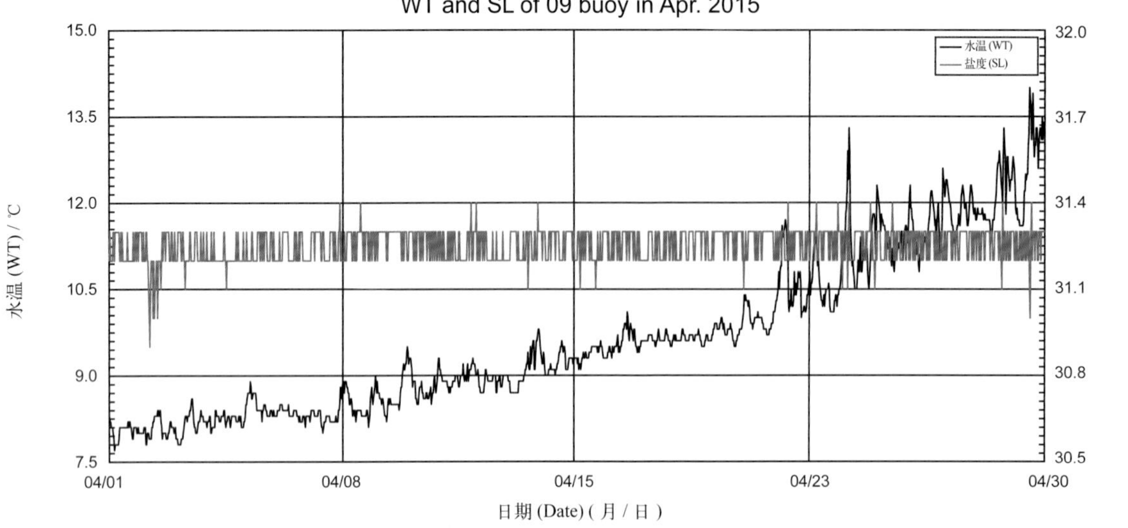

09 号浮标 2015 年 05 月水温、盐度观测数据曲线
WT and SL of 09 buoy in May 2015

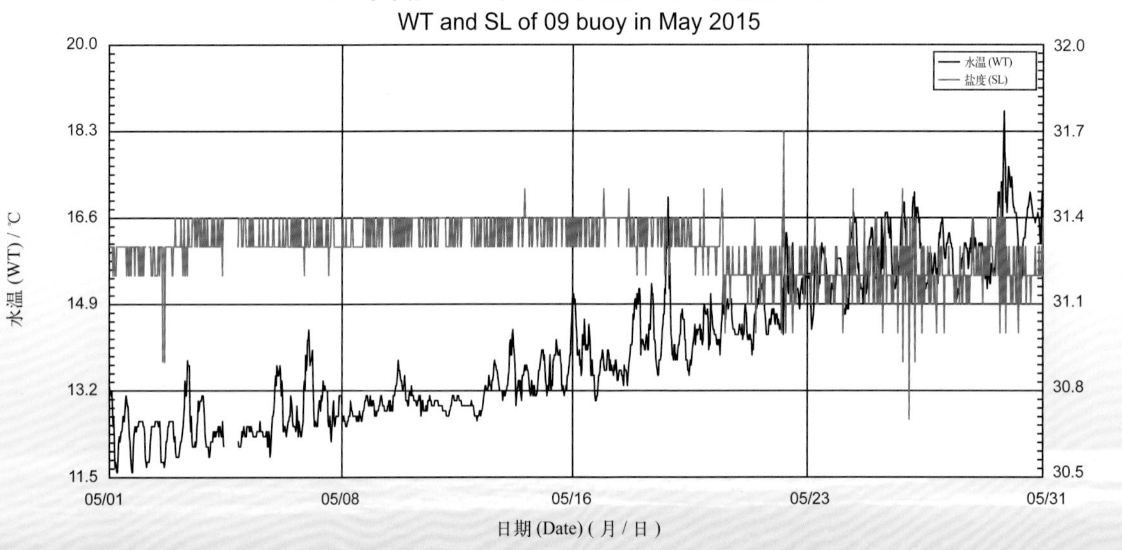

09 号浮标 2015 年 06 月水温、盐度观测数据曲线
WT and SL of 09 buoy in Jun. 2015

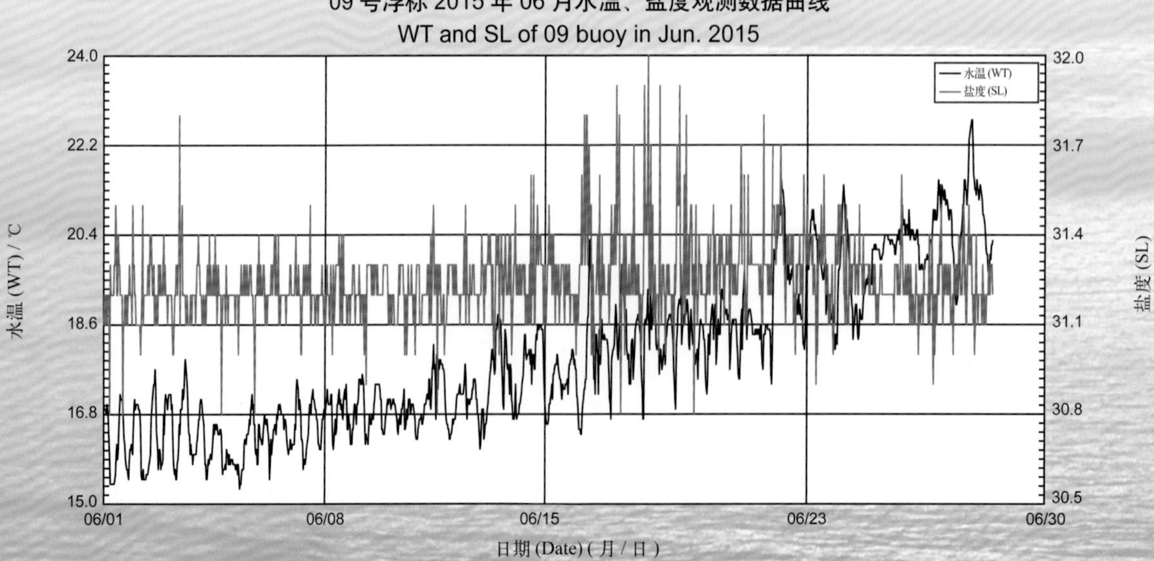

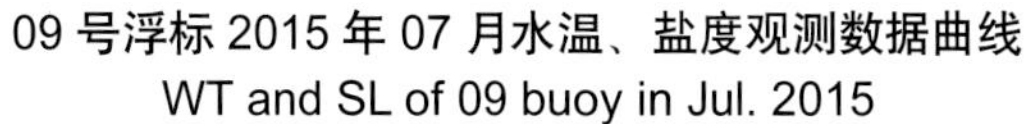

09 号浮标 2015 年 07 月水温、盐度观测数据曲线
WT and SL of 09 buoy in Jul. 2015

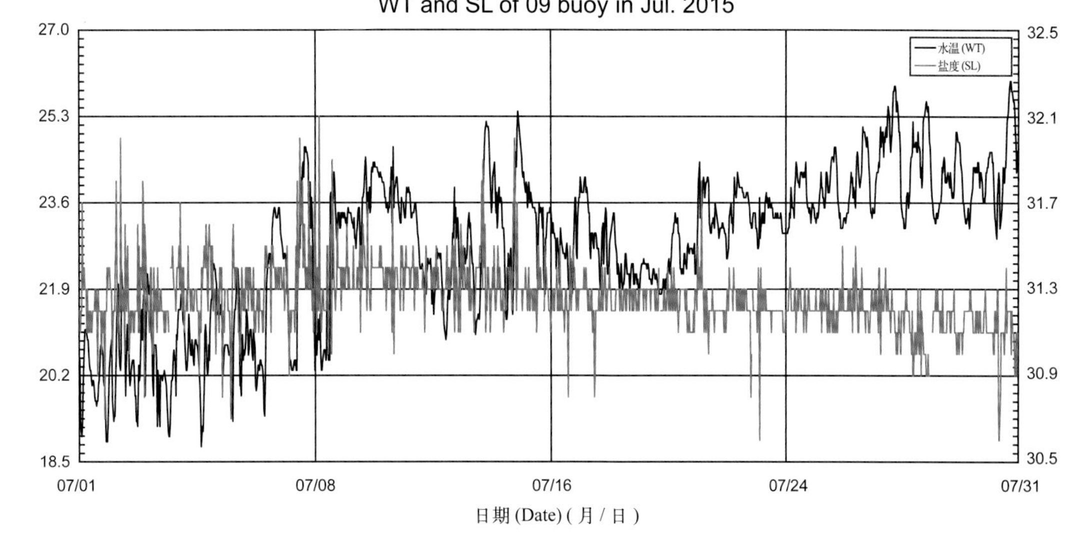

09 号浮标 2015 年 08 月水温、盐度观测数据曲线
WT and SL of 09 buoy in Aug. 2015

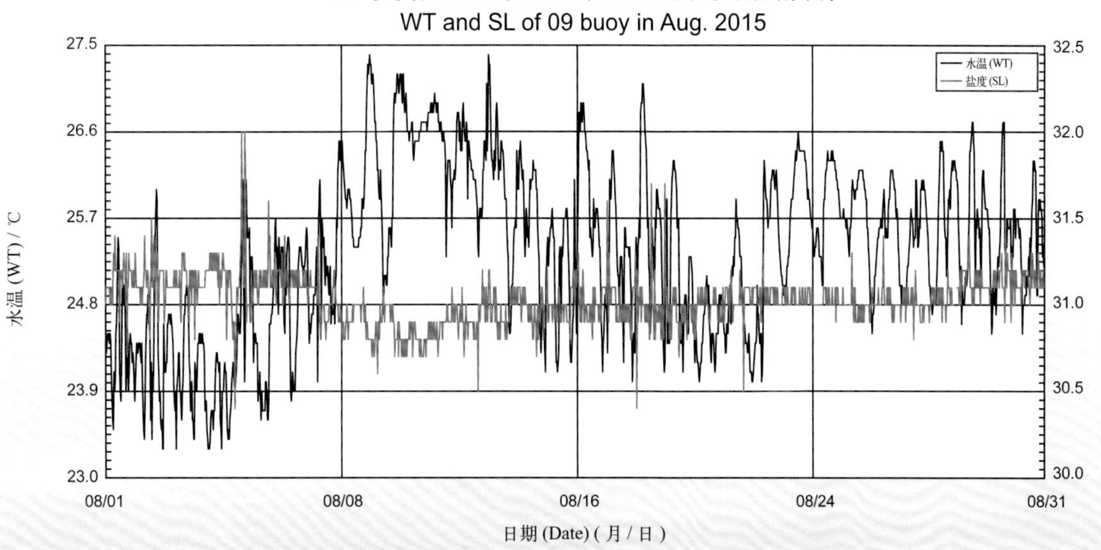

09 号浮标 2015 年 09 月水温、盐度观测数据曲线
WT and SL of 09 buoy in Sep. 2015

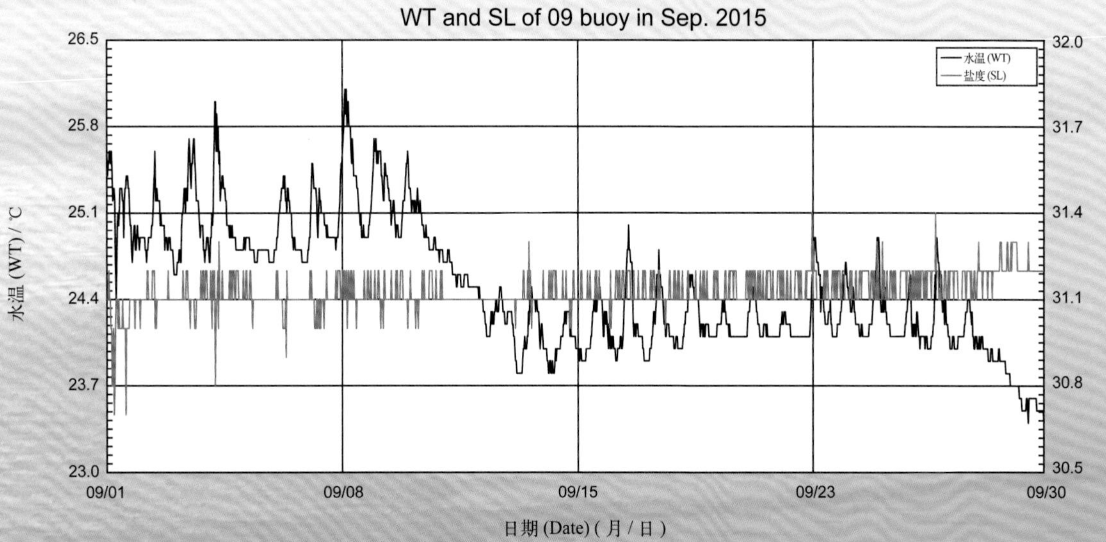

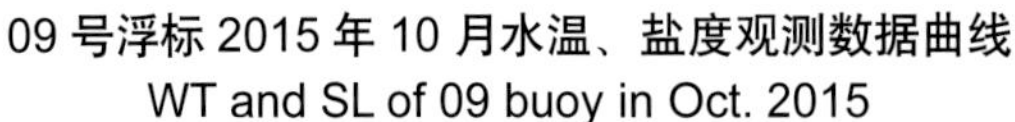

09 号浮标 2015 年 10 月水温、盐度观测数据曲线
WT and SL of 09 buoy in Oct. 2015

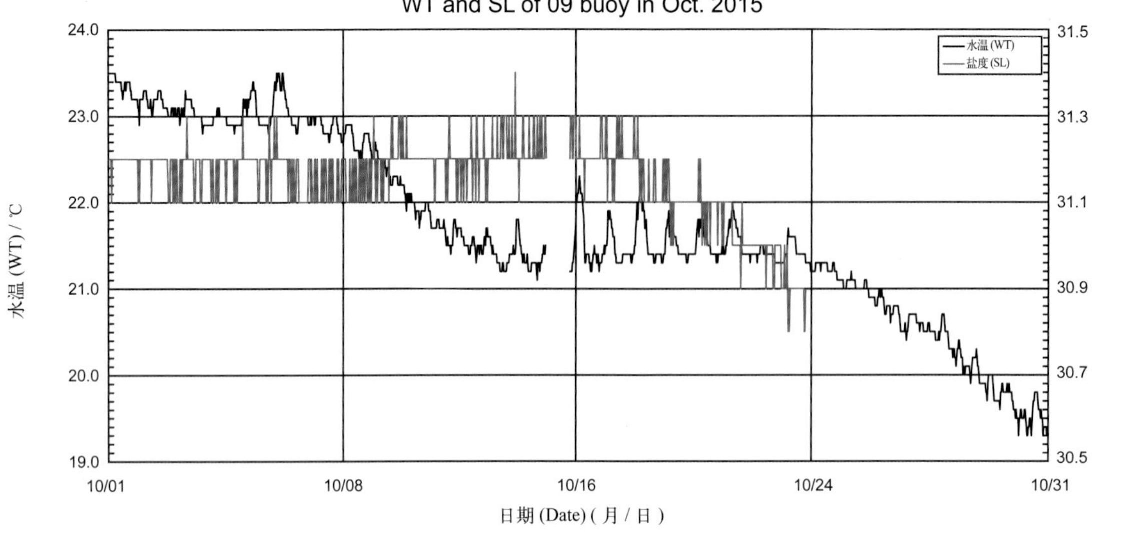

09 号浮标 2015 年 11 月水温、盐度观测数据曲线
WT and SL of 09 buoy in Nov. 2015

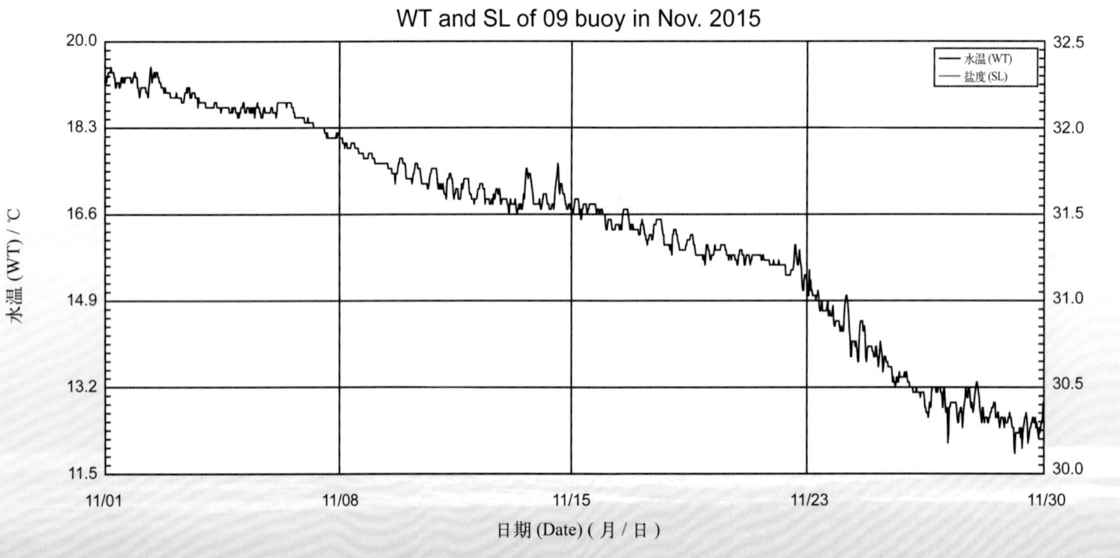

09 号浮标 2015 年 12 月水温、盐度观测数据曲线
WT and SL of 09 buoy in Dec. 2015

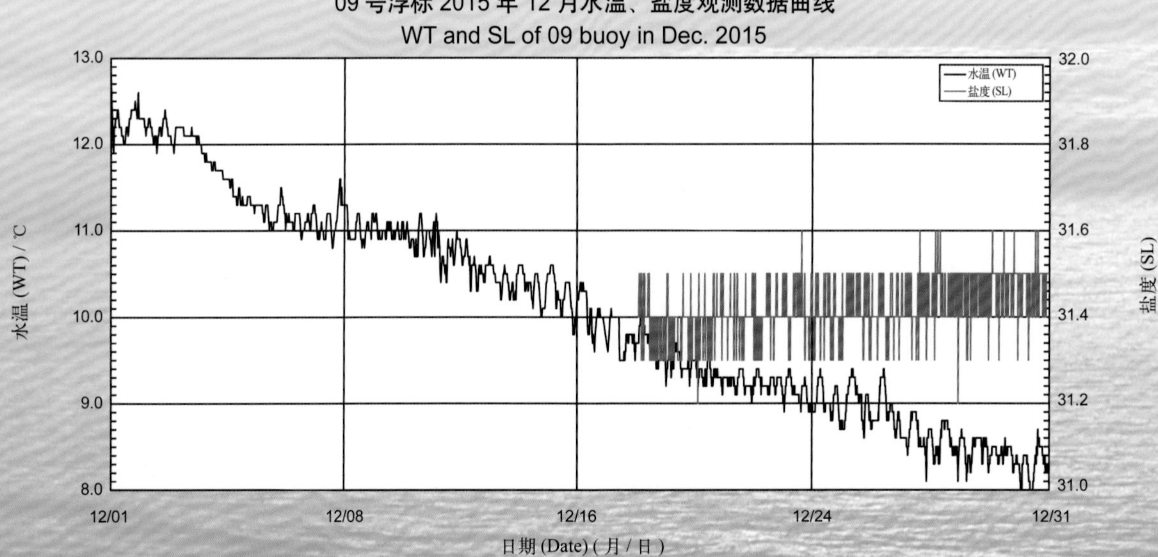

2015年度18号浮标观测数据概述及曲线（水温和盐度）

18号浮标位于黄海董家口外海海域（35°25′N，119°57′E），是一套直径为10 m的圆盘形综合观测平台。可获取的观测参数包括气象、水文和水质，水温和盐度数据是水文参数中的重要观测内容。

2015年度，18号浮标是中国近海观测研究网络黄海站、东海站获取水温、盐度数据最为完整的一套观测系统，几乎获取了全年365天的水温和盐度长序列观测数据，仅在3月、5月、10月和11月因网络问题偶尔会缺失少量数据，均不到1天。

通过对获取数据质量控制和分析，18号浮标观测海域本年度水温、盐度数据和季节数据特征如下：年度水温平均值为15.7℃，年度盐度平均值为30.5；测得的年度最高水温和最低水温分别为28.7℃（8月5日15:00）和5.3℃（2月14日07:40至09:50）；测得的年度最高盐度和最低盐度分别为31.9（6月21日09:00至09:20）和27.2（12月24日至26日）。以2月为冬季代表月，观测海域冬季的平均水温是5.8℃，平均盐度是31.2；以5月为春季代表月，观测海域春季的平均水温是14.4℃，平均盐度是31.0；以8月为夏季代表月，观测海域夏季的平均水温是26.2℃，平均盐度是30.9；以11月为秋季代表月，观测海域秋季的平均水温是17.3℃，平均盐度是29.1。

18号浮标布放海域月度水温、盐度变化特征与该海域的气温和降水等因素密切相关。2015年，18号浮标观测的月平均水温、盐度和最高值、最低值数据参见表21。从表中可以看出，水温平均值最低的月份为2月，并且在该时间段内出现观测到的年度最低水温（5.3℃），月平均水温最高的月份为8月，并且在该时间段内出现观测到的年度最高水温（28.7℃）。盐度平均值最低的月份为12月，并且在该时间段内出现观测到的年度最低盐度（27.2），盐度平均值最高的月份为2月，年度盐度最高值（31.9）出现在5月和6月。从月度水温、盐度的变化情况分析，水温变化最为剧烈的是7月，最高水温为27.8℃，最低水温为19.6℃，变化幅度达8.2℃，盐度变化最为剧烈的也是7月，最高盐度为31.8，最低盐度为29.4，变化幅度达2.4；相比较而言，水温变化幅度较小的月份是2月，最高水温为6.6℃，最低水温为5.3℃，变化幅度仅为1.3℃，盐度变化幅度较小的月份是1月，最高盐度为31.3，最低盐度为30.7，变化幅度仅为0.6。

2015年，18号浮标共记录到2次寒潮过程和1次台风过程。第一次寒潮过程，11月22日至27日，120 h内水温下降2.5℃（16.8 ~ 14.3℃），寒潮期间盐度变化不大，变化范围为28.5 ~ 29.1，平均盐度为28.9。第二次寒潮过程，12月26日至30日，90 h水温下降1.0℃（10.6 ~ 9.6℃），寒潮期间盐度变化范围为27.5 ~ 28.6，平均盐度为28.1。受台风“灿鸿”强烈风应力引起的水体垂向混合以及上升流等的影响，7月11日至14日，18号浮标水温数据发生下降，7月12日05:00达到最低值21.5℃，降幅为2.0℃；盐度在台风影响期间基本平稳，大部分时间变化范围为30.8 ~ 31.3，平均盐度为31.1，只在后期有一个较为明显的增大过程，7月14日12:50至14:20，1.5 h盐度增加0.7

（31.1 ~ 31.8），之后，于 15:50 恢复平稳，并且伴随着盐度的增加水温也有一个明显的增加，水温从 23.2℃增加到 24.5℃，不同的是，之后的水温并没有变得平稳，而是连续地波动，总体呈下降的趋势。

表 21　2015 年 18 号浮标各月份水温、盐度观测数据

月份	水温 / ℃			盐度			备注
	平均	最高	最低	平均	最高	最低	
1	7.2	8.3	6.1	31.1	31.3	30.7	
2	5.8	6.6	5.3	31.2	31.6	30.9	冬季代表月
3	6.5	8.7	5.6	31.1	31.6	30.7	
4	9.5	14.6	7.7	31.1	31.7	30.5	
5	14.4	19.2	11.5	31.0	31.8	30.3	春季代表月
6	19.5	23.0	16.7	30.7	31.9	29.9	
7	23.4	27.8	19.6	30.8	31.8	29.4	记录 1 次台风过程
8	26.2	28.7	24.3	30.9	31.6	30.1	夏季代表月
9	24.7	26.3	23.8	30.6	31.0	30.0	
10	22.0	23.9	20.0	29.7	30.5	28.9	
11	17.3	20.0	13.9	29.1	29.8	28.2	秋季代表月，记录 1 次寒潮过程
12	11.6	14.0	9.4	28.3	29.7	27.2	记录 1 次寒潮过程

18 号浮标 2015 年水温、盐度观测数据曲线
WT and SL of 18 buoy in 2015

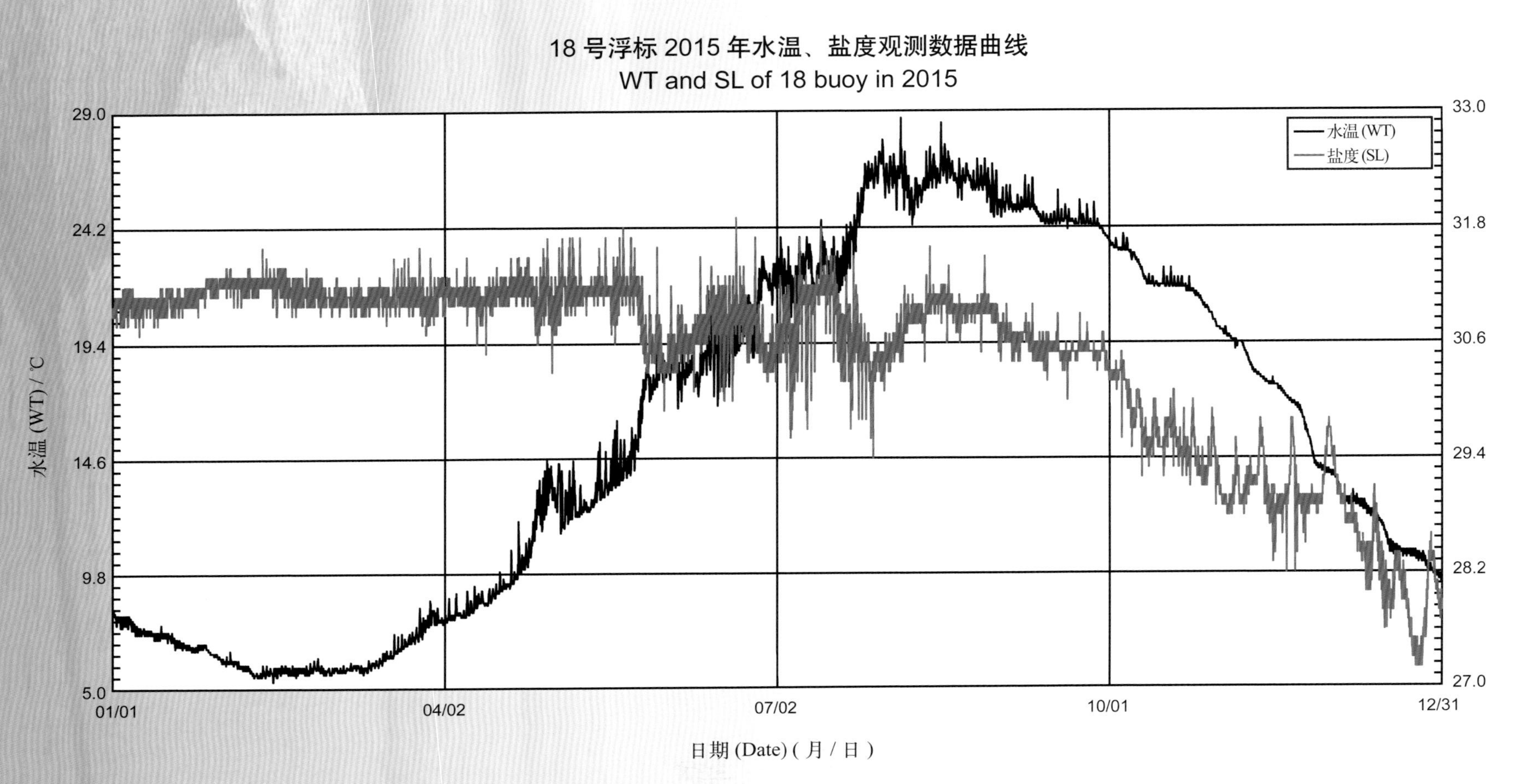

18 号浮标 2015 年 01 月水温、盐度观测数据曲线
WT and SL of 18 buoy in Jan. 2015

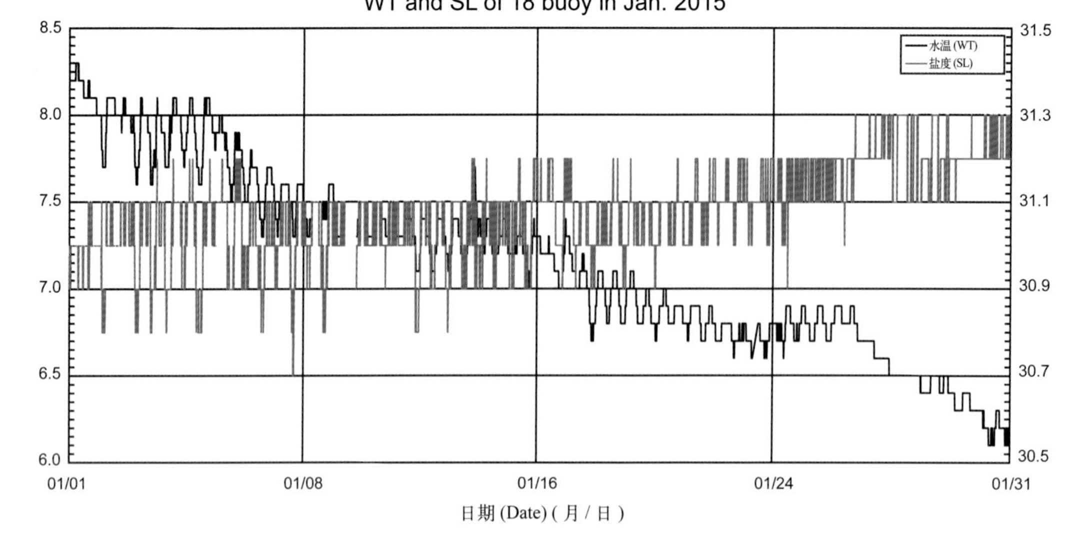

18 号浮标 2015 年 02 月水温、盐度观测数据曲线
WT and SL of 18 buoy in Feb. 2015

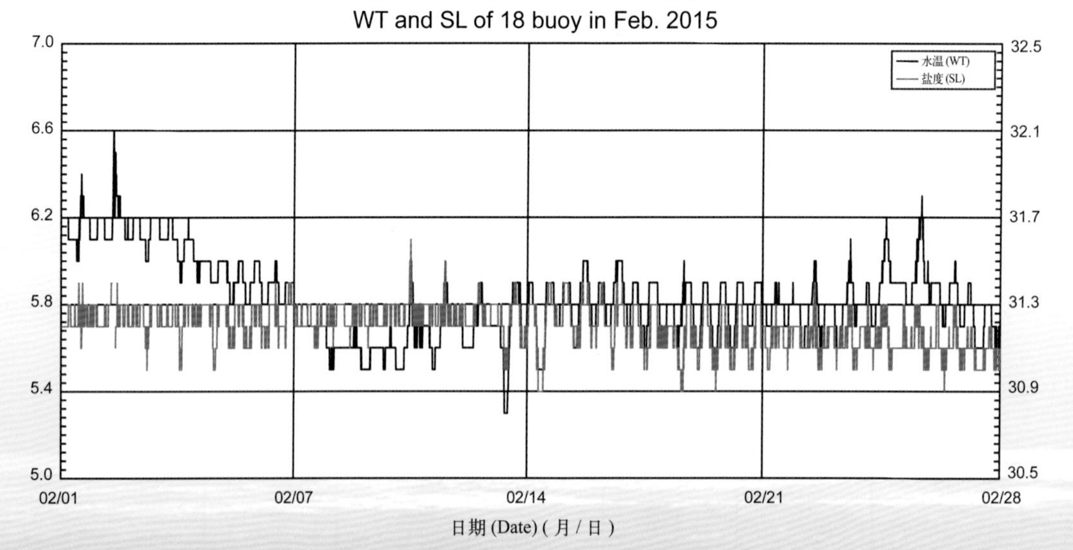

18 号浮标 2015 年 03 月水温、盐度观测数据曲线
WT and SL of 18 buoy in Mar. 2015

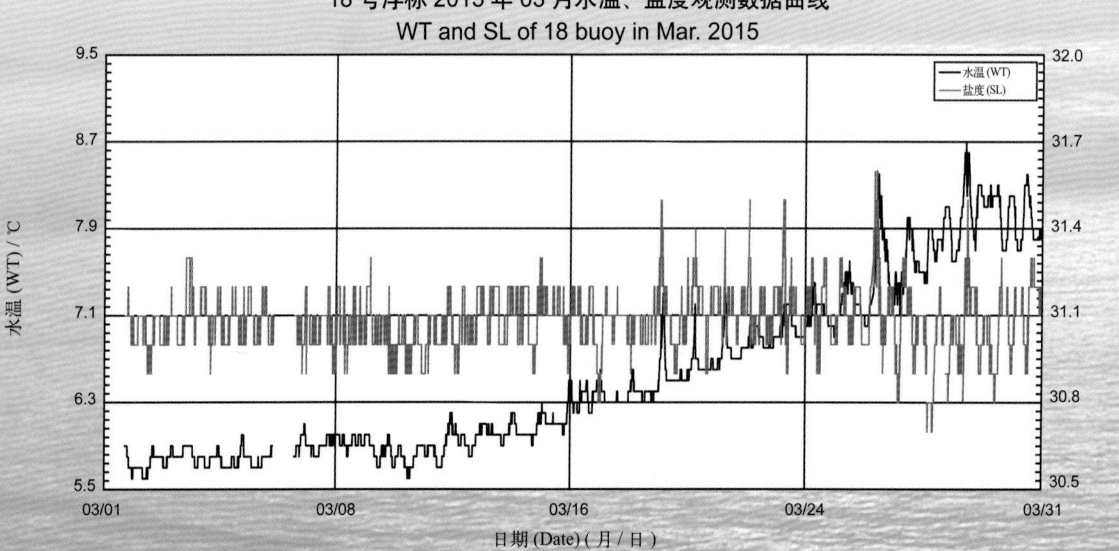

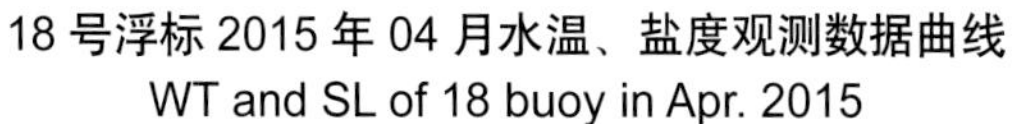

18号浮标2015年04月水温、盐度观测数据曲线
WT and SL of 18 buoy in Apr. 2015

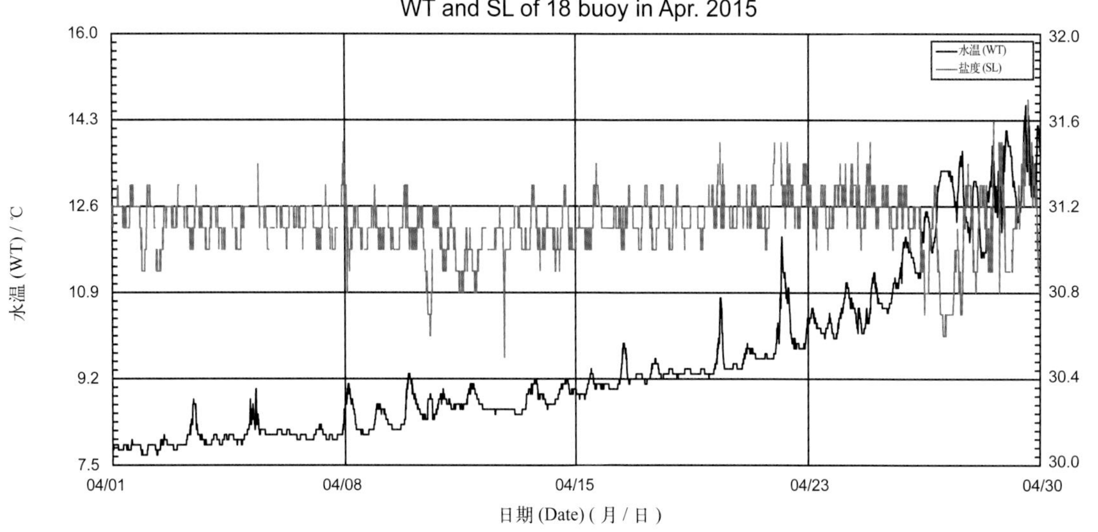

18号浮标2015年05月水温、盐度观测数据曲线
WT and SL of 18 buoy in May 2015

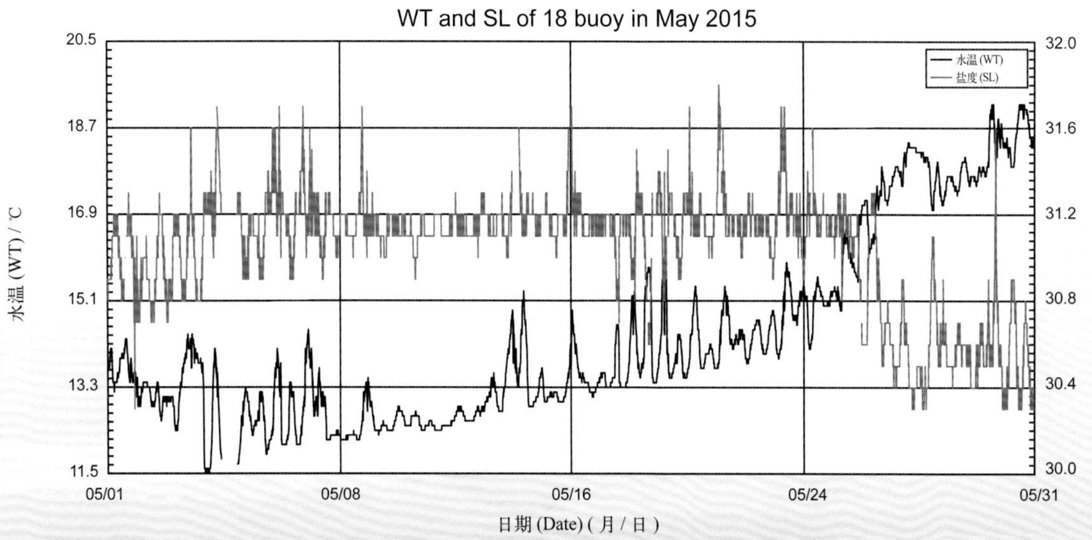

18号浮标2015年06月水温、盐度观测数据曲线
WT and SL of 18 buoy in Jun. 2015

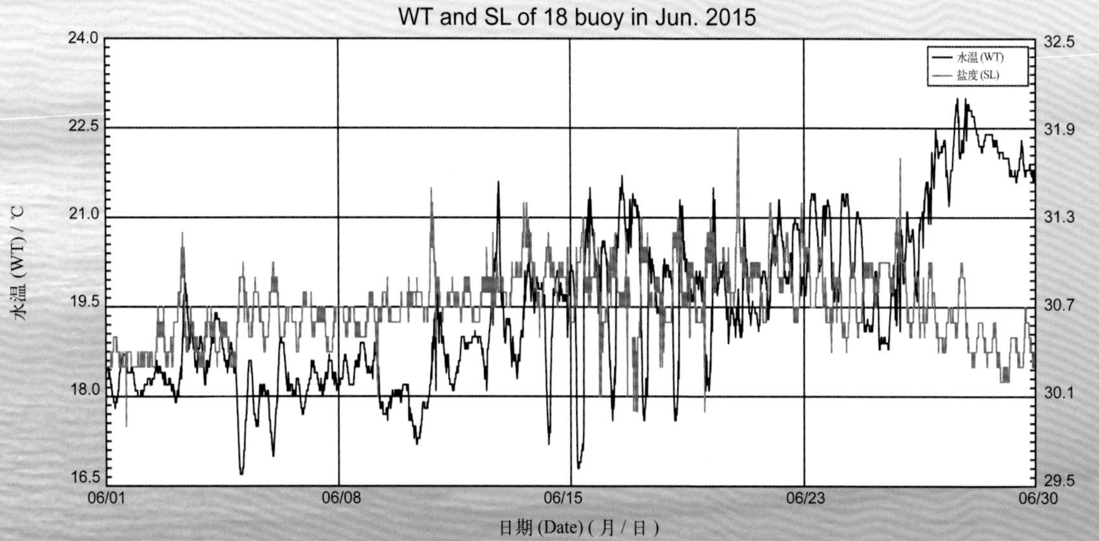

18 号浮标 2015 年 07 月水温、盐度观测数据曲线
WT and SL of 18 buoy in Jul. 2015

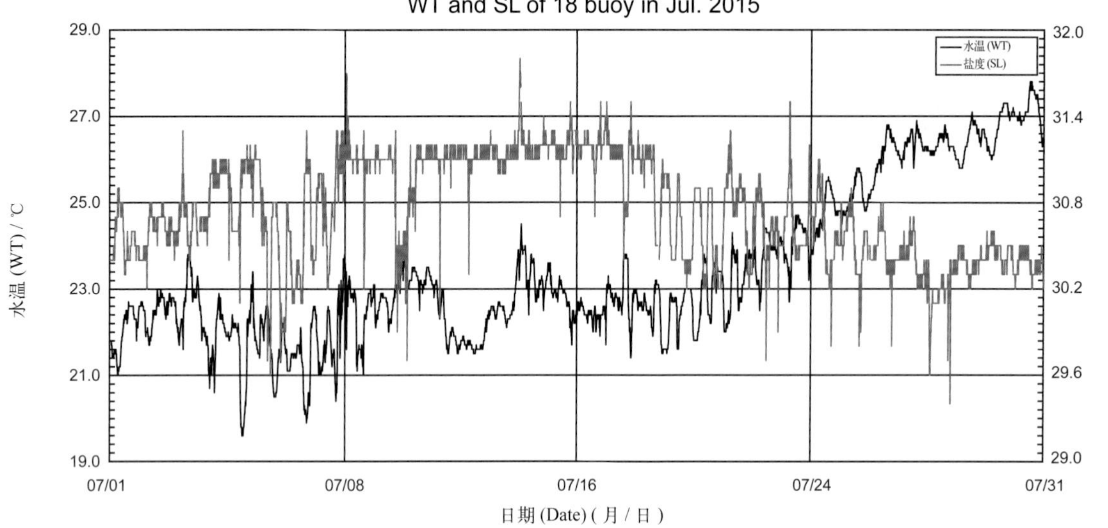

18 号浮标 2015 年 08 月水温、盐度观测数据曲线
WT and SL of 18 buoy in Aug. 2015

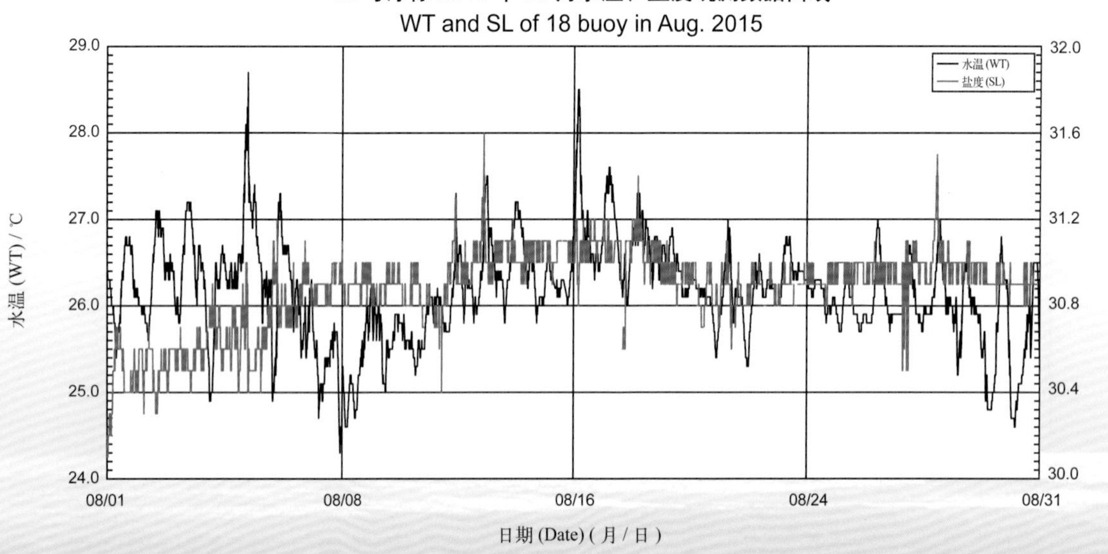

18 号浮标 2015 年 09 月水温、盐度观测数据曲线
WT and SL of 18 buoy in Sep. 2015

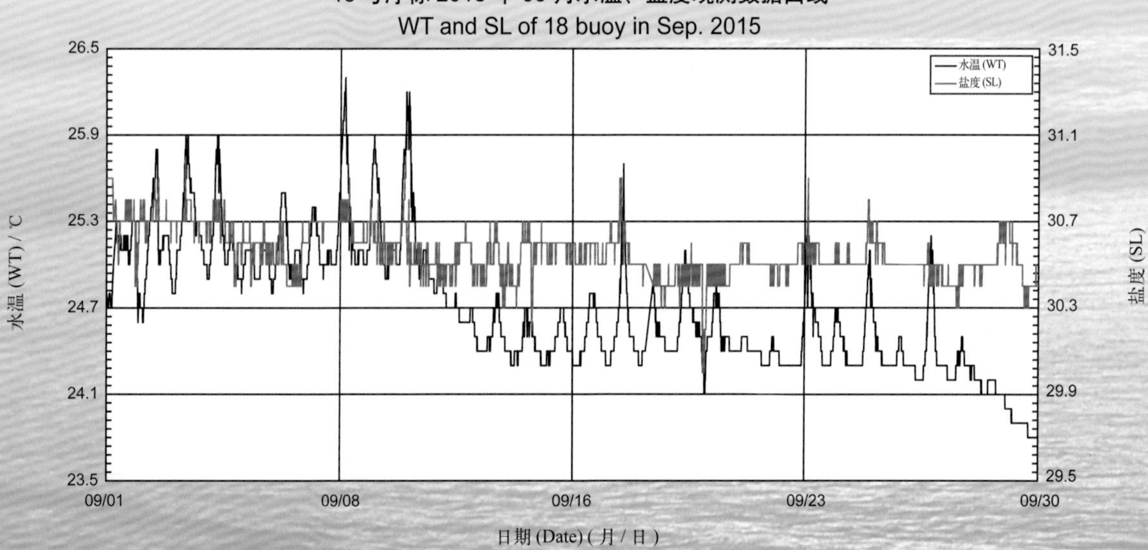

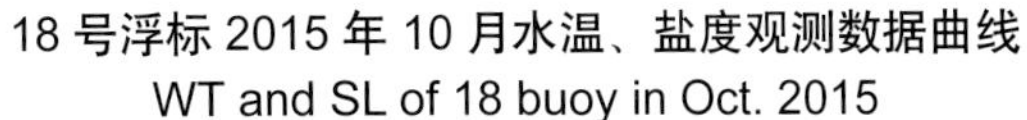

18 号浮标 2015 年 10 月水温、盐度观测数据曲线
WT and SL of 18 buoy in Oct. 2015

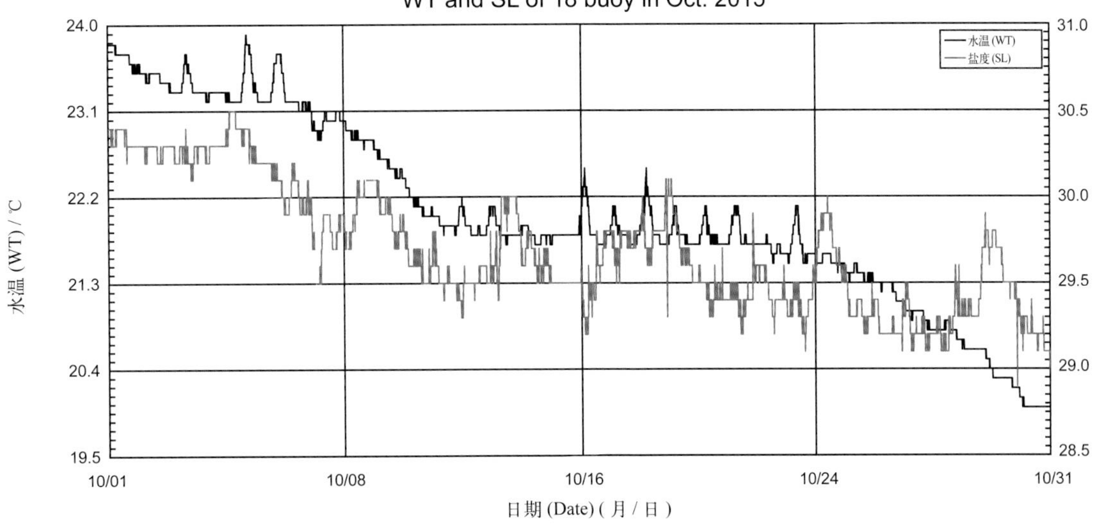

18 号浮标 2015 年 11 月水温、盐度观测数据曲线
WT and SL of 18 buoy in Nov. 2015

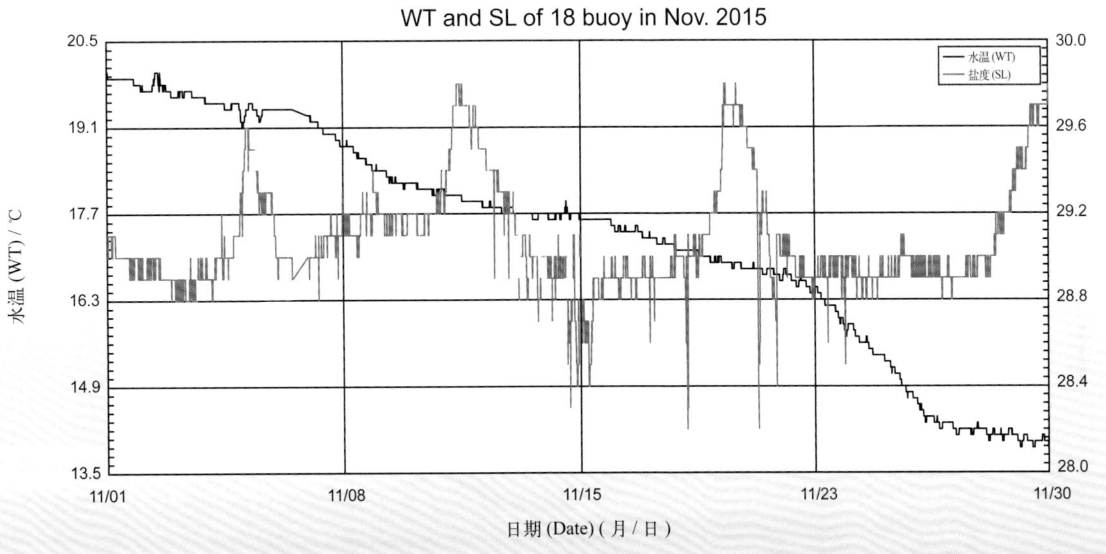

18 号浮标 2015 年 12 月水温、盐度观测数据曲线
WT and SL of 18 buoy in Dec. 2015

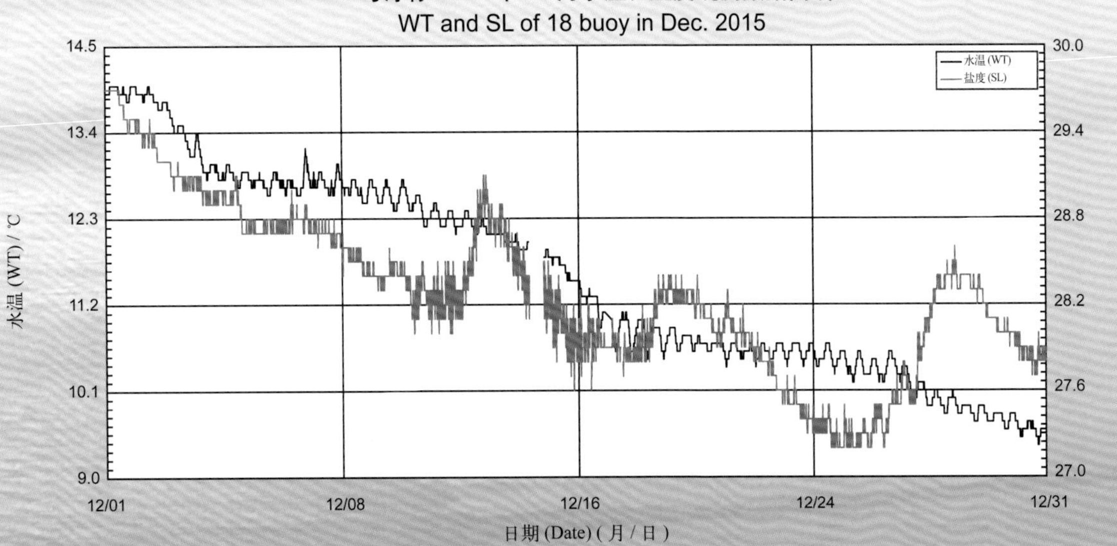

2015年度20号浮标观测数据概述及曲线
(水温和盐度)

20号浮标位于舟山六横岛附近海域(29°45′N,122°45′E),是一套直径为10 m的圆盘形综合观测平台。可获取的观测参数包括气象、水文和水质,水温和盐度数据是水文参数中的重要观测内容。

2015年,20号浮标共获取近327天的水温、盐度长序列观测数据,获取数据的区间共七个时间段,具体为1月1日00:00至31日08:30、2月3日15:50至8日17:40、2月12日09:00至24日01:50、3月6日15:00至6月29日08:30、7月1日07:50至9月2日16:50、9月16日14:30至10月14日09:10和10月20日11:40至12月31日23:50。

通过对获取数据质量控制和分析,20号浮标观测海域本年度水温、盐度数据和季节数据特征如下:年度水温数据平均值为19.4℃,年度盐度平均值为28.7;测得的年度最高水温和最低水温分别为29.3℃(8月22日15:10和15:20)和9.8℃(2月12日09:00至09:30);测得的年度最高盐度和最低盐度分别为33.8(12月23日07:10)和15.7(7月15日17:10)。以2月为冬季代表月,观测海域冬季的平均水温是11.5℃,平均盐度是31.1;以5月为春季代表月,观测海域春季的平均水温是18.7℃,平均盐度是25.8;以8月为夏季代表月,观测海域夏季的平均水温是26.8℃,平均盐度是26.4;以11月为秋季代表月,观测海域秋季的平均水温是21.0℃,平均盐度是31.7。

20号浮标布放海域月度水温、盐度变化特征与该海域的气温和降水等因素密切相关。2015年,20号浮标观测的月平均水温、盐度和最高值、最低值数据参见表22。从表中可以看出,水温平均值最低的月份为2月,并且在该时间段内出现观测到的年度最低水温(9.8℃),月平均水温最高的月份为8月,并且在该时间段内出现观测到的年度最高水温(29.3℃),盐度平均值最低的月份为7月,并且在该时间段内出现观测到的年度最低盐度(15.7),盐度平均值最高的月份为12月,并且在该时间段内出现观测到的年度最高盐度(33.8)。从月度水温、盐度的变化情况分析,水温变化最为剧烈的是7月,最高水温为28.9℃,最低水温为21.3℃,变化幅度达7.6℃,盐度变化最为剧烈的也是7月,最高盐度为30.6,最低盐度为15.7,变化幅度达14.9;相比较而言,水温变化幅度较小的月份是10月,最高水温为25.3℃,最低水温为22.7℃,变化幅度仅为2.6℃,盐度变化幅度较小的月份是2月,最高盐度为32.9,最低盐度为28.3,变化幅度为4.6。

2015年,20号浮标共记录到1次寒潮过程、2次台风过程和1次赤潮过程。11月25日至27日,水温降幅为1.7℃(20.7 ~ 19.2℃),之后水温于11月29日04:30降至最低(18.0℃),盐度变化范围为29.3 ~ 29.7。第一次台风过程,7月11日至12日,受台风“灿鸿”强烈风应力引起的水体垂向混合以及上升流等的影响,20号浮标水温数据发生下降,7月12日04:40达到最低值21.8℃,降幅为2.8℃;盐度在台风影响初期受到降水和水体混合等因素共同影响下波动较大,其中7月12日01:20 ~ 04:40,盐度从30.6迅速降至25.0。第二次台风过程,8月24日至25日,受台风“天鹅”强烈风应力引起的水体垂向混合以及上升流等的影响,20号浮标水温数据发生明显下降,8月25日

08:50达到最低值24.6℃，降幅为3.4℃；盐度在台风影响初期受到降水和水体混合等因素共同影响下波动较大，8月25日06:10～11:20，盐度从28.9降至26.0。2015年4月26日至5月3日，渔山列岛（距20号浮标约100 km）发生赤潮，赤潮发生前期至发生期间（4月20日至5月3日），20号浮标水温有三次较为明显的增加过程：4月22日06:40至17:40，11 h水温增幅为2.2℃（14.4～16.6℃）；4月25日11:40至17:40，6 h水温增幅为2.2℃（15.2～17.4℃）；4月26日11:10至14:10，3 h水温增幅为1.9℃（15.6～17.5℃）；赤潮发生期间的平均水温为16.8℃，最高水温为18.3℃（4月30日16:00），最低水温为15.2℃（4月26日06:00），平均盐度为27.0，最高盐度为29.6（4月27日17:30），最低盐度为25.4（5月2日08:10）。

表22　2015年20号浮标各月份水温、盐度观测数据

月份	水温 / ℃			盐度			备注
	平均	最高	最低	平均	最高	最低	
1	12.4	15.2	10.9	30.3	32.7	25.8	
2	11.5	12.6	9.8	31.1	32.9	28.3	冬季代表月，缺近10天的数据
3	12.3	14.7	10.3	30.2	33.2	27.6	缺近6天的数据
4	14.9	18.3	13.4	29.1	31.4	23.1	
5	18.7	22.6	16.2	25.8	28.5	22.4	春季代表月
6	22.6	25.4	20.2	26.1	28.8	21.0	缺近2天的数据
7	24.9	28.9	21.3	24.0	30.6	15.7	记录1次台风过程
8	26.8	29.3	24.6	26.4	30.4	19.1	夏季代表月，记录1次台风过程
9	24.8	27.1	23.9	27.6	31.0	21.3	缺近14天的数据
10	24.0	25.3	22.7	31.3	33.6	25.9	缺近6天的数据
11	21.0	22.9	18.0	31.7	33.4	25.9	秋季代表月，记录1次寒潮过程
12	17.3	19.9	13.8	32.1	33.8	27.5	

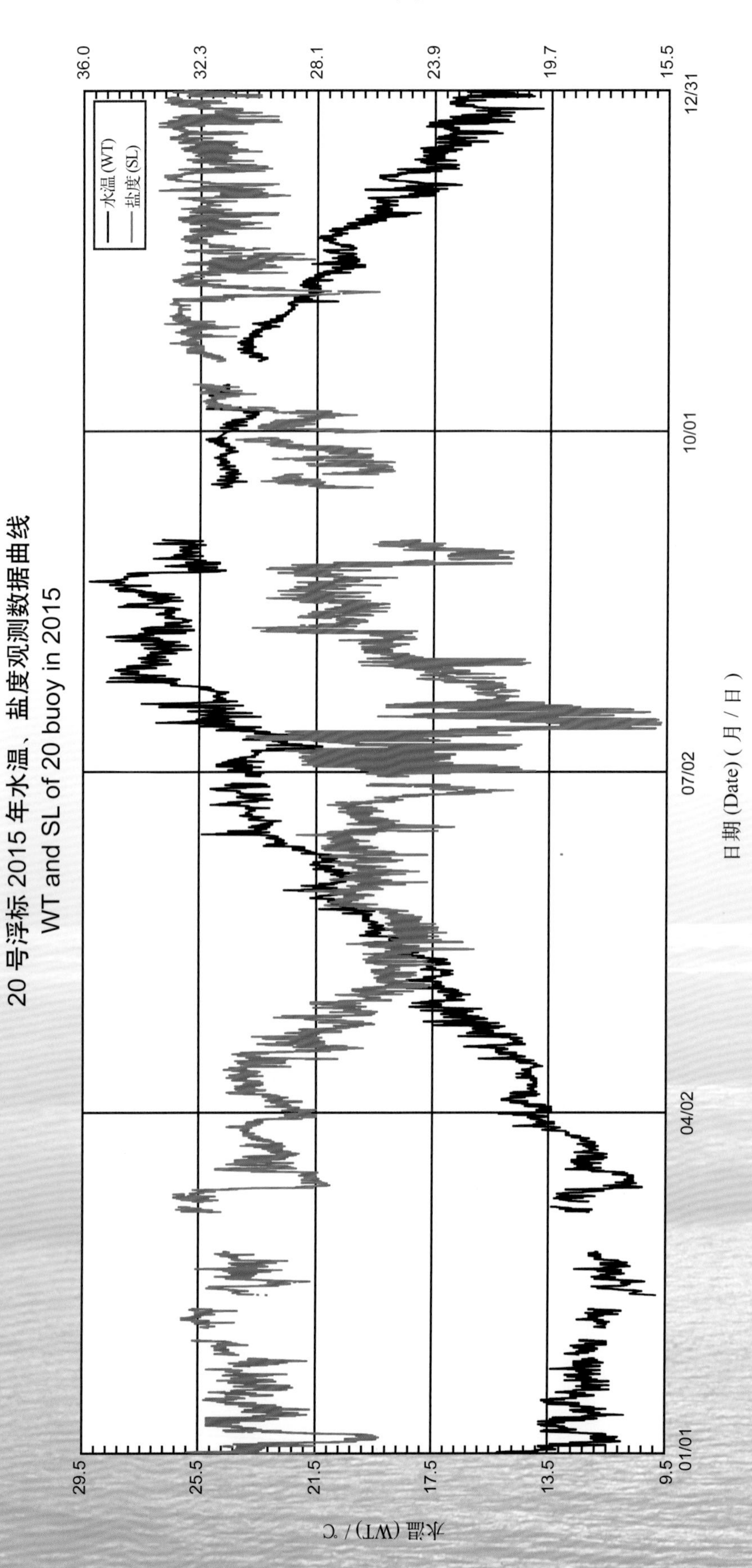

20 号浮标 2015 年水温、盐度观测数据曲线
WT and SL of 20 buoy in 2015

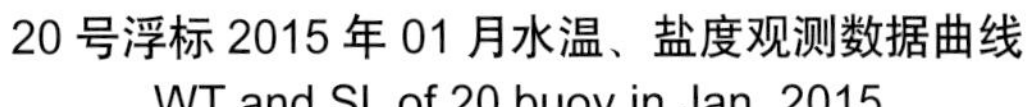

20 号浮标 2015 年 01 月水温、盐度观测数据曲线
WT and SL of 20 buoy in Jan. 2015

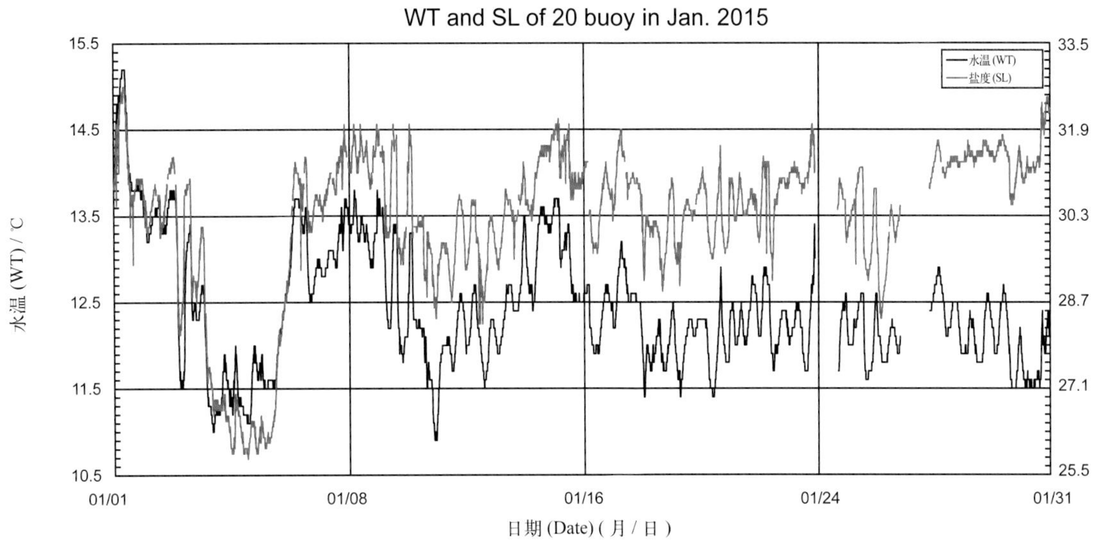

20 号浮标 2015 年 02 月水温、盐度观测数据曲线
WT and SL of 20 buoy in Feb. 2015

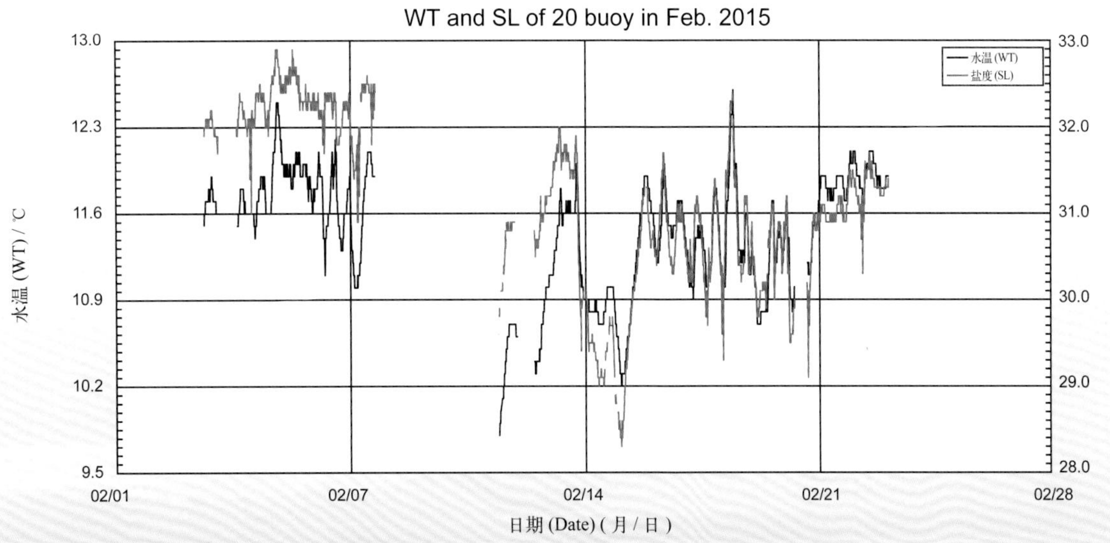

20 号浮标 2015 年 03 月水温、盐度观测数据曲线
WT and SL of 20 buoy in Mar. 2015

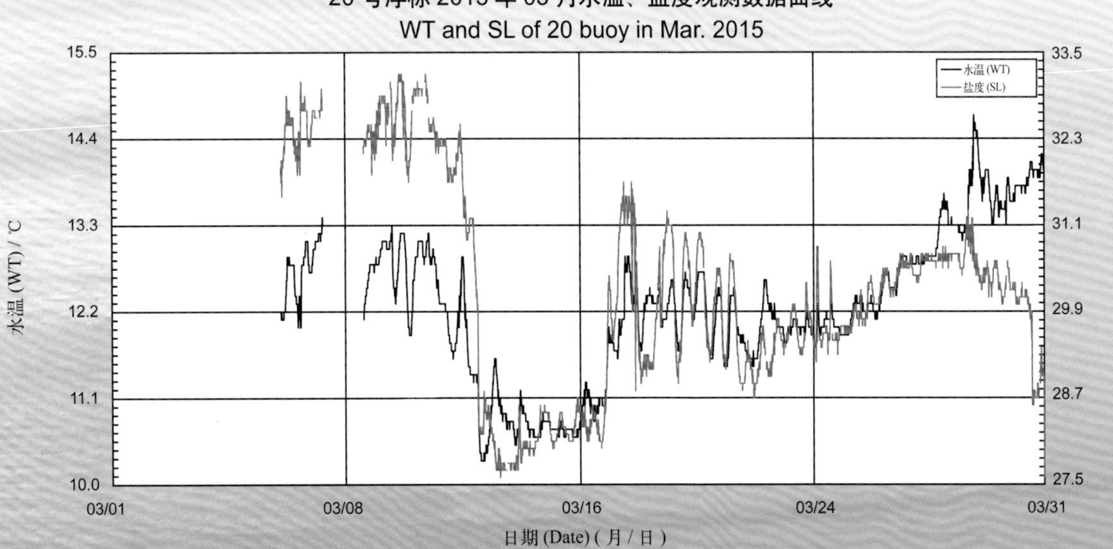

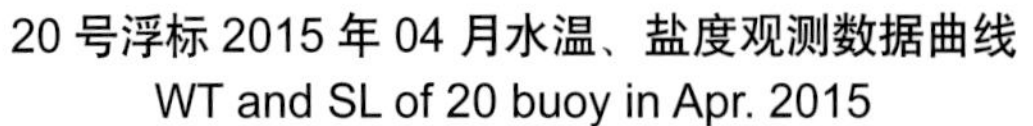

20 号浮标 2015 年 04 月水温、盐度观测数据曲线
WT and SL of 20 buoy in Apr. 2015

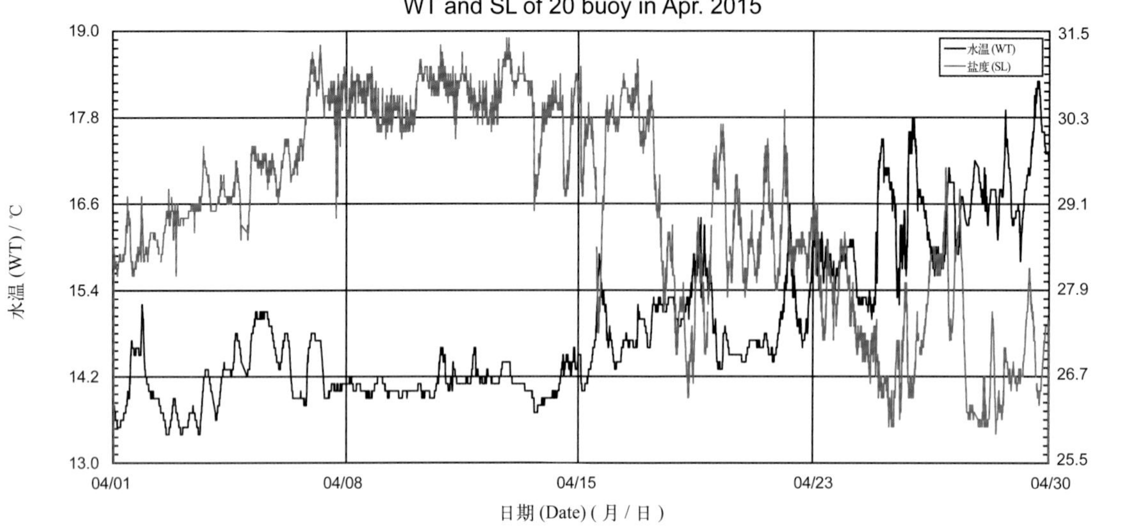

01 号浮标 2015 年 05 月水温、盐度观测数据曲线
WT and SL of 01 buoy in May 2015

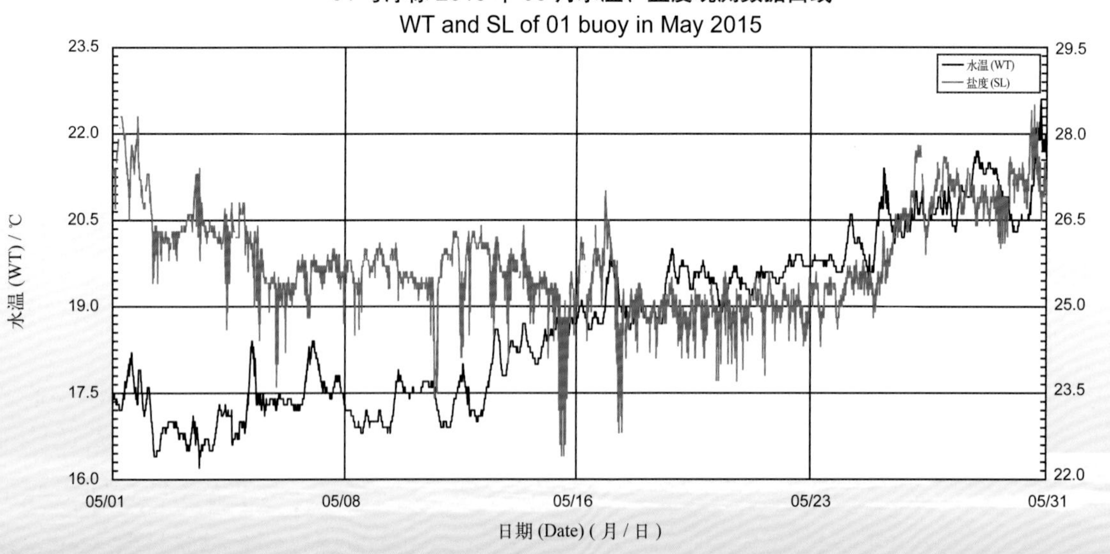

20 号浮标 2015 年 06 月水温、盐度观测数据曲线
WT and SL of 20 buoy in Jun. 2015

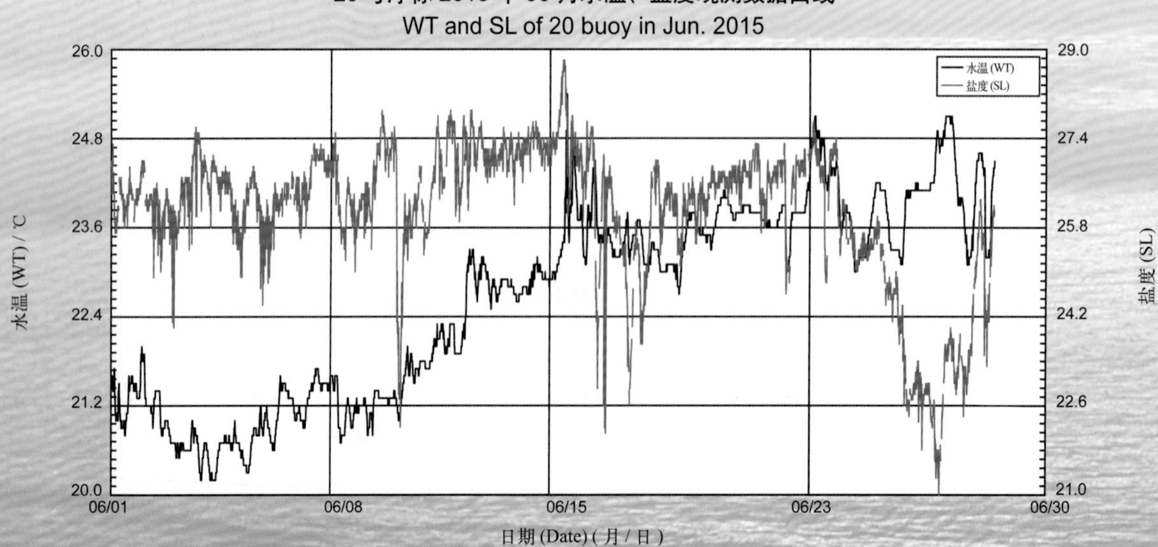

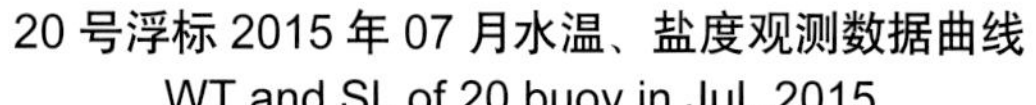

20 号浮标 2015 年 07 月水温、盐度观测数据曲线
WT and SL of 20 buoy in Jul. 2015

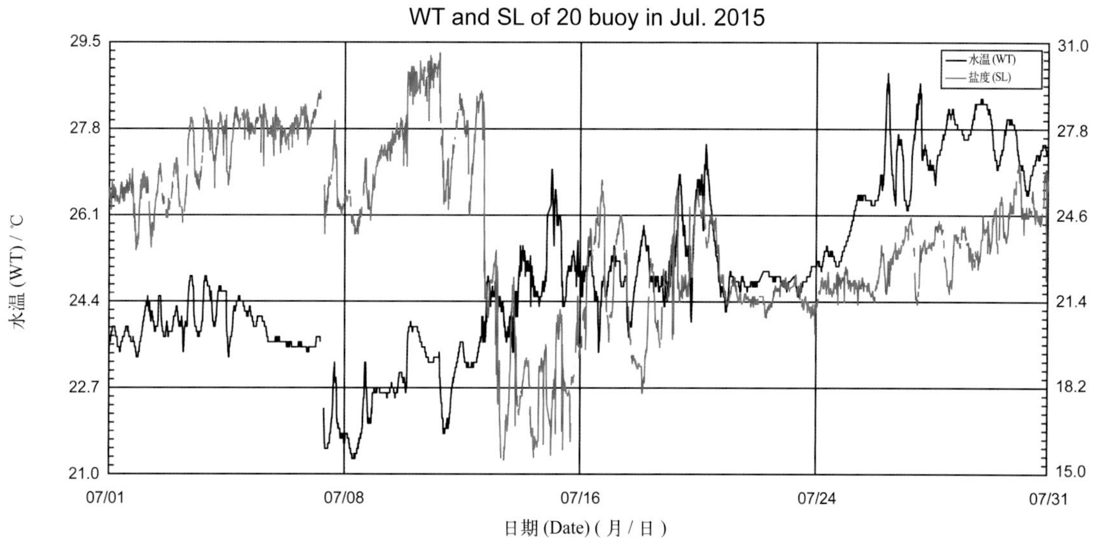

20 号浮标 2015 年 08 月水温、盐度观测数据曲线
WT and SL of 20 buoy in Aug. 2015

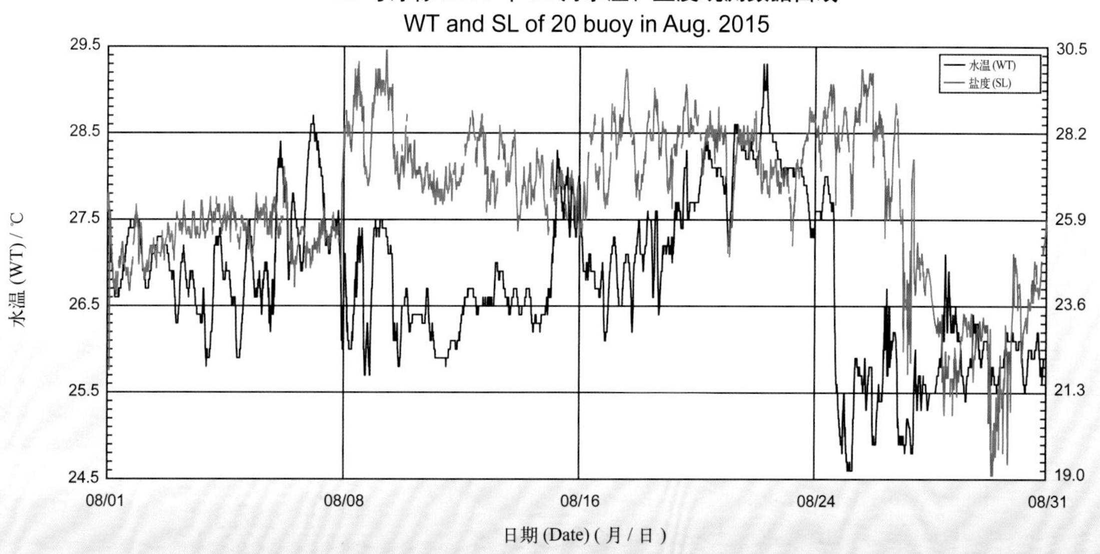

20 号浮标 2015 年 09 月水温、盐度观测数据曲线
WT and SL of 20 buoy in Sep. 2015

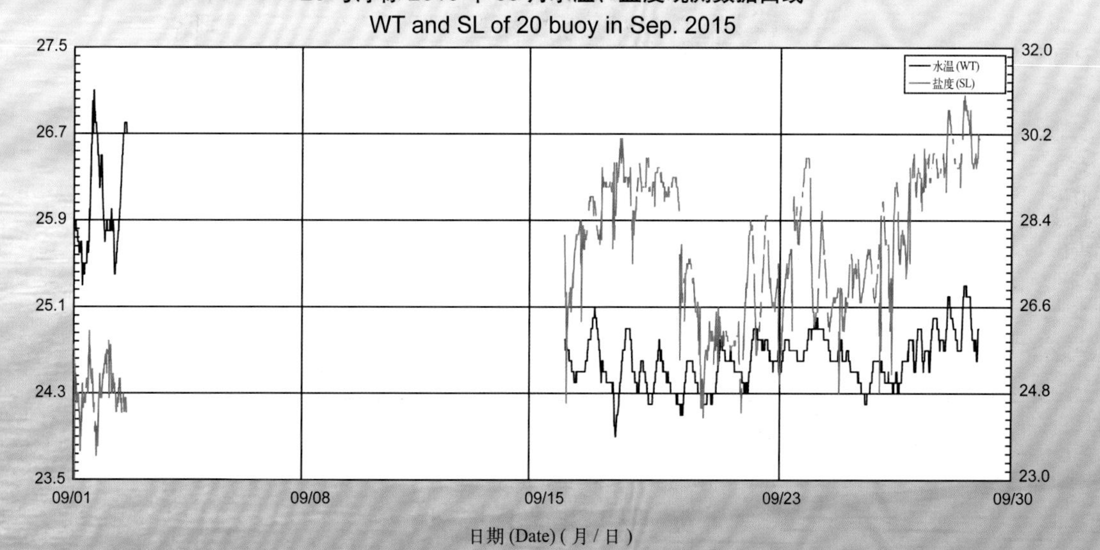

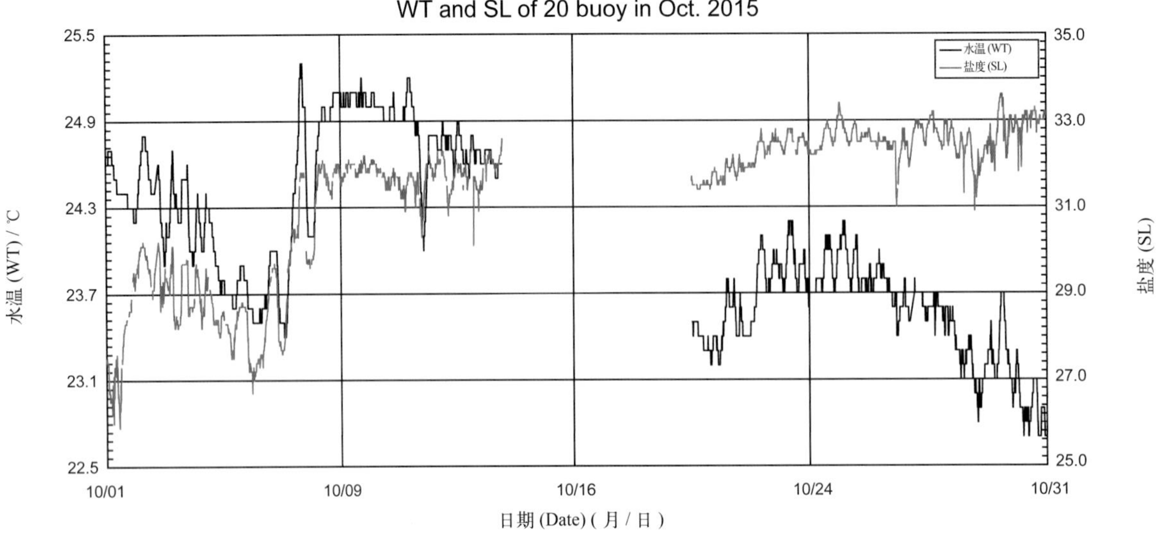
20 号浮标 2015 年 10 月水温、盐度观测数据曲线
WT and SL of 20 buoy in Oct. 2015
水温 (WT) / ℃
盐度 (SL)
水温 (WT)
盐度 (SL)
25.5
24.9
24.3
23.7
23.1
22.5
35.0
33.0
31.0
29.0
27.0
25.0
10/01
10/09
10/16
10/24
10/31
日期 (Date) (月 / 日)

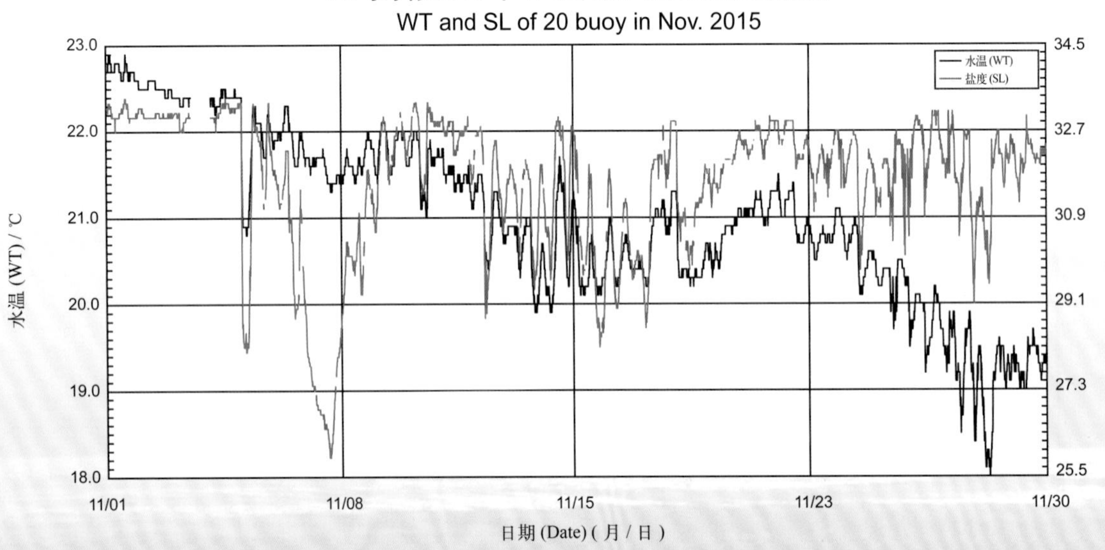
20 号浮标 2015 年 11 月水温、盐度观测数据曲线
WT and SL of 20 buoy in Nov. 2015
水温 (WT) / ℃
盐度 (SL)
水温 (WT)
盐度 (SL)
23.0
22.0
21.0
20.0
19.0
18.0
34.5
32.7
30.9
29.1
27.3
25.5
11/01
11/08
11/15
11/23
11/30
日期 (Date) (月 / 日)

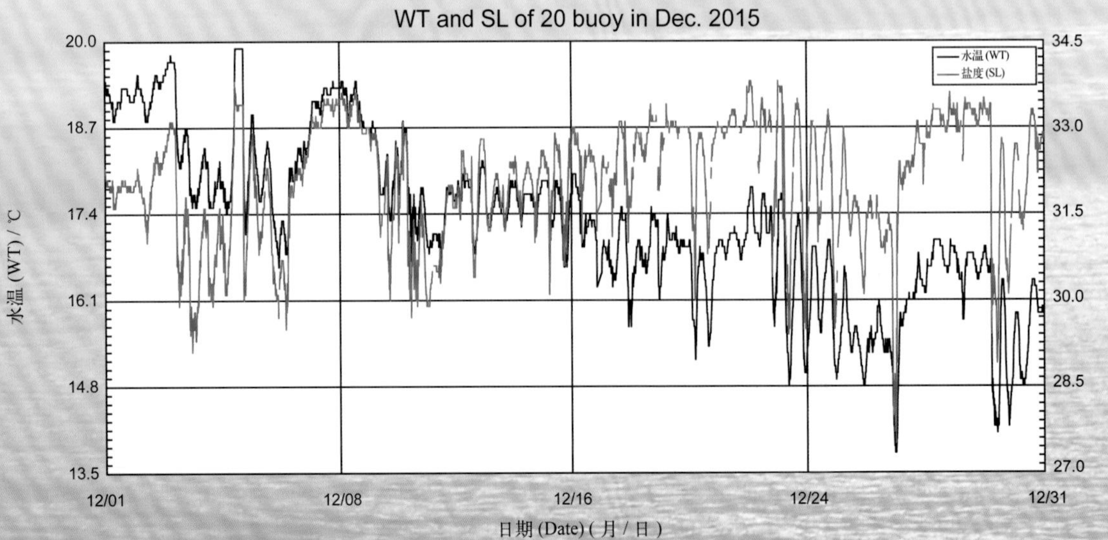
20 号浮标 2015 年 12 月水温、盐度观测数据曲线
WT and SL of 20 buoy in Dec. 2015
水温 (WT) / ℃
盐度 (SL)
水温 (WT)
盐度 (SL)
20.0
18.7
17.4
16.1
14.8
13.5
34.5
33.0
31.5
30.0
28.5
27.0
12/01
12/08
12/16
12/24
12/31
日期 (Date) (月 / 日)

2015 年度 01 号浮标观测数据概述及曲线（有效波高和有效波周期）

01 号浮标位于中国近海观测研究网络黄海站观测范围最北端的海域（38°45′N，122°45′E），是一套直径为 3 m 的圆盘形综合观测平台。可获取的观测参数包括气象、水文和水质，有效波高和有效波周期是水文参数中的重要观测内容。

2015 年，01 号浮标共获取近 265 天的有效波高和有效波周期长序列观测数据。获取数据的区间共三个时间段，具体为 1 月 1 日 00:00 至 5 月 31 日 11:00、6 月 4 日 00:30 至 20 日 13:00 和 8 月 8 日 10:30 至 11 月 1 日 14:30。

通过对获取数据质量控制和分析，01 号浮标观测海域本年度有效波高、有效波周期数据和季节数据特征如下：年度有效波高平均值为 0.7 m，年度有效波周期平均值为 4.5 s；测得的年度最大有效波高为 2.9 m（6 月 6 日 20:00），对应的有效波周期为 6.8 s，当时有效波高≥ 2 m 以上的海浪持续了 8.5 h（6 月 6 日 17:30 至 7 日 02:00）；测得的年度最大有效波周期和最小有效波周期分别为 9.8 s（8 月 10 日 11:30、8 月 24 日 13:30 和 9 月 30 日 16:00）和 2.6 s（2 月 12 日 05:00）。以 2 月为冬季代表月，观测海域冬季的平均有效波高是 0.9 m，平均有效波周期是 4.4 s；以 5 月为春季代表月，观测海域春季的平均有效波高是 0.5 m，平均有效波周期是 4.3 s；以 8 月为夏季代表月，观测海域夏季的平均有效波高是 0.5 m，平均有效波周期是 5.4 s。

2015 年，01 号浮标观测的月平均有效波高、有效波周期和最大值、最小值数据参见表 23，从表中可以看出，有效波高平均值最小的月份为 5 月、8 月、9 月，有效波高平均值最大的月份为 1 月和 2 月，年度最大有效波高值（2.9 m）出现在 6 月；有效波周期平均值最小的月份也为 9 月，年度最小有效波周期（2.6 s）出现在 2 月，有效波周期平均值最大的月份为 8 月，年度最大有效波周期（9.8 s）出现在 8 月和 9 月。从月度有效波高、有效波周期的变化情况分析，有效波高变化最为剧烈的是 6 月，最大有效波高为 2.9 m，最小有效波高为 0.2 m，变化幅度达 2.7 m，有效波周期变化最为剧烈的是 9 月，最大有效波周期为 9.8 s，最小有效波周期为 2.7 s，变化幅度达 7.1 s；相比较而言，有效波高变化幅度较小的月份是 9 月，最大有效波高为 1.6 m，最小有效波高为 0.1 m，变化幅度为 1.5 m，有效波周期变化幅度较小的月份是 1 月，最大有效波周期为 6.6 s，最小有效波周期为 2.7 s，变化幅度为 3.9 s。

表 23　2015 年 01 号浮标各月份有效波高、有效波周期数据

月份	有效波高 / m			有效波周期 / s			备注
	平均	最大	最小	平均	最大	最小	
1	0.9	2.8	0.2	4.5	6.6	2.7	记录 5 次≥ 2 m 过程
2	0.9	2.5	0.1	4.4	7.1	2.6	冬季代表月，记录 1 次寒潮过程，记录 2 次≥ 2 m 过程
3	0.7	2.8	0.2	4.5	8.1	3.0	记录 2 次≥ 2 m 过程
4	0.6	2.4	0.1	4.5	8.5	2.8	记录 2 次≥ 2 m 过程
5	0.5	1.7	0.1	4.3	8.2	2.7	春季代表月
6	0.6	2.9	0.2	4.7	7.3	2.7	数据不全，记录 1 次≥ 2 m 过程
7	—	—	—	—	—	—	浮标大修，无数据
8	0.5	2.0	0.1	5.4	9.8	3.0	夏季代表月，数据不全，记录 1 次≥ 2 m 过程
9	0.5	1.6	0.1	4.1	9.8	2.7	
10	0.7	2.2	0.2	4.4	8.4	2.9	记录 2 次≥ 2 m 过程
11	—	—	—	—	—	—	秋季代表月，无数据
12	—	—	—	—	—	—	无数据

2015 年，01 号浮标获取到有效波高≥ 2 m 的海浪过程共有 15 次，1 月 5 次，2 月、3 月、4 月、10 月均为 2 次，6 月和 8 月均为 1 次。2015 年，01 号浮标记录到 1 次寒潮过程，寒潮期间的最大有效波高为 2.5 m（2 月 8 日 06:30），有效波高≥ 2 m 的海浪累计时长为 18h，累计时间段的平均有效波高为 2.1 m，平均有效波周期为 5.6 s。

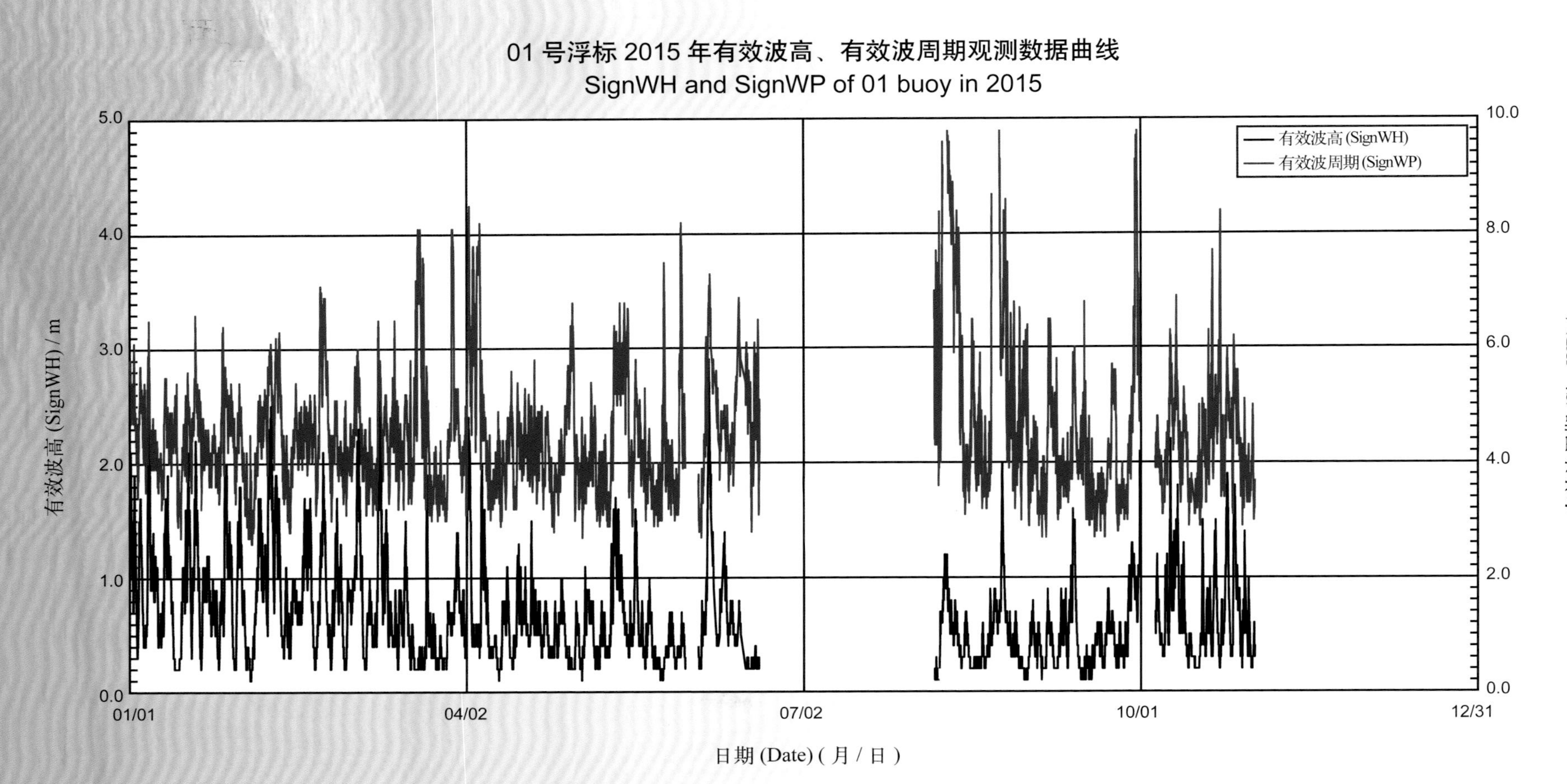
01 号浮标 2015 年有效波高、有效波周期观测数据曲线
SignWH and SignWP of 01 buoy in 2015
有效波高 (SignWH)
有效波周期 (SignWP)
有效波高 (SignWH) / m
有效波周期 (SignWP) / s
日期 (Date) (月 / 日)
01/01
04/02
07/02
10/01
12/31
0.0
1.0
2.0
3.0
4.0
5.0
0.0
2.0
4.0
6.0
8.0
10.0

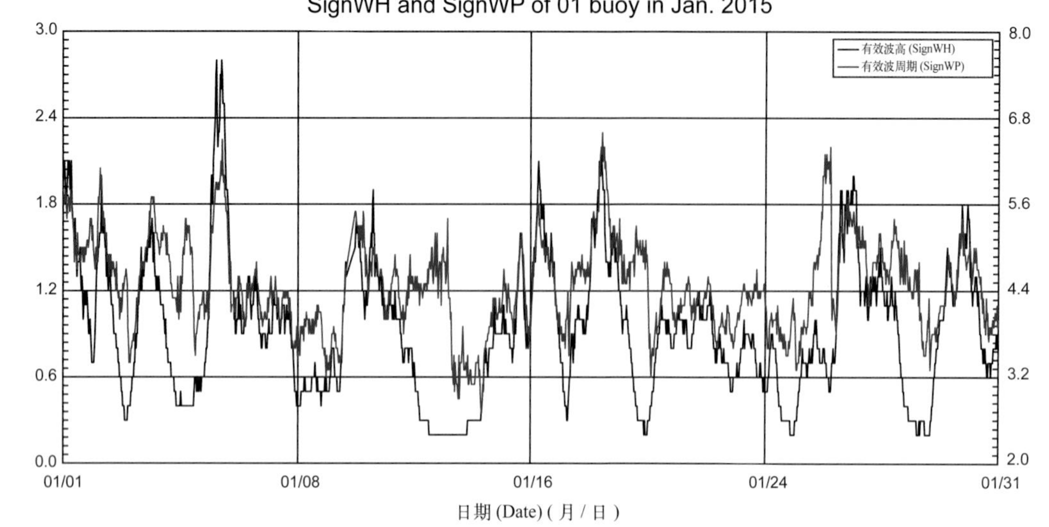
01 号浮标 2015 年 01 月有效波高、有效波周期观测数据曲线
SignWH and SignWP of 01 buoy in Jan. 2015
有效波高 (SignWH)
有效波周期 (SignWP)
有效波高 (SignWH) / m
有效波周期 (SignWP) / s
日期 (Date) (月 / 日)
01/01
01/08
01/16
01/24
01/31

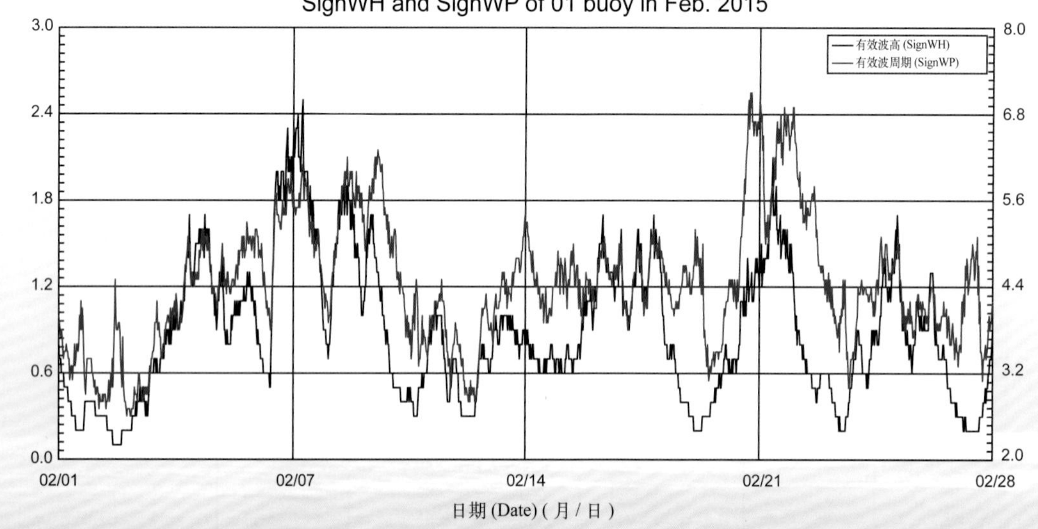
01 号浮标 2015 年 02 月有效波高、有效波周期观测数据曲线
SignWH and SignWP of 01 buoy in Feb. 2015
有效波高 (SignWH)
有效波周期 (SignWP)
有效波高 (SignWH) / m
有效波周期 (SignWP) / s
日期 (Date) (月 / 日)
02/01
02/07
02/14
02/21
02/28

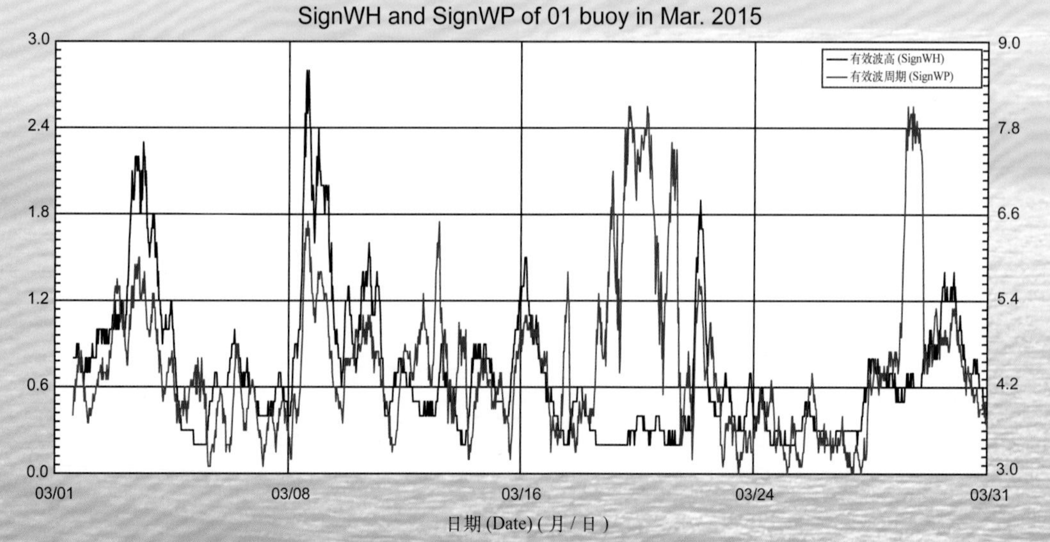
01 号浮标 2015 年 03 月有效波高、有效波周期观测数据曲线
SignWH and SignWP of 01 buoy in Mar. 2015
有效波高 (SignWH)
有效波周期 (SignWP)
有效波高 (SignWH) / m
有效波周期 (SignWP) / s
日期 (Date) (月 / 日)
03/01
03/08
03/16
03/24
03/31

01 号浮标 2015 年 04 月有效波高、有效波周期观测数据曲线

SignWH and SignWP of 01 buoy in Apr. 2015

有效波高 (SignWH) / m

2.5
2.0
1.5
1.0
0.5
0.0

—— 有效波高 (SignWH)
—— 有效波周期 (SignWP)

9.0
7.6
6.2
4.8
3.4
2.0

04/01 04/08 04/15 04/23 04/30

日期 (Date) (月 / 日)

01 号浮标 2015 年 05 月有效波高、有效波周期观测数据曲线

SignWH and SignWP of 01 buoy in May 2015

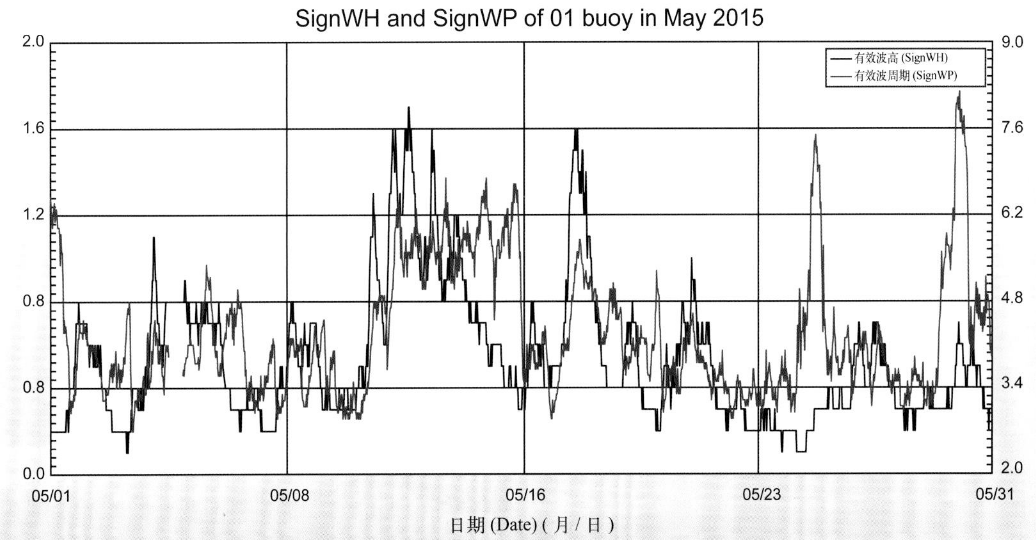

01 号浮标 2015 年 06 月有效波高、有效波周期观测数据曲线

SignWH and SignWP of 01 buoy in Jun. 2015

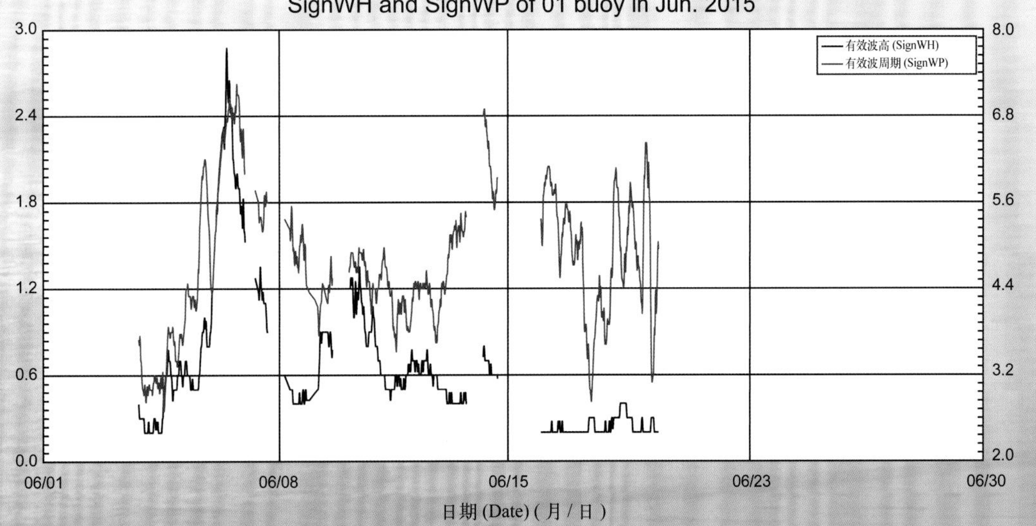

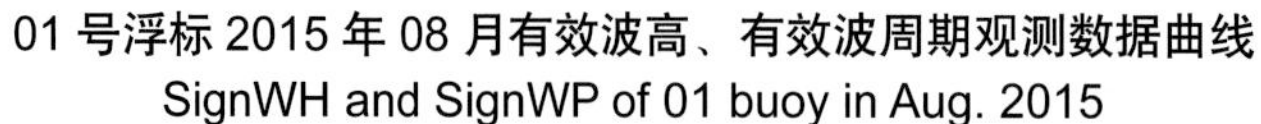

01 号浮标 2015 年 08 月有效波高、有效波周期观测数据曲线
SignWH and SignWP of 01 buoy in Aug. 2015

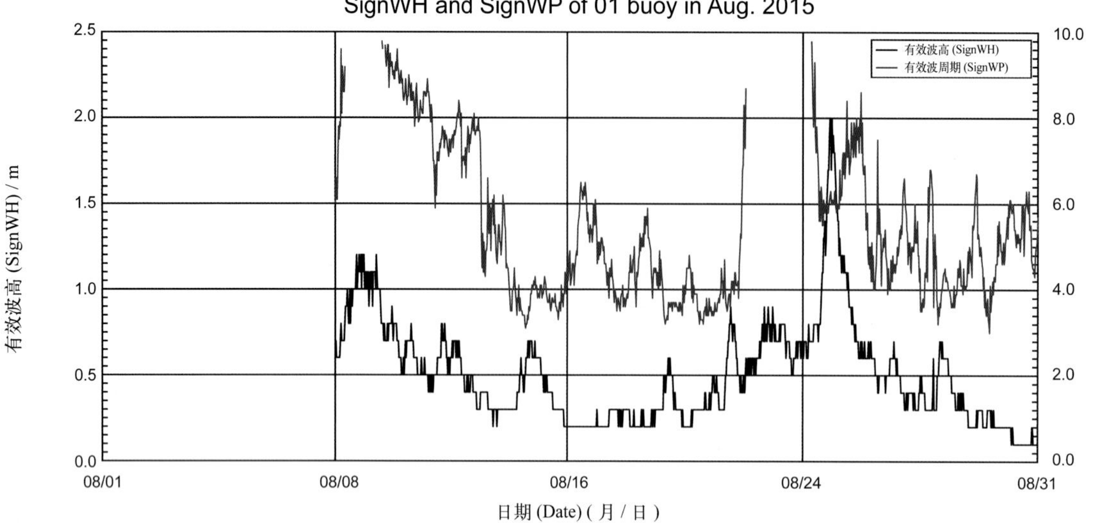

01 号浮标 2015 年 09 月有效波高、有效波周期观测数据曲线
SignWH and SignWP of 01 buoy in Sep. 2015

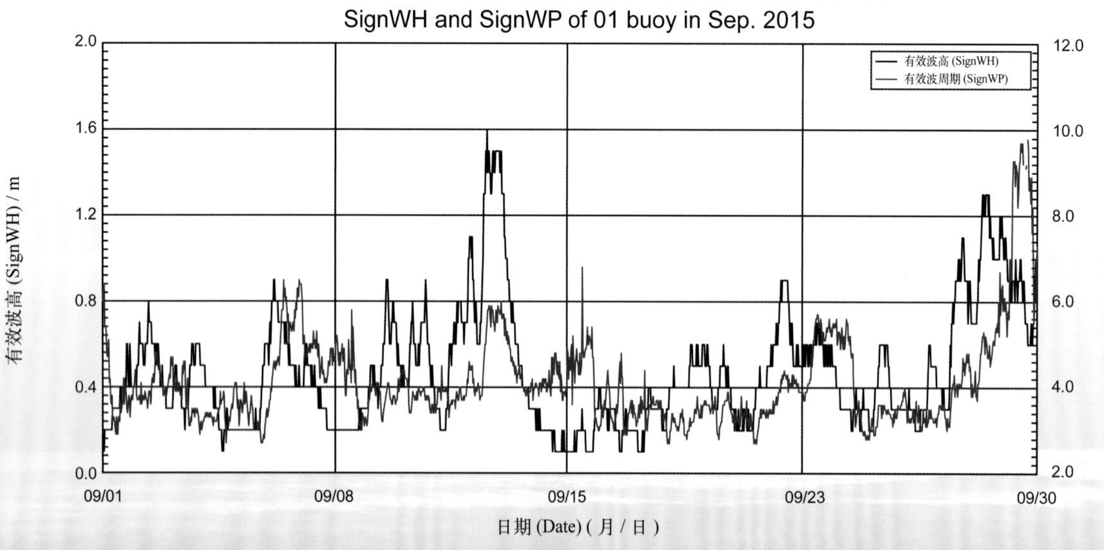

01 号浮标 2015 年 10 月有效波高、有效波周期观测数据曲线
SignWH and SignWP of 01 buoy in Oct. 2015

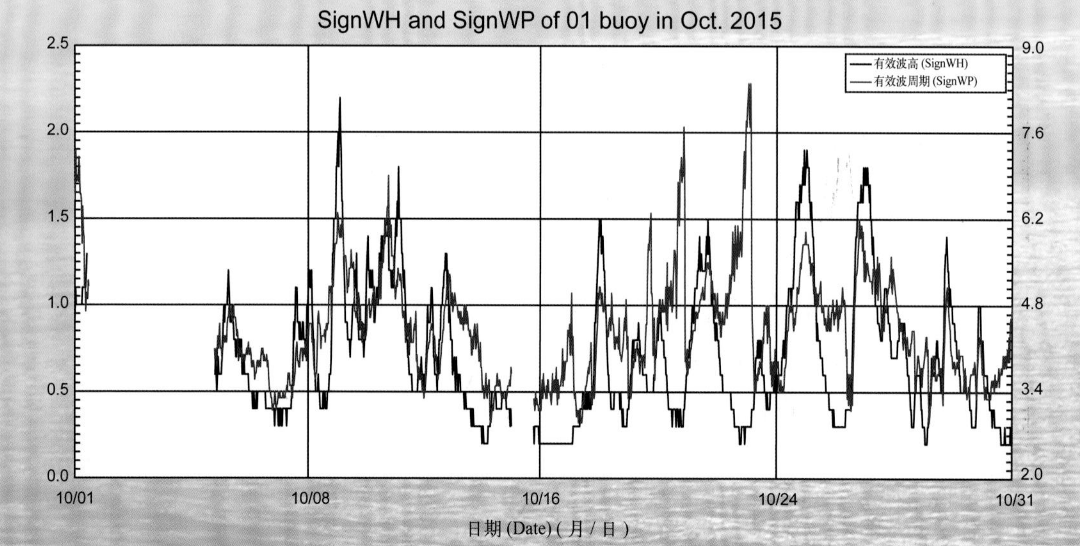

2015年度06号浮标观测数据概述及曲线
（有效波高和有效波周期）

06号浮标位于东海嵊山岛海礁附近海域（30°43′N，123°08′E），是一套直径为10 m的圆盘形综合观测平台。可获取的观测参数包括气象、水文和水质，有效波高和有效波周期是水文参数中的重要观测内容。

2015年，06号浮标是中国近海观测研究网络黄海站、东海站获取有效波高、有效波周期数据最为完整的一套观测系统，几乎获取了全年365天的有效波高和有效波周期长序列观测数据，期间，从12月9日14:00开始因系统电压偏低使数据采集间隔由原来的30 min变为60 min。

通过对获取数据质量控制和分析，06号浮标观测海域本年度有效波高、有效波周期数据和季节数据特征如下：年度有效波高平均值为1.3 m，年度有效波周期平均值为6.4 s；测得的年度最大有效波高为8.0 m（7月11日08:00），对应的有效波周期为10.4 s，当时有效波高≥4 m以上的海浪持续了42.5 h（7月10日11:30至12日06:00）；测得的年度最大有效波周期和最小有效波周期分别为13.3 s（5月19日14:30）和3.3 s（2月12日05:00）。以2月为冬季代表月，观测海域冬季的平均有效波高是1.2 m，平均有效波周期是5.8 s；以5月为春季代表月，观测海域春季的平均有效波高是1.0 m，平均有效波周期是6.3 s；以8月为夏季代表月，观测海域夏季的平均有效波高是1.3 m，平均有效波周期是7.1 s；以11月为秋季代表月，观测海域秋季的平均有效波高是1.3 m，平均有效波周期是6.1 s。

2015年，06号浮标观测的月平均有效波高、有效波周期和最大值、最小值数据参见表24，从表中可以看出，有效波高平均值最小的月份为6月，有效波高平均值最大的月份为7月，并且在该时间段内出现观测到的年度最大有效波高（8.0 m）；有效波周期平均值最小的月份也为6月，年度最小有效波周期（3.3 s）出现在2月，有效波周期平均值最大的月份为7月，年度最大有效波周期（13.3 s）出现在5月。从月度有效波高、有效波周期的变化情况分析，有效波高变化最为剧烈的是7月，最大有效波高为8.0 m，最小有效波高为0.5 m，变化幅度达7.5 m，有效波周期变化最为剧烈的是5月，最大有效波周期为13.3 s，最小有效波周期为3.5 s，变化幅度达9.8 s；比较而言，有效波高变化幅度较小的月份是6月，最大有效波高为2.0 m，最小有效波高为0.4 m，变化幅度为1.6 m，有效波周期变化幅度较小的月份是12月，最大有效波周期为8.1 s，最小有效波周期为3.8 s，变化幅度为4.3 s。

表 24　2015 年 06 号浮标各月份有效波高、有效波周期数据

月份	有效波高 / m			有效波周期 / s			备注
	平均	最大	最小	平均	最大	最小	
1	1.6	4.9	0.4	6.0	8.2	3.6	记录 2 次≥ 4 m 过程
2	1.2	3.4	0.4	5.8	8.0	3.3	冬季代表月
3	1.2	3.4	0.3	6.2	9.7	3.8	记录 1 次寒潮过程
4	1.3	3.4	0.3	6.5	10.2	4.0	
5	1.0	2.7	0.3	6.3	13.3	3.5	春季代表月
6	0.9	2.0	0.4	5.6	8.6	3.7	
7	1.7	8.0	0.5	7.5	13.2	4.0	记录 1 次台风过程，记录 1 次≥ 4 m 过程
8	1.3	4.5	0.3	7.1	13.1	3.7	夏季代表月，记录 1 次台风过程，记录 2 次≥ 4 m 过程
9	1.2	3.7	0.2	6.8	11.9	3.6	
10	1.2	3.1	0.3	6.8	10.5	4.1	
11	1.3	4.0	0.3	6.1	8.9	4.0	秋季代表月，记录 1 次寒潮过程
12	1.5	3.6	0.3	5.9	8.1	3.8	缺失部分数据

2015 年，06 号浮标获取到有效波高≥ 2 m 的海浪过程共有 47 次，1 月为 8 次，2 月、4 月、5 月、7 月、8 月、9 月、10 月和 12 月均为 4 次，3 月和 11 月均为 3 次，6 月为 1 次，其中有效波高在 4 m 以上的灾害性海浪过程共 5 次，分别为 1 月 1 日（冷空气影响）、1 月 14 日（冷空气影响）、7 月 10 日至 12 日（台风“灿鸿”影响）、8 月 8 日和 8 月 24 日（台风“天鹅”影响）。2015 年，06 号浮标共记录到 2 次寒潮过程和 2 次台风过程。第一次寒潮过程，有效波高从 3 月 9 日 08:30 开始增大至 2 m 以上，最大有效波高为 3.4 m（3 月 10 日 08:30），有效波高≥ 2 m 的大浪一直持续到 3 月 10 日 18:30，平均有效波高为 2.4 m，平均有效波周期为 6.9 s。第二次寒潮过程，有效波

高从 11 月 23 日 22:00 开始增大至 2.0 m 以上，最大有效波高达到 4.0 m（11 月 26 日 21:30），有效波高≥ 2 m 的大浪一直持续到 11 月 27 日 13:00，平均有效波高为 2.76 m，平均有效波周期为 7.35 s。第一次台风过程，受第 9 号超强台风“灿鸿”影响，有效波高从 7 月 10 日 11:30 开始增大至 4 m 以上，最大有效波高为 8.0 m（7 月 11 日 08:00），有效波高≥ 4 m 的大浪一直持续到 7 月 12 日 06:00，平均有效波高为 6.1 m，平均有效波周期为 10.4 s。第二次台风过程，受第 15 号超强台风“天鹅”影响，有效波高从 8 月 24 日 11:30 开始增大至 3 m 以上，最大有效波高为 4.5 m（8 月 24 日 19:00 和 19:30），有效波高≥ 3 m 的大浪一直持续到 8 月 25 日 11:00，平均有效波高为 3.6 m，平均有效波周期为 8.3 s。

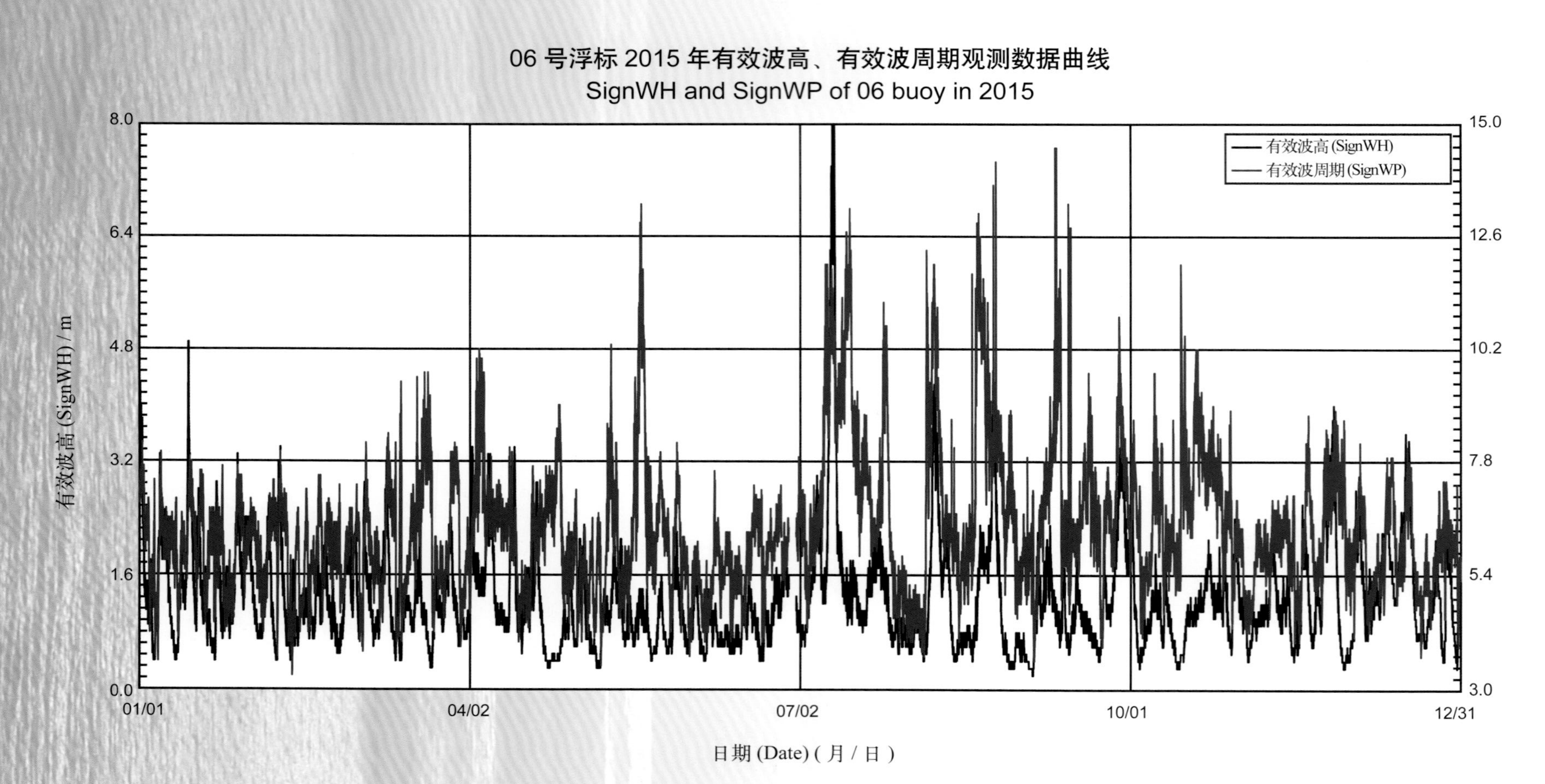
06 号浮标 2015 年有效波高、有效波周期观测数据曲线
SignWH and SignWP of 06 buoy in 2015
有效波高 (SignWH)
有效波周期 (SignWP)
8.0
6.4
4.8
3.2
1.6
0.0
有效波高 (SignWH) / m
15.0
12.6
10.2
7.8
5.4
3.0
有效波周期 (SignWP) / s
01/01
04/02
07/02
10/01
12/31
日期 (Date) (月 / 日)

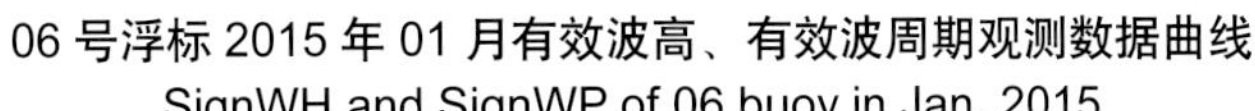

06 号浮标 2015 年 01 月有效波高、有效波周期观测数据曲线
SignWH and SignWP of 06 buoy in Jan. 2015

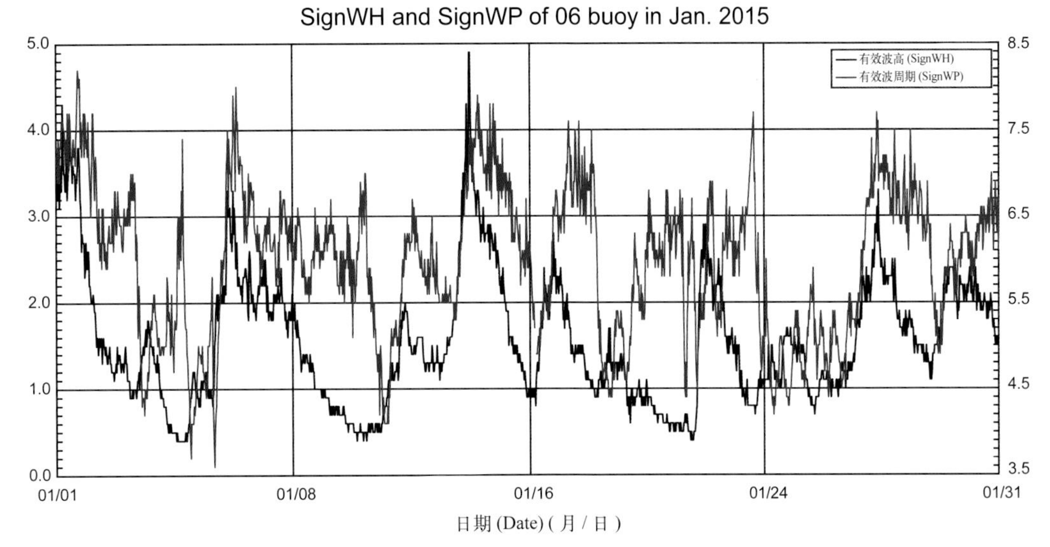

06 号浮标 2015 年 02 月有效波高、有效波周期观测数据曲线
SignWH and SignWP of 06 buoy in Feb. 2015

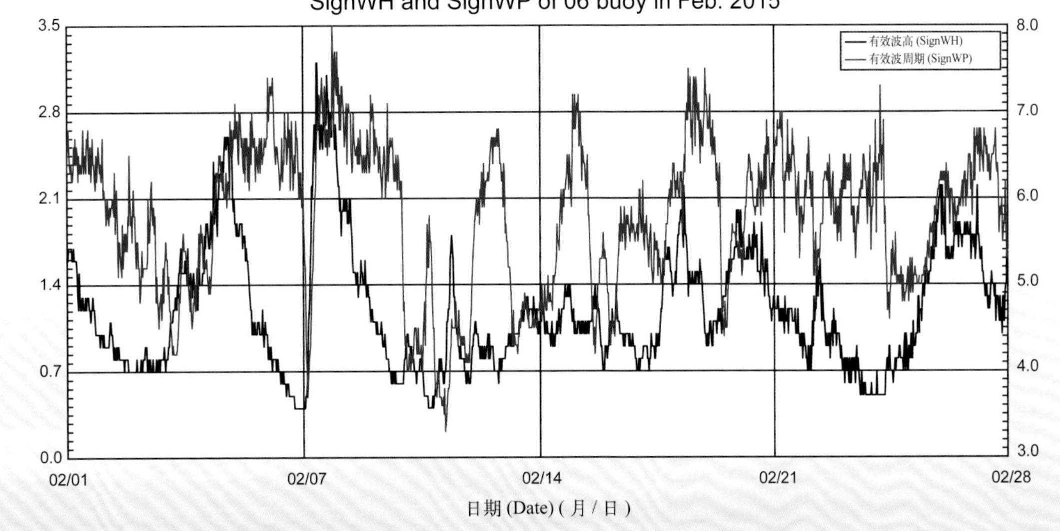

06 号浮标 2015 年 03 月有效波高、有效波周期观测数据曲线
SignWH and SignWP of 06 buoy in Mar. 2015

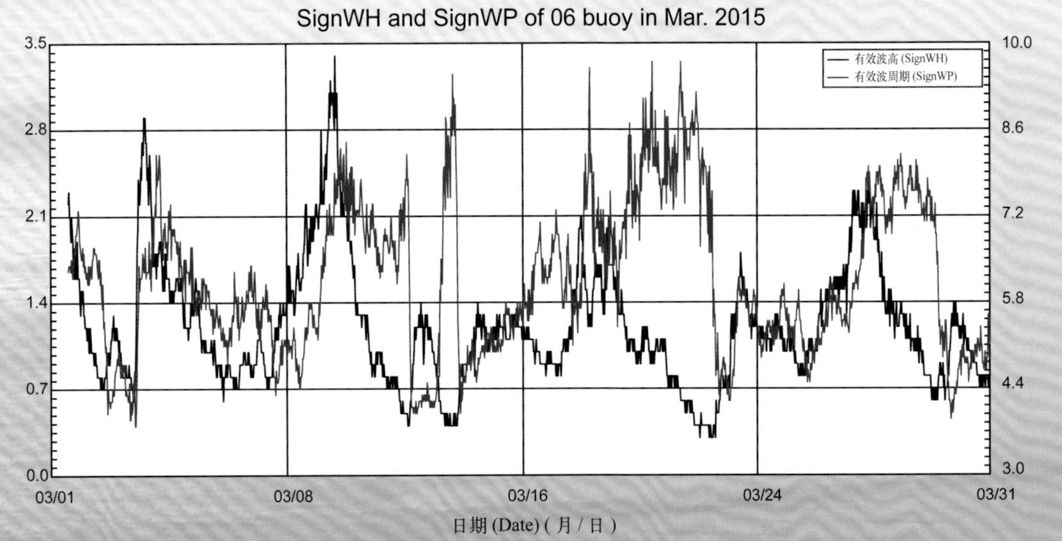

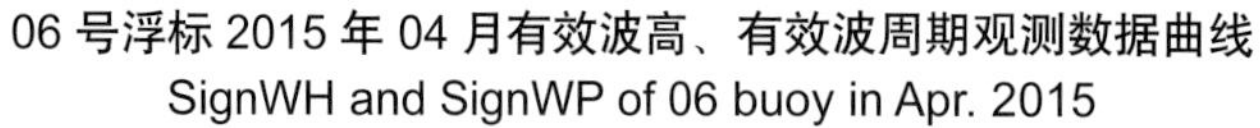

06 号浮标 2015 年 04 月有效波高、有效波周期观测数据曲线
SignWH and SignWP of 06 buoy in Apr. 2015

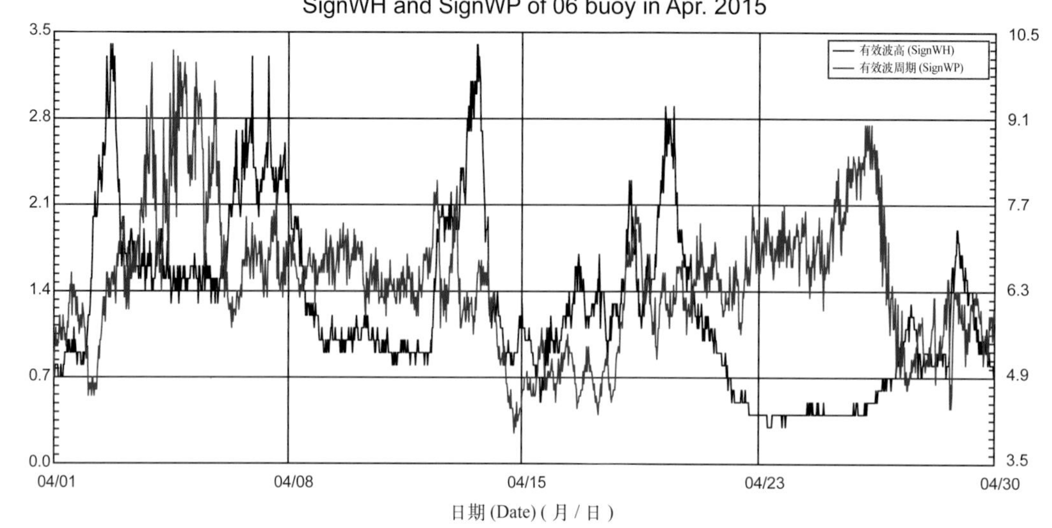

06 号浮标 2015 年 05 月有效波高、有效波周期观测数据曲线
SignWH and SignWP of 06 buoy in May 2015

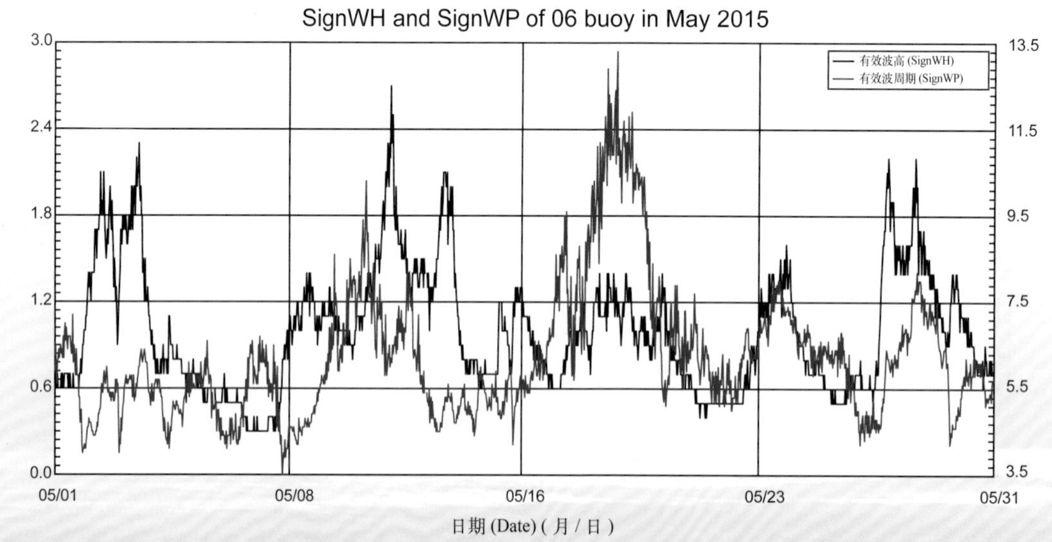

06 号浮标 2015 年 06 月有效波高、有效波周期观测数据曲线
SignWH and SignWP of 06 buoy in Jun. 2015

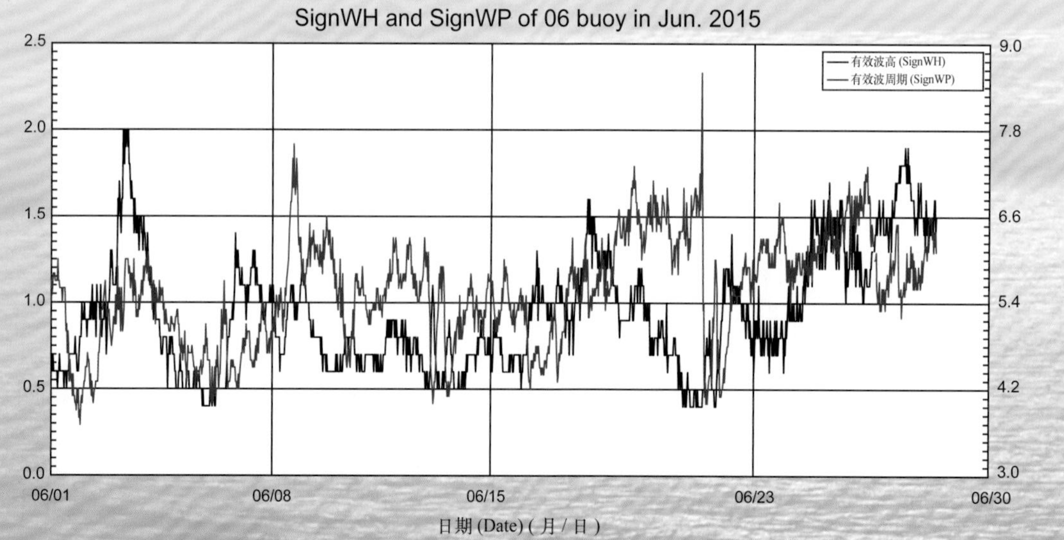

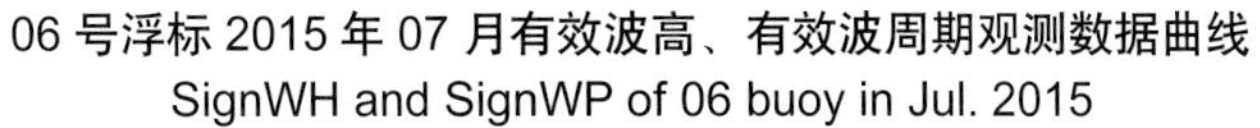

06 号浮标 2015 年 07 月有效波高、有效波周期观测数据曲线

SignWH and SignWP of 06 buoy in Jul. 2015

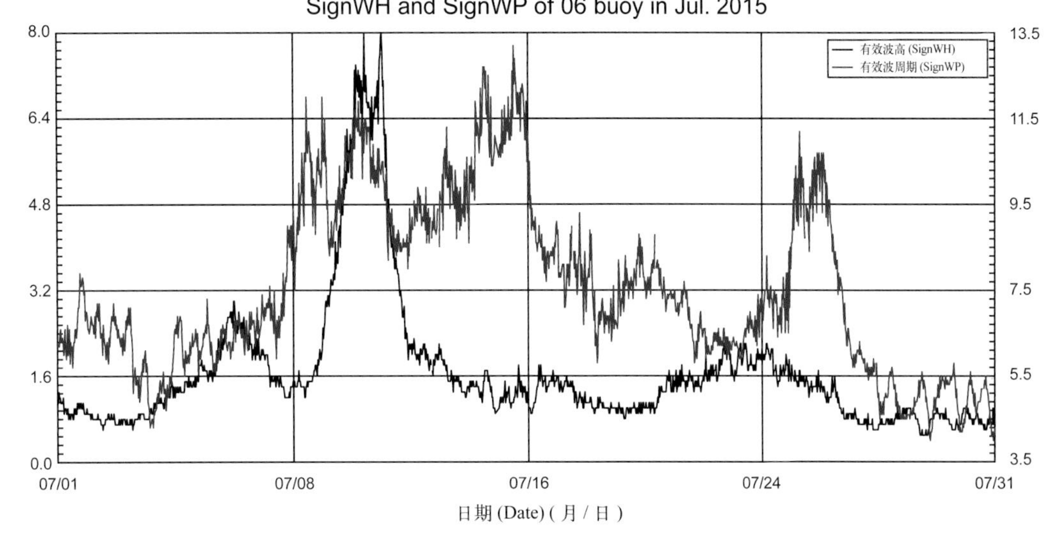

06 号浮标 2015 年 08 月有效波高、有效波周期观测数据曲线

SignWH and SignWP of 06 buoy in Aug. 2015

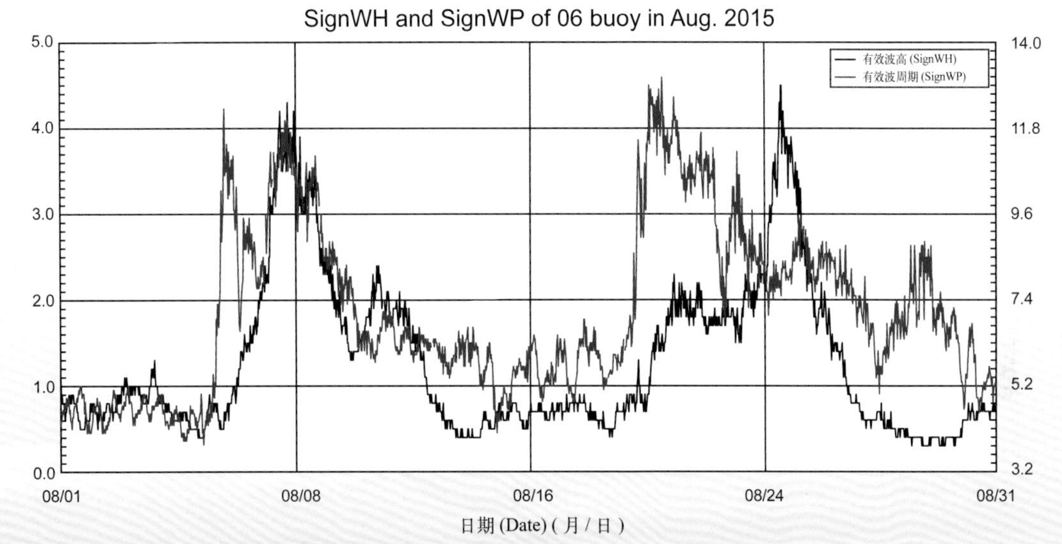

06 号浮标 2015 年 09 月有效波高、有效波周期观测数据曲线

SignWH and SignWP of 06 buoy in Sep. 2015

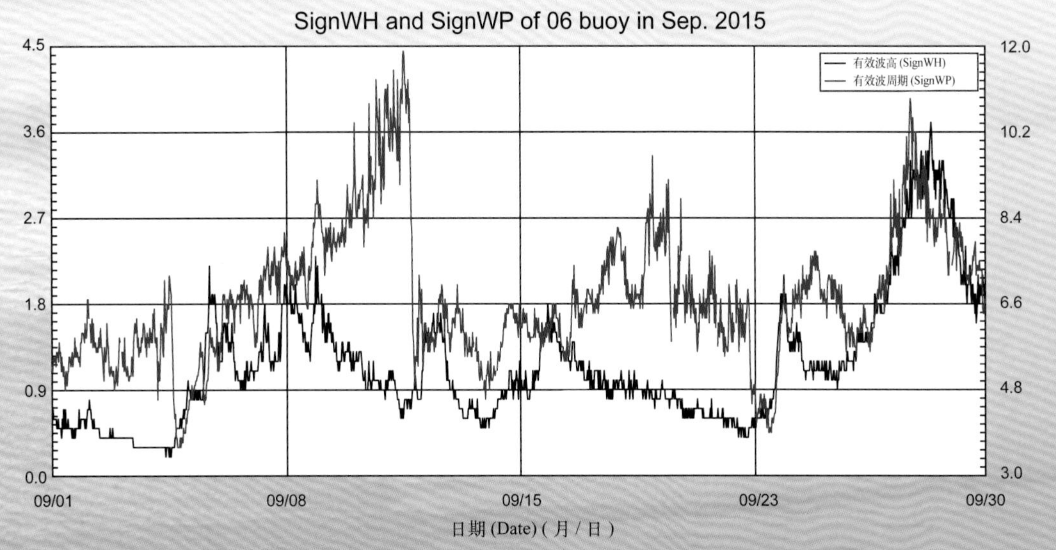

06 号浮标 2015 年 10 月有效波高、有效波周期观测数据曲线
SignWH and SignWP of 06 buoy in Oct. 2015

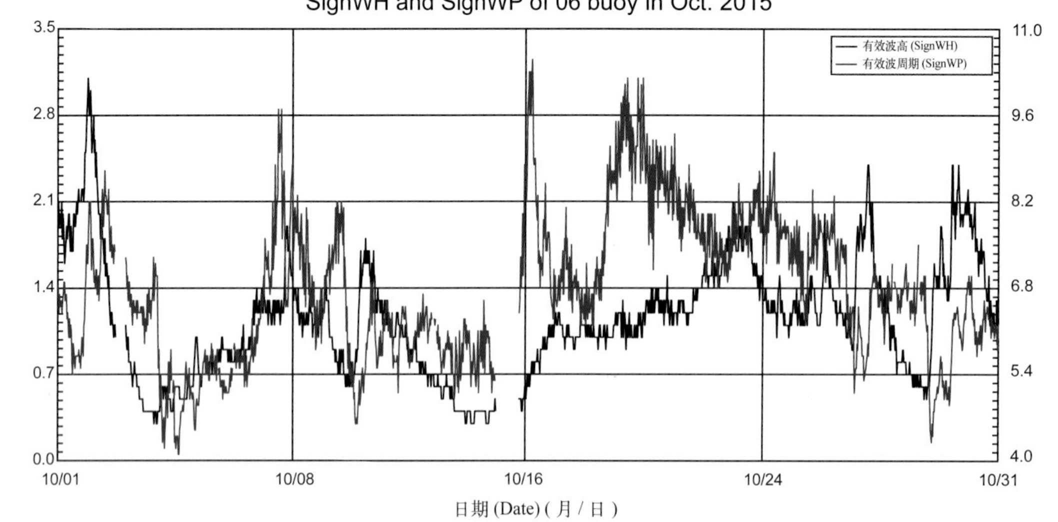

06 号浮标 2015 年 11 月有效波高、有效波周期观测数据曲线
SignWH and SignWP of 06 buoy in Nov. 2015

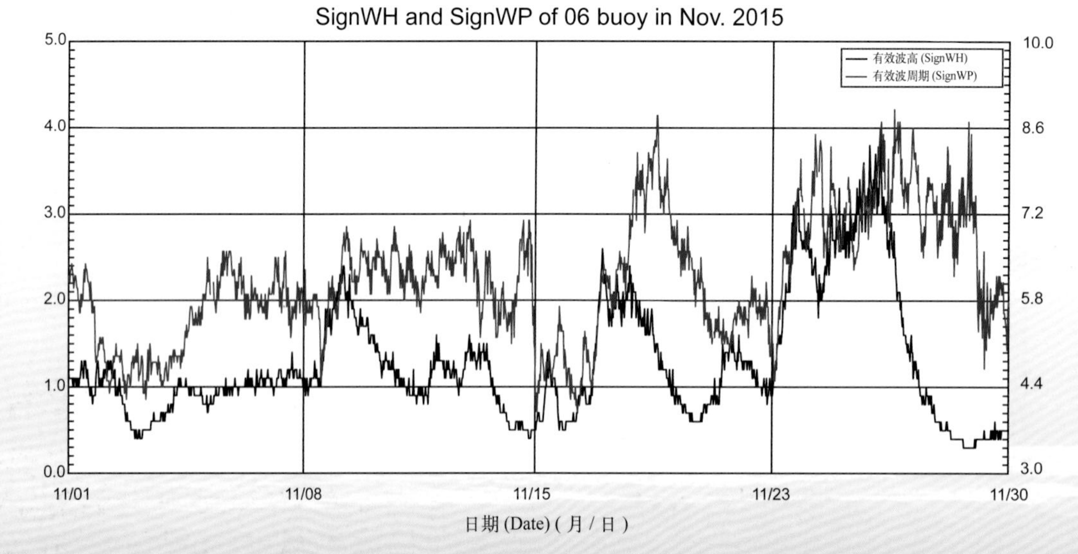

06 号浮标 2015 年 12 月有效波高、有效波周期观测数据曲线
SignWH and SignWP of 06 buoy in Dec. 2015

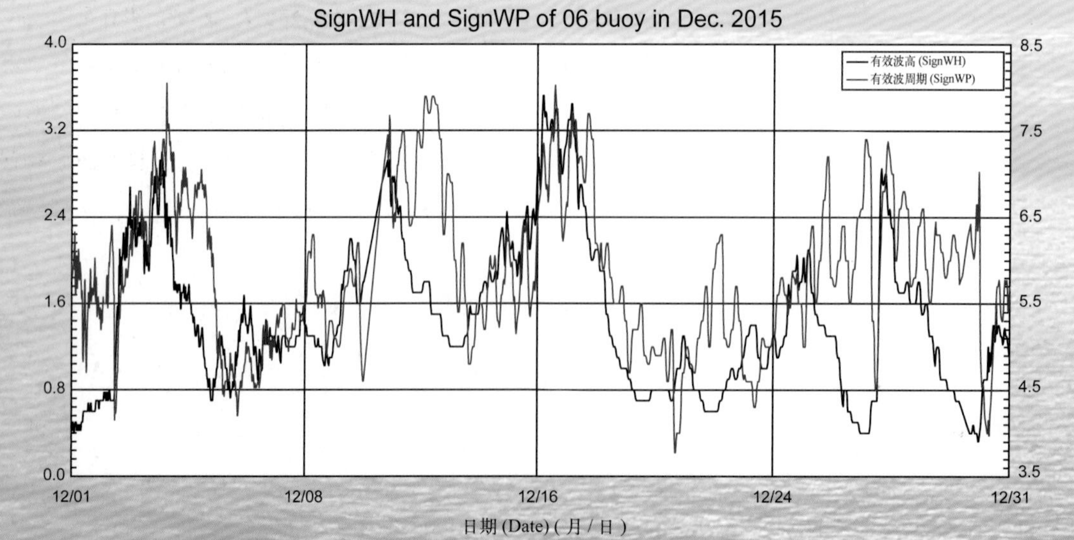

2015 年度 07 号浮标观测数据概述及曲线
（有效波高和有效波周期）

07 号浮标位于黄海荣成楮岛附近海域（37°04′N，122°35′E），是一套直径为 3 m 的圆盘形综合观测平台。可获取的观测参数包括气象、水文和水质，有效波高和有效波周期是水文参数中的重要观测内容。

2015 年，07 号浮标共获取近 327 天的有效波高和有效波周期长序列观测数据。获取数据的区间共三个时间段，具体为 1 月 1 日 00:00 至 6 月 29 日 08:10、7 月 1 日 07:10 至 8 月 5 日 00:40 和 9 月 10 日 07:30 至 12 月 31 日 23:50。

通过对获取数据质量控制和分析，07 号浮标观测海域本年度有效波高、有效波周期数据和季节数据特征如下：年度有效波高平均值为 0.4 m，年度有效波周期平均值为 5.6 s；测得的年度最大有效波高为 3.0 m（7 月 12 日 18:00 至 18:20），对应的有效波周期为 8.6 s，当时有效波高≥ 2 m 的海浪持续了 19 h（7 月 12 日 05:00 至 23:50）；测得的年度最大有效波周期和最小有效波周期分别为 13.5 s（5 月 20 日 11:10 至 11:30）和 0.0 s。以 2 月为冬季代表月，观测海域冬季的平均有效波高是 0.3 m，平均有效波周期是 5.3 s；以 5 月为春季代表月，观测海域春季的平均有效波高是 0.3 m，平均有效波周期是 5.8 s；以 8 月为夏季代表月，观测海域夏季的平均有效波高是 0.6 m，平均有效波周期是 5.3 s；以 11 月为秋季代表月，观测海域秋季的平均有效波高是 0.6 m，平均有效波周期是 5.1 s。

2015 年，07 号浮标观测的月平均有效波高、有效波周期和最大值、最小值数据参见表 25，从表中可以看出，月平均有效波高最小的月份为 2 月、3 月、5 月、6 月和 9 月，月平均有效波周期最小的月份为 12 月；月平均有效波高最大的月份为 8 月和 11 月，年度最大有效波高（3.0 m）出现在 7 月，月平均有效波周期最大的月份为 7 月，年度最大有效波周期（13.5 s）出现在 5 月。从月度有效波高、有效波周期的变化情况分析，有效波高变化最为剧烈的是 7 月，最大有效波高为 3.0 m，最小有效波高为 0.2 m，变化幅度达 2.8 m，有效波周期变化最为剧烈的是 5 月，最大有效波周期为 13.5 s，最小有效波周期为 0.0 s，变化幅度达 13.5 s；相比较而言，有效波高变化幅度较小的月份是 8 月，最大有效波高为 1.1 m，最小有效波高为 0.2 m，变化幅度为 0.9 m，有效波周期变化幅度较小的月份也是 8 月，最大有效波周期为 7.0 s，最小有效波周期为 3.9 s，变化幅度为 3.1 s。

表 25　2015 年 07 号浮标各月份有效波高、有效波周期数据

月份	有效波高 / m			有效波周期 / s			备注
	平均	最大	最小	平均	最大	最小	
1	0.4	1.7	0.0	5.5	8.5	0.0	
2	0.3	1.5	0.0	5.3	8.5	0.0	冬季代表月，记录 1 次寒潮过程
3	0.3	1.0	0.0	5.5	11.4	0.0	
4	0.4	2.7	0.0	5.6	12.0	0.0	记录 1 次≥ 2 m 过程
5	0.3	1.2	0.0	5.8	13.5	0.0	春季代表月
6	0.3	1.3	0.0	5.4	7.6	0.0	缺近 2 天的数据
7	0.5	3.0	0.2	7.0	13.2	3.8	记录 1 次台风过程，记录 1 次≥ 3 m 过程
8	0.6	1.1	0.2	5.3	7.0	3.9	夏季代表月，缺近 25 天的数据
9	0.3	1.6	0.0	5.2	12.7	0.0	缺近 10 天的数据
10	0.4	1.5	0.1	5.6	13.2	2.7	
11	0.6	2.9	0.0	5.1	8.2	0.0	秋季代表月，记录 1 次≥ 2 m 过程
12	0.4	1.5	0.0	4.9	7.6	0.0	

2015 年，07 号浮标获取到有效波高≥ 2 m 的海浪过程共有 3 次，4 月、7 月和 11 月各为 1 次。2015 年，07 号浮标记录到 1 次寒潮过程和 1 次台风过程。寒潮期间，从 2 月 7 日 20:30 开始有效波高增大至 1 m 以上，最大有效波高为 1.5 m（3 月 10 日 08:30），有效波高≥ 1 m 的海浪一直持续到 2 月 8 日 06:50，平均有效波高为 1.2 m，平均有效波周期为 7.5 s。受第 9 号超强台风“灿鸿”影响，最大有效波高为 3.0 m（7 月 12 日 18:00），有效波高超过 2.0 m 的海浪持续了近 19 h（7 月 12 日 05:00 至 23:50），该时间段内平均有效波高为 2.5 m，平均有效波周期为 8.8 s。

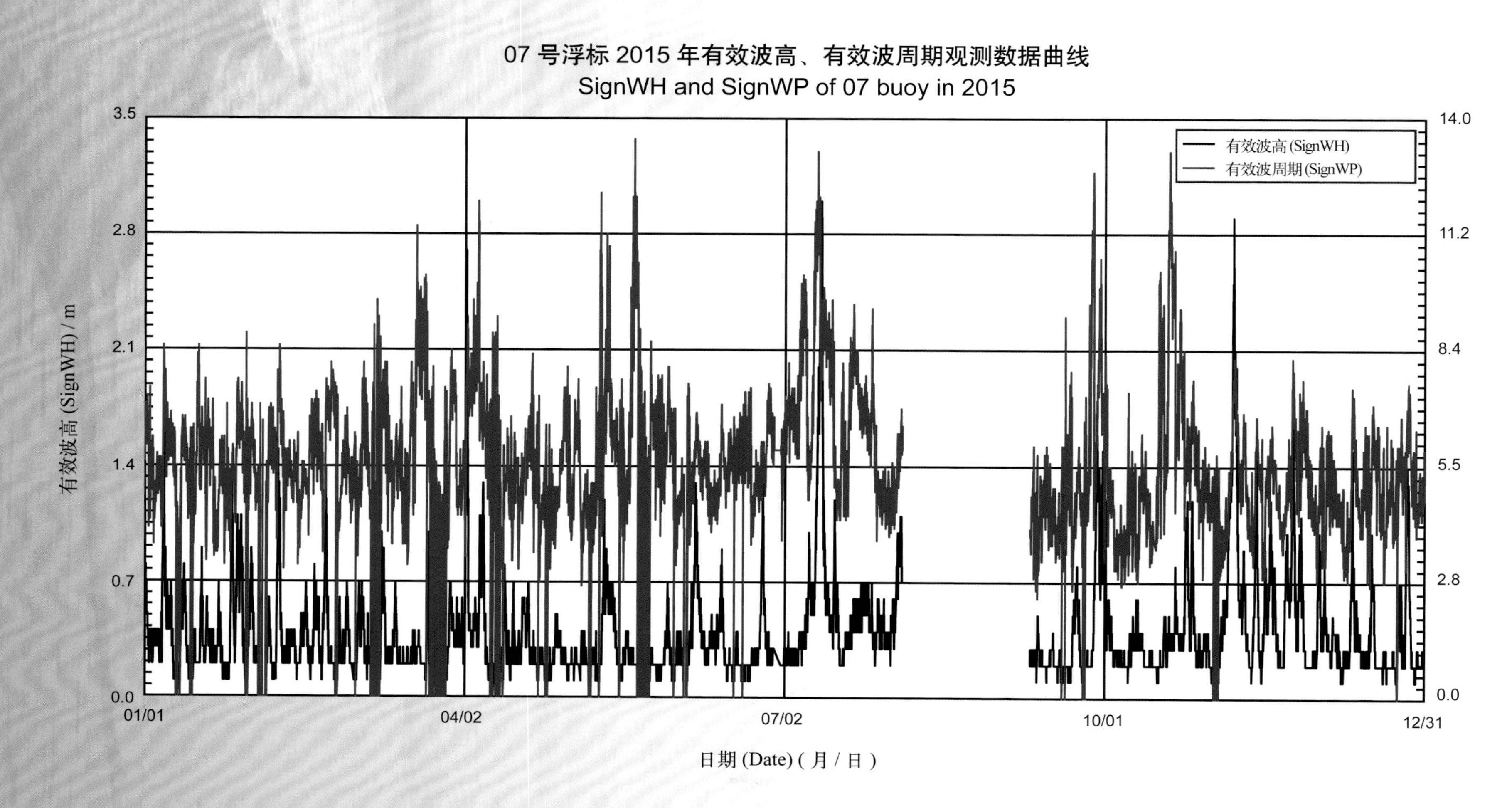
07 号浮标 2015 年有效波高、有效波周期观测数据曲线
SignWH and SignWP of 07 buoy in 2015
有效波高 (SignWH)
有效波周期 (SignWP)
有效波高 (SignWH) / m
3.5
2.8
2.1
1.4
0.7
0.0
14.0
11.2
8.4
5.5
2.8
0.0
01/01
04/02
07/02
10/01
12/31
日期 (Date) (月 / 日)

有效波周期 (SignWP) / s

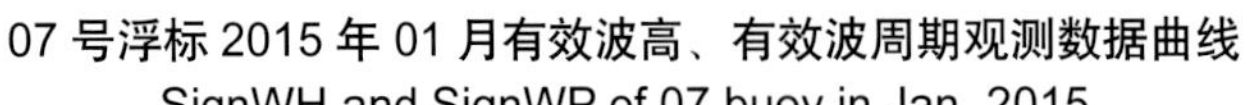

07 号浮标 2015 年 01 月有效波高、有效波周期观测数据曲线
SignWH and SignWP of 07 buoy in Jan. 2015

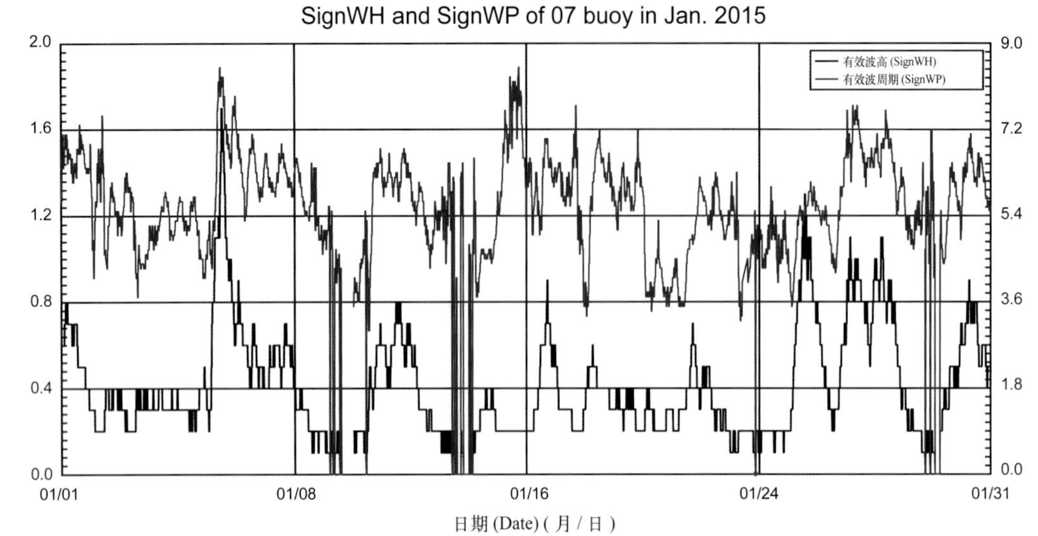

07 号浮标 2015 年 02 月有效波高、有效波周期观测数据曲线
SignWH and SignWP of 07 buoy in Feb. 2015

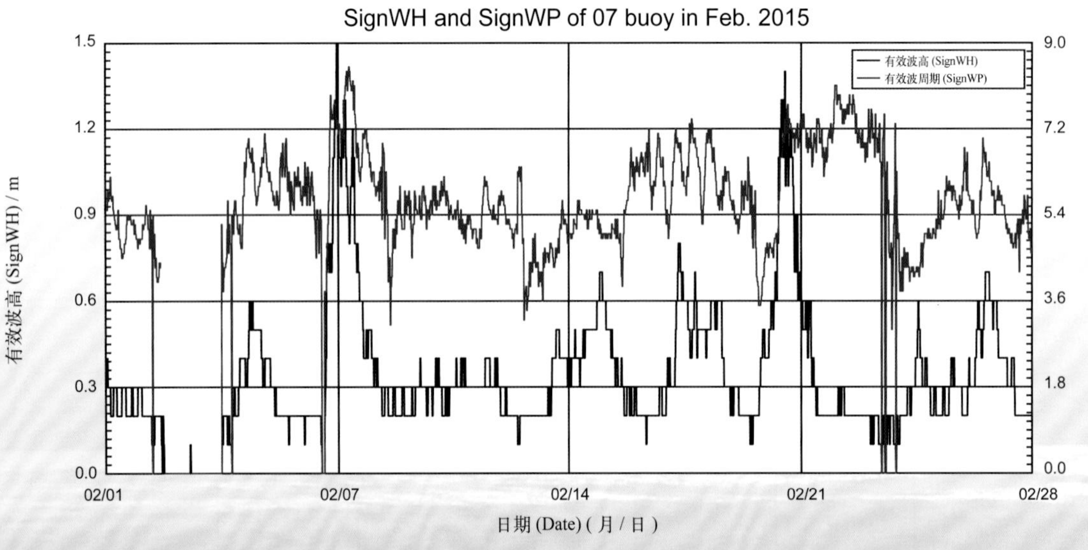

07 号浮标 2015 年 03 月有效波高、有效波周期观测数据曲线
SignWH and SignWP of 07 buoy in Mar. 2015

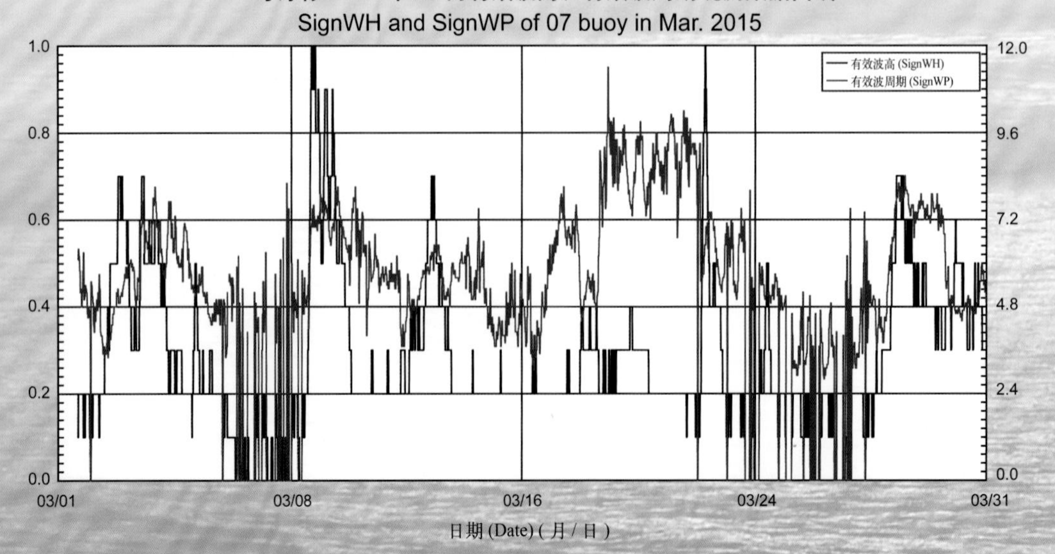

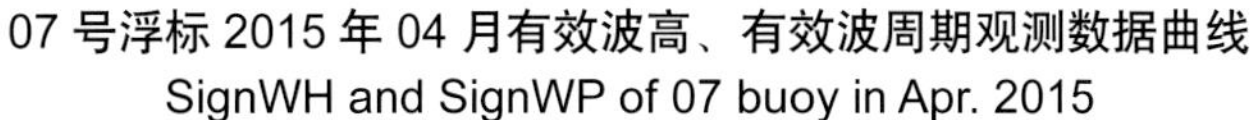

07 号浮标 2015 年 04 月有效波高、有效波周期观测数据曲线

SignWH and SignWP of 07 buoy in Apr. 2015

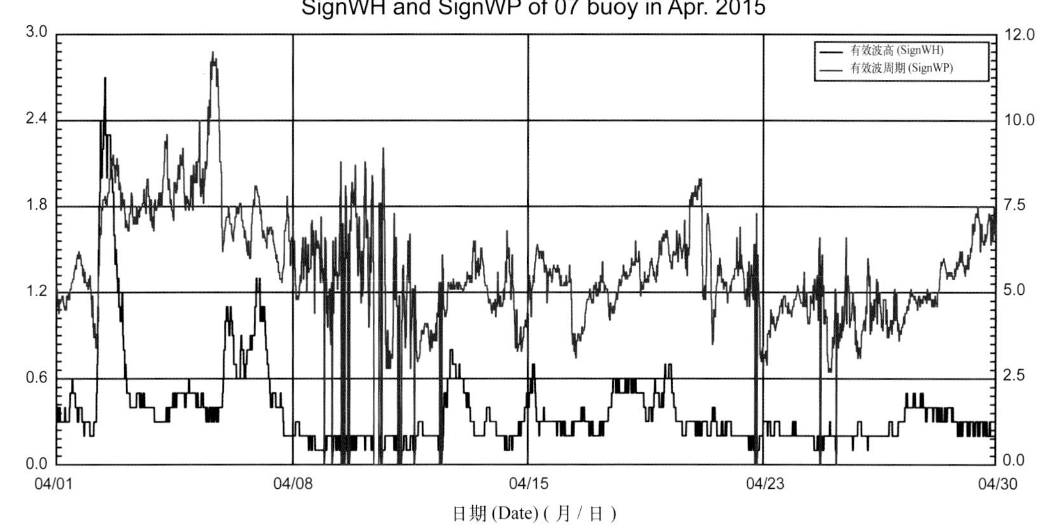

07 号浮标 2015 年 05 月有效波高、有效波周期观测数据曲线

SignWH and SignWP of 07 buoy in May 2015

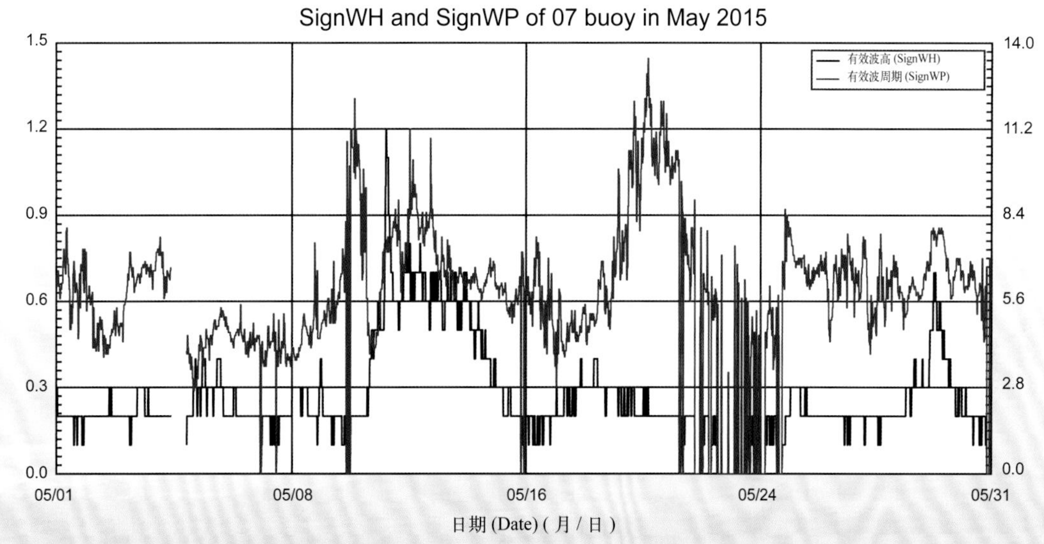

07 号浮标 2015 年 06 月有效波高、有效波周期观测数据曲线

SignWH and SignWP of 07 buoy in Jun. 2015

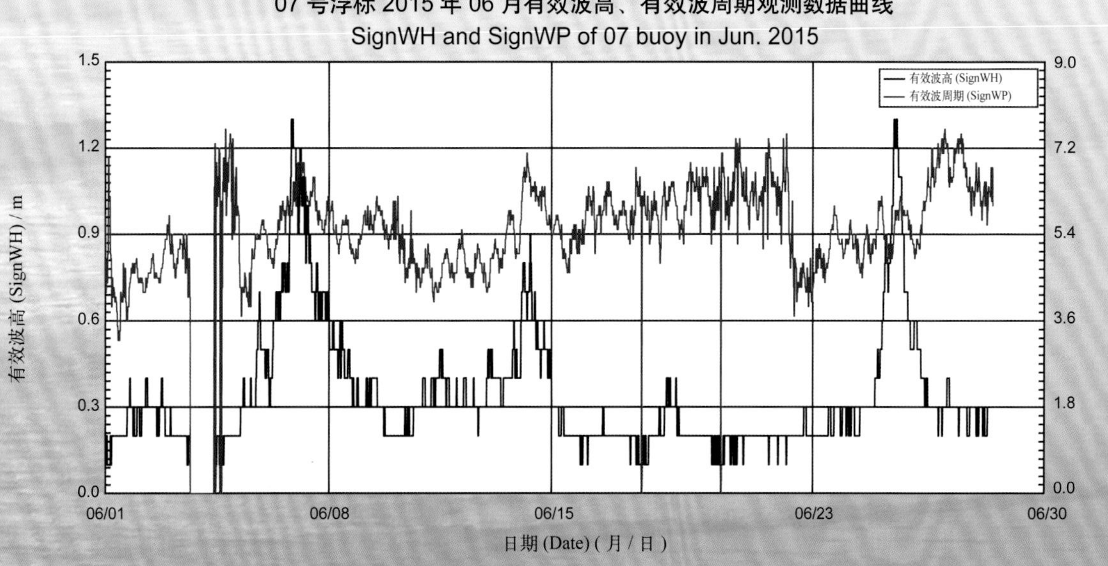

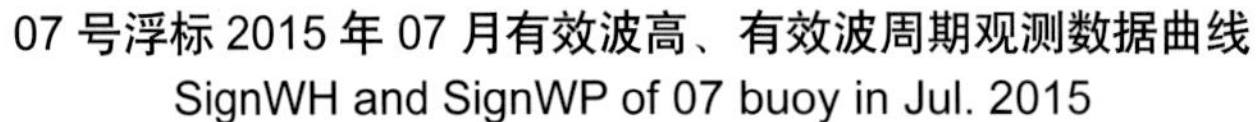

07 号浮标 2015 年 07 月有效波高、有效波周期观测数据曲线
SignWH and SignWP of 07 buoy in Jul. 2015

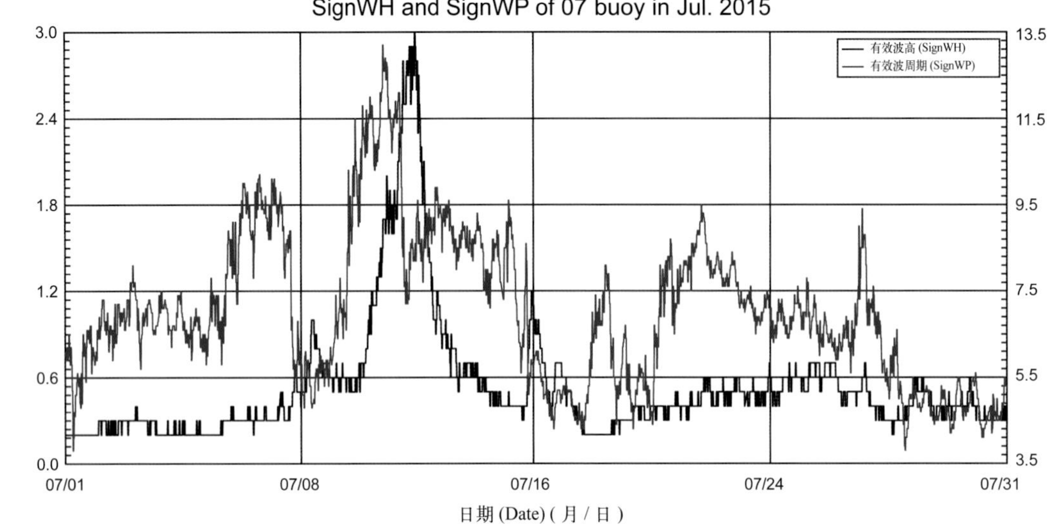

07 号浮标 2015 年 09 月有效波高、有效波周期观测数据曲线
SignWH and SignWP of 07 buoy in Sep. 2015

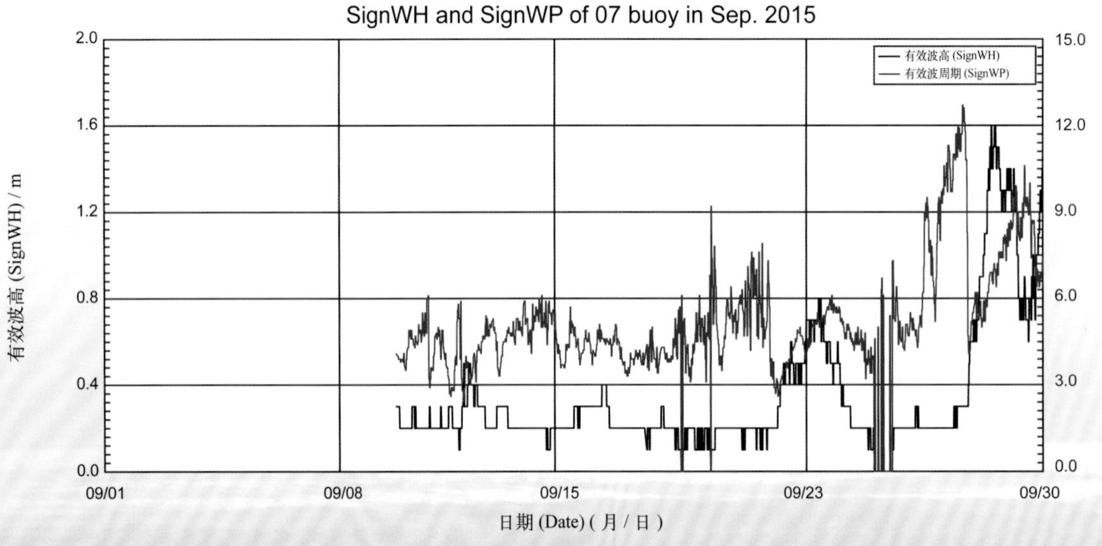

07 号浮标 2015 年 10 月有效波高、有效波周期观测数据曲线
SignWH and SignWP of 07 buoy in Oct. 2015

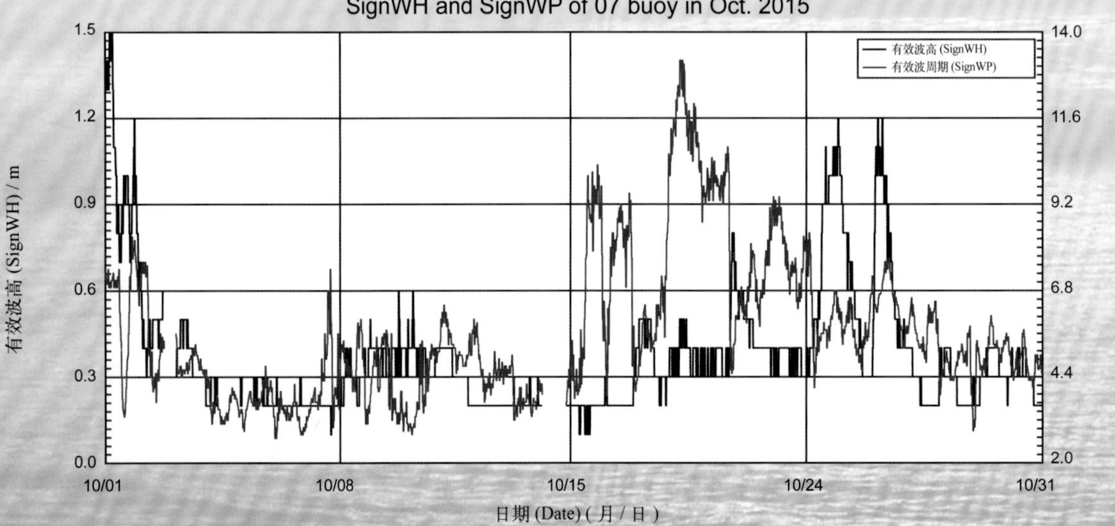

07 号浮标 2015 年 11 月有效波高、有效波周期观测数据曲线
SignWH and SignWP of 07 buoy in Nov. 2015

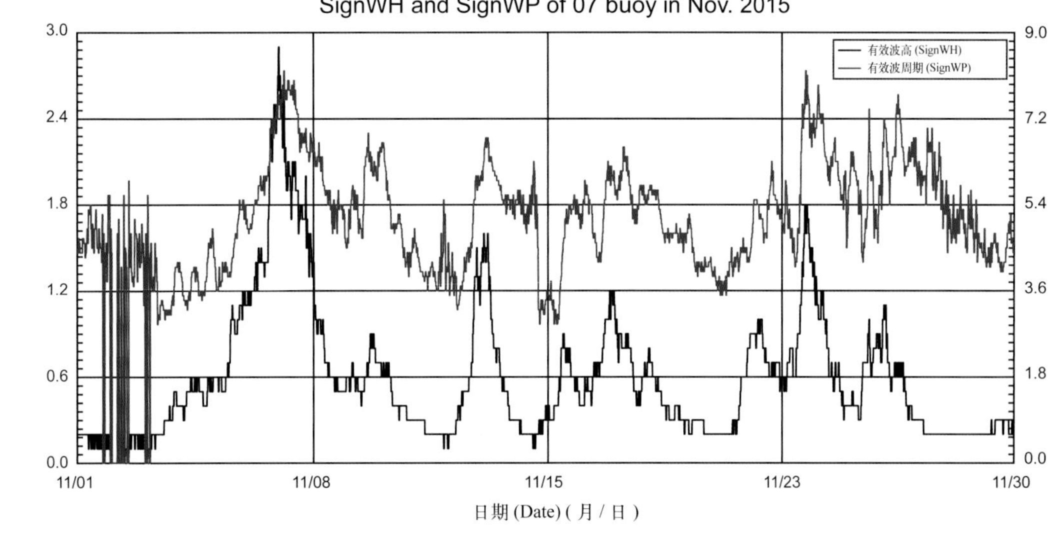

07 号浮标 2015 年 12 月有效波高、有效波周期观测数据曲线
SignWH and SignWP of 07 buoy in Dec. 2015

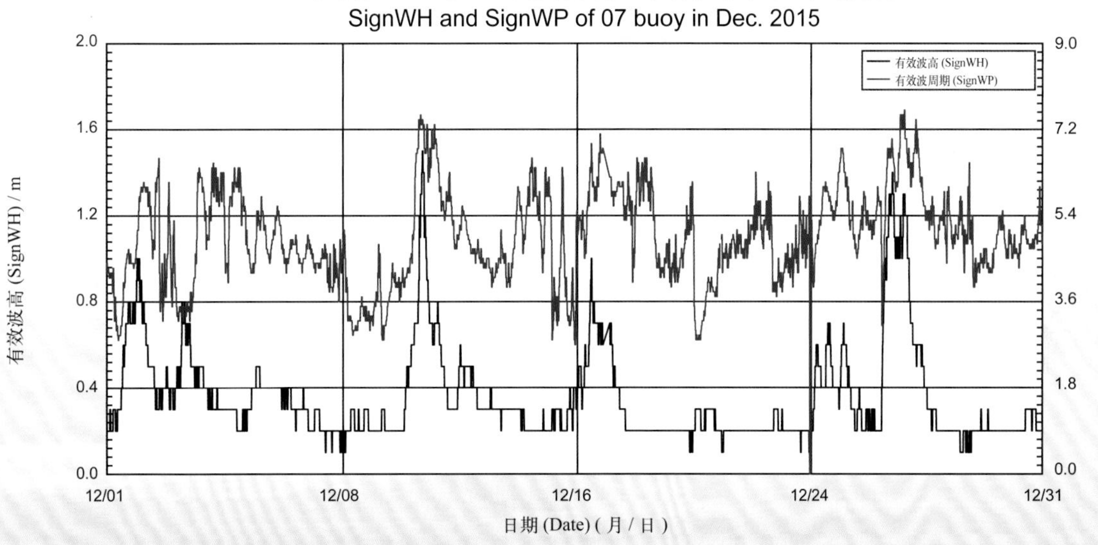

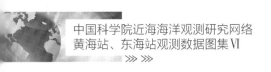

2015年度09号浮标观测数据概述及曲线
(有效波高和有效波周期)

09号浮标位于黄海灵山岛附近海域(35°55′N,120°16′E),是一套直径为3 m的圆盘形综合观测平台。可获取的观测参数包括气象、水文和水质,有效波高和有效波周期是水文参数中的重要观测内容。

2015年度,09号浮标共获取近363天的有效波高和有效波周期长序列观测数据。获取数据的区间共两个时间段,具体为1月1日00:00至6月29日08:30和7月1日08:00至12月31日23:00。

通过对获取数据质量控制和分析,09号浮标观测海域本年度有效波高、有效波周期数据和季节数据特征如下:年度有效波高平均值为0.5 m,年度有效波周期平均值为6.4 s;测得的年度最大有效波高为2.8m(11月6日08:00),对应的有效波周期为6.6 s,当时有效波高≥2 m的海浪持续了7 h(11月6日05:30至12:30);测得的年度最大有效波周期和最小有效波周期分别为11.9 s(5月20日08:00)和2.3 s(12月16日02:30)。以2月为冬季代表月,观测海域冬季的平均有效波高是0.4 m,平均有效波周期是4.7 s;以5月为春季代表月,观测海域春季的平均有效波高是0.5 m,平均有效波周期是4.8 s;以8月为夏季代表月,观测海域夏季的平均有效波高是0.5 m,平均有效波周期是5.3 s;以11月为秋季代表月,观测海域秋季的平均有效波高是0.6 m,平均有效波周期是4.7 s。

2015年,09号浮标观测的月平均有效波高、有效波周期和最大值、最小值数据参见表26,从表中可以看出,有效波高平均值最小的月份为1月、2月、10月和12月,有效波高平均值最大的月份为11月,并且在该时间段内出现观测到的年度最大有效波高值(2.8 m);有效波周期平均值最小的月份为12月,并且在该时间段内出现观测到的年度最小有效波周期(2.3 s),有效波周期平均值最大的月份为7月,年度最大有效波周期(11.9 s)出现在5月。从月度有效波高、有效波周期的变化情况分析,有效波高变化最为剧烈的是11月,最大有效波高为2.8 m,最小有效波高为0.1 m,变化幅度达2.7 m,有效波周期变化最为剧烈的是5月,最大有效波周期为11.9 s,最小有效波周期为2.9 s,变化幅度达9.0 s;比较而言,有效波高变化幅度较小的月份是5月,最大有效波高为1.1 m,最小有效波高为0.1 m,变化幅度为1.0 m,有效波周期变化幅度较小的月份是6月,最大有效波周期为7.0 s,最小有效波周期为2.6 s,变化幅度为4.4 s。

2015年,09号浮标获取到有效波高≥2 m的海浪过程共5次,其中11月为2次,4月、7月和9月均为1次。2015年,09号浮标共记录到3次寒潮过程和1次台风过程。第一次寒潮过程,最大有效波高为0.9 m(2月8日06:30),有效波高≥0.8 m的海浪持续了5 h(2月8日04:00至09:00),该时间段内平均有效波高为0.8 m,平均有效波周期为6.7 s。第二次寒潮过程,最大有效波高为1.9 m(11月22日12:00、13:30、15:00和17:00),有效波高≥1.0 m的海浪持续了21 h(11月22日05:30至23日02:30),该时间段内平均有效波高为1.5 m,平均有效波周期为5.5 s。第三次寒潮过程,最大有效波高为1.9 m(12月27日01:30至01:50),有效波高≥1.0 m的海浪持续了

15 h（12 月 26 日 17:00 至 27 日 08:20），该时间段内平均有效波高为 1.3 m，平均有效波周期为 5.4 s。受第 9 号超强台风“灿鸿”影响，最大有效波高为 2.0 m（7 月 12 日 11:00），有效波高≥ 1.5 m 的海浪持续了 14.5 h（7 月 12 日 00:30 至 15:00），该时间段内平均有效波高为 1.7 m，平均有效波周期为 7.7 s。

表 26　2015 年 09 号浮标各月份有效波高、有效波周期数据

月份	有效波高 / m			有效波周期 / s			备注
	平均	最大	最小	平均	最大	最小	
1	0.4	1.5	0.1	4.7	9.0	2.5	
2	0.4	1.4	0.1	4.7	8.4	2.5	冬季代表月，记录 1 次寒潮过程
3	0.5	1.2	0.1	4.6	9.1	2.5	
4	0.5	2.4	0.2	4.8	9.0	2.6	记录 1 次≥ 2 m 过程
5	0.5	1.1	0.1	4.8	11.9	2.9	春季代表月
6	0.5	1.5	0.1	4.7	7.0	2.6	缺近 2 天的数据
7	0.5	2.0	0.2	5.9	11.3	3.1	记录 1 次台风过程，记录 1 次≥ 2 m 过程
8	0.5	1.8	0.1	5.3	10.0	2.7	夏季代表月
9	0.5	2.3	0.1	4.8	10.0	2.5	记录 1 次≥ 2 m 过程
10	0.4	1.9	0.1	4.6	9.7	2.5	
11	0.6	2.8	0.1	4.7	8.0	2.5	秋季代表月，记录 1 次寒潮数据，记录 2 次≥ 2 m 过程
12	0.4	1.9	0.1	4.3	7.3	2.3	记录 1 次寒潮数据

09 号浮标 2015 年有效波高、有效波周期观测数据曲线
SignWH and SignWP of 09 buoy in 2015

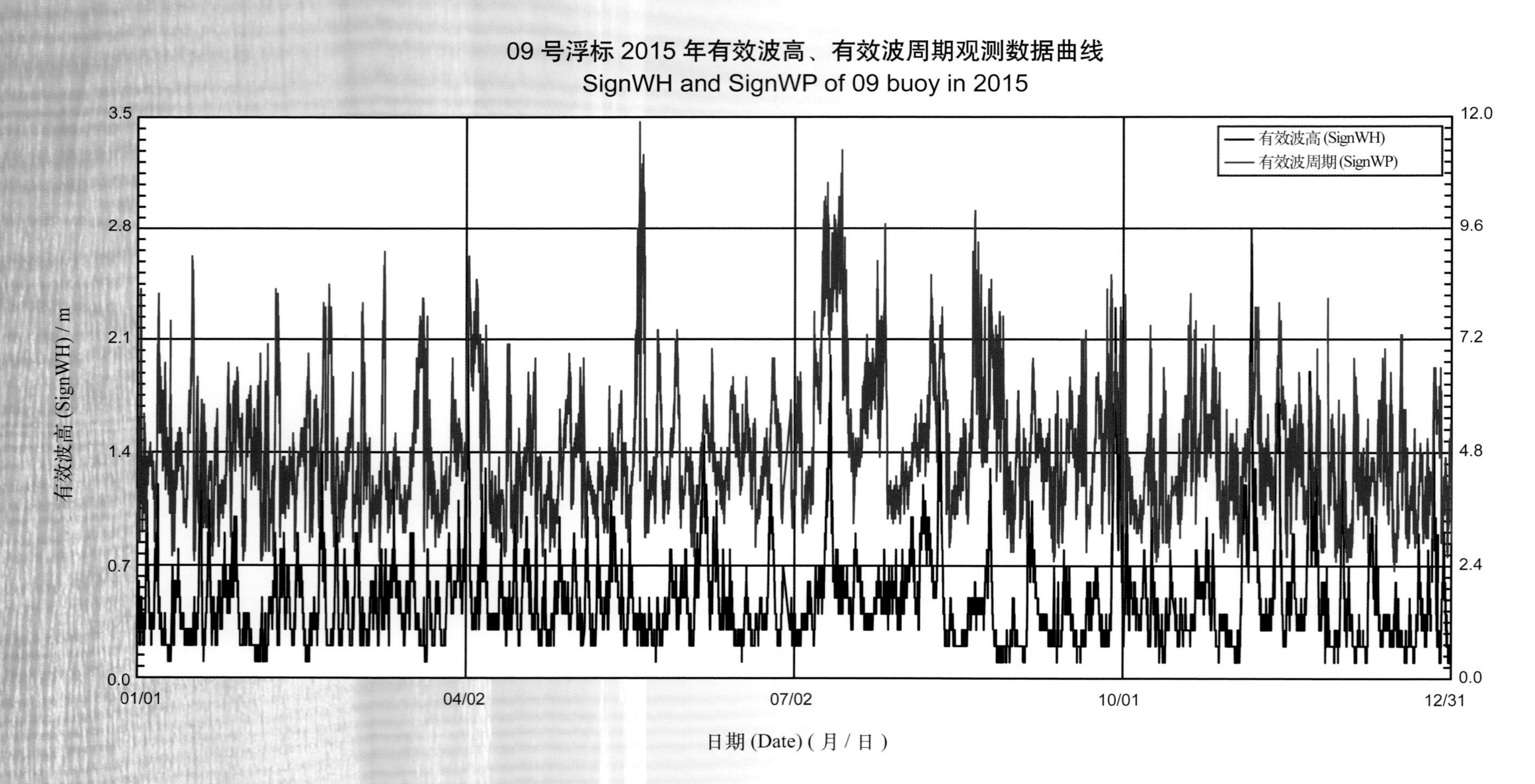

09 号浮标 2015 年 01 月有效波高、有效波周期观测数据曲线
SignWH and SignWP of 09 buoy in Jan. 2015

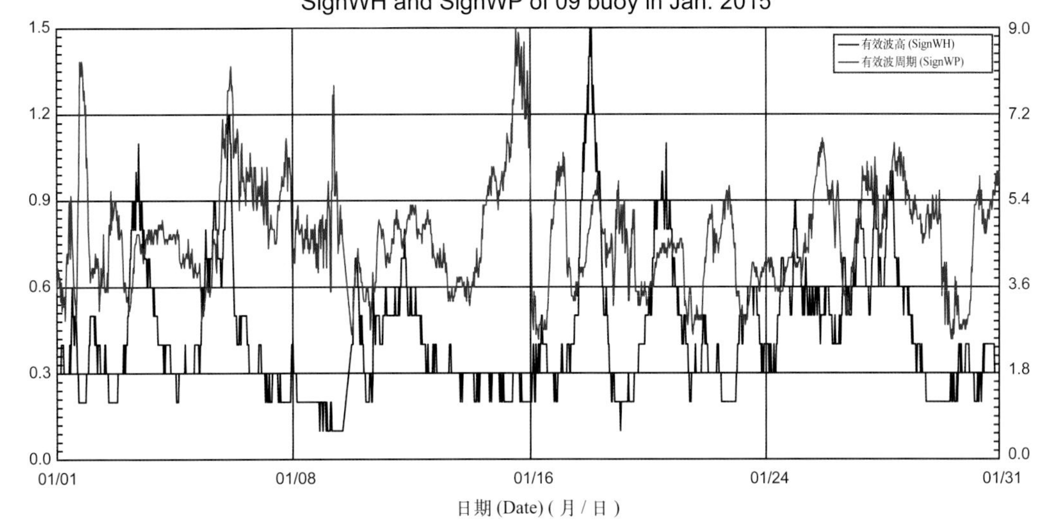

09 号浮标 2015 年 02 月有效波高、有效波周期观测数据曲线
SignWH and SignWP of 09 buoy in Feb. 2015

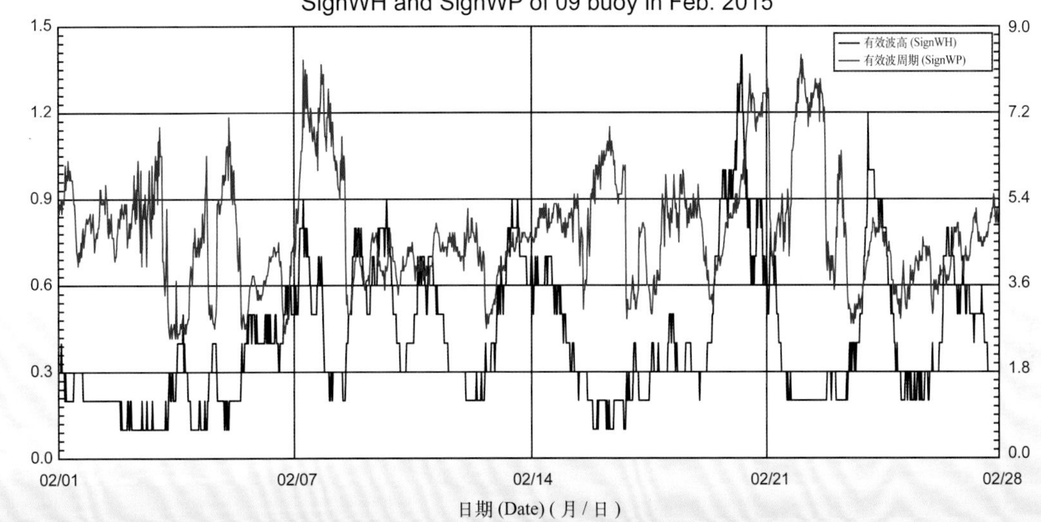

09 号浮标 2015 年 03 月有效波高、有效波周期观测数据曲线
SignWH and SignWP of 09 buoy in Mar. 2015

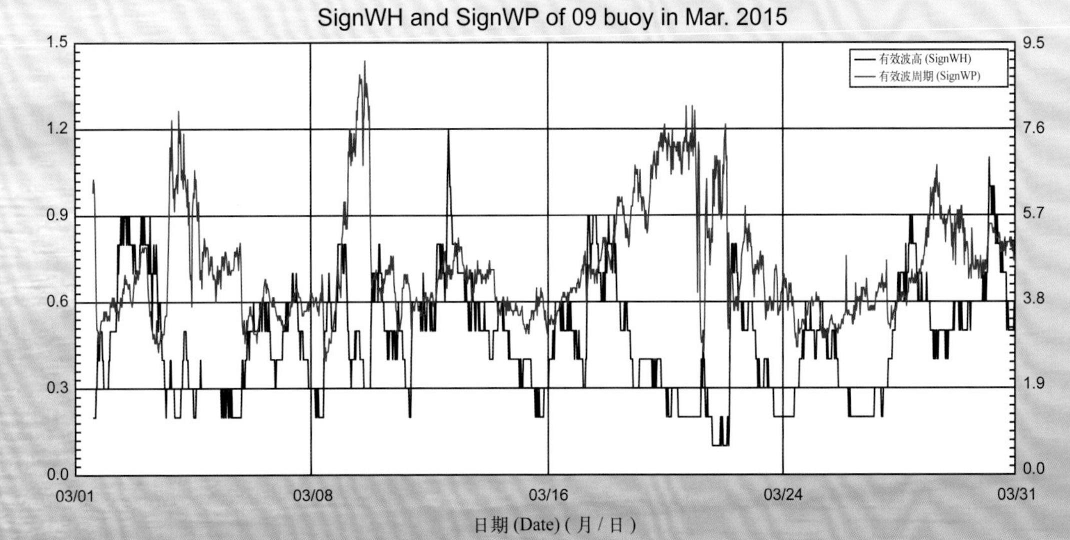

09 号浮标 2015 年 04 月有效波高、有效波周期观测数据曲线
SignWH and SignWP of 09 buoy in Apr. 2015

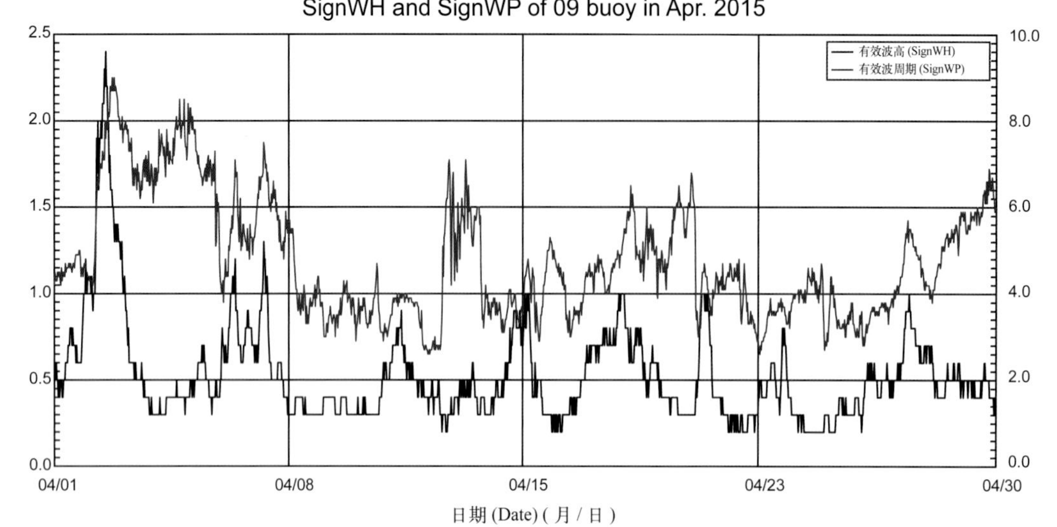

09 号浮标 2015 年 05 月有效波高、有效波周期观测数据曲线
SignWH and SignWP of 09 buoy in May 2015

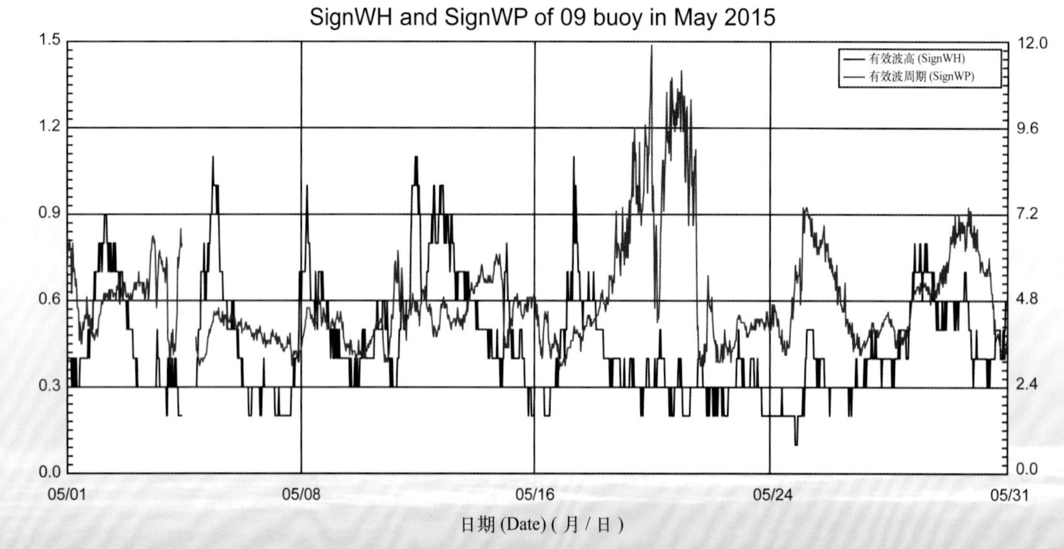

09 号浮标 2015 年 06 月有效波高、有效波周期观测数据曲线
SignWH and SignWP of 09 buoy in Jun. 2015

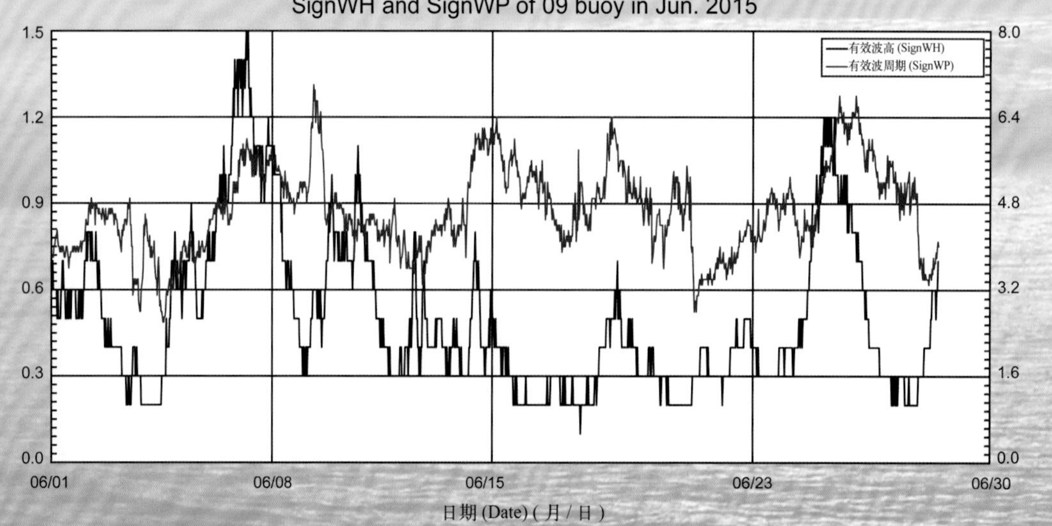

09 号浮标 2015 年 07 月有效波高、有效波周期观测数据曲线

SignWH and SignWP of 09 buoy in Jul. 2015

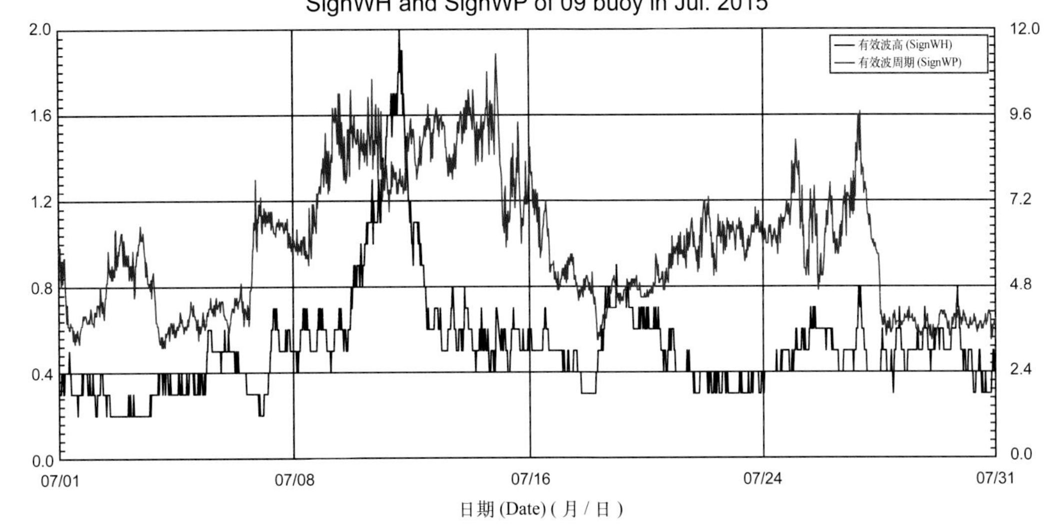

09 号浮标 2015 年 08 月有效波高、有效波周期观测数据曲线

SignWH and SignWP of 09 buoy in Aug. 2015

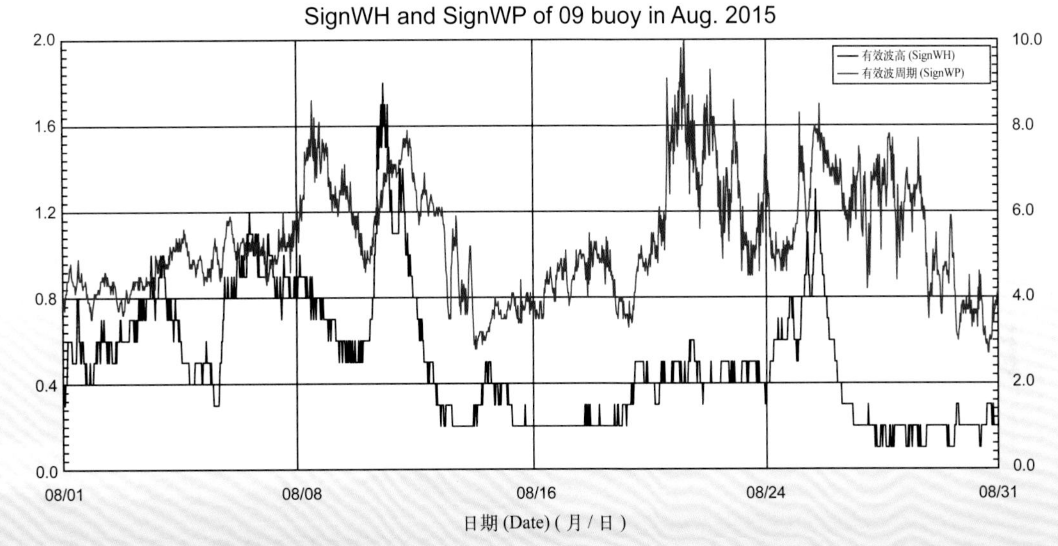

09 号浮标 2015 年 09 月有效波高、有效波周期观测数据曲线

SignWH and SignWP of 09 buoy in Sep. 2015

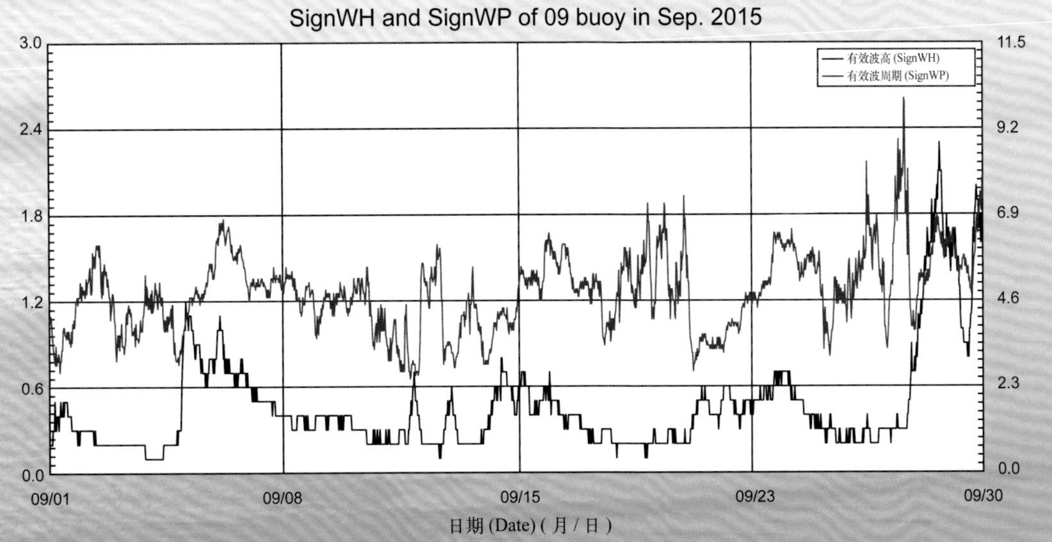

09 号浮标 2015 年 10 月有效波高、有效波周期观测数据曲线
SignWH and SignWP of 09 buoy in Oct. 2015

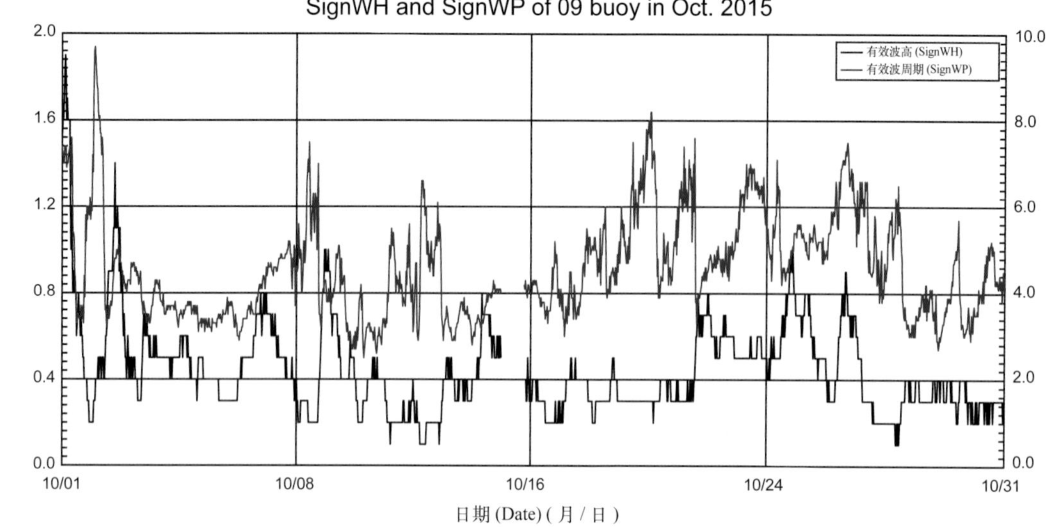

09 号浮标 2015 年 11 月有效波高、有效波周期观测数据曲线
SignWH and SignWP of 09 buoy in Nov. 2015

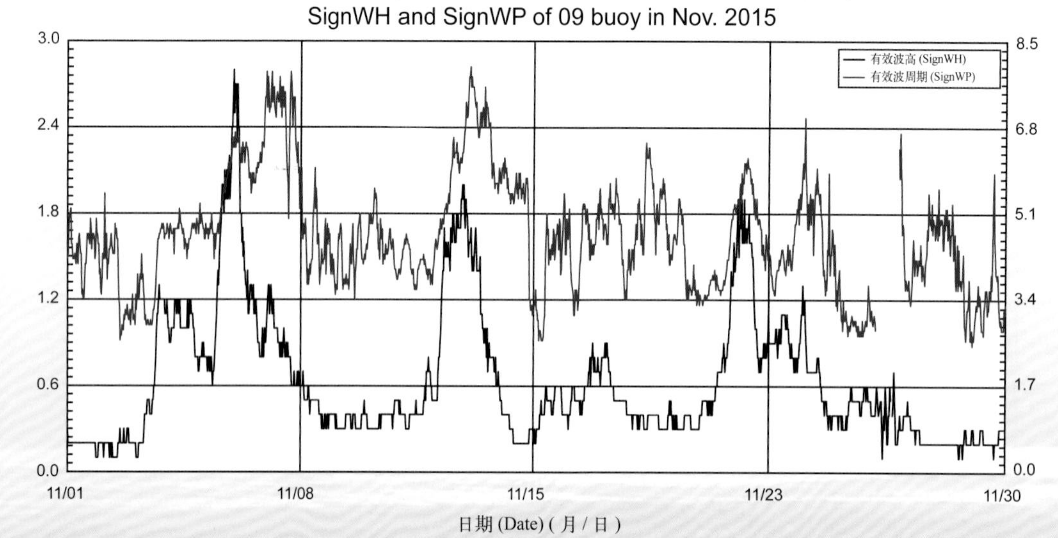

09 号浮标 2015 年 12 月有效波高、有效波周期观测数据曲线
SignWH and SignWP of 09 buoy in Dec. 2015

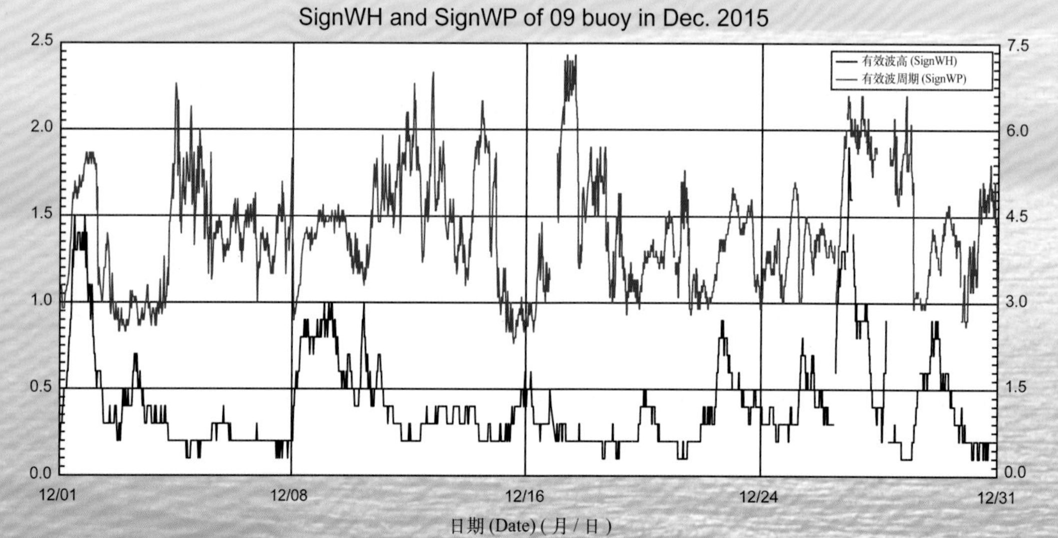

2015年度14号浮标观测数据概述及曲线（有效波高和有效波周期）

14号浮标位于东海长江口外海海域（31°06′N，122°32′E），是一套船形综合观测平台。可获取的观测参数包括气象、水文和水质，有效波高和有效波周期是水文参数中的重要观测内容。

2015年，14号浮标共获取近363天的有效波高和有效波周期观测数据。获取数据的区间为1月1日00:00至12月28日15:10。

通过对获取数据质量控制和分析，14号浮标观测海域本年度有效波高、有效波周期数据和季节数据特征如下：年度有效波高平均值为0.9 m，年度有效波周期平均值为6.5 s；测得的最大有效波高为5.6 m（7月10日07:30至07:50），对应的有效波周期为12.1 s，当时有效波高≥ 4 m的灾害性海浪持续了29 h（7月10日16:30至12日00:20）；测得的年度最大有效波周期和最小有效波周期分别为15.8 s（5月20日03:00至03:20）和3.4 s（1月6日03:30至03:50）。以2月为冬季代表月，观测海域冬季的平均有效波高是0.8 m，平均有效波周期是6.0 s；以5月为春季代表月，观测海域春季的平均有效波高是0.6 m，平均有效波周期是6.5 s；以8月为夏季代表月，观测海域夏季的平均有效波高是1.0 m，平均有效波周期是7.4 s；以11月为秋季代表月，观测海域秋季的平均有效波高是1.0 m，平均有效波周期是6.1 s。

2015年，14号浮标观测的月平均有效波高、有效波周期和最大值、最小值数据参见表27，从表中可以看出，有效波高平均值最小的月份为5月和6月，有效波高平均值最大的月份为7月，并且在该时间段内出现观测到的年度最大有效波高（5.6 m）；有效波周期平均值最小的月份也为6月，年度最小波周期（3.4 s）出现在1月，有效波周期平均值最大的月份为7月，年度最大有效波周期（15.8 s）出现在5月。从月度有效波高、有效波周期的变化情况分析，有效波高变化最为剧烈的是7月，最大有效波高为5.6 m，最小有效波高为0.2 m，变化幅度达5.4 m，有效波周期变化最为剧烈的是5月，最大有效波周期为15.8 s，最小有效波周期为3.6 s，变化幅度达12.2 s；相比较而言，有效波高变化幅度较小的月份是5月和6月，最大有效波高均为1.5 m，最小有效波高均为0.2 m，变化幅度为1.3 m，有效波周期变化幅度较小的月份是12月，最大有效波周期为8.5 s，最小有效波周期为3.8 s，变化幅度为4.7 s。

2015年，14号浮标获取到有效波高≥ 2 m的海浪过程共19次，其中1月为4次，8月为3次，3月、4月、7月、11月和12月均为2次，2月和9月均为1次，其中有1次有效波高≥ 4 m的灾害性海浪过程，是在7月10日至11日的台风“灿鸿”影响期间。2015年，14号浮标共记录到1次寒潮过程和2次台风过程。寒潮期间，最大有效波高为2.8 m（11月24日09:00至09:20），有效波高≥ 2.0 m的海浪累计时长为46.5 h，累计时间段内的平均有效波高为2.2 m，平均有效波周期为6.7 s。第一次台风过程，受第9号超强台风“灿鸿”的影响，14号浮标获取到的最大有效波高为5.6 m（7月11日07:30至07:50），有效波高≥ 4.0的海浪持续时长为23.2 h，该时间段内的平均有效波高为5.1 m，平均有效波周期为 10.7 s。第二次台风过程，受第 15 号超强台风“天鹅”的影响，14 号浮标获取到的最大有效波高为 3.4 m（8 月 24 日 18:30），有效波高≥ 2.5 m 的海浪持续时长为 20.0 h，该时间段内的平均有效波高为 2.9 m，平均有效波周期为 8.2 s。

表 27　2015 年 14 号浮标各月份有效波高、有效波周期数据

月份	有效波高 / m			有效波周期 / s			备注
	平均	最大	最小	平均	最大	最小	
1	1.0	2.5	0.2	6.1	8.6	3.4	记录 4 次≥ 2 m 过程
2	0.8	2.1	0.2	6.0	8.5	3.6	冬季代表月，记录 1 次≥ 2 m 过程
3	0.8	2.5	0.2	6.5	13.1	3.6	记录 2 次≥ 2 m 过程
4	0.9	2.5	0.2	6.4	12.3	3.8	记录 2 次≥ 2 m 过程
5	0.6	1.5	0.2	6.5	15.8	3.6	春季代表月
6	0.6	1.5	0.2	5.5	8.5	3.5	
7	1.1	5.6	0.2	8.0	14.0	3.8	记录 1 次台风过程，记录 2 次≥ 2 m 过程
8	1.0	3.5	0.2	7.4	14.0	3.6	夏季代表月，记录 1 次台风过程，记录 3 次≥ 2 m 过程
9	0.9	2.9	0.2	7.0	13.6	3.6	记录 1 次≥ 2 m 过程
10	0.9	1.9	0.2	7.0	11.8	4.1	
11	1.0	2.8	0.2	6.1	9.9	4.0	秋季代表月，记录 1 次寒潮过程，记录 2 次≥ 2 m 过程
12	0.9	2.2	0.1	5.7	8.5	3.8	缺近 2 天的数据，记录 2 次≥ 2 m 过程

14 号浮标 2015 年有效波高、有效波周期观测数据曲线
SignWH and SignWP of 14 buoy in 2015

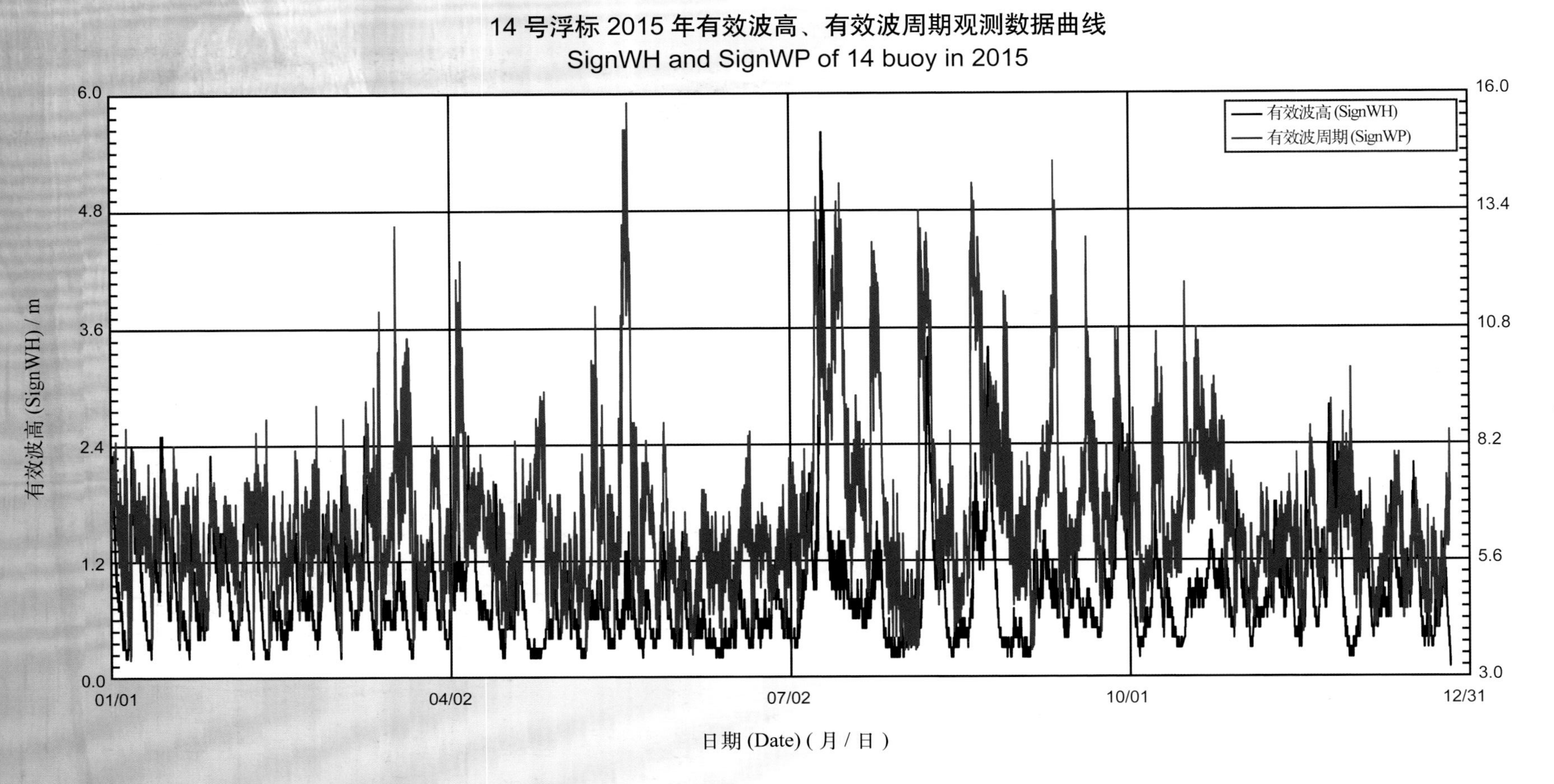

14 号浮标 2015 年 01 月有效波高、有效波周期观测数据曲线
SignWH and SignWP of 14 buoy in Jan. 2015

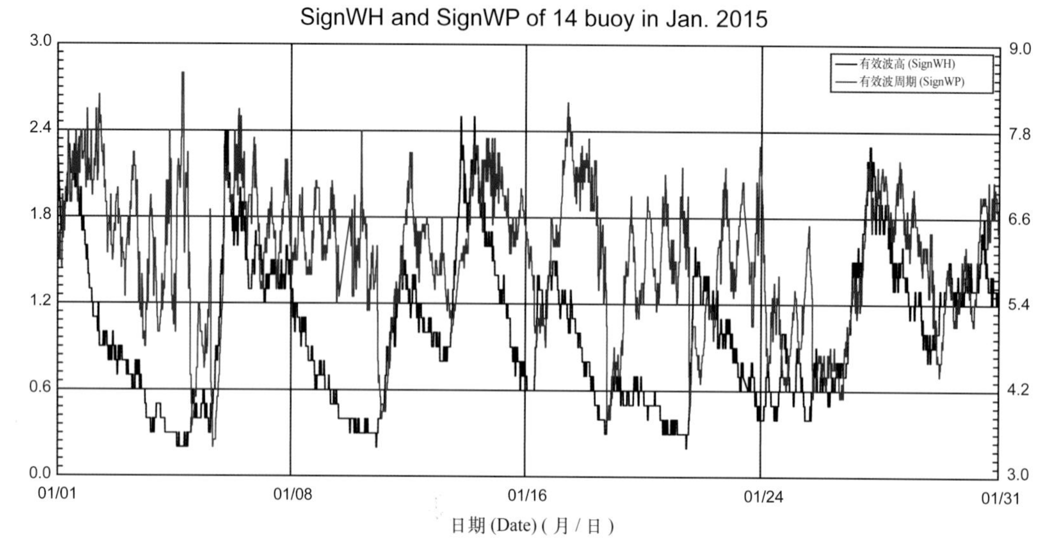

14 号浮标 2015 年 02 月有效波高、有效波周期观测数据曲线
SignWH and SignWP of 14 buoy in Feb. 2015

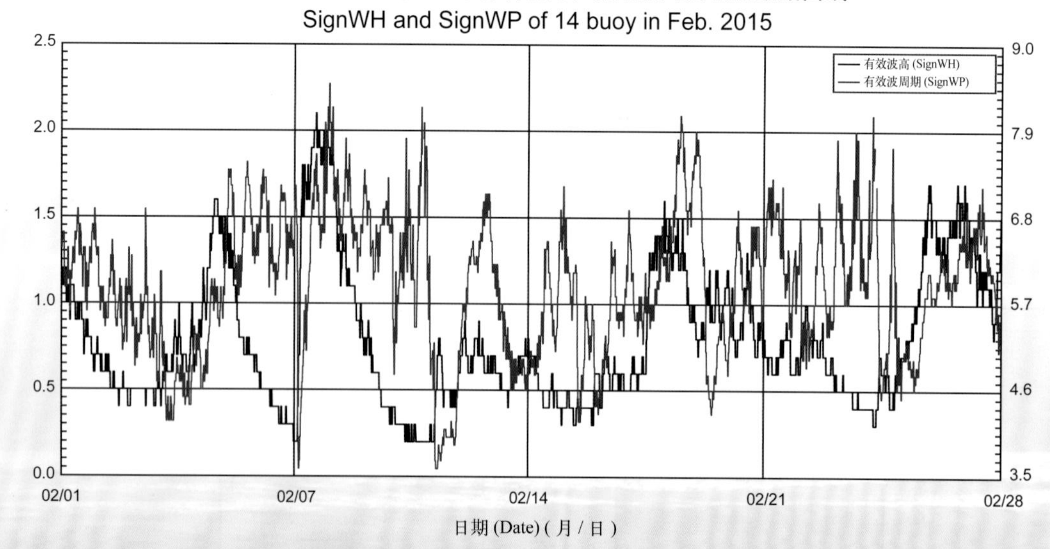

14 号浮标 2015 年 03 月有效波高、有效波周期观测数据曲线
SignWH and SignWP of 14 buoy in Mar. 2015

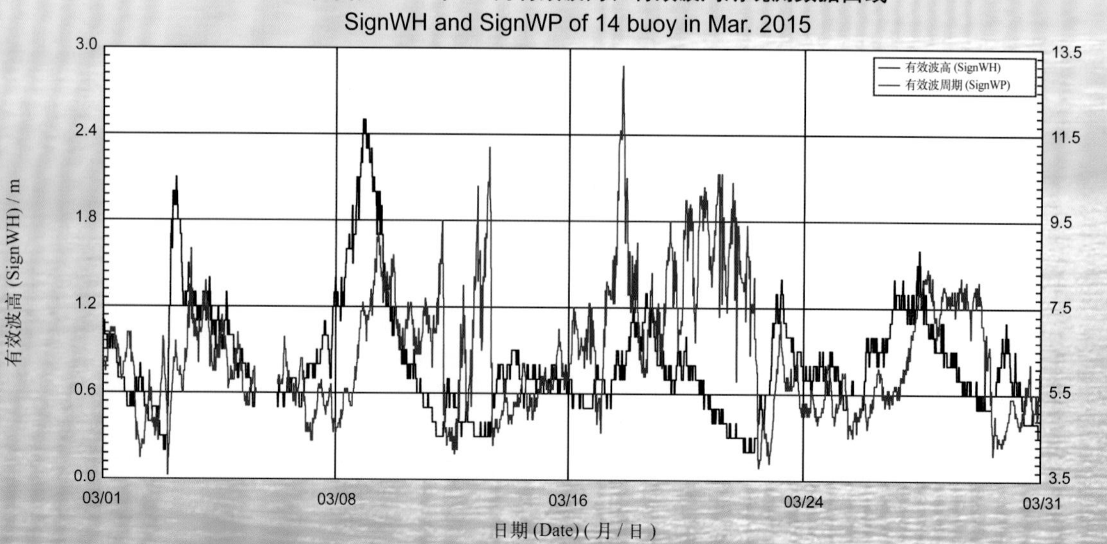

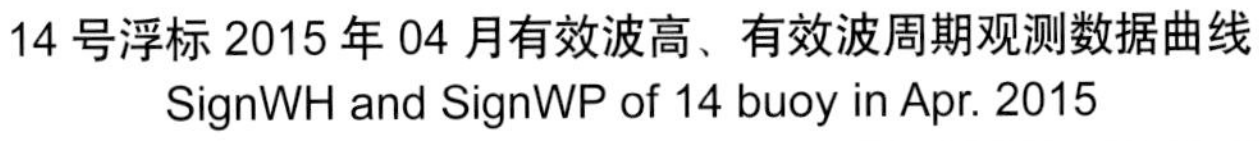

14 号浮标 2015 年 04 月有效波高、有效波周期观测数据曲线
SignWH and SignWP of 14 buoy in Apr. 2015

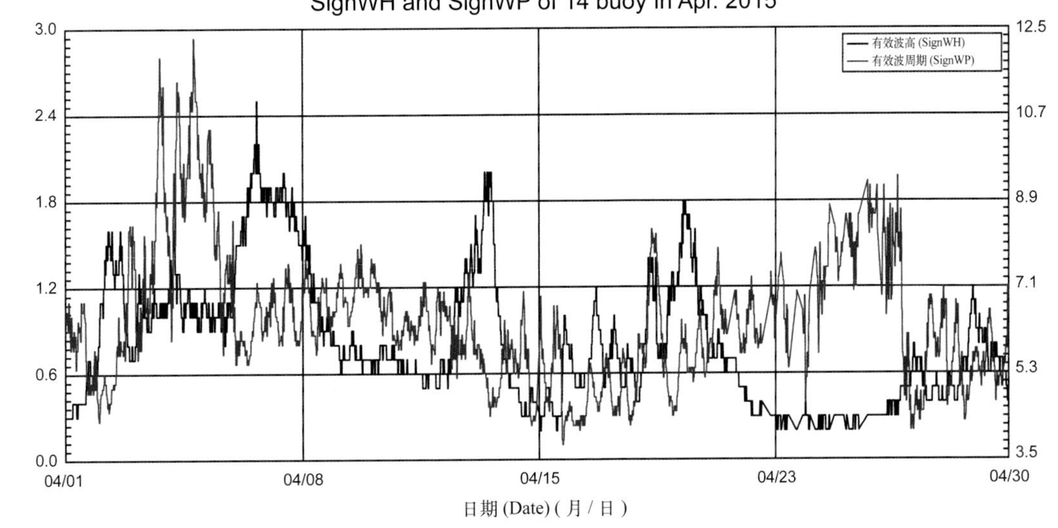

14 号浮标 2015 年 05 月有效波高、有效波周期观测数据曲线
SignWH and SignWP of 14 buoy in May 2015

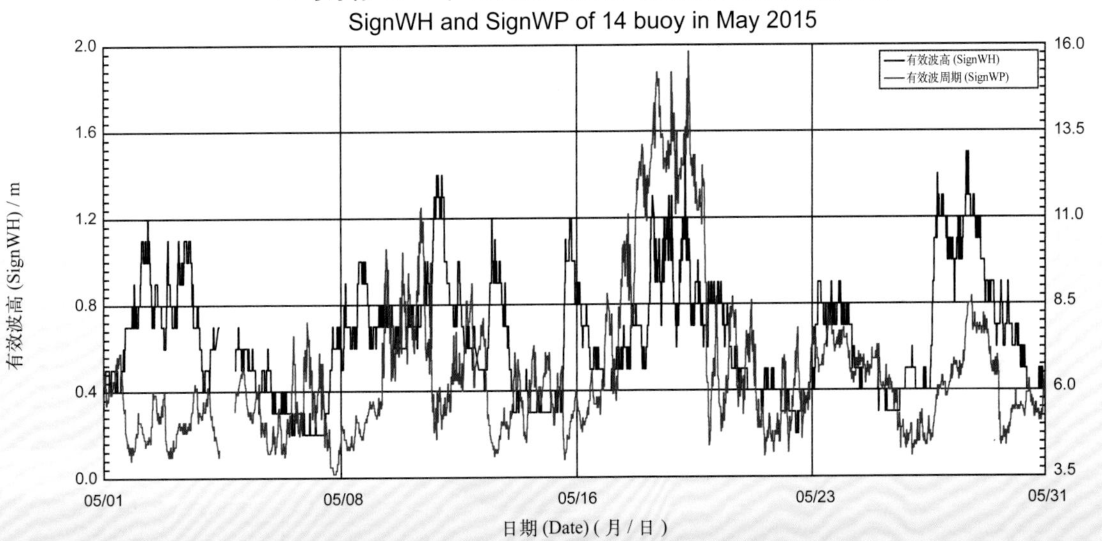

14 号浮标 2015 年 06 月有效波高、有效波周期观测数据曲线
SignWH and SignWP of 14 buoy in Jun. 2015

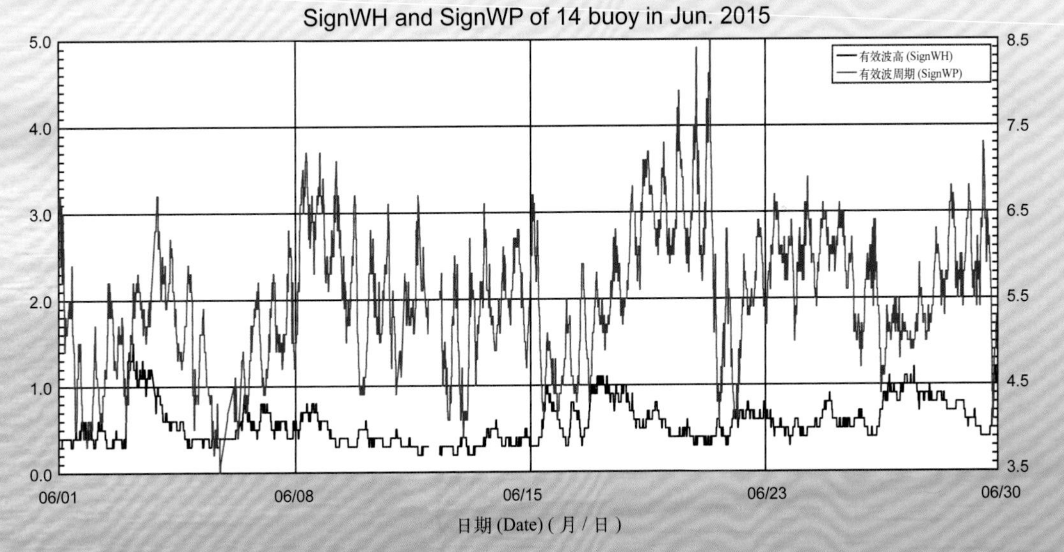

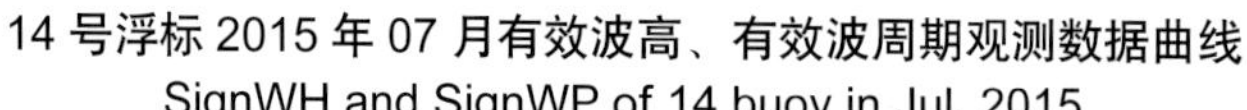

14 号浮标 2015 年 07 月有效波高、有效波周期观测数据曲线
SignWH and SignWP of 14 buoy in Jul. 2015

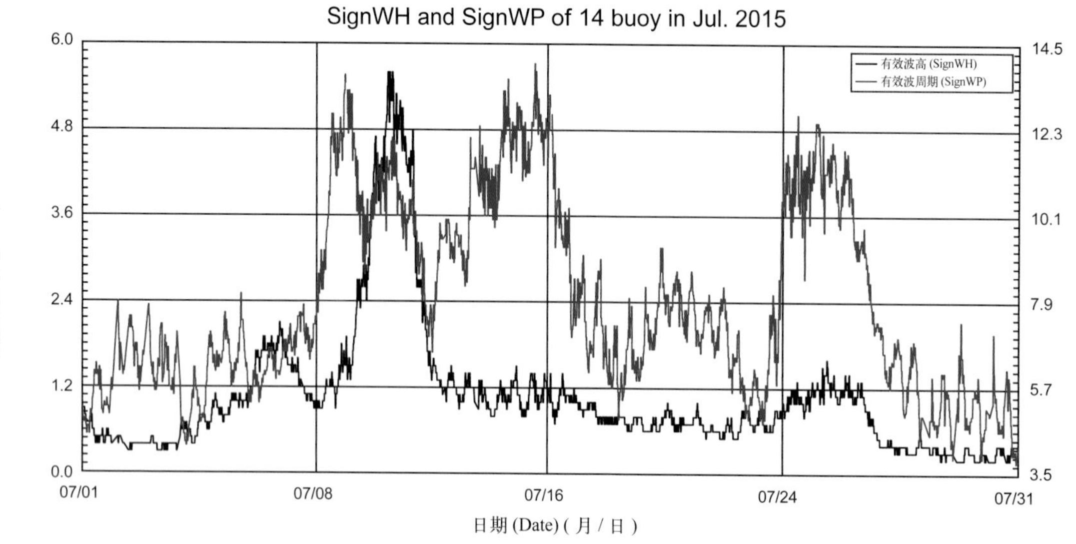

14 号浮标 2015 年 08 月有效波高、有效波周期观测数据曲线
SignWH and SignWP of 14 buoy in Aug. 2015

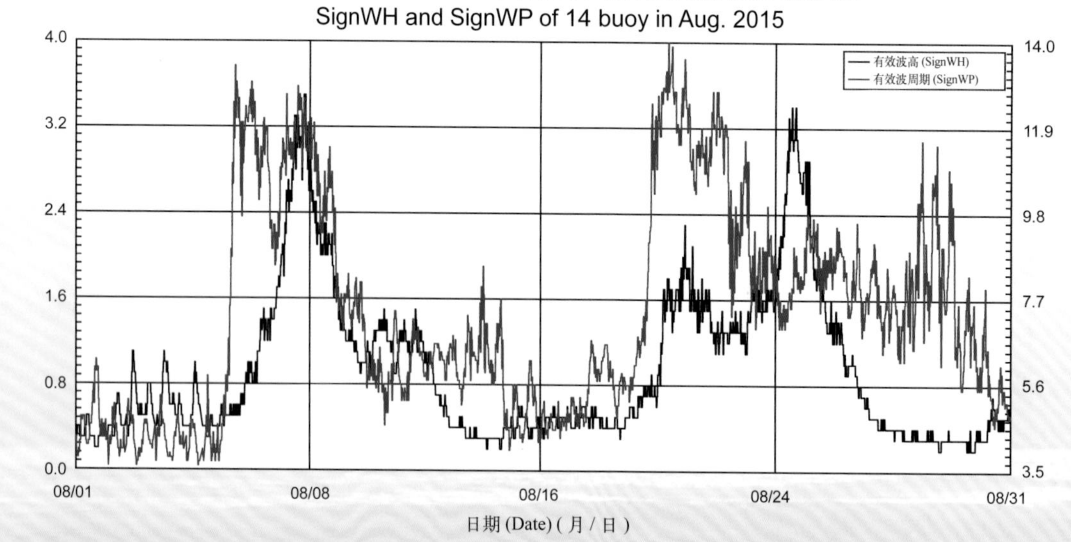

14 号浮标 2015 年 09 月有效波高、有效波周期观测数据曲线
SignWH and SignWP of 14 buoy in Sep. 2015

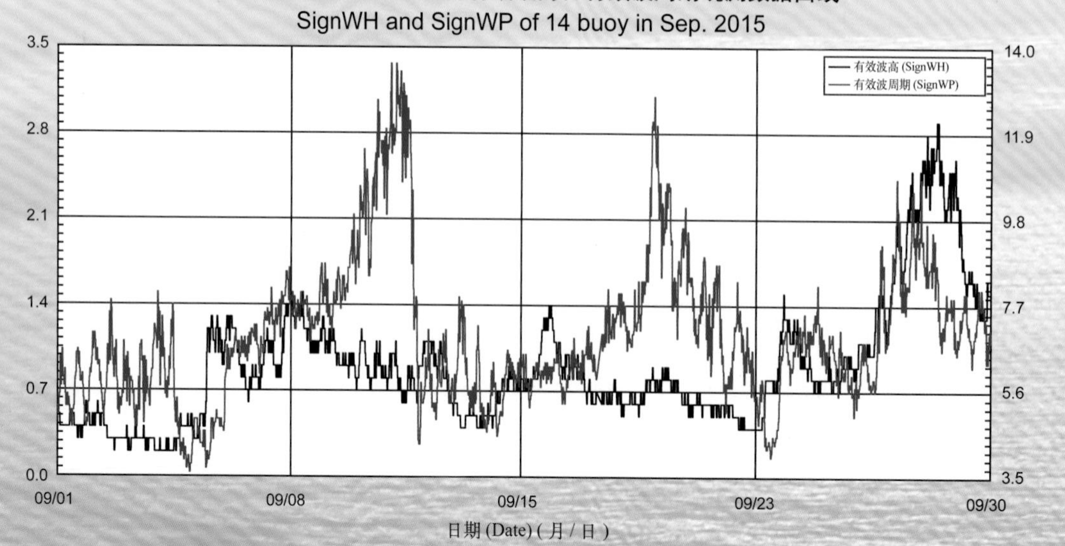

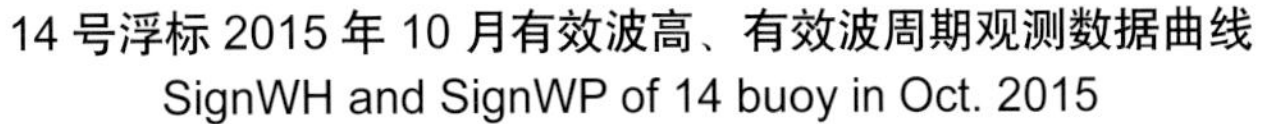

14 号浮标 2015 年 10 月有效波高、有效波周期观测数据曲线
SignWH and SignWP of 14 buoy in Oct. 2015

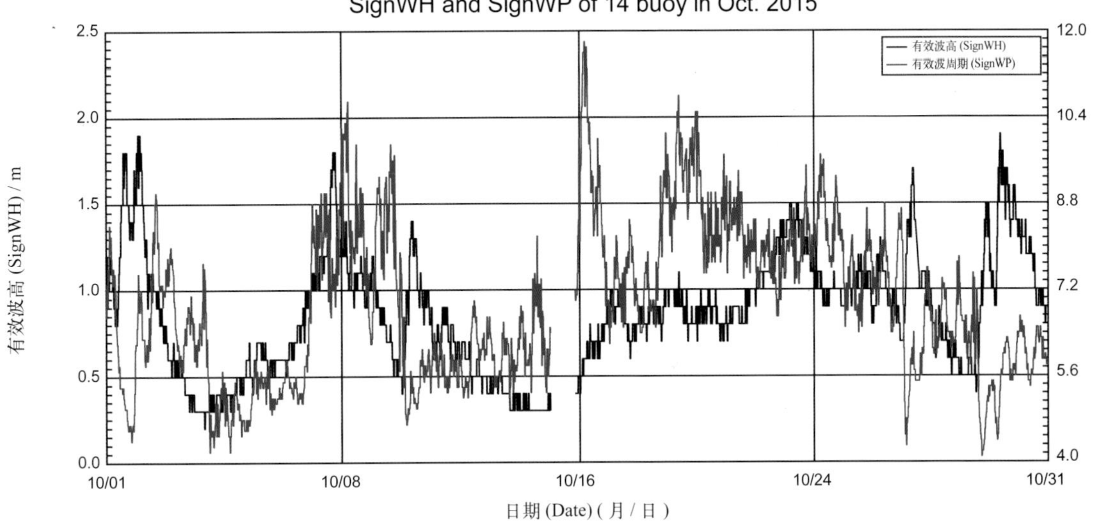

14 号浮标 2015 年 11 月有效波高、有效波周期观测数据曲线
SignWH and SignWP of 14 buoy in Nov. 2015

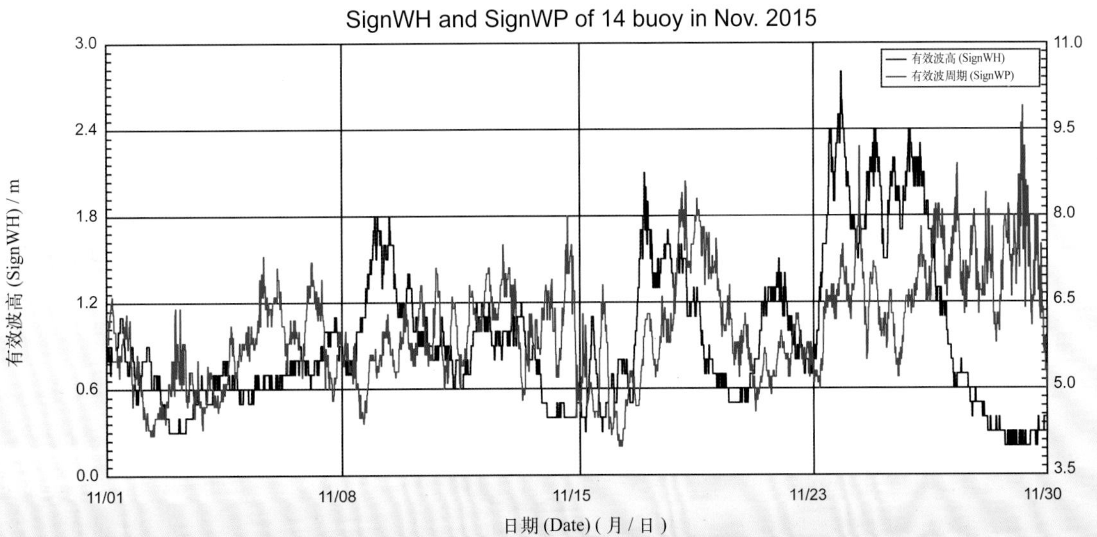

14 号浮标 2015 年 12 月有效波高、有效波周期观测数据曲线
SignWH and SignWP of 14 buoy in Dec. 2015

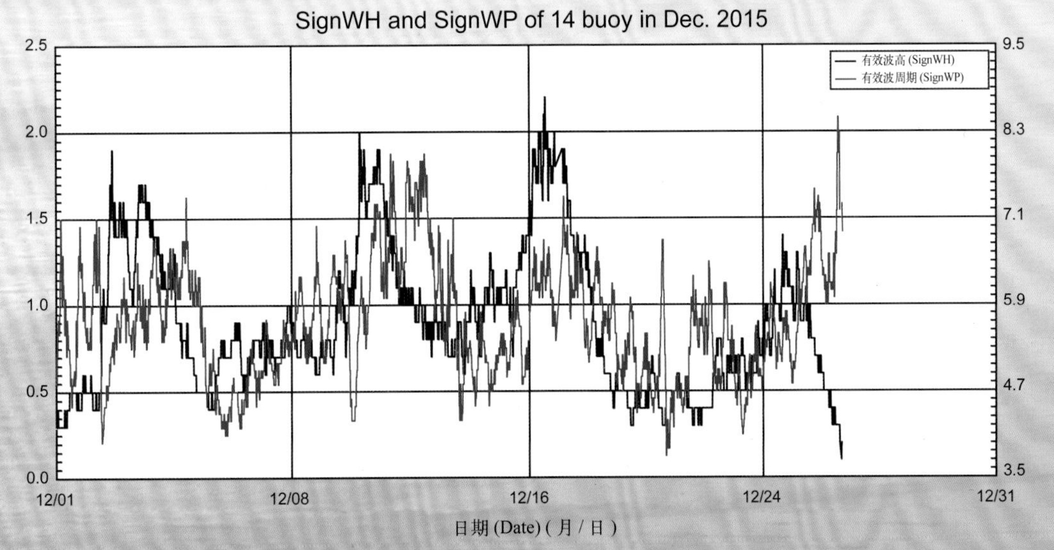

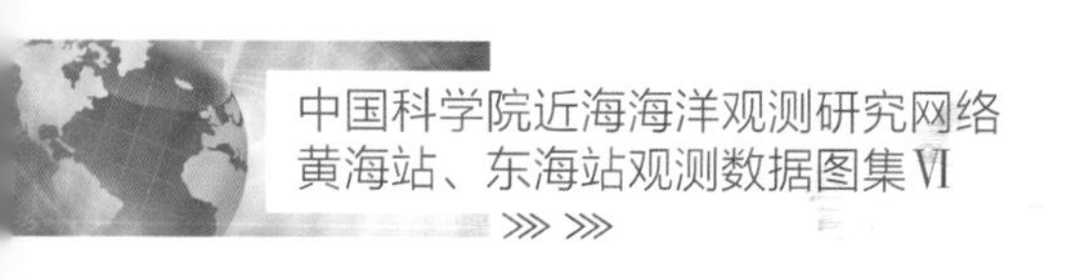

2015年度18号浮标观测数据概述及曲线
（有效波高和有效波周期）

18号浮标位于黄海董家口外海海域（35°25′N，119°57′E），是一套直径为10 m的圆盘形综合观测平台。可获取的观测参数包括气象、水文和水质，有效波高和有效波周期是水文参数中的重要观测内容。

2015年，18号浮标几乎获取了全年365天的有效波高和有效波周期长序列观测数据，仅在3月、5月、10月和11月因网络问题偶尔会缺失少量数据，但均不到1天。

通过对获取数据质量控制和分析，18号浮标观测海域本年度有效波高、有效波周期数据和季节数据特征如下：年度有效波高平均值为0.5 m，年度有效波周期平均值为4.9 s；测得的年度最大有效波高为2.9 m（9月29日10:30至10:50），对应的有效波周期为7.2 s，当时有效波高≥2 m的海浪持续了21.3 h（9月29日05:30至30日02:50）；测得的年度最大有效波周期和最小有效波周期分别为12.6 s（7月15日17:00至17:20和09:30至09:50）和2.6 s（2月4日09:00至09:20）。以2月为冬季代表月，观测海域冬季的平均有效波高是0.5 m，平均有效波周期是4.7 s；以5月为春季代表月，观测海域春季的平均有效波高是0.4 m，平均有效波周期是5.0 s；以8月为夏季代表月，观测海域夏季的平均有效波高是0.5 m，平均有效波周期是5.4 s；以11月为秋季代表月，观测海域秋季的平均有效波高是0.8 m，平均有效波周期是4.9 s。

2015年，18号浮标观测的月平均有效波高、有效波周期和最大值、最小值数据参见表28，从表中可以看出，有效波高平均值最小的月份为5月，有效波高平均值最大的月份为11月，年度最大有效波高（2.9 m）出现在9月；有效波周期平均值最小的月份为12月，年度最小波周期（2.6 s）出现在2月，有效波周期平均值最大的月份为7月，并且在该时间段内出现观测到的年度最大波周期（12.6 s）。从月度有效波高、有效波周期的变化情况分析，有效波高变化最为剧烈的是9月，最大有效波高为2.9 m，最小有效波高为0.1 m，变化幅度达2.8 m，有效波周期变化最为剧烈的是7月，最大有效波周期为12.6 s，最小有效波周期为3.0 s，变化幅度达9.6 s；相比较而言，有效波高变化幅度较小的月份是5月，最大有效波高为1.2 m，最小有效波高为0.1 m，变化幅度为1.1 m，有效波周期变化幅度较小的月份是6月，最大有效波周期为6.5 s，最小有效波周期为3.1 s，变化幅度为3.4 s。

2015年，18号浮标获取到有效波高≥2 m的海浪过程共9次，其中11月为3次，1月、4月、7月、8月、9月和12月均为1次。2015年，18号浮标共记录到2次寒潮过程和1次台风过程。第一次寒潮过程，最大有效波高为2.2 m（11月22日15:30），有效波高≥1.5 m的海浪累计56.8 h，累计时间平均有效波高为1.7 m，平均有效波周期为5.8 s。第二次寒潮过程，最大有效波高为2.7 m（12月26日22:00至22:20和12月27日00:00至00:20），有效波高≥2.0 m的海浪持续了10 h（12月26日21:00至06:50），该时间段内平均有效波高为2.4 m，平均有效波周期为4.6 s。受第9号超强台风“灿鸿”影响，最大有效波高为2.3 m（7月12日10:30至11:20

和 12:10 至 13:20），有效波高≥ 2.0 m 的海浪持续了 6 h（7 月 12 日 09:30 至 15:20），该时间段内平均有效波高为 2.2 m，平均有效波周期为 7.2 s。

表 28　2015 年 18 号浮标各月份有效波高、有效波周期数据

月份	有效波高 / m			有效波周期 / s			备注
	平均	最大	最小	平均	最大	最小	
1	0.6	2.0	0.1	4.7	8.2	2.7	记录 1 次≥ 2 m 过程
2	0.5	1.5	0.1	4.7	8.6	2.6	冬季代表月
3	0.5	1.8	0.1	4.6	8.8	2.9	
4	0.6	2.1	0.1	4.8	8.9	2.9	记录 1 次≥ 2 m 过程
5	0.4	1.2	0.1	5.0	12.3	3.0	春季代表月
6	0.5	1.4	0.1	4.7	6.5	3.1	
7	0.5	2.3	0.1	6.4	12.6	3.0	记录 1 次台风过程， 记录 1 次≥ 2 m 过程
8	0.5	2.0	0.1	5.4	10.3	3.0	夏季代表月， 记录 1 次≥ 2 m 过程
9	0.5	2.9	0.1	5.1	10.4	3.0	记录 1 次≥ 2 m 过程
10	0.5	1.9	0.1	4.5	8.6	2.8	
11	0.8	2.5	0.1	4.9	8.6	2.9	秋季代表月， 记录 1 次寒潮过程， 记录 2 次≥ 2 m 过程
12	0.6	2.7	0.1	4.3	7.5	2.9	记录 1 次寒潮过程， 记录 1 次≥ 2 m 过程

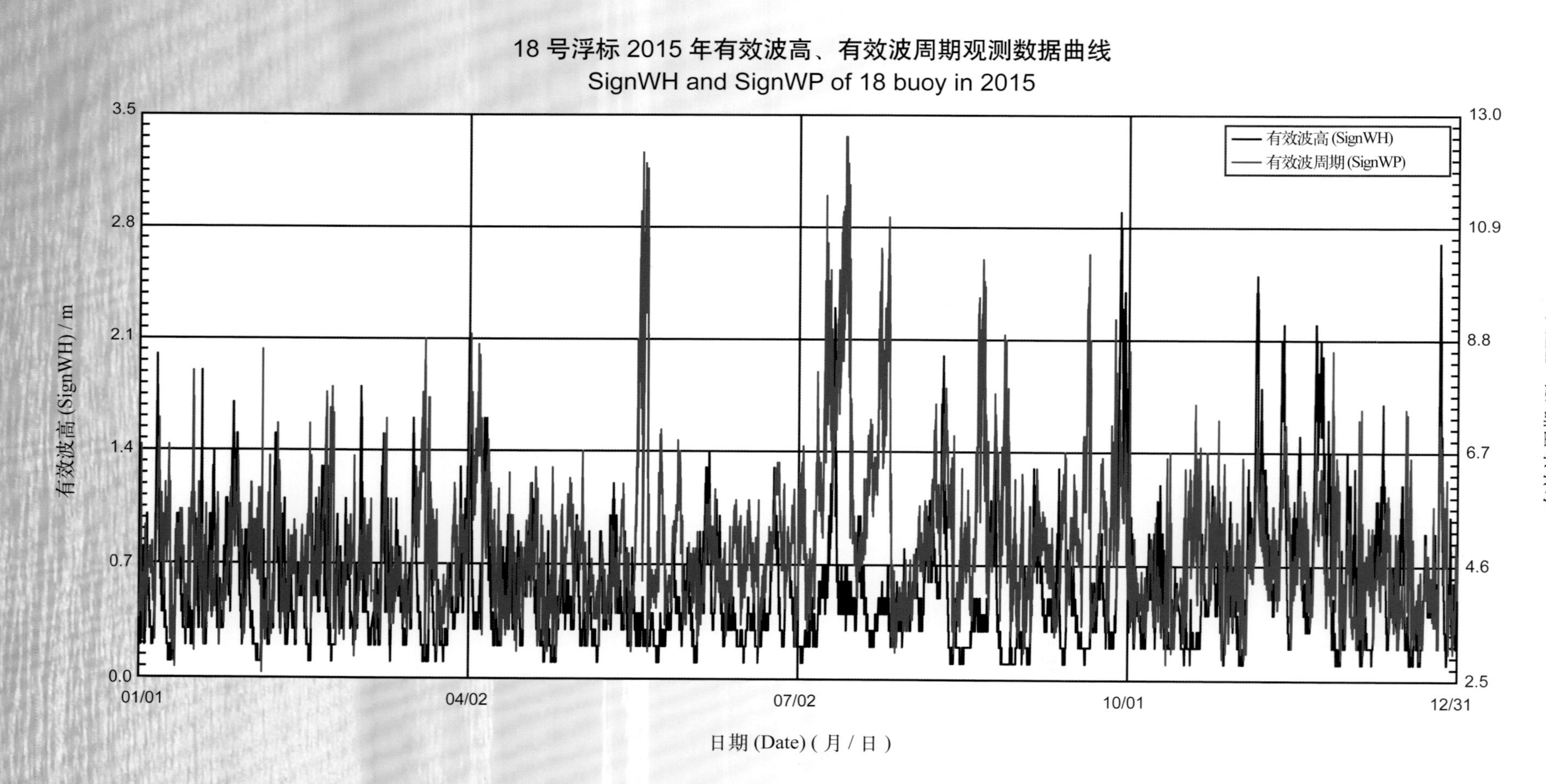
18 号浮标 2015 年有效波高、有效波周期观测数据曲线
SignWH and SignWP of 18 buoy in 2015
有效波高 (SignWH)
有效波周期 (SignWP)
有效波高 (SignWH) / m
3.5
2.8
2.1
1.4
0.7
0.0
有效波周期 (SignWP) / s
13.0
10.9
8.8
6.7
4.6
2.5
01/01
04/02
07/02
10/01
12/31
日期 (Date) (月 / 日)

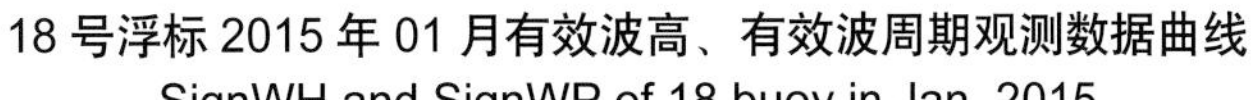

18 号浮标 2015 年 01 月有效波高、有效波周期观测数据曲线
SignWH and SignWP of 18 buoy in Jan. 2015

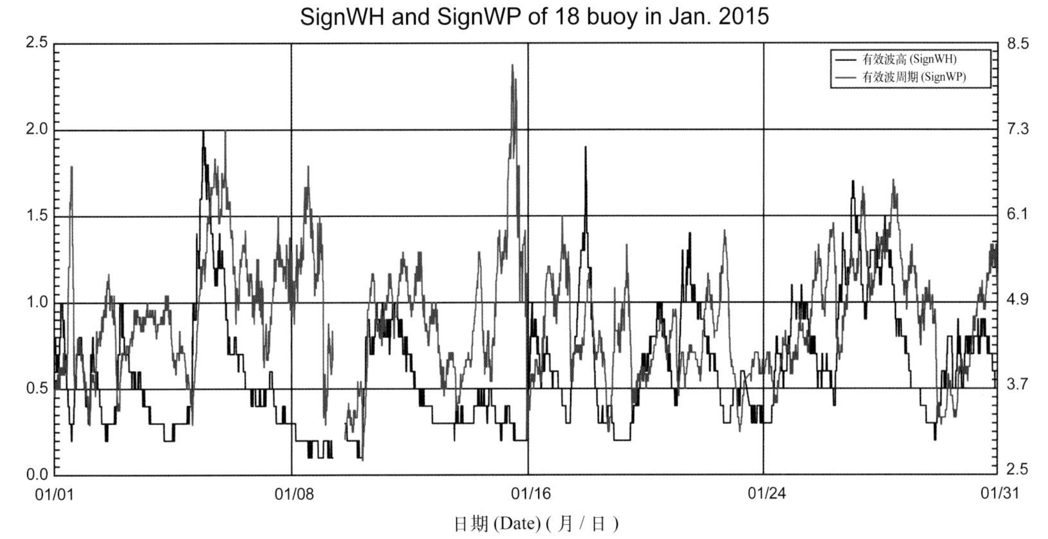

18 号浮标 2015 年 02 月有效波高、有效波周期观测数据曲线
SignWH and SignWP of 18 buoy in Feb. 2015

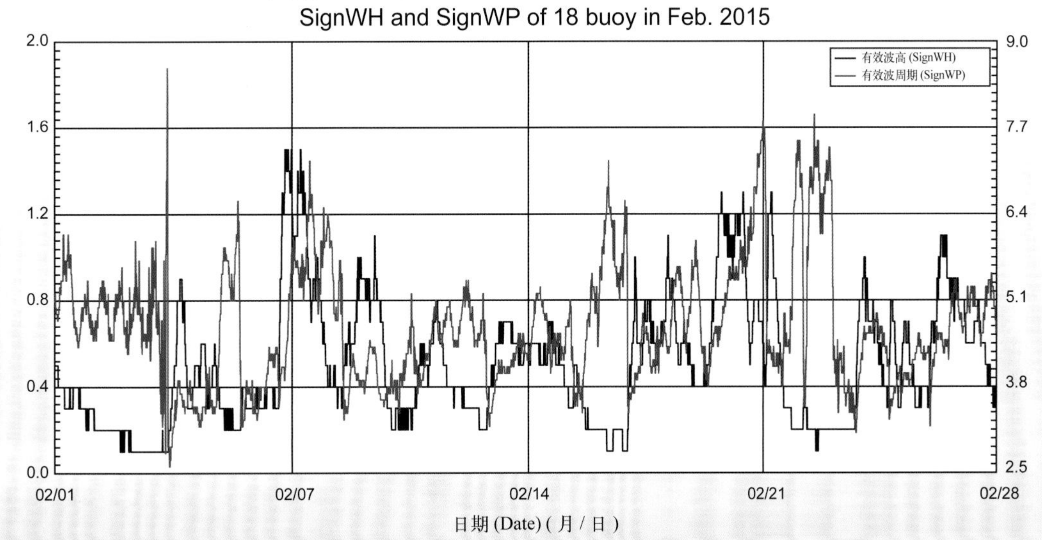

18 号浮标 2015 年 03 月有效波高、有效波周期观测数据曲线
SignWH and SignWP of 18 buoy in Mar. 2015

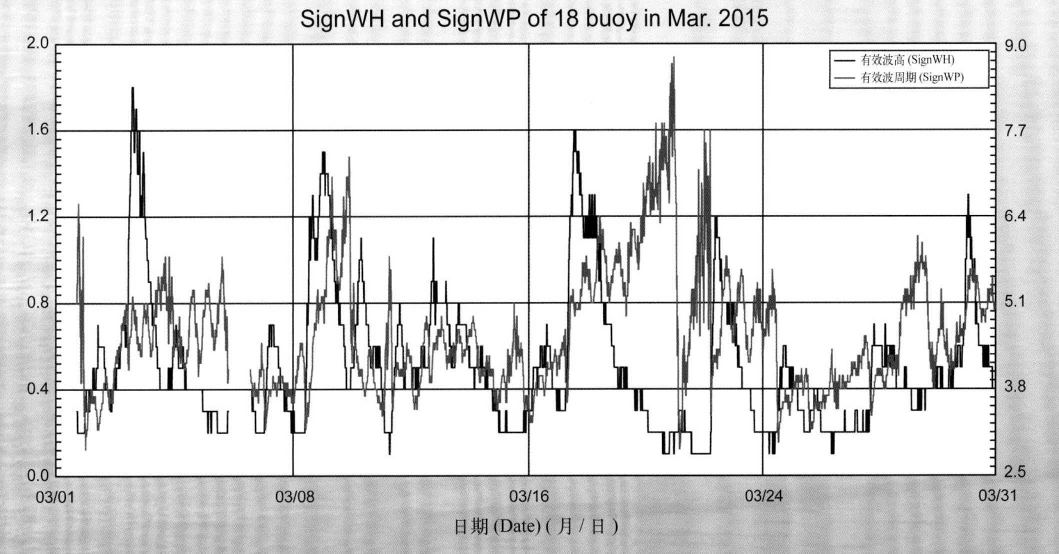

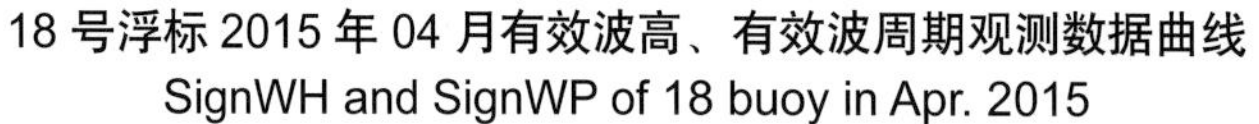

18 号浮标 2015 年 04 月有效波高、有效波周期观测数据曲线
SignWH and SignWP of 18 buoy in Apr. 2015

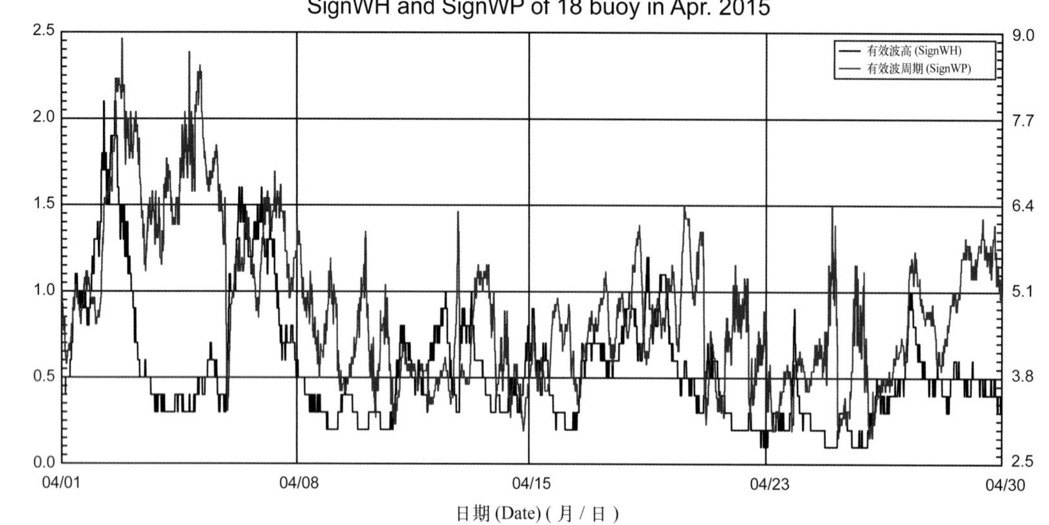

18 号浮标 2015 年 05 月有效波高、有效波周期观测数据曲线
SignWH and SignWP of 18 buoy in May 2015

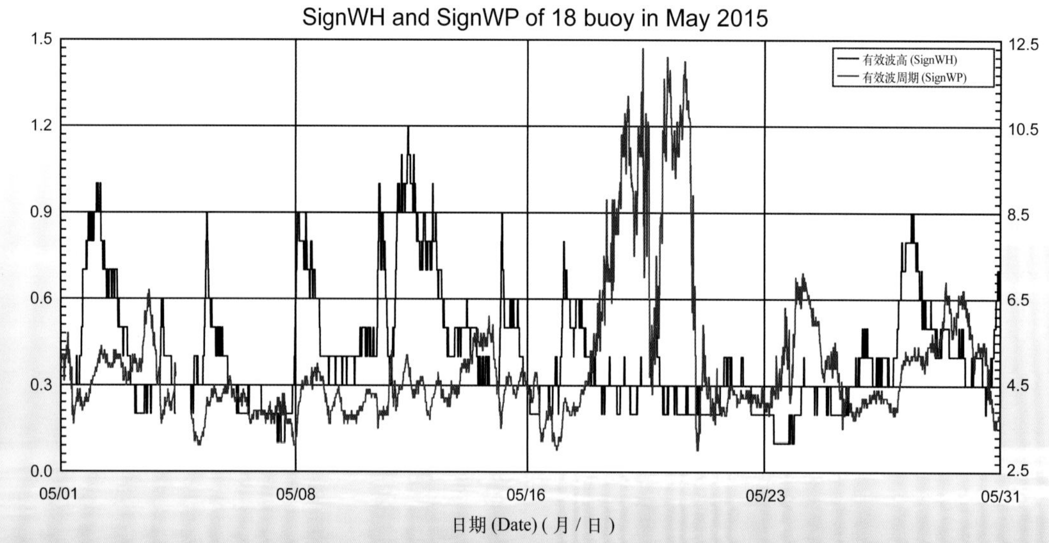

18 号浮标 2015 年 06 月有效波高、有效波周期观测数据曲线
SignWH and SignWP of 18 buoy in Jun. 2015

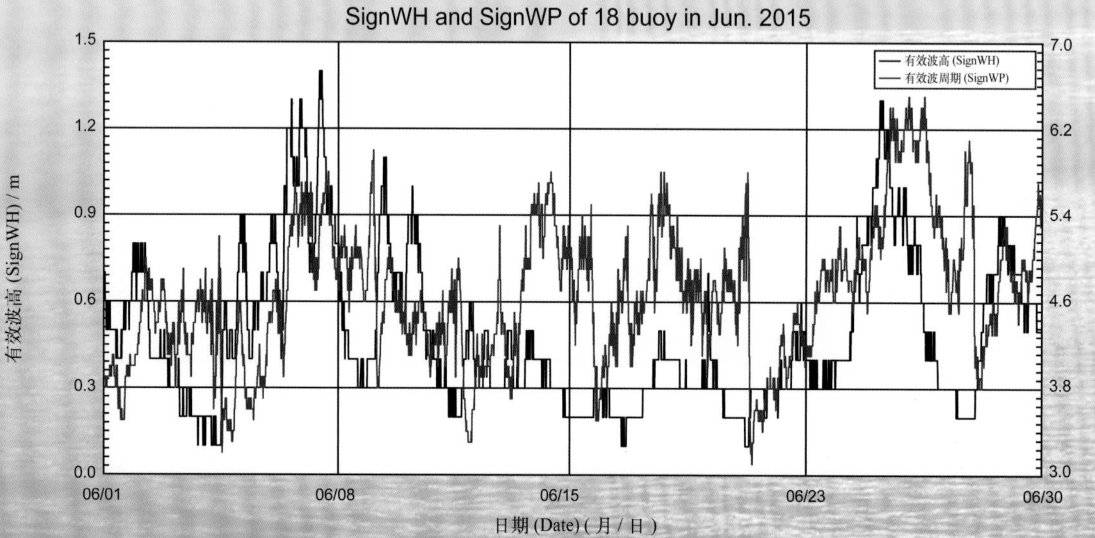

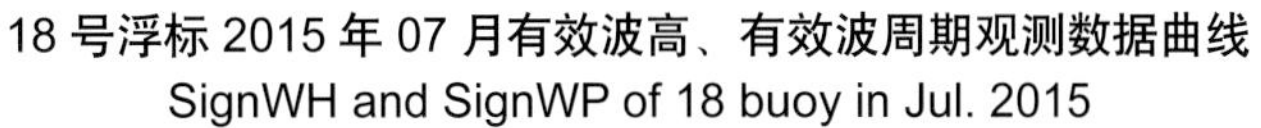

18 号浮标 2015 年 07 月有效波高、有效波周期观测数据曲线
SignWH and SignWP of 18 buoy in Jul. 2015

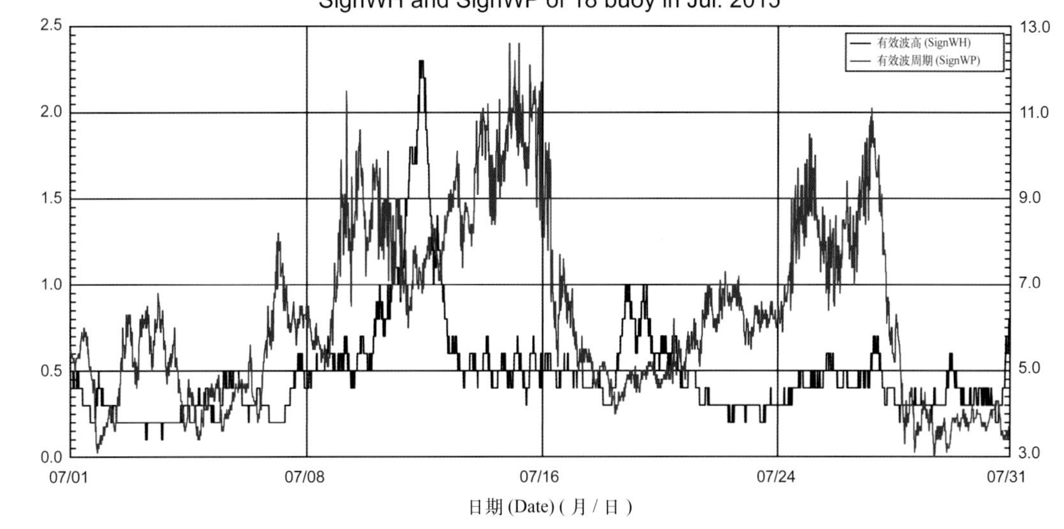

18 号浮标 2015 年 08 月有效波高、有效波周期观测数据曲线
SignWH and SignWP of 18 buoy in Aug. 2015

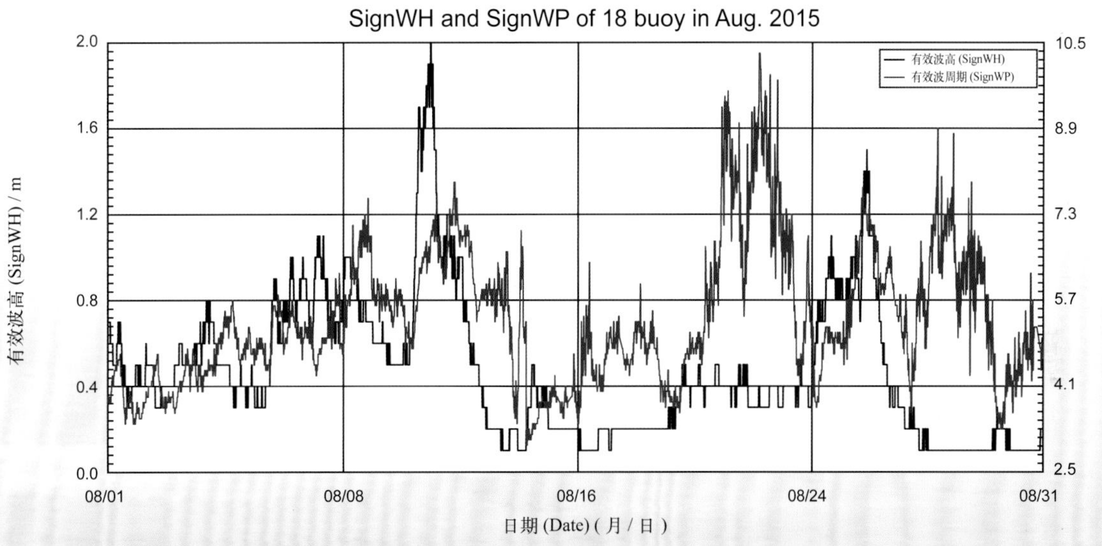

18 号浮标 2015 年 09 月有效波高、有效波周期观测数据曲线
SignWH and SignWP of 18 buoy in Sep. 2015

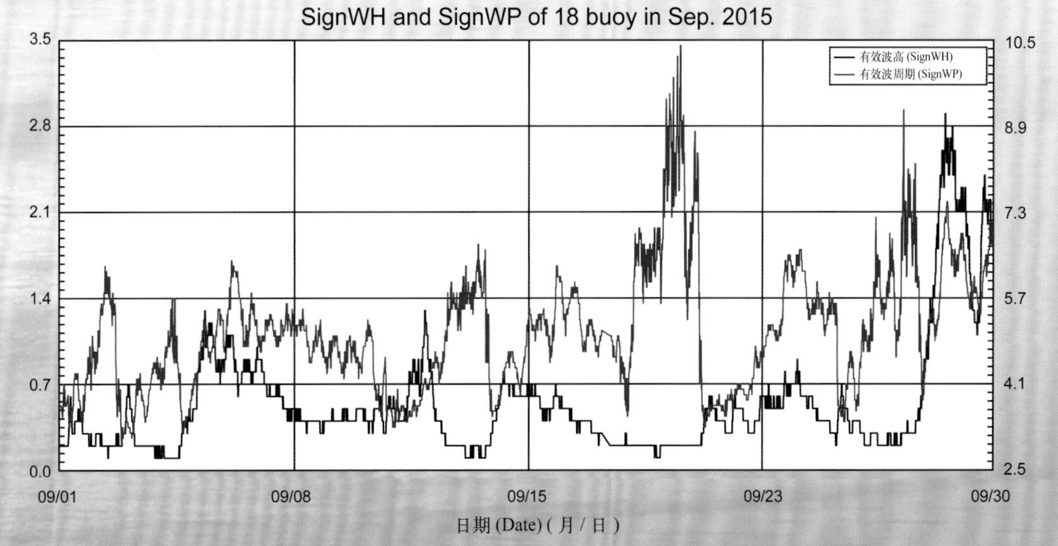

18 号浮标 2015 年 10 月有效波高、有效波周期观测数据曲线
SignWH and SignWP of 18 buoy in Oct. 2015

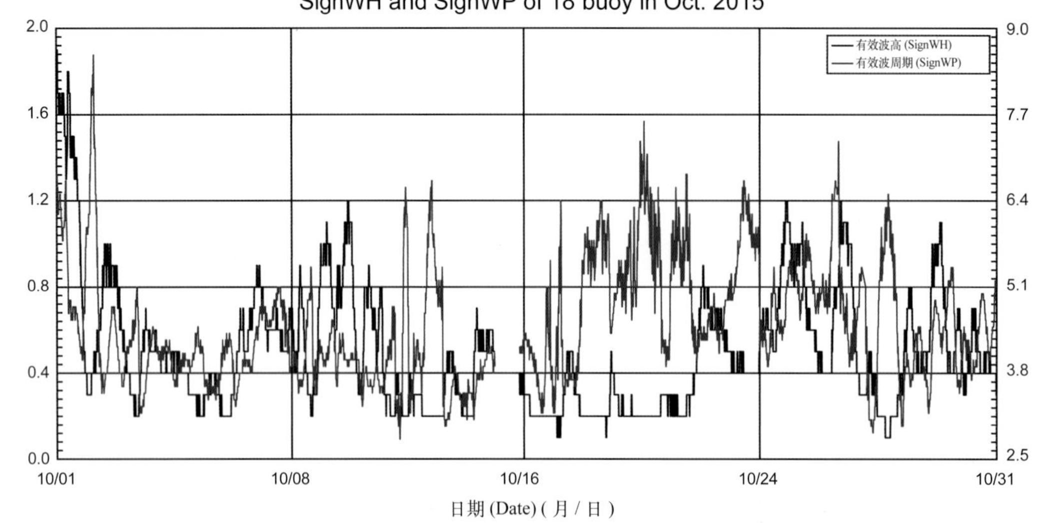

18 号浮标 2015 年 11 月有效波高、有效波周期观测数据曲线
SignWH and SignWP of 18 buoy in Nov. 2015

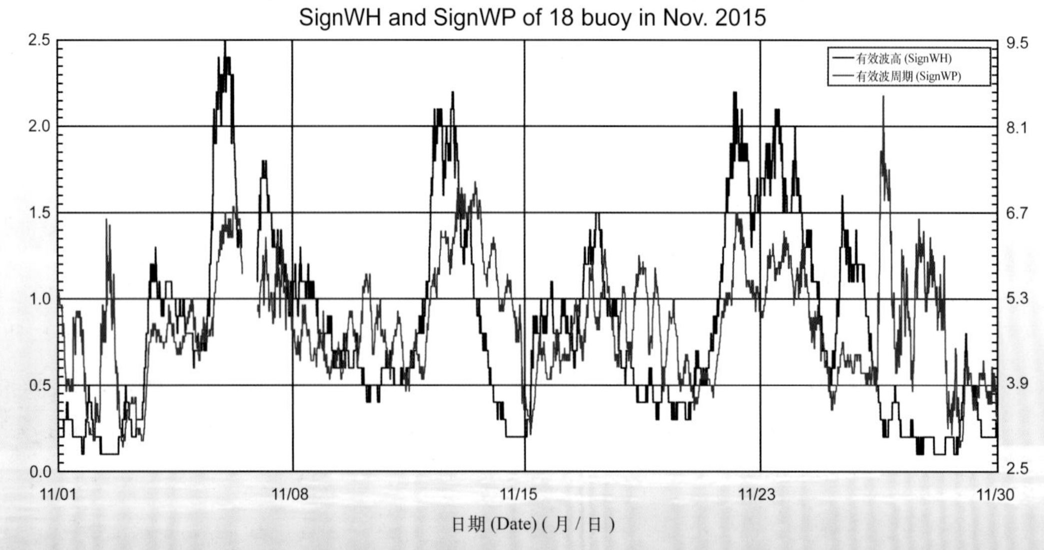

18 号浮标 2015 年 12 月有效波高、有效波周期观测数据曲线
SignWH and SignWP of 18 buoy in Dec. 2015

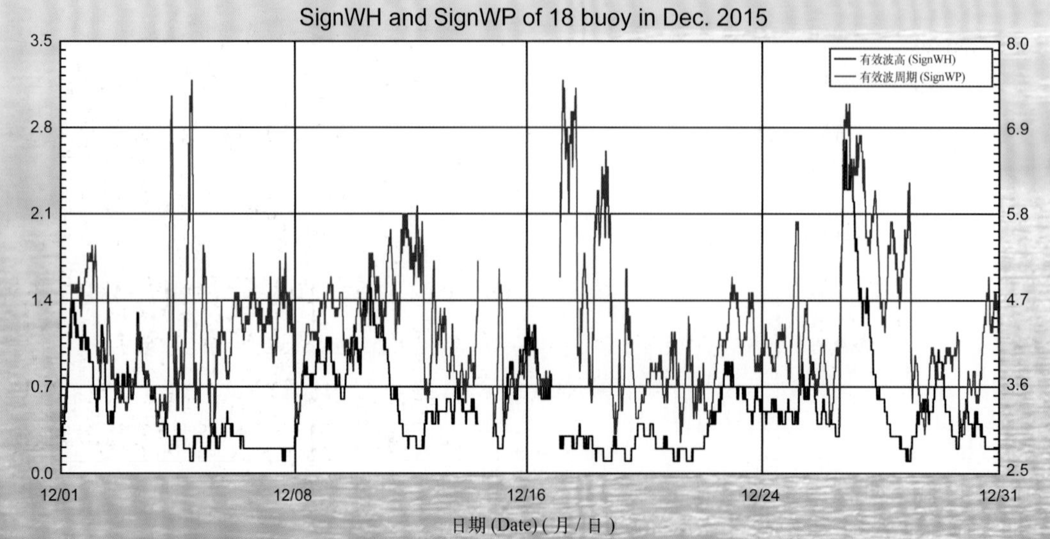

2015年度19号浮标观测数据概述及曲线
（有效波高和有效波周期）

19号浮标位于日照近海海域（35°25′N，119°36′E），是一套直径为3 m的圆盘形综合观测平台。可获取的观测参数包括气象、水文和水质，有效波高和有效波周期是水文参数中的重要观测内容。

2015年，19号浮标共获取近363天的长序列有效波高、有效波周期观测数据。获取数据的区间共两个时间段，具体为1月1日00:00至6月29日08:40和7月1日08:00至12月31日23:50，期间，3月、5月和10月偶尔会缺失少量数据，但均不超过1天。

通过对获取数据质量控制和分析，19号浮标观测海域本年度有效波高、有效波周期数据和季节数据特征如下：年度有效波高平均值为0.4 m，年度有效波周期平均值为4.6 s；测得的最大有效波高为2.4 m（9月29日14:30至14:50和15:30至15:50）对应的有效波周期为6.8 s和6.5 s，当时有效波高≥ 2 m的海浪持续了10.3 h（9月29日08:00至18:20）；测得的年度最大有效波周期和最小有效波周期分别为11.3 s（7月14日11:00至11:20）和2.3 s（1月、6月、11月和12月）。以2月为冬季代表月，观测海域冬季的平均有效波高是0.4 m，平均有效波周期是4.5 s；以5月为春季代表月，观测海域春季的平均有效波高是0.4 m，平均有效波周期是4.3 s；以8月为夏季代表月，观测海域夏季的平均有效波高是0.4 m，平均有效波周期是4.7 s；以11月为秋季代表月，观测海域秋季的平均有效波高是0.6 m，平均有效波周期是4.9 s。

2015年，19号浮标观测的月平均有效波高、有效波周期和最大值、最小值数据参见表29，从表中可以看出，有效波高平均值最小的月份为12月，有效波高平均值最大的月份为11月，年度最大有效波高（2.4 m）出现在9月；有效波周期平均值最小的月份为3月和6月，年度最小有效波周期（2.3 s）出现在1月、6月、11月和12月，有效波周期平均值最大的月份为7月，并且在该时间段内出现观测到的年度最大波周期（11.3 s）。从月度有效波高、有效波周期的变化情况分析，有效波高变化最为剧烈的是9月，最大有效波高为2.4 m，最小有效波高为0.1 m，变化幅度达2.3 m，有效波周期变化最为剧烈的是7月，最大有效波周期为11.3 s，最小有效波周期为2.7 s，变化幅度达8.6 s；相比较而言，有效波高变化幅度较小的月份是5月，最大有效波高为0.9 m，最小有效波高为0.1 m，变化幅度为0.8 m，有效波周期变化幅度较小的月份是6月，最大有效波周期为6.5 s，最小有效波周期为2.3 s，变化幅度为4.2 s。

2015年，19号浮标获取到有效波高≥ 2 m的海浪过程共2次，其中9月和11月各1次。2015年，19号浮标共记录到3次寒潮过程和1次台风过程。第一次寒潮过程，最大有效波高为0.8 m（2月8日04:30至04:50、10:00至10:50和11:30至11:50），有效波高≥ 0.6 m的海浪累计时长为19.3 h，累计时间段内平均有效波高为0.6 m，平均有效波周期为5.7 s。第二次寒潮过程，最大有效波高为1.7 m（11月22日14:30至15:50），有效波高≥ 1.2 m的海浪累计时长为32.3 h，累计时间平均有效波高为1.4 m，平均有效波周期为5.5 s。第三次寒潮过程，最大有效波高为1.9 m（12月27日03:30

至 03:50），有效波高≥ 1.2 m 的海浪持续了 10.7 h（12 月 26 日 22:30 至 27 日 09:20），该时间段内平均有效波高为 1.5 m，平均有效波周期为 6.4 s。受第 9 号超强台风“灿鸿”影响，最大有效波高为 1.5 m（7 月 12 日 04:00 至 04:20、12:00 至 12:20、13:00 至 13:20 和 14:00 至 14:50），有效波高≥ 1.2 m 的海浪持续了 17 h（7 月 12 日 00:30 至 17:20），该时间段内平均有效波高为 1.3 m，平均有效波周期为 6.9 s。

表 29　2015 年 19 号浮标各月份有效波高、有效波周期数据

月份	有效波高 / m			有效波周期 / s			备注
	平均	最大	最小	平均	最大	最小	
1	0.4	1.0	0.1	4.6	7.9	2.3	
2	0.4	1.1	0.1	4.5	7.9	2.4	冬季代表月，记录 1 次寒潮过程
3	0.4	1.1	0.1	4.3	7.4	2.5	
4	0.4	1.6	0.1	4.5	8.4	2.4	
5	0.4	0.9	0.1	4.3	10.3	2.5	春季代表月
6	0.4	1.3	0.1	4.3	6.5	2.3	缺近 2 天的数据
7	0.4	1.5	0.1	5.3	11.3	2.7	记录 1 次台风过程
8	0.4	1.6	0.1	4.7	7.8	2.4	夏季代表月
9	0.5	2.4	0.1	4.5	8.2	2.4	记录 1 次≥ 2 m 过程
10	0.4	1.7	0.1	4.4	8.4	2.6	
11	0.6	2.3	0.1	4.9	8.2	2.3	秋季代表月，记录 1 次寒潮数据，记录 1 次≥ 2 m 过程
12	0.3	1.9	0.1	4.5	9.3	2.3	记录 1 次寒潮数据

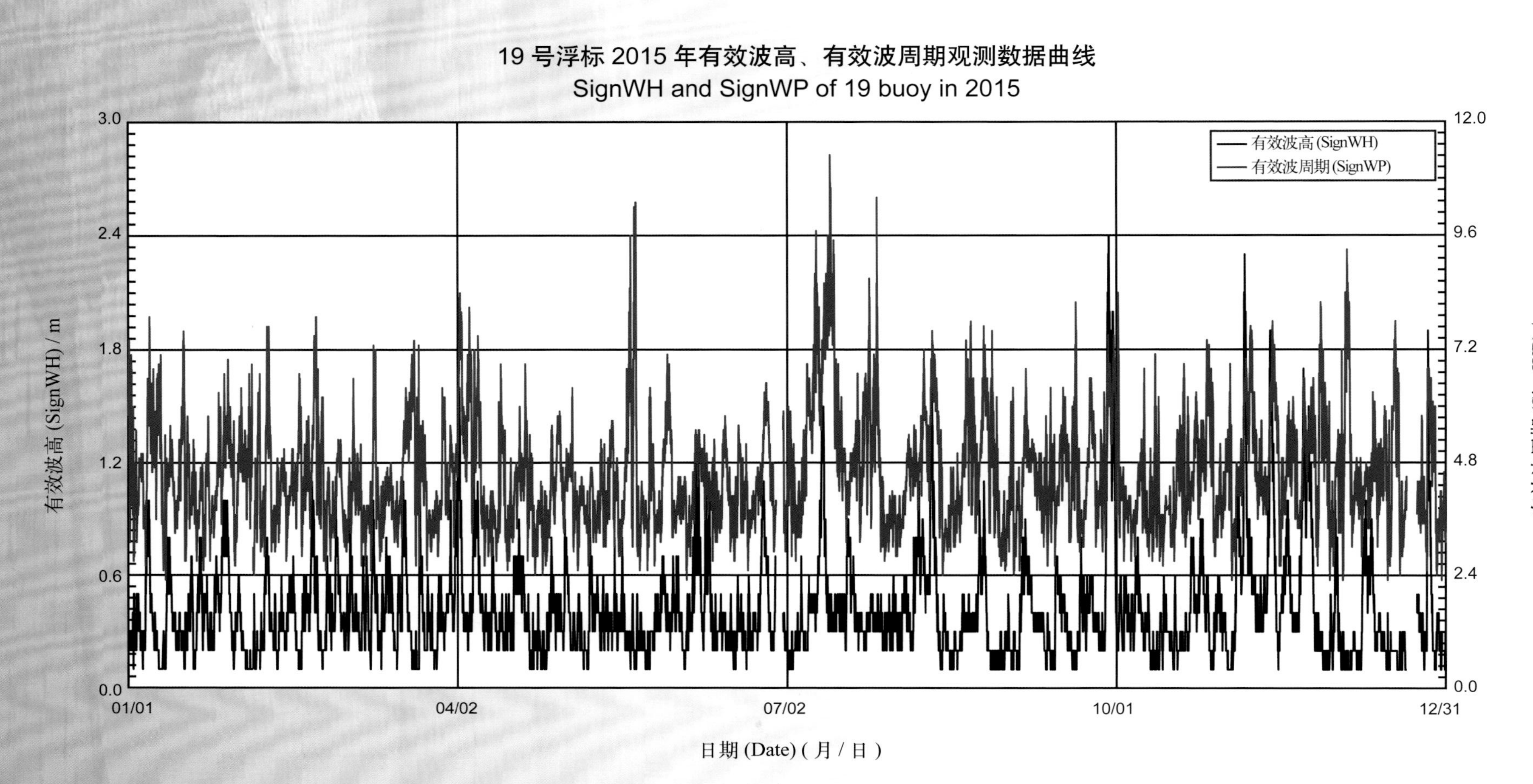
19 号浮标 2015 年有效波高、有效波周期观测数据曲线
SignWH and SignWP of 19 buoy in 2015
有效波高 (SignWH)
有效波周期 (SignWP)
有效波高 (SignWH) / m
有效波周期 (SignWP) / s
日期 (Date) (月 / 日)
3.0
2.4
1.8
1.2
0.6
0.0
12.0
9.6
7.2
4.8
2.4
0.0
01/01
04/02
07/02
10/01
12/31

19 号浮标 2015 年 01 月有效波高、有效波周期观测数据曲线
SignWH and SignWP of 19 buoy in Jan. 2015

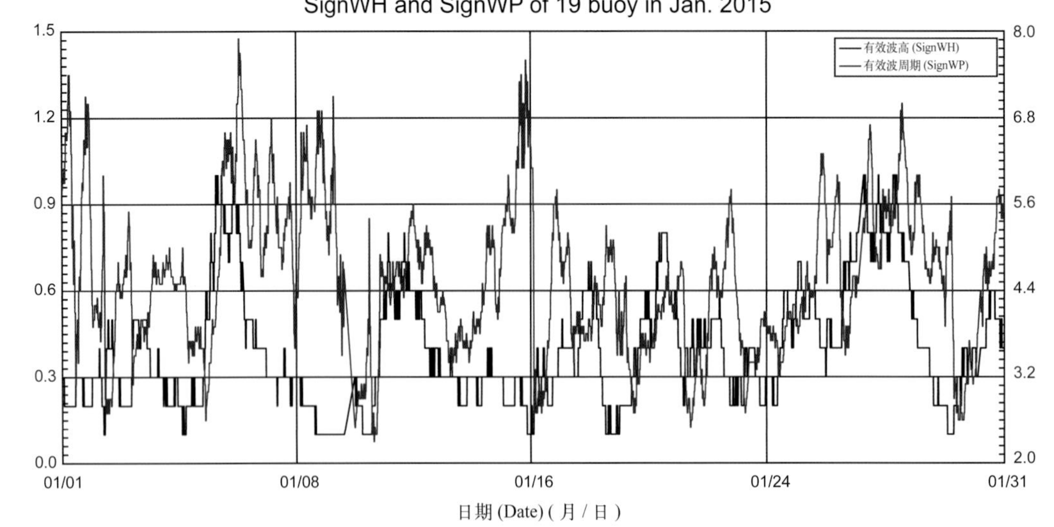

19 号浮标 2015 年 02 月有效波高、有效波周期观测数据曲线
SignWH and SignWP of 19 buoy in Feb. 2015

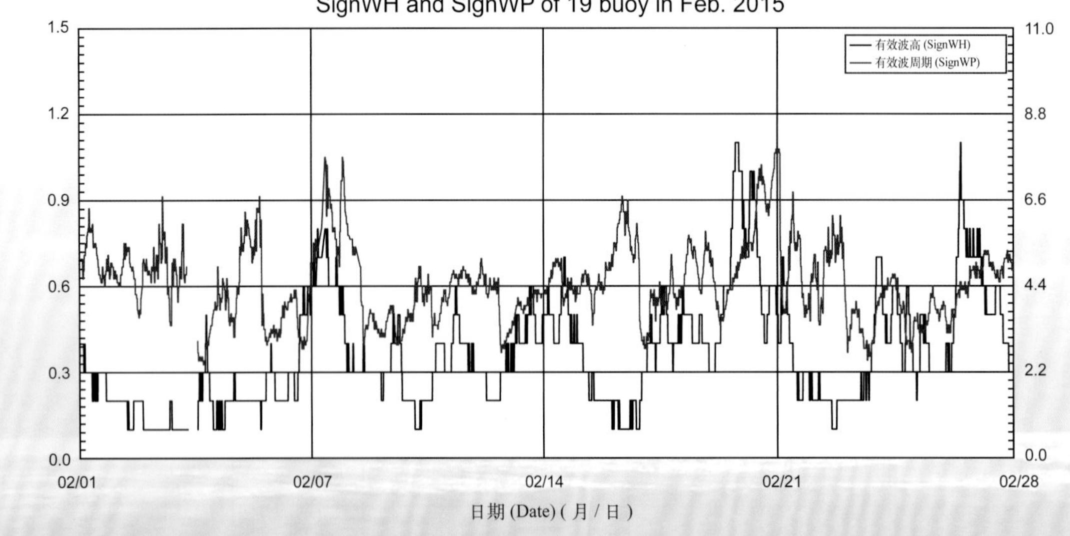

19 号浮标 2015 年 03 月有效波高、有效波周期观测数据曲线
SignWH and SignWP of 19 buoy in Mar. 2015

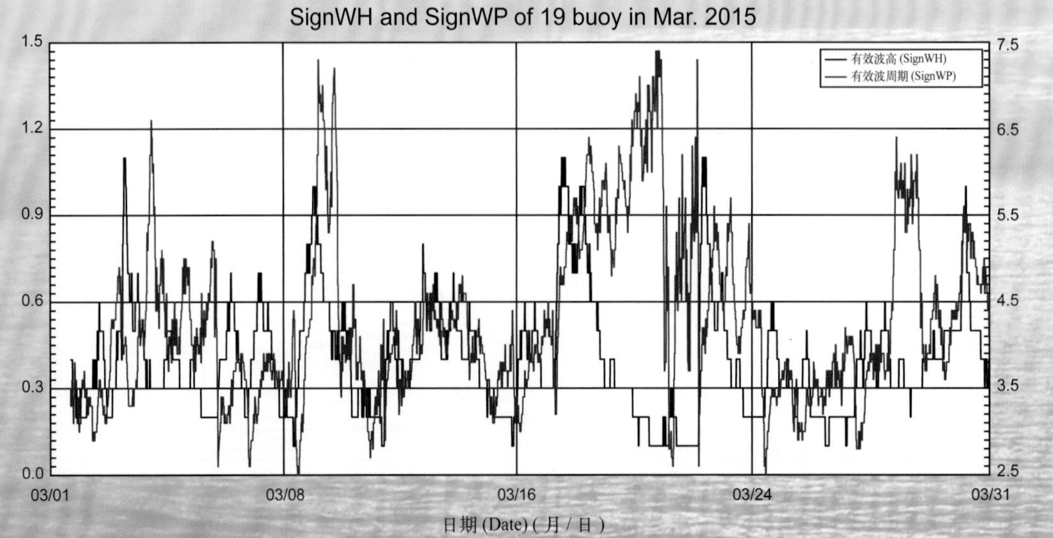

19 号浮标 2015 年 04 月有效波高、有效波周期观测数据曲线

SignWH and SignWP of 19 buoy in Apr. 2015

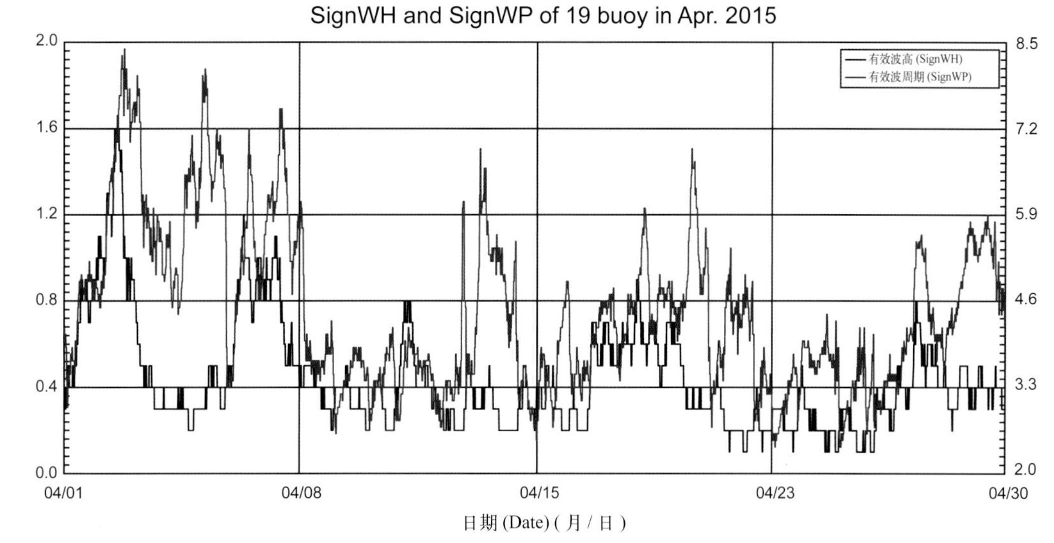

19 号浮标 2015 年 05 月有效波高、有效波周期观测数据曲线

SignWH and SignWP of 19 buoy in May 2015

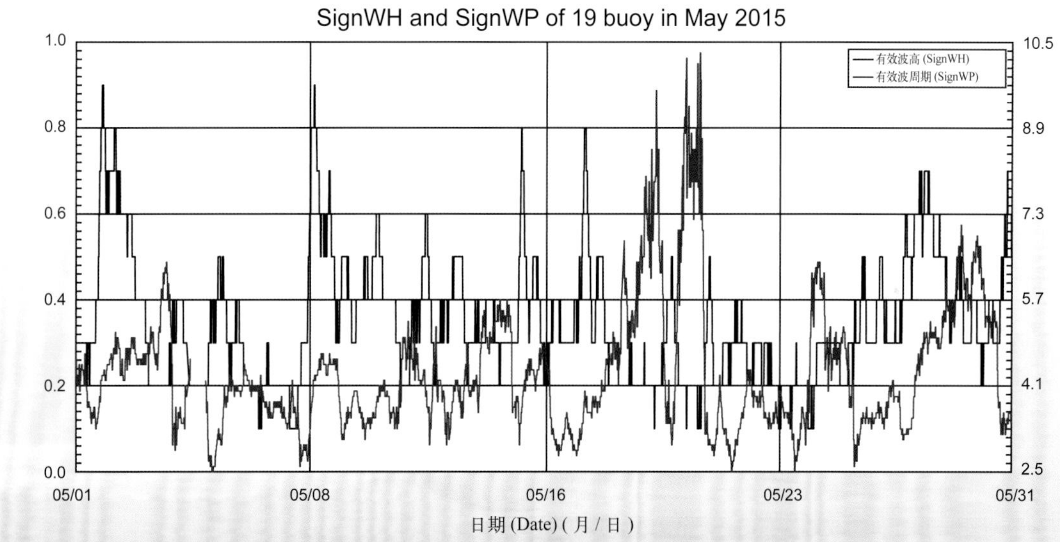

19 号浮标 2015 年 06 月有效波高、有效波周期观测数据曲线

SignWH and SignWP of 19 buoy in Jun. 2015

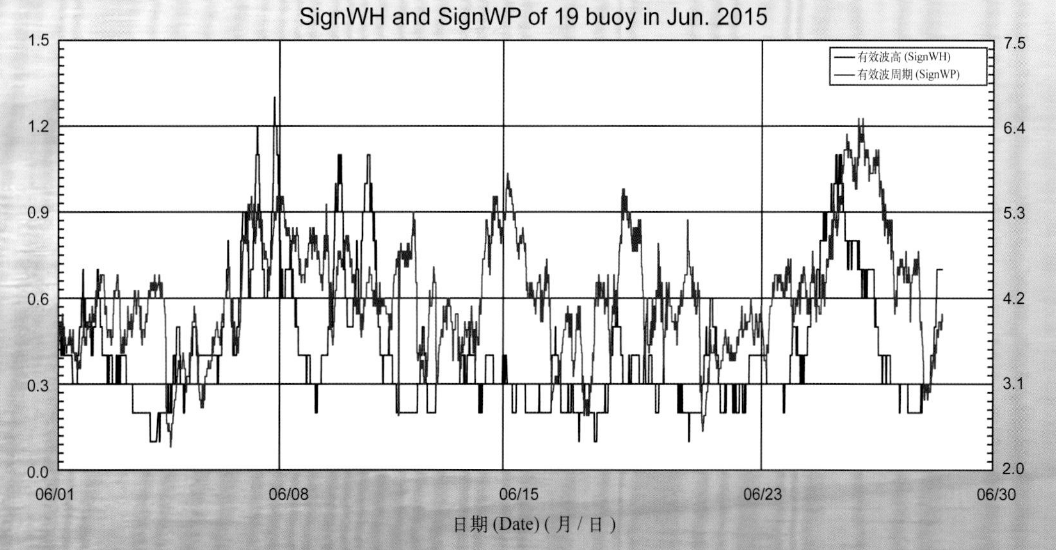

19 号浮标 2015 年 07 月有效波高、有效波周期观测数据曲线
SignWH and SignWP of 19 buoy in Jul. 2015

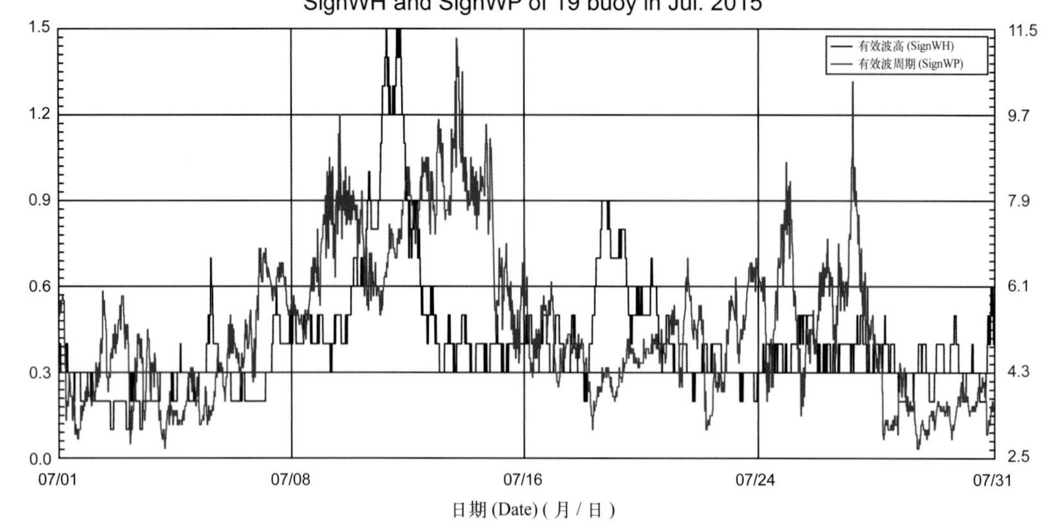

19 号浮标 2015 年 08 月有效波高、有效波周期观测数据曲线
SignWH and SignWP of 19 buoy in Aug. 2015

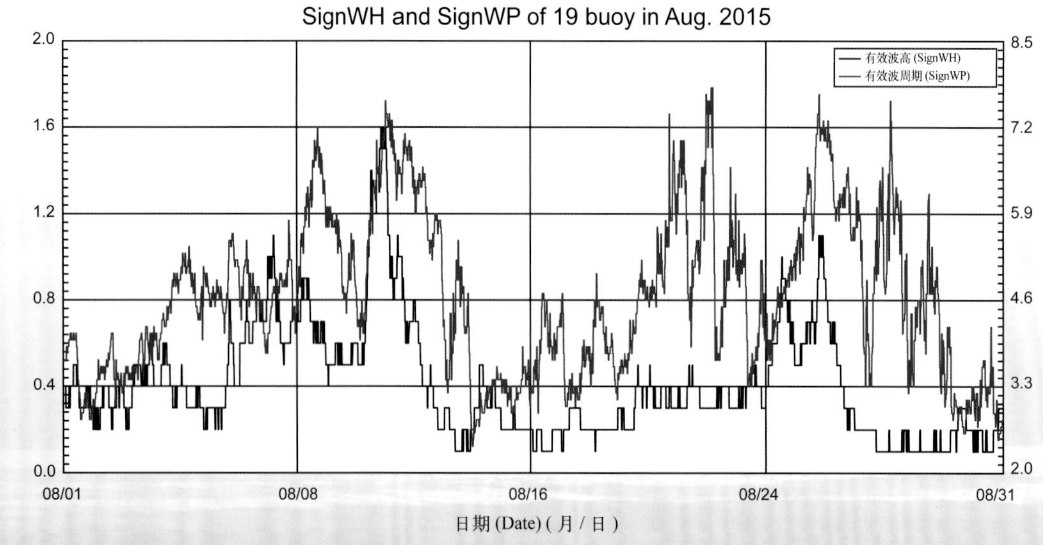

19 号浮标 2015 年 09 月有效波高、有效波周期观测数据曲线
SignWH and SignWP of 19 buoy in Sep. 2015

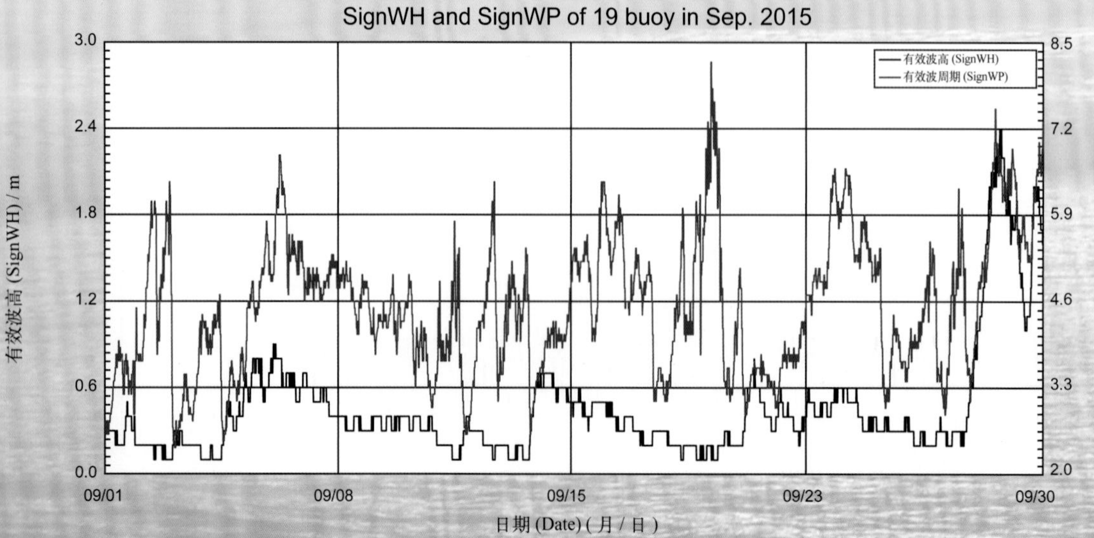

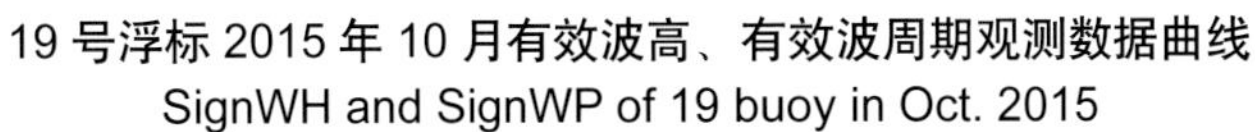

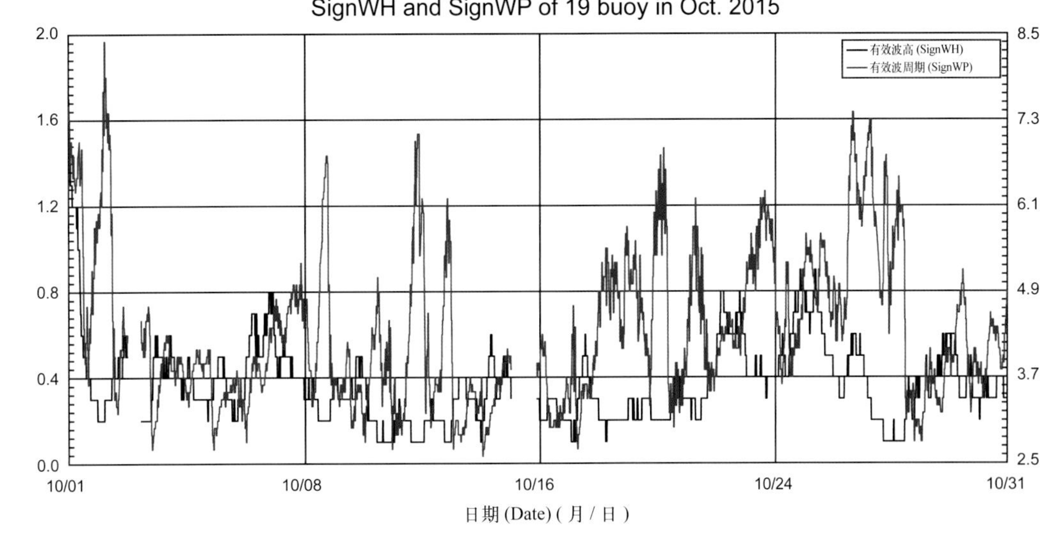

19 号浮标 2015 年 11 月有效波高、有效波周期观测数据曲线
SignWH and SignWP of 19 buoy in Nov. 2015

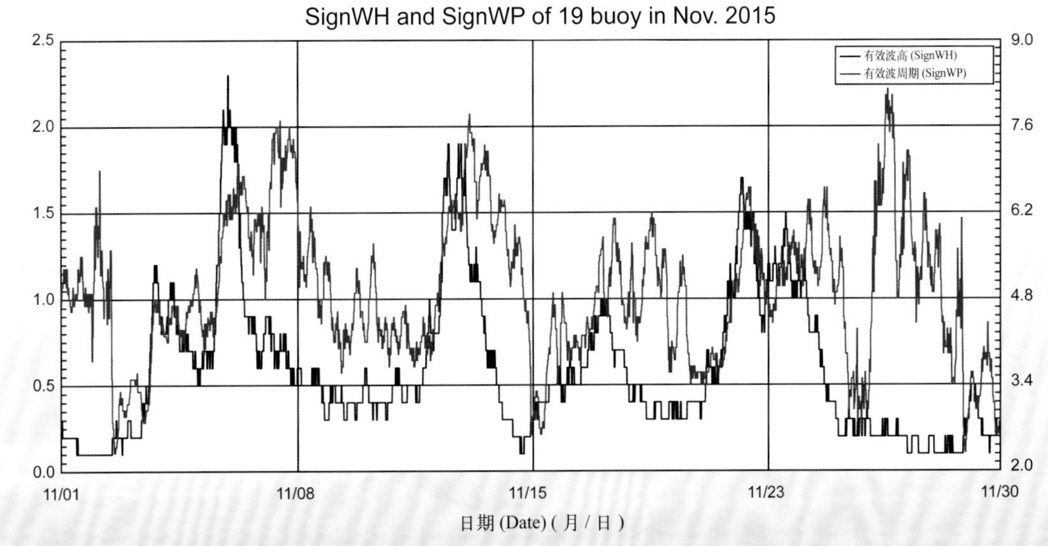

19 号浮标 2015 年 12 月有效波高、有效波周期观测数据曲线
SignWH and SignWP of 19 buoy in Dec. 2015

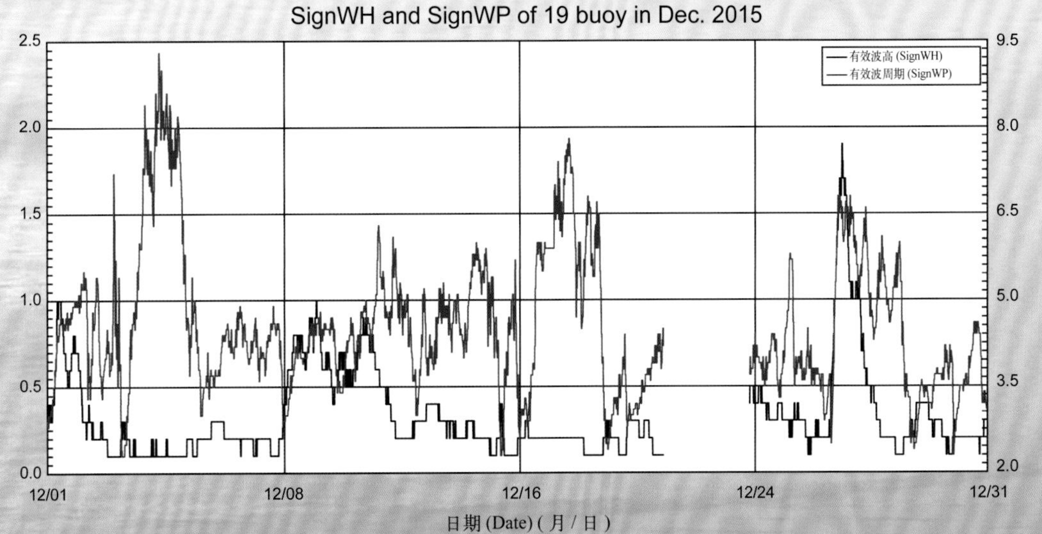

2015年度20号浮标观测数据概述及曲线
（有效波高和有效波周期）

20号浮标位于舟山六横岛附近海域（29°45′N，122°45′E），是一套直径为10 m的圆盘形综合观测平台。可获取的观测参数包括气象、水文和水质，有效波高和有效波周期是水文参数中的重要观测内容。

2015年，20号浮标共获取近327天的有效波高和有效波周期观测数据，获取数据的区间共七个时间段，具体为1月1日00:00至31日08:30、2月3日15:50至8日17:40、2月12日09:00至24日01:50、3月6日15:00至6月29日08:30、7月1日07:50至9月2日16:50、9月16日14:30至10月14日09:10和10月20日11:40至12月31日23:50。

通过对获取数据质量控制和分析，20号浮标观测海域本年度有效波高、有效波周期数据和季节数据特征如下：年度有效波高平均值为1.2 m，年度有效波周期平均值为6.6 s；测得的最大有效波高为9.4 m（7月11日05:30至05:50），对应的有效波周期为11.9 s，当时有效波高≥4 m的灾害性海浪持续了39 h（7月10日06:30至11日21:30）；测得的年度最大有效波周期和最小有效波周期分别为13.8 s（8月20日05:00）和3.5 s（2月8日05:00至05:20）。以2月为冬季代表月，观测海域冬季的平均有效波高是1.0 m，平均有效波周期是6.0 s；以5月为春季代表月，观测海域春季的平均有效波高是0.8 m，平均有效波周期是6.5 s；以8月为夏季代表月，观测海域夏季的平均有效波高是1.4 m，平均有效波周期是7.6 s；以11月为秋季代表月，观测海域秋季的平均有效波高是1.1 m，平均有效波周期是6.3 s。

2015年，20号浮标观测的月平均有效波高、有效波周期和最大值、最小值数据参见表30，从表中可以看出，有效波高平均值最小的月份为5月，有效波高平均值最大的月份为7月，并且在该时间段内出现观测到的年度最大有效波高（9.4 m）；有效波周期平均值最小的月份为12月，年度最小波周期（3.5 s）出现在2月，有效波周期平均值最大的月份为7月和8月，年度最大波周期（13.8 s）出现在8月。从月度有效波高、有效波周期的变化情况分析，有效波高变化最为剧烈的是7月，最大有效波高为9.4 m，最小有效波高为0.6 m，变化幅度达8.8 m，有效波周期变化最为剧烈的是8月，最大有效波周期为13.8 s，最小有效波周期为3.7 s，变化幅度达10.1 s；相比较而言，有效波高变化幅度较小的月份是5月，最大有效波高为1.6 m，最小有效波高为0.3 m，变化幅度为1.3 m，有效波周期变化幅度较小的月份是6月，最大有效波周期为7.6 s，最小有效波周期为3.8 s，变化幅度为3.8 s。

2015年，20号浮标获取到有效波高≥2 m的海浪过程共26次，其中1月为5次，7月和12月均为4次，4月为3次，2月、3月、8月和10月均为2次，9月和11月均为1次，其中有效波高≥4 m的灾害性海浪过程共3次，分别为1月14日（冷空气影响）、7月10日至12日（台风“灿鸿”影响）和8月8日。2015年，20号浮标共记录到1次寒潮过程和2次台风过程。寒潮期间，最

大有效波高为2.5 m（11月24日13:00至13:20），有效波高≥ 2.0 m的海浪累计时长为16.3 h，累计时间段内的平均有效波高为2.2 m，平均有效波周期为7.5 s。第一次台风过程，受第9号超强台风"灿鸿"的影响，20号浮标获取到的最大有效波高为9.4 m（7月11日05:30至05:50），有效波高≥ 4.0 m的海浪持续时长为39.3 h，该时间段内的平均有效波高为6.9 m，平均有效波周期为10.8 s。第二次台风过程，受第15号超强台风"天鹅"的影响，20号浮标获取到的最大有效波高为3.5 m（8月25日00:00至00:20），有效波高≥ 2.5m的海浪持续时长为21.2 h（8月24日13:30至25日10:50），该时间段内的平均有效波高为2.9 m，平均有效波周期为8.3 s。

表30　2015年20号浮标各月份有效波高、有效波周期数据

月份	有效波高 / m			有效波周期 / s			备注
	平均	最大	最小	平均	最大	最小	
1	1.2	4.0	0.3	6.2	9.4	3.9	记录5次≥ 2 m过程
2	1.0	2.4	0.4	6.0	8.0	3.5	冬季代表月，记录2次≥ 2 m过程，缺近11天的数据
3	1.1	2.7	0.4	6.8	10.0	4.5	记录2次≥ 2 m过程，缺近6天的数据
4	1.1	2.6	0.4	6.6	11.1	3.8	记录3次≥ 2 m过程
5	0.8	1.6	0.3	6.5	13.0	4.0	春季代表月
6	0.9	1.8	0.3	5.8	7.6	3.8	缺近2天的数据
7	1.7	9.4	0.6	7.6	12.8	3.9	记录1次台风过程，记录4次≥ 2 m过程
8	1.4	5.0	0.3	7.6	13.8	3.7	夏季代表月，记录1次台风过程，记录2次≥ 2 m过程
9	1.3	3.7	0.3	7.2	11.9	3.9	记录1次≥ 2 m过程，缺近14天的数据
10	1.2	2.9	0.1	6.9	11.0	4.2	记录2次≥ 2 m过程，缺近6天的数据
11	1.1	2.7	0.5	6.3	9.7	4.4	秋季代表月，记录1次寒潮过程，记录1次≥ 2 m过程
12	1.1	2.5	0.3	5.7	9.4	3.7	缺近2天的数据，记录4次≥ 2 m过程

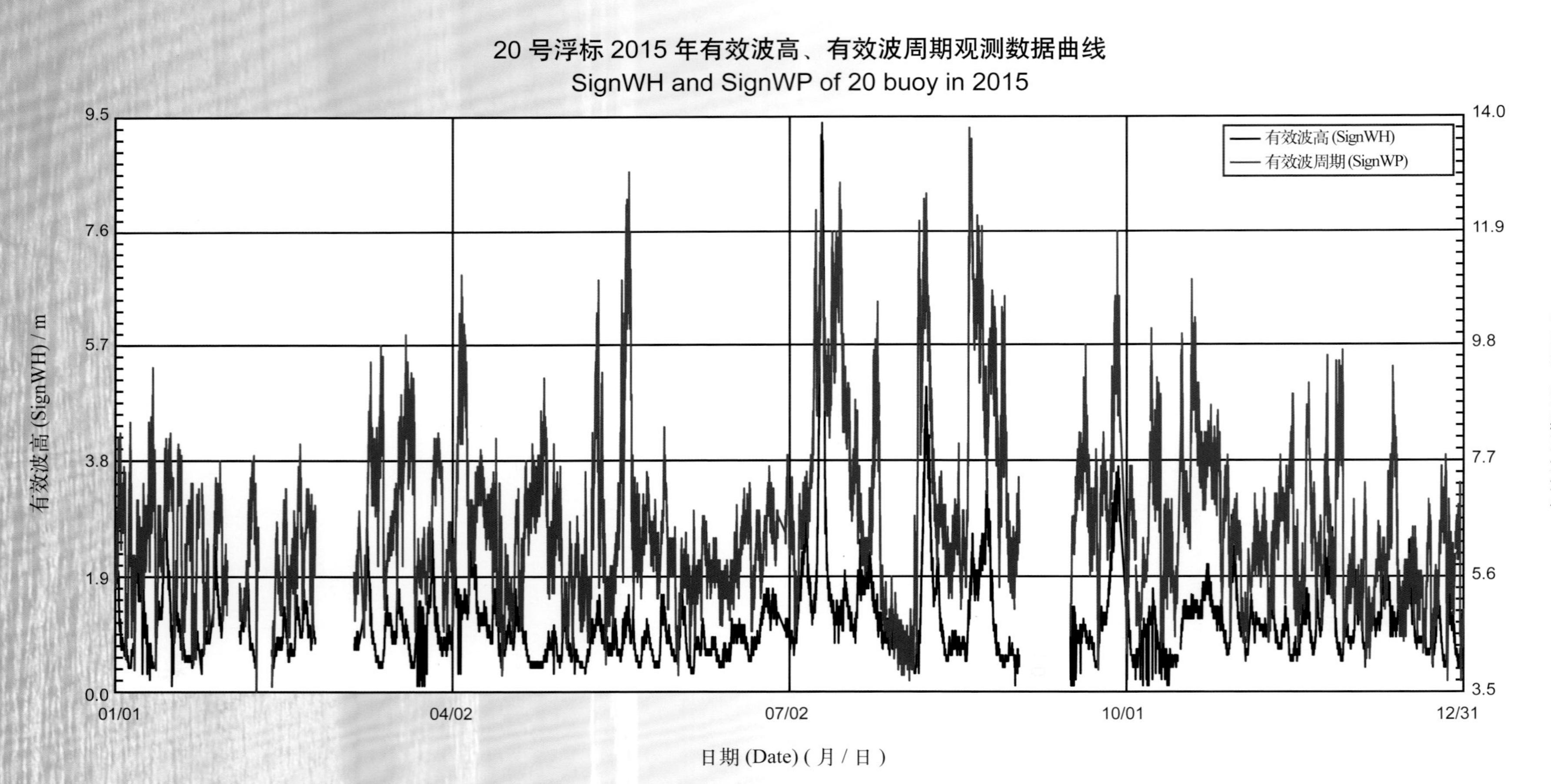
20 号浮标 2015 年有效波高、有效波周期观测数据曲线
SignWH and SignWP of 20 buoy in 2015
有效波高 (SignWH) / m
9.5
7.6
5.7
3.8
1.9
0.0
有效波周期 (SignWP) / s
14.0
11.9
9.8
7.7
5.6
3.5
有效波高 (SignWH)
有效波周期 (SignWP)
01/01
04/02
07/02
10/01
12/31
日期 (Date) (月 / 日)

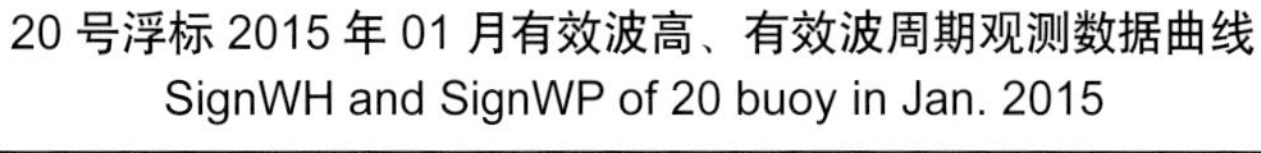

20号浮标2015年01月有效波高、有效波周期观测数据曲线
SignWH and SignWP of 20 buoy in Jan. 2015

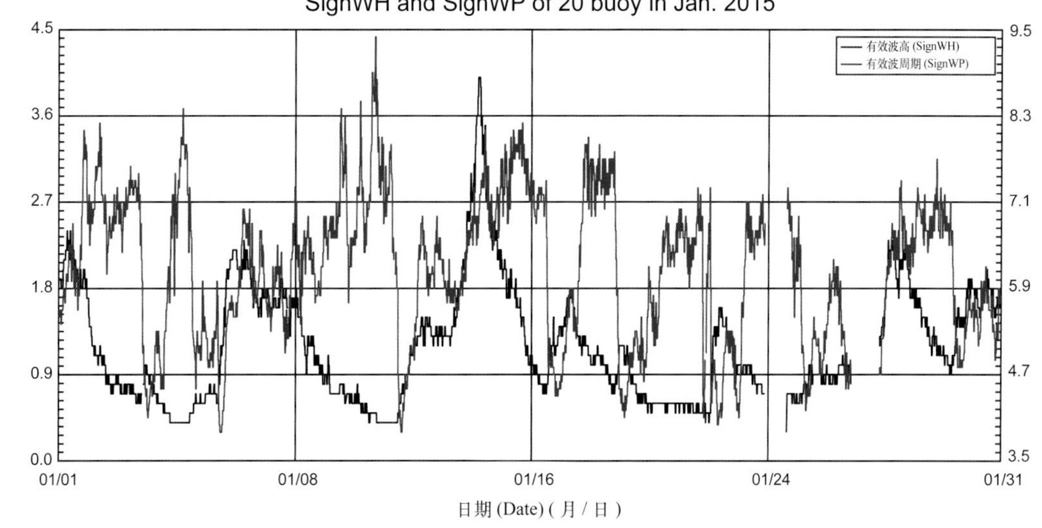

20号浮标2015年02月有效波高、有效波周期观测数据曲线
SignWH and SignWP of 20 buoy in Feb. 2015

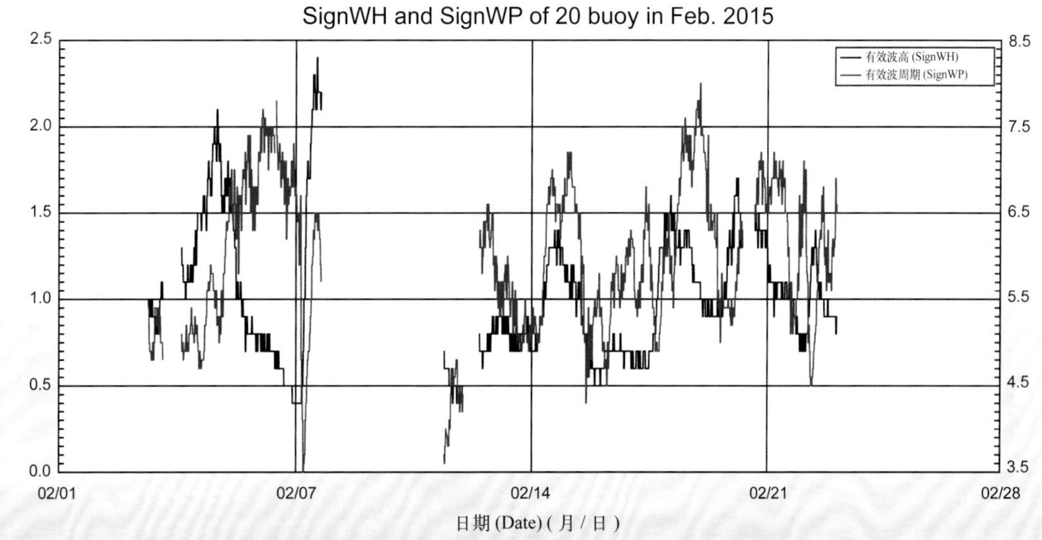

20号浮标2015年03月有效波高、有效波周期观测数据曲线
SignWH and SignWP of 20 buoy in Mar. 2015

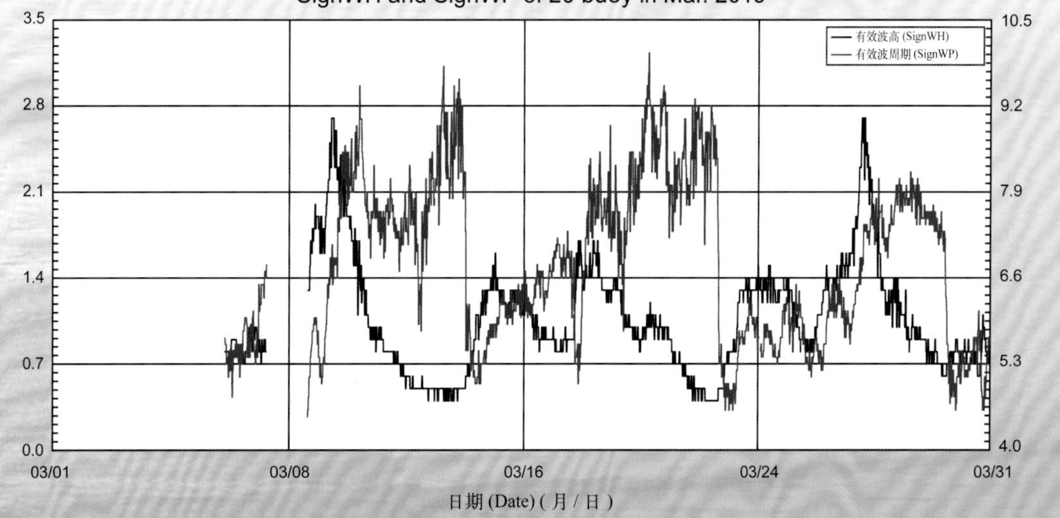

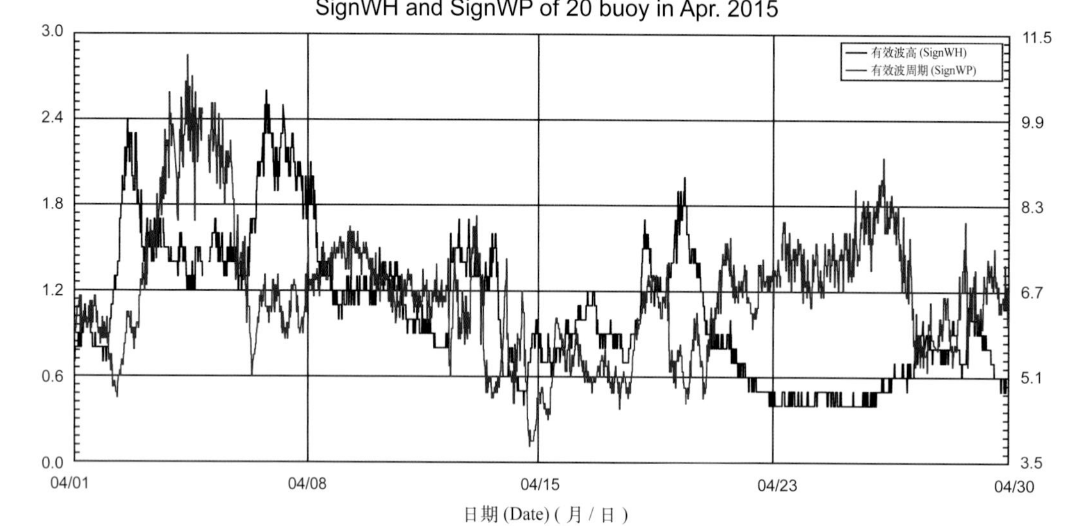
20 号浮标 2015 年 04 月有效波高、有效波周期观测数据曲线
SignWH and SignWP of 20 buoy in Apr. 2015
有效波高 (SignWH)
有效波周期 (SignWP)
有效波高 (SignWH) / m
有效波周期 (SignWP) / s
日期 (Date) (月 / 日)
3.0
2.4
1.8
1.2
0.6
0.0
11.5
9.9
8.3
6.7
5.1
3.5
04/01
04/08
04/15
04/23
04/30

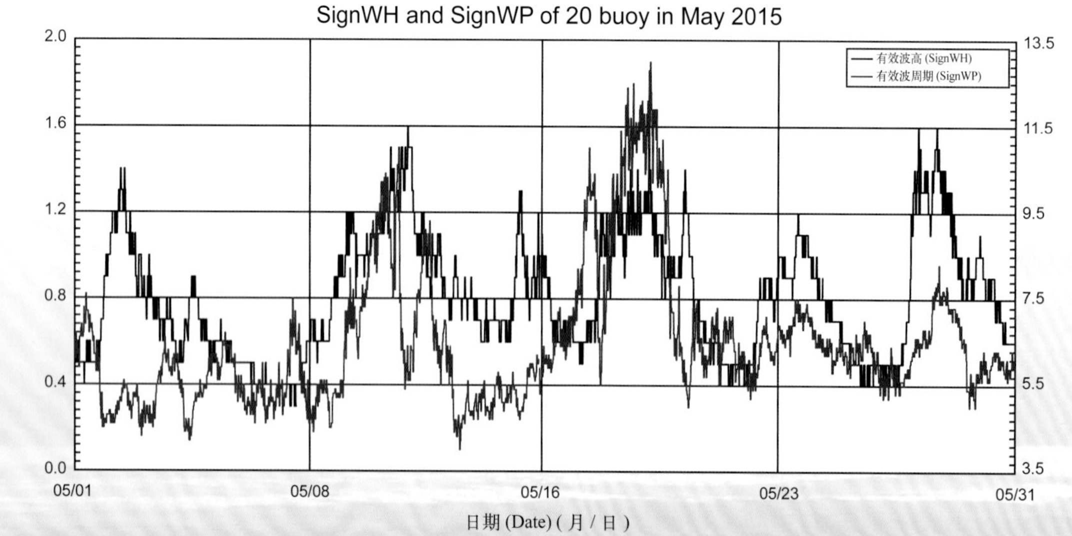
20 号浮标 2015 年 05 月有效波高、有效波周期观测数据曲线
SignWH and SignWP of 20 buoy in May 2015
有效波高 (SignWH)
有效波周期 (SignWP)
有效波高 (SignWH) / m
有效波周期 (SignWP) / s
日期 (Date) (月 / 日)
2.0
1.6
1.2
0.8
0.4
0.0
13.5
11.5
9.5
7.5
5.5
3.5
05/01
05/08
05/16
05/23
05/31

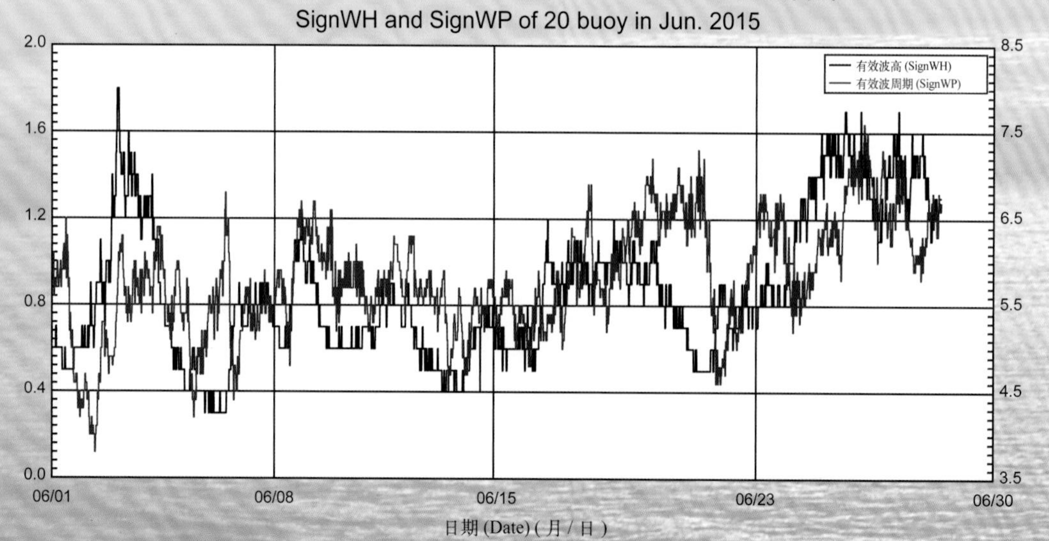
20 号浮标 2015 年 06 月有效波高、有效波周期观测数据曲线
SignWH and SignWP of 20 buoy in Jun. 2015
有效波高 (SignWH)
有效波周期 (SignWP)
有效波高 (SignWH) / m
有效波周期 (SignWP) / s
日期 (Date) (月 / 日)
2.0
1.6
1.2
0.8
0.4
0.0
8.5
7.5
6.5
5.5
4.5
3.5
06/01
06/08
06/15
06/23
06/30

20 号浮标 2015 年 07 月有效波高、有效波周期观测数据曲线

SignWH and SignWP of 20 buoy in Jul. 2015

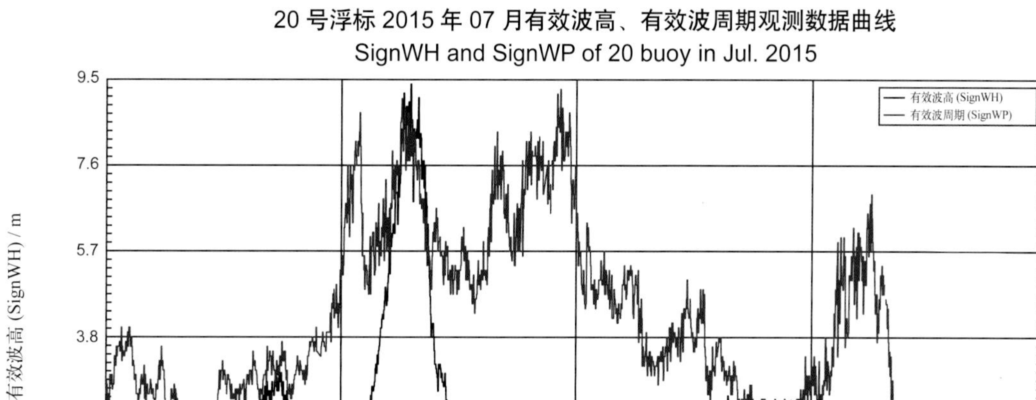
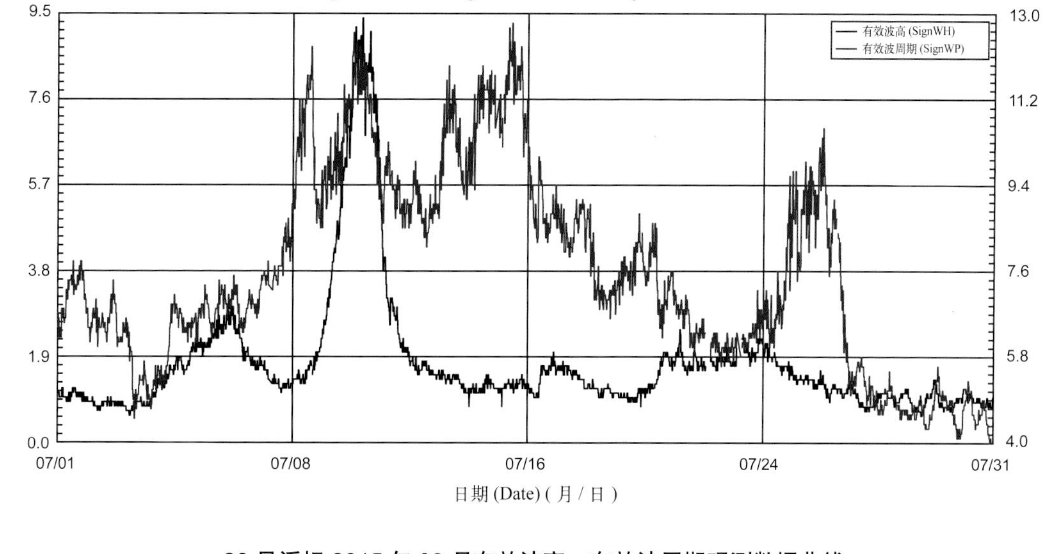

20 号浮标 2015 年 08 月有效波高、有效波周期观测数据曲线

SignWH and SignWP of 20 buoy in Aug. 2015

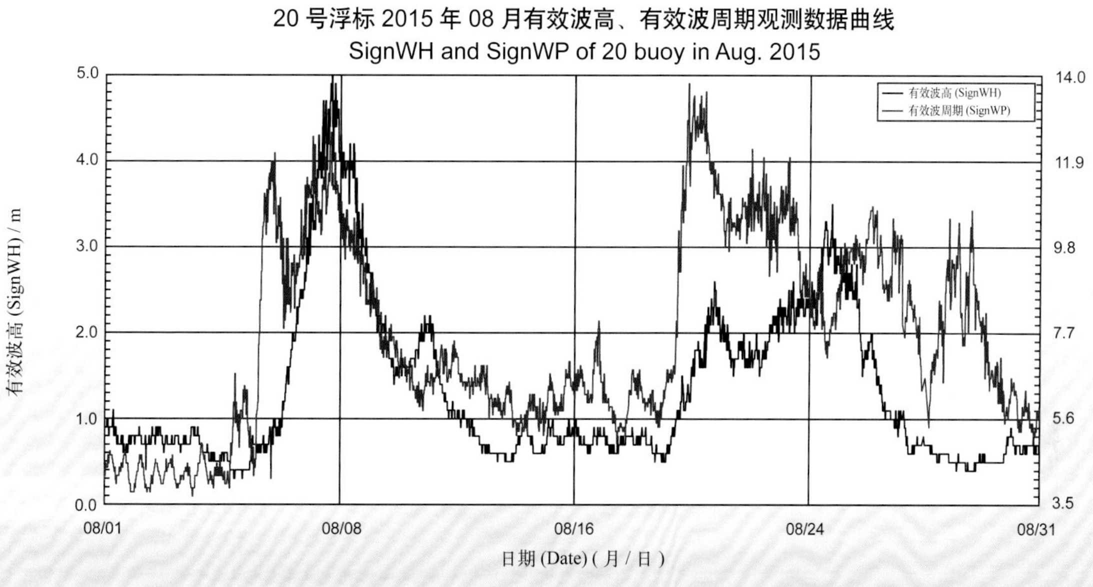

20 号浮标 2015 年 09 月有效波高、有效波周期观测数据曲线

SignWH and SignWP of 20 buoy in Sep. 2015

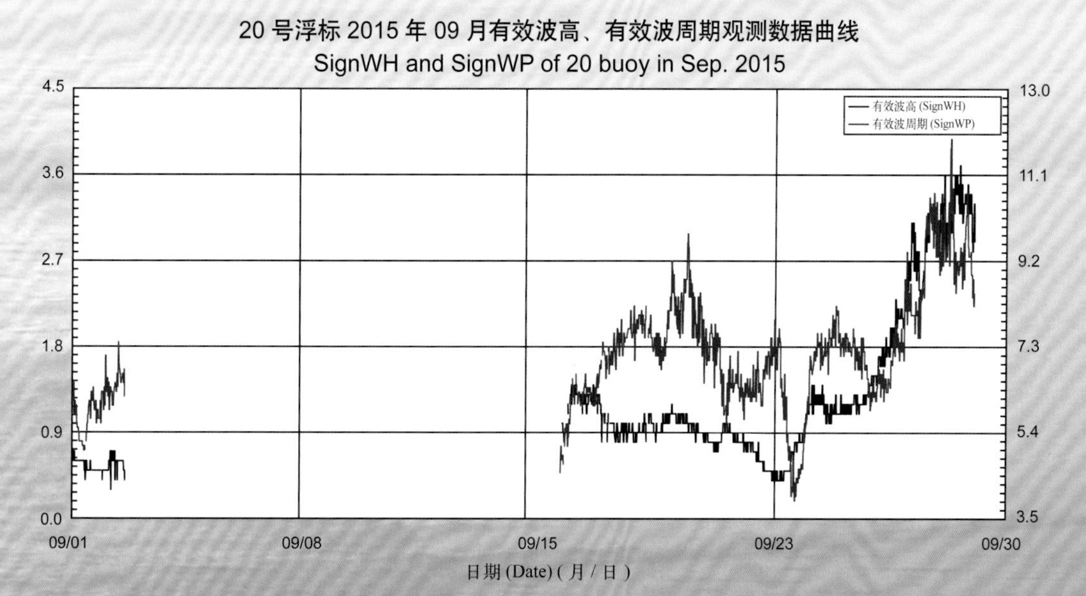

20 号浮标 2015 年 10 月有效波高、有效波周期观测数据曲线
SignWH and SignWP of 20 buoy in Oct. 2015

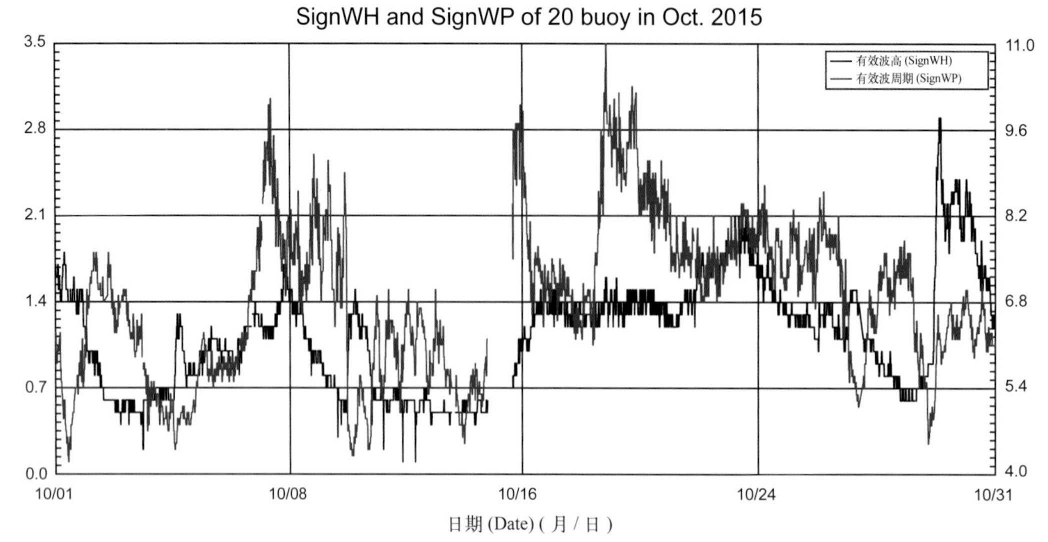

20 号浮标 2015 年 11 月有效波高、有效波周期观测数据曲线
SignWH and SignWP of 20 buoy in Nov. 2015

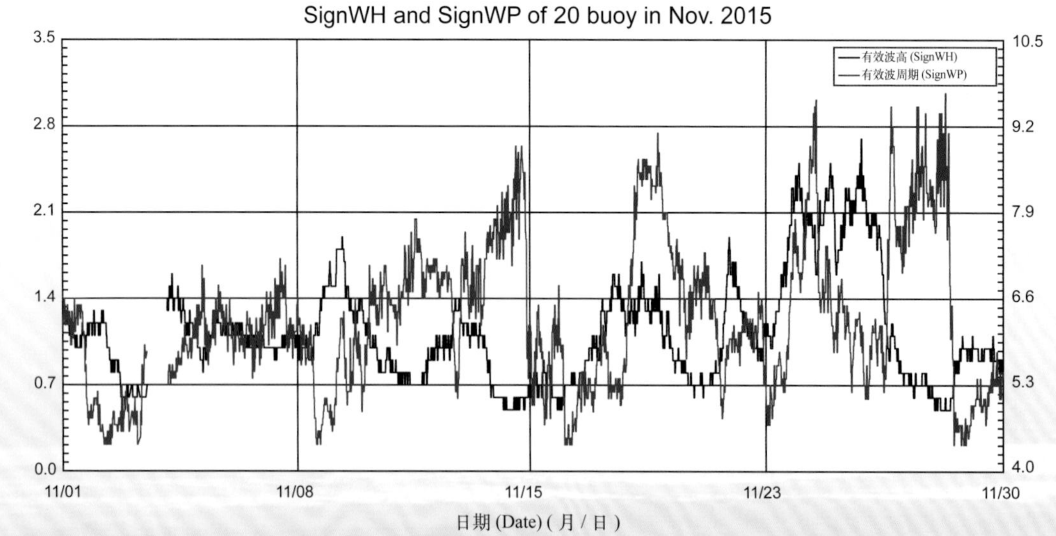

20 号浮标 2015 年 12 月有效波高、有效波周期观测数据曲线
SignWH and SignWP of 20 buoy in Dec. 2015

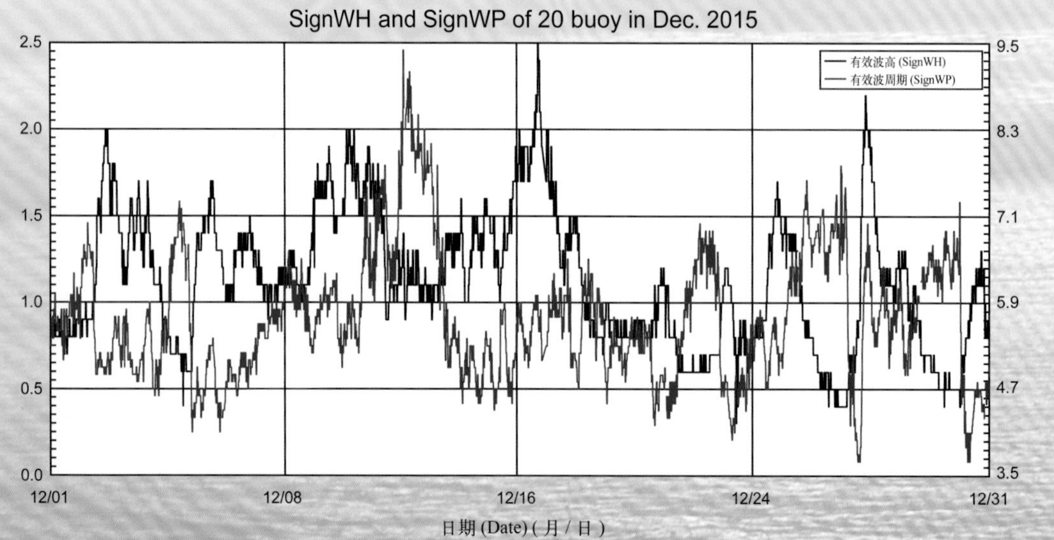